신편 자동차공학

자동차공학

Automotive Engineering

오태균 박광서 이진욱 공저

진샘미디어
JINSAEM

머리말

자동차산업은 국가산업의 근간이 되고 전후방 파급효과가 대단히 커서 19세기 말부터 현재까지 선진국과 일부 개발도상국이 독점적으로 자동차를 생산하고 있다. 국민의 생활과 문화수준이 높아짐에 따라 이제 자동차는 이송 수단으로서의 본질적 목적 이외에 더욱 쾌적한 승차감, 기동성, 안정성, 편의성을 갖춘 고기능, 고사양 자동차에 대한 요구가 거세지고 있다.

이 책은 대학에서 자동차공학을 공부하려는 학생들을 대상으로 저술하였다. 자동차는 기계공학의 거의 모든 부문 – 열역학, 유체역학, 재료역학, 내연기관, 연소공학, 기구학, 기계공작법, 열전달, 기계요소설계, CAD/CAE 등 – 과 연관성을 갖고 있다. 따라서 자동차공학의 내용을 제대로 이해하기 위해서는 기계공학의 기초학문에 대한 이해가 선행되어야 한다. 또한 최근에는 대부분의 차량제어에 컴퓨터를 활용한 전자시스템과 클라우드를 활용한 통신시스템이 적용되면서 메카트로닉스와 네트워크에 대한 지식도 요구되고 있다. 이 책에서는 이론위주의 수식을 나열하면서 학문적 접근방식으로 다루는 것을 가급적 지양하였고, 저자들은 실제 차량에 적용되는 첨단 기술이 많이 포함되도록 집필하였다. 따라서 기계공학에 대한 기초역학적 이해가 다소 부족한 학생도 본 자동차공학을 이해하는 데 지장이 없도록 하였다.

이 책의 특징으로는 다음과 같은 사항들을 들 수 있다.

- 자동차공학의 작동원리나 각 구성부품의 이해를 향상시키기 위해 많은 그림과 표를 삽입하여 설명하였다.
- 모든 단위는 시대흐름과 국가자격증 시험의 경향에 맞춰 SI 단위를 사용하였고 일부 특수한 경우(산업현장에서 많이 사용하는 단위)에는 SI 단위와 병용하도록 하였다.
- 현재 자동차에 적용되지 않는 기술은 과감히 삭제하고 성능 향상, 배기가스와 연비의 저감, 안정성 확보, 승차감 향상, 전기자동차, 연료전지 자동차 및 하이브리드 자동차를 포함한 친환경 자동차 등 최신 자동차의 첨단기술을 소개하고 이를 중점적으로 기술하였다.
- 불필요한 이론은 배제하고 실제 현장에서 취급하는 내용만을 중점적으로 다루었다.
- 각 장별로 다수의 연습문제를 수록하여 이론적으로 배운 내용을 다시 복습하고 응용능력 향상을 지원하면서 국가자격증 시험에 충실하게 대비할 수 있도록 하였다.

신편 자동차공학에서는 친환경 자동차 부분을 보강하고 자료를 현행화하였으며 잘못된 내용을 바로 잡으려 했으나 그래도 미흡한 부분이 다소 있을 것이다. 그러한 부분은 계속해서 고쳐나갈 것을 약속드리며, 이 책에 인용된 자동차공학과 관련된 참고문헌의 저자들과 출판하는 데 여러 가지로 도움을 주신 진샘미디어 관계자들께 감사드린다.

저자 일동

차 례

차 례

차 례

CHAPTER 01

자동차공학 개요

1장에서는 자동차의 정의와 자동차가 발달한 과정에 대해 기술하고, 자동차의 용도와 형상, 엔진의 위치, 법규 등 다양한 형식에 따라 자동차가 분류되는 것에 대해 설명한다.

또한 자동차의 핵심 구성장치인 엔진, 변속기, 조향장치, 제동장치, 현가장치 등의 주요 구성품의 기능에 대해 다루고, 자동차의 제원을 표기할 때 사용되는 치수와 중량 표기 등에 대해 기술한다.

1장에서는 최고속도, 등판능력, 가속능력, 제동능력 등 자동차의 기본적 성능을 설명하고 친환경 자동차에 대하여 기술한다. 1장은 자동차에 대해 가장 기본적인 개념을 정립하는 데 학습 목표를 두고 있다.

1-1 자동차 역사

기원전 3000년경 중앙아시아의 아리안족이 말, 소 등 가축으로 바퀴가 달린 마차를 처음 만든 이후, 인류는 18세기 중반까지 오랫동안 이를 이용하여 왔다. 1599년 네덜란드의 수학자 Simon(Simon Stevin)은 풍력을 이용한 범주차를 제작하여 28명의 승객을 태우고 2시간 동안 시속 34km로 달렸다고 전해지고 있으며, 1633년 영국의 Haurish(Johan Haurish)는 태엽식 자동차를 만들어 시속 1.5km로 주행하였다. 또한 영국의 Newton(Isaac Newton)은 1680년 보일러에서 발생된 고압증기를 분사시켜 그 추력으로 달리는 제트추진 차량의 모의실험에 성공하였다. 인류는 새로운 문명의 이기를 끊임없이 개발하려는 노력을 계속하였고, 마침내 1765년 영국의 Watt(James Watt)는 산업혁명을 촉발시킨 계기가 된 증기기관을 발명하였다. 1769년 증기기관차의 원리를 육상으로 이동시킨 증기자동차(그림 1-1)가 프랑스의 Cugnot(Joseph Cugnot)에 의해 개발되었고, 이후 19세기 후반까지 100여년 동안 증기자동차의 속도와 주행시간이 개선되면서 본격적인 자동차 시대가 시작되었다.

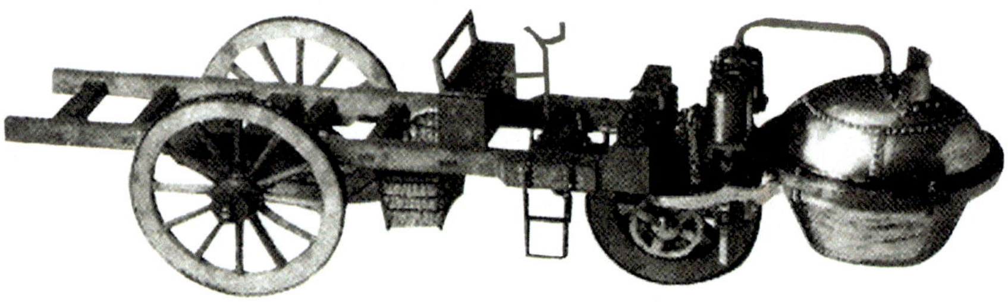

그림 1-1 Cugnot의 증기자동차

1839년 영국의 Clerk(Dugald Clerk)은 2사이클엔진을 발명하였고, 1862년 프랑스의 Rochas(Beau De Rochas)는 4사이클엔진의 원리를 제안하였다. 1873년 영국의 Davidson(R. Davidson)은 납-아연 배터리를 이용한 전기자동차를 트럭에 탑재하였는데, 이 방식은 20세기 초까지 증기자동차와 함께 크게 성행하였다. 그러나 전기자동차는 오랜 충전시간과 무거운 배터리로 인한 실내공간의 문제점 등으로 가솔린자동차에게 그 자리를 넘겨주게 되었다. 1876년 독일의 Otto(N. A. Otto) 박사는 4사이클의 원리를 응용하여 4사이클 가스엔진을 실용화하였고, 독일의 Daimler(Gottllieb Daimler)는 1873년 밸브기구를 이용한 4사이클 가솔린엔진(그림 1-2)을 발명하여 1875년 이를 목재 자전거에 장착하였다. 독일의 Benz(Karl Benz)도 Daimler와 별도로 4사이클 가솔린엔진을 발명하여 실용적인 3바퀴 자동차에 장착하는 쾌거를 거두었다.

그림 1-2 다임러의 4륜 승용차

1893년 미국의 Ford(Henry Ford)는 포드 1호차를 제작하였으며, 이후 1903년 A형 포드, 1908년 유명한 T형 포드(그림 1-3)를 생산하였다. 또한 Ford는 1913년부터 컨베이어벨트(conveyor belt) 조립시스템을 도입하여 자동차를 대량생산하게 되면서 미국에서 본격적인 자동차 대중화시대를 열게 되었다. 독일의 Diesel(Rudolf Diesel)은 1897년 가솔린엔진의 점화장치의 잦은 고장문제를 해결한 압축착화 디젤엔진을 실용화하여 오늘날까지도 유용하게 사용할 수 있는 기틀을 마련하였다.

그림 1-3 포드 T형 자동차

1930년까지 포드 T형 자동차의 대량생산을 통해 소형자동차의 보급이 급속히 진행되었고, 이때부터 강판 차체를 장착한 자동차가 양산되기 시작하였다. 또한 이 시기에 항공기의 영향을 받아 유선형 디자인의 자동차가 출현하기 시작했다. 1940년대에는 미국과 독일에서 지프(Jeep)와 폭스바겐의 비틀(Beetle)이 인기를 얻게 되는데, 비틀은 오랫동안 세계 최고의 생산대수를 기록한 차종으로 남게 된다. 1950년대에는 연간 자동차 생산대수가 1천만대를 넘을 정도로 효율적인 자동차 생산시스템이 정착되었고, 1956년 세계 자동차 보유대수가 1억 대를 넘게 되었다. 1960년대에는 자동차가 내구 소비재로 인식되면서 선진국에서는 생활의 필수품으로 자리매김하게 되었고, 차량 운행대수의 급속한 증가에 따라 대기오염 문제가 전면으로 부각되기 시작하였다. 1970년대 두 차례에 걸친 오일파동(oil crisis)은 저연비형 자동차를 개발하려는 계기가 되었고, 시대적 추세에 맞게 자동차의 소형화 경향, 알코올, 천연가스, 수소, 바이오 에너지 등의 대체에너지 발굴, 대체연료자동차 등을 개발하려는 노력이 활발하게 진행되었다. 1980년 이후 DOHC 엔진이 본격화되기 시작하여 고출력을 구현하려는 경향이 주류를 이루게 되었다. 이후 자동차의 개발 경향은 배기가스 저감, 저연비, 고출력, 내구성 향상, 가감속 응답성능 향상 등을 실현하기 위해 신소재의 개발, 엔진 및 차량 경량화, 전자제어장치 확장 등의 방법이 점진적으로 적용되었다. 또한 2000년 이후에는 안전에 대한 관심이 높아지면서 ABS와 에어백(air bag)의 장착이 필수적인 선택사양으로 인식되었고, 컴퓨터와 위성통신의 발달로 내비게이션 시스템(navigation system)이 기본품목으로 장착되고 있다.

한편 유한한 자원인 화석연료의 고갈과 배기가스 저감을 위한 방안으로 전기와 내연기관을 동시에 차량의 동력원으로 하는 하이브리드 자동차(hybrid car)가 전 세계적으로 인기를 끌며 각국 정부의 지원과 함께 판매가 크게 확대되고 있다. 2003년 미국에서 창립된 신생 자동차회사인 테슬라는 그동안 전기차의 단점으로 거론된 짧은 주행거리와 차량 가격의 경제성 문제를 극복하고 친환경자동차의 장점을 극대화한 플러그인 전기자동차(그림 1-4)의 양산에 성공하면서 선풍적인 인기를 끌고 있다. 연료전지를 이용한 전기자동차는 플러그인 전기자동차와 또 다른 형태의 전기자동차로 국내 자동차회사가 기술을 선도하고 있으며 가까운 미래에 본격적으로 상용화가 이루어질 것으로 전망된다. 기타 수소 자동차, 압축천연가스 자동차, 태양광 자동차 등이 미래의 자동차로 부상하고 있는데, 학계와 자동차 관련 기업체에서 이에 대한 이론적 연구와 실용화를 위한 기술개발이 폭넓게 진행되고 있다.

그림 1-4 테슬라 모델 3

최근 자동차 생산업체들은 현가장치, 조향장치, 공조장치 등 각각의 서브시스템이 주행조건이나 환경조건에 맞춰 자동적으로 최적성능을 만들어가도록 인공지능(AI)을 활용한 자동차의 개발에 주력하고 있다. 자동차의 안전장치와 정보통신(ICT) 기술을 접목시킨 스마트카는 운전자에게 안전 및 편의성을 제공함으로써 미래형 자동차에 필수불가결한 적용기술로 자리매김하고 있다. 한편 커넥티드 카(connected car)는 넓은 의미의 스마트 카의 범주에 속하는데 사물인터넷(IoT)과 네트워크 기술을 통한 연결성(connectivity)과 접근성(accessibility)이 강조될 때 불리는 차량이다. 이때 활용되는 네트워크 관련 첨단기술은 인공지능과 함께 자율주행을 위한 자동차에 확대되어 융합, 통합되면서 자동차의 안전과 편의성을 강화할 것으로 전망된다. 최근 신차에는 첨단 운전자 보조시스템(ADAS: advanced driver assistant system)이 널리 적용되고 있는데, 이는 주행 중 자동차의 두뇌 역할을 하는 헤드 유닛(핵심 제어부분)과 네트워크를 연결하여 운전자에게 다양한 정보를 제공하고 사고를 예방하도록 지원하는 지능형 기술이다. 향후 미래형 자동차는 인공지능(AI), 정보통신 기술과 네트워크의 결합을 통해 운전자의 통제가 없이도 도로와 보행자 상태를 정확하게 인지하고 확인하여 안전하고 효율적인 완전한 수준의 자율주행이 가능하도록 진화할 것으로 전망된다.

1-2 자동차의 정의

국내 도로교통법 2조에 의하면 자동차는 "철길 또는 가설된 선에 의하지 아니하고 원동기를 사용하여 운전되는 차(견인되는 자동차도 자동차의 일부로 본다)로서 자동차관리법 제3조의 규정에 의한 승용자동차 · 승합자동차 · 화물자동차 · 특수자동차 · 이륜자동차를 말한다." 승용자동차, 승합자동차, 화물자동차, 특수자동차 및 이륜자동차의 구분은 자동차의 크기, 구조, 원동기의 종류, 총배기량 또는 정격출력을 기준으로 건설교통부령으로 정하고 있다.

자동차의 정의는 자동차가 갖추어야 할 최소한의 조건인데 현재는 인류의 생활과 문화수준이 높아짐에 따라 쾌적한 승차감, 기동성, 안정성, 편의성 등이 기본적으로 요구되고 있다. 자동차는 내구소비재로 광고효과가 크고 유행을 크게 타는 산업 생산품이다. 자동차 산업은 국가산업의 근간이 되고 전후방 파급효과가 대단히 크기 때문에, 지금까지 주로 선진국들에 의해 독점적으로 생산되고 있는 실정이다.

1-3 자동차의 분류

자동차는 영미식 용어로 motor vehicle, automobile 또는 motor car, auto-car라고도 하며, car, motor, auto라고 생략하여 쓰기도 한다. 자동차는 차체의 형상, 원동기의 종류, 바퀴수, 엔진위치 및 구동바퀴, 기타 법률적 편의성 등에 따라 다음과 같이 여러 가지 종류로 분류된다.

1-3-1 엔진 및 에너지원에 의한 분류

① 증기 자동차(steam automobile)

18세기 산업혁명과 함께 출현한 자동차로서 현재 내연기관 자동차의 모체라 할 수 있으며, 단위 출력 당 중량이 무겁다는 단점으로 사라지게 되었다. 최근 배기가스 저감 대책의 일환으로 일부 연구개발이 진행되고 있다.

② 전기 자동차(electric automobile)

배터리, 연료전지 등의 전기에너지로 모터를 회전시켜 바퀴를 구동한다. 배터리 전기 자동차는 증기자동차만큼 오랜 역사를 갖고 있으나, 지나치게 긴 충전시간, 배터리의 과도한 용적 등으로 크게 실용화되지 못하였다. 현재 도시의 물품 배달차량이나 도시버스에 시험적으로 사용되고 있고, 병원이나 공공시설의 실내 청소용, 공장 내부의 작업차용 등으로도 활용되고 있다.

③ 내연기관 자동차(internal combustion automobile)

현재 운용 중인 대부분 자동차의 주된 동력원으로 활용되고 있다. 가솔린엔진 자동차, 디젤엔진 자동차, LPG 엔진 자동차, 로터리엔진 자동차, 가스터빈 자동차, 제트엔진 자동차, 로켓 자동차 등이 있다.

1-3-2 엔진의 설치 위치에 의한 분류

① 전엔진 자동차(front engine car)

엔진이 자동차의 전면부에 설치되어 있는 자동차로 가장 일반적인 자동차이다. 앞바퀴 혹은 뒷바퀴를 구동한다.

② 후엔진 자동차(rear engine car)

엔진이 자동차의 후면부에 설치되어 있는 자동차로 보통 뒷바퀴를 구동한다.

③ **상하(床下)엔진 자동차(under-floor engine car)**

엔진이 자동차의 중앙부근 바닥밑이나 뒷부분의 바닥밑에 설치된 자동차로 바닥의 이용면적을 크게 할 수 있다.

④ **전후엔진 자동차(twin engine car)**

엔진이 전면부와 후면부에 설치된 자동차를 말한다.

⑤ **측엔진 자동차(side engine car)**

엔진이 차체의 바닥위 옆부분에 설치된 자동차를 말한다.

1-3-3 구동방식에 의한 분류

① **전륜구동 자동차(front wheel drive car)**

앞바퀴에 엔진의 동력을 전달하여 구동하는 자동차로 최근 세계적인 추세의 구동방식이다. 이 구동방식은 직진성이 우수하고 실내면적을 유용하게 활용할 수 있는 장점이 있다. 또한 다른 구동방식에 비해 연비를 저감할 수 있고 눈길에서의 주행성능이 우수하여 최근 소형, 중형, 대형차 모두에 적용되고 있다.

② **후륜구동 자동차(rear wheel drive car)**

뒷바퀴에 엔진의 동력을 전달하여 구동하는 자동차이다. 이 방식은 조향바퀴와 구동바퀴가 분리되어 있어 코너링과 같은 조종안정성이 우수하고, 가속 및 등판성능이 뛰어나며 엔진룸에 여유가 있어 정비성이 우수하다. 또한 균일한 전후 중량 배열로 안정성을 확보할 수 있다. 그러나 추진축의 진동과 소음이 차안으로 전달될 수 있다.

③ **전륜(全輪)구동 자동차(all wheel drive car)**

앞뒤 모든 바퀴에 엔진의 동력을 전달하여 구동하는 자동차로 4륜구동 자동차(4-wheel drive car: 4×4), 6륜구동 자동차(6-wheel drive car: 6×6) 등이 있다. 모든 바퀴에 점착력(adhesive force)이 작용하므로 일반도로뿐만 아니라 산길이나 비포장 도로 등 험로, 급경사로, 눈길의 주행에 적합하여 SUV, 작업용차, 군용차 등에 많이 사용된다. 구조상 트랜스퍼 케이스(transfer case)가 필요하므로 구조가 복잡해진다. 전륜(全輪)구동 자동차는 크게 항상 모든 바퀴로 구동되는 full time 전륜구동차와 보통은 앞바퀴 혹은 뒷바퀴로만 구동되지만 필요할 때에만 모든 바퀴로 구동되는 part time 전륜구동차로 구분된다.

1-3-4 바퀴수에 의한 분류

① **2륜 자동차(2-wheeled vehicle)**

오토바이(auto-bicycle)나 스쿠터(scooter)와 같이 전후 2개의 바퀴로 주행하는 자동차로 보통 뒷바퀴로 구동한다.

② 3륜 자동차(3-wheeled vehicle)

일반적으로 앞바퀴 1개, 뒷바퀴 2개가 배치되어 3개의 바퀴로 주행하는 자동차로 보통 구동은 뒷바퀴로 행한다.

③ 4륜 자동차(4-wheeled vehicle)

전후 차축에 2개씩의 바퀴가 배치되는 자동차로 일반적인 승용차나 소형 트럭이 4륜 자동차이다. 트럭에서 적재중량이 큰 차량은 뒷바퀴가 각각 2개씩 배치되나 이것도 4륜 자동차로 분류된다.

④ 6륜 자동차(6-wheeled vehicle)

3개의 차축에 각각 2개씩의 바퀴가 배치되어 주행하는 자동차이다. 보통 적재중량이 큰 경우 뒤쪽 2개의 차축에 바퀴가 각각 2개씩 달려 있다. 앞쪽에 2개의 차축이 배치된 경우도 있다.

⑤ 다륜 구동차(multi-wheeled vehicle)

8개 이상의 바퀴로 주행하는 자동차로 특수 용도에 따라 차축과 바퀴가 배치된다.

1-3-5 차체의 형상에 의한 분류

(1) 승용차

승용차(passenger car)는 사람이나 수하물 또는 물건을 수송할 목적으로 설계 및 제작되는데 좌석이 운전자석을 포함하여 10석 이하의 자동차를 말한다. 승용차는 그 형상에 따라 구체적으로 다음의 여러 가지 형태로 분류하고 있다.

① 세단(sedan)

전후 2열의 구조로 합계 4석 이상의 좌석을 구비한 4도어(door) 차량으로 4~6인승 박스형 승용차이다. 측면의 창이 센터 필러(center piller)로 나누어질 수 없는 것을 하드톱(hard top)이라고 하며, 2도어의 세단형 차체를 코치(coach)라고 한다. 영국에서는 설룬(saloon), 독일에서는 리무진(limousine), 프랑스에서는 베를리느(berline)라고 한다.

② 리무진(limousine)

전후 2열의 좌석을 갖고 있으며 전후 좌석 사이에 칸막이가 있어 뒷좌석을 중시한 승용차이다. 임페리얼 세단(imperial sedan) 혹은 풀먼 세단(Pullman sedan)이라고도 한다.

③ 쿠페(coupe)

좌석은 적어도 1열 이상이고 2~3인승의 2도어 승용차이다. 보통 세단보다 지붕이 작고 차의 높이가 비교적 낮으며 앞좌석을 중시하고 뒷좌석은 작다. 세단보다 경쾌하고 주행성능이 우수하다.

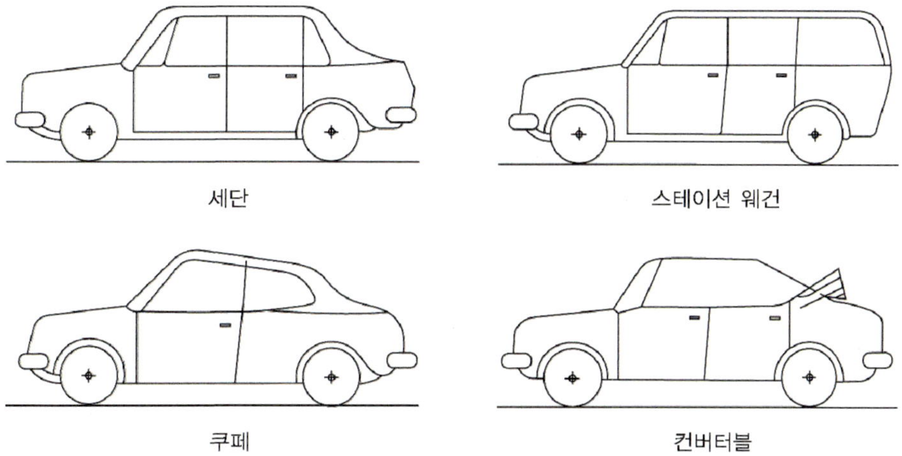

그림 1-5 승용차의 분류

④ 스테이션 왜건(station wagon)

세단의 변형으로 트렁크 부위를 없애고 차실을 연장하여 그 후부를 화물실로 만든 승용차로서 승용이 주가 되고 화물의 운반도 겸용하는 승용차이다. 전후 2열로 4~6인승이며 차체 후면에 큰 도어를 설치하고 있어 이를 포함하여 3도어 또는 5도어를 갖는다. 영국에서는 에스테이트카(estate car), 독일에서는 콤비(kombi), 프랑스에서는 브릭(break), 이탈리아에서는 패밀리알레(familiale)라고 한다.

⑤ 컨버터블(convertible)

좌석은 주로 1열이고 차체 천장이 포제나 금속 또는 플라스틱으로 만들어지며, 차제 측면의 창틀을 포함하여 천장의 개폐가 임의로 가능하도록 만든 세단이나 쿠페를 말한다. 전후 2열의 좌석을 가진 컨버터블을 패톤(faton), 사이드 윈도가 없는 전후 1열 좌석의 컨버터블을 로드스터(roadster)라고도 한다. 유럽에서는 카브리올레라고 부른다.

(2) 버스

버스는 사람 및 수하물을 수송할 목적으로 설계 및 제작되며, 운전석을 포함하여 11석 이상의 차량을 말한다.

① 보닛 버스(cab-behind-engine bus)

운전실이 보닛(bonnet) 뒤쪽에 있는 버스로서 버스의 원형이다.

② 캡오버 버스(cab-over-engine bus)

운전실이 엔진의 위치에 있는 버스이며 상자형이다.

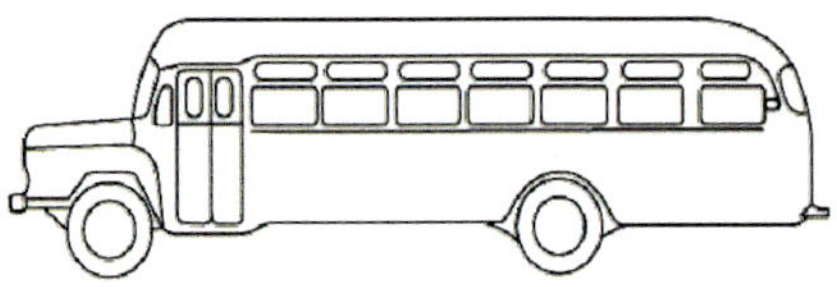

보닛 버스

캡오버 버스

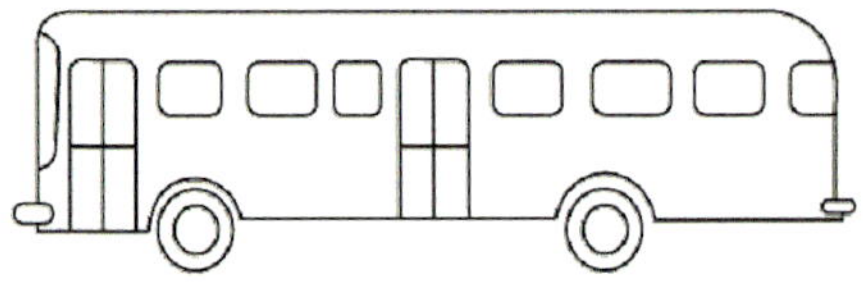

코치 버스

그림 1-6 버스의 분류

③ 코치 버스(coach bus)

엔진이 차량의 뒷부분에 설치되어 튀어나오지 않은 상자형 버스로서 오늘날 이 형식의 버스가 많다.

④ 마이크로 버스(micro bus)

승차 정원이 10여석 정도의 소형 버스이다.

⑤ 라이트 버스(light bus)

승차 정원이 30명 미만의 중형 버스이다.

(3) 트럭

주로 화물을 수송할 목적으로 설계 및 제작된 자동차를 말하며 운전석의 위치와 지붕의 유무에 따라 다음과 같이 분류한다.

① 보닛 트럭(cab–behind–engine truck)

운전석이 보닛의 뒤쪽에 위치한 트럭을 말한다.

② 캡오버 트럭(cab–over–engine truck)

운전석이 엔진 위에 위치한 트럭이다.

③ 패널 밴(panel van)

운전석과 화물실이 일체로 되어 있고 화물실도 지붕이 고정된 상자형 트럭을 말한다.

④ 라이트 밴(light van)

소형 패널 밴을 일컫는다. 경화물이나 상품 수송에 사용되는 화물과 승객 겸용차로 보통 승용차의 섀시를 사용한다. 일반적으로 2~5인의 정원이고 400~500kg 정도의 화물을 실을 수 있으며 후방에 도어가 있다.

⑤ 픽업(pickup)

지붕이 없고 화물실을 운전석 뒤쪽에 마련한 소형 트럭을 말한다. 1방 개방 차체로 후방만 개폐가 가능하며 2~5인의 정원이면서 400~500kg의 화물을 운반할 수 있다.

그림 1-7 트럭의 분류

1-3-6 용도에 의한 분류

① 승용자동차(passenger car)

보통 10명 이하의 승객을 수송하는 자동차를 말한다.

② 스포츠카(sports car)

운전자가 운전을 스포츠로 즐기는 것을 목적으로 제작된 자동차를 말한다.

③ 화물자동차(motor truck)

화물의 수송을 목적으로 제작된 자동차이다.

④ 특용차

일반적인 섀시에 특수한 차체를 장치한 자동차로서 구급차, 소방차, 우편차, 선전용차 등을 말한다.

⑤ 특수장비차

특정 작업에 사용할 목적으로 제작된 특수 구조의 자동차를 말하며 탱크롤리(tank lorry), 콘크리트 믹서차, 덤프트럭(dump truck), 레커차 등이 이의 범주에 속한다.

1-3-7 법규에 따른 분류

현행 자동차관리법 제3조 및 자동차관리법시행규칙(제2조)에 근거한 자동차의 종별분류는 승용자동차, 승합자동차, 화물자동차, 특수자동차, 이륜자동차 등 5개 차종별로 구분하고, 각각의 차종을 유형별 분류와 규모별 분류로 세분류하고 있다. 유형별 분류는 용도 중심으로 재분류한 것인데 승용자동차의 경우는 일반형, 승용겸화물형, 다목적형, 기타형으로 분류하고, 승합자동차는 일반형과 특수형으로 분류하고 있다. 또한 화물자동차는 일반형, 덤프형, 밴형, 특수 용도형으로 분류하고 특수자동차는 견인형, 구난형, 특수용도형으로 분류하고 있다. 이륜자동차는 일반형, 특수형, 기타형으로 구분된다. 규모별 분류는 배기량, 크기, 정원, 중량 등의 기준에 의해 소형, 중형, 대형으로 세분하고 있다.

1-4 자동차의 구조

자동차의 구조는 구조상 그림 1-8과 같이 차체(body)와 섀시(chassis)로 크게 나누어진다.

차체는 사람이나 화물을 싣는 부분으로 본체, 문짝, 바닥, 시트 및 부속장치로 이루어져 있고 그 모양은 승용차, 버스, 화물차 등 용도에 따라 다르다. 승용차의 차체는 차실(실내), 엔진실(engine room), 트렁크(trunk) 등으로 구성된다. 최근 생산되고 있는 승용차는 차체의 지붕, 옆판 및 바닥이 일체로 제작된다. 이는 1개의 상자의 구조로 튼튼하고 가벼운 구조로 된 모노코크 차체(monocoque body 또는 frameless body) 구조를 채용하고 있다.

그림 1-8 차체와 섀시

섀시는 그림 1-9와 같이 자동차를 주행시키는 데 필요한 장치로서 자동차에서 차체를 제외한 나머지를 지칭한다.

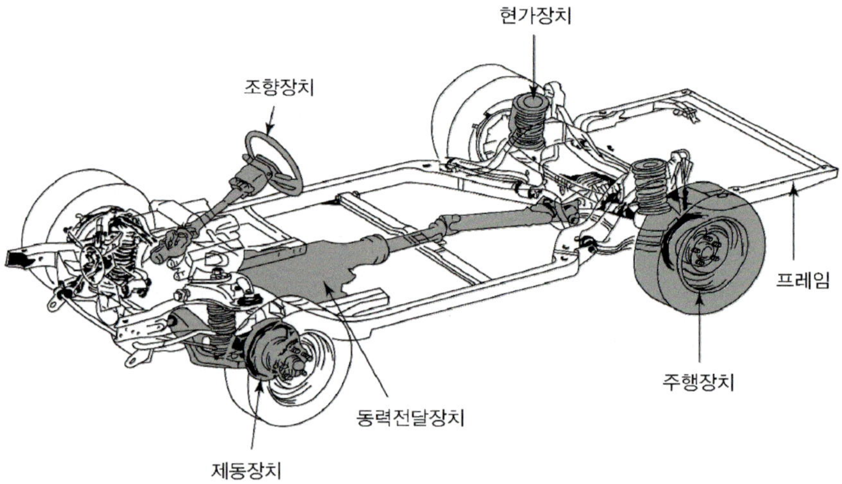

그림 1-9 섀시의 구성

섀시에는 크게 엔진, 동력전달장치[변속기를 포함한 파워트레인(power train)], 조향장치, 제동장치, 현가장치, 프레임 및 휠, 전장품 등이 포함된다.

1-4-1 섀시의 구성

(1) 동력발생장치(power plant)

자동차가 주행할 때 필요한 동력을 발생하는 장치로 자동차용 엔진으로는 가솔린엔진, 디젤엔진, LPG엔진, 천연가스엔진, 로터리엔진 등이 널리 사용된다. 엔진은 엔진 본체와 냉각장치, 윤활장치, 흡배기장치, 연료장치, 전기장치(시동, 점화, 충전장치) 등으로 구성된다.

(2) 동력전달장치(power train)

엔진에서 발생한 동력을 구동바퀴까지 전달하는 일련의 장치를 말하는데 클러치, 변속기, 추진축, 종감속기어, 차축 등으로 구성된다. 후륜구동의 수동변속기 차량에서는 엔진에서 발생한 동력이 "엔진 → 클러치 → 변속기 → 유니버설 조인트 → 추진축 → 종감속기 → 차동기 → 구동바퀴"의 순서로 전달된다.

(3) 조향장치(steering system)

자동차의 진행방향을 임의로 바꾸기 위한 장치로 보통 조향휠(steering wheel)을 돌려서 앞바퀴를 조향한다. 최근 승용차 운전자의 편의성과 버스나 트럭의 대형화에 대응하기 위하여 유압 또는 모터를 이용한 동력조향장치(power steering mechanism)가 널리 적용되고 있다.

(4) 현가장치(suspension system)

자동차가 주행할 때 노면에서 받는 진동이나 충격을 흡수하여 승차감을 향상시키고 자동차 각 부위의 손상을 방지하기 위하여 프레임과 차축사이에 설치된 완충장치를 말한다. 스프링(spring), 완충기(shock absorber), 진동방지기(stabilizer) 등으로 구성된다.

(5) 제동장치(brake system)

주행하는 자동차를 감속하거나 정지시키고 또한 주차를 안전하고 확실하게 하는 장치로 마찰을 이용한 마찰 브레이크가 많이 사용되고 있다.

(6) 프레임(frame)

프레임은 섀시를 구성하는 각 장치나 차체를 장착하여 뼈대를 형성하는 부분으로, 장착된 부품이나 차체에서 전달되는 하중, 전후 차축에서의 반력을 지탱하는 역할을 수행한다. 따라서 프레임은 자동차가 주행 중에 받는 노면으로부터의 충격이나 하중에 의해 발생하는 굽힘, 비틀림, 인장 및 진동 등의 외력에 충분히 견디는 강도와 강성을 갖추어야 한다. 동시에 프레임은 경량이고 가공이 쉬우며 저렴한 가격이 요구되는데, 일반적으로 저탄소강판이 많이 사용된다.

승용차를 제외하고 대부분 프레임을 갖고 있으나, 최근 생산되는 승용차는 프레임이 없는 모노코크 차체(monocoque body)를 사용하여 차체 자체가 외력을 견디도록 설계한다.

(7) 타이어

자동차 하중을 부담 및 완충하거나 구동력(점착력)과 제동력 등 주행 시에 발생하는 여러 힘을 부담하고 있다.

(8) 기타 장비품

자동차를 안전하게 운행하기 위한 조명장치나 신호를 위한 등화류, 차량의 속도나 엔진의 운전상태를 지시하는 계기판 외에 경음기, 윈드 쉴드 와이퍼 및 와셔 등이 차량에 장착되어 있다.

1-4-2 동력전달 경로

자동차는 엔진의 설치 위치와 구동바퀴의 조합에 따라 FF 자동차(Front engine Front wheel drive car), FR 자동차(Front engine Rear wheel drive car), RR 자동차(Rear engine Rear wheel drive car) 등으로 분류한다. FF식인지 또는 FR식인지에 따라 엔진에서 구동바퀴까지의 동력전달 경로는 차이가 있다.

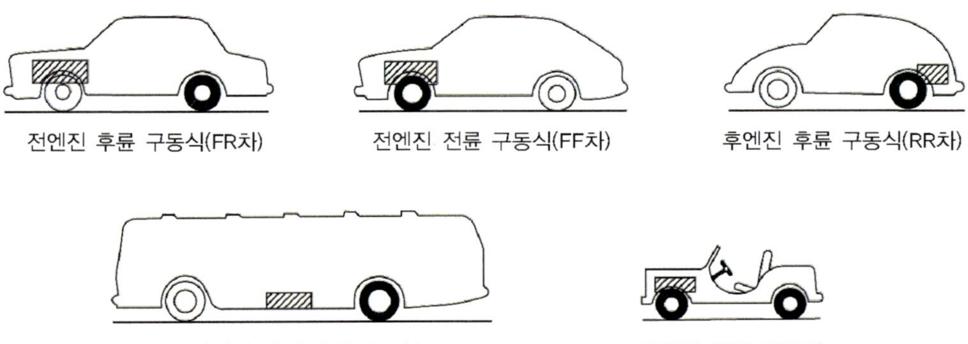

그림 1-10 엔진 및 구동바퀴의 위치에 따른 자동차 분류

(1) FR 자동차

FR 자동차에서 동력이 전달되는 경로는 "엔진 → 클러치 → 변속기 → 프로펠러축 → 종감속기 → 차동기 → 뒷차축 → 바퀴"의 순서이다. 자동차에 따라 구성부분의 위치가 다르면 다소 차이가 있는 경우도 있다.

(2) FF 자동차 & RR 자동차

이 방식은 "엔진 → 트랜스 액슬(trans axle) → 구동축 → 바퀴"의 순서로 동력이 전달된다. 트랜스 액슬은 클러치, 변속기, 감속기 및 차동기가 일체로 결합되어 있는데, 이 방식은 FR 자동차에서의 프로펠러축이 존재하지 않는다.

(3) 4WD 자동차

기본적으로 FR 자동차와 동력전달 방식이 같다고 할 수 있으나, 구동계통의 중간에 트랜스퍼(transfer)라고 부르는 동력배분장치가 있다. 4륜구동으로 굴곡로를 주행할 때 발생하는 전후 차축의 회전차를 흡수하기 위하여 센터 디퍼렌셜(center differential)이라고 부르는 장치를 장착한다.

1-5 자동차의 제원

자동차의 제원(specification)이란 자동차에 관한 전반적인 치수, 무게, 기계적인 구조, 성능 등을 일정한 기준에 의거하여 수치로 나타낸 것을 말하는데, 이 제원을 종합하여 기재한 것을 제원표라고 한다. 제원표는 ISO나 SAE 또는 각국의 표준산업규격으로 그 기재 방법이 자세하게 규정되어 있다.

1-5-1 자동차 치수

(1) 전장(overall length)

자동차의 길이를 자동차의 중심면과 접지면에서 평행하게 측정하였을 때 부속물(범퍼, 후미등)을 포함한 최대 길이이다.

(2) 전폭(overall width)

자동차의 너비를 자동차의 중심면과 직각으로 측정하였을 때 부속물을 포함한 최대너비이다. 단, 하대(荷臺) 및 환기장치는 닫힌 상태이고 사이드 미러는 포함하지 않는다.

(3) 전고(overall height)

접지면에서 가장 높은 부분까지의 높이이다. 자동차가 최대 적재상태일 때는 이것을 명시한다. 단, 막대식 안테나는 가장 낮은 상태로 한다.

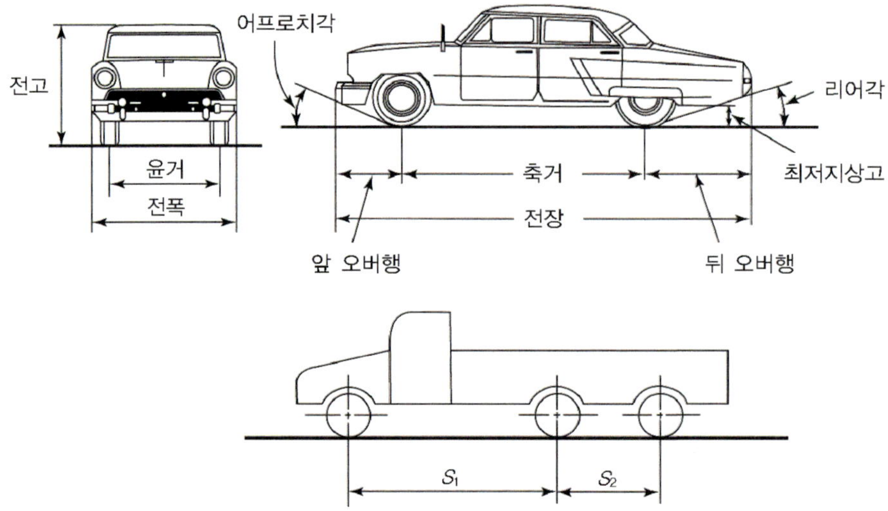

그림 1-11 자동차의 제원

(4) 축거(wheel base)

앞뒤 차축의 중심에서 중심까지의 수평거리이다. 차축이 2개인 것은 앞차축과 중간차축 사이를 제1축거(S_1), 중간차축과 뒷차축 사이를 제2축거(S_2)라고 한다. 축거가 클수록 실내의 공간이 넓고 승차감이 향상되나 지나치게 크게 되면 회전반경이 크게 되고 차체 강성 관점에서도 불리하다. 보통 승용차의 축거는 2,300~3,000mm 정도이다.

(5) 윤거(tread)

좌우 타이어의 접촉면의 중심에서 중심 사이의 거리이다. 복륜의 경우는 복륜 간격의 중심에서 중심 사이의 거리이다. 윤거가 넓을수록 안정성과 실내 공간의 확보에서 유리하고 승차감이 좋으며 회전반경도 작게 된다. 그러나 너무 크면 공기저항이 증가하고 운전성과 차체 강성 관점에서 불리하다.

(6) 중심높이(height of gravitational center)

접지면에서 자동차의 중심(重心)까지의 높이이다. 최대 적재상태일 때는 이것을 명시한다.

(7) 바닥높이(floor loading height)

접지면에서 바닥면의 특정 장소(버스의 승강구 위치 또는 트럭의 맨 뒷부분)까지의 높이이다.

(8) 프레임 높이(height of chassis above ground)

축거의 중앙에서 측정한 접지면에서 프레임 윗면까지의 높이이다. 단, 차축이 3개 이상일 때는 앞차축과 맨 뒷차축의 중앙에서 측정한다.

(9) 최저지상고(ground clearance)

자동차의 중심면에 수직한 연직면에 투영된 자동차의 윤곽에서 대칭으로 된 좌우 구간 사이에 있는 가장 낮은 부분과 접지면과의 높이를 말한다. 즉, 접지면에서 자동차의 가장 낮은 부분까지의 높이이다. 단, 브레이크 드럼의 아랫부분은 이 지상고의 측정에서 제외한다.

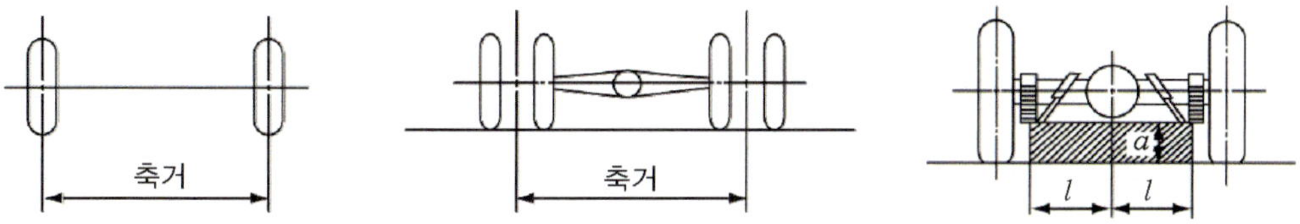

(a) 축거 (b) 최저지상고

그림 1-12 축거와 최저지상고

(10) 앞 오버행(front overhang)

앞바퀴의 중심을 지나는 수직면에서 자동차의 맨 앞부분까지의 거리이다. 범퍼나 견인장치(hook) 등 자동차에 부착된 것은 모두 포함한다.

(11) 뒤 오버행(rear overhang)

맨 뒷바퀴의 중심을 지나는 수직면에서 자동차의 맨 뒷부분까지의 수평거리이다. 견인장치나 범퍼 등 자동차에 부착된 것은 모두 포함한다.

(12) 앞 오버행각(front overhang angle 또는 approach angle)

자동차의 앞부분 하단에서 앞바퀴 타이어의 바깥 둘레에 그은 선과 지면이 이루는 최소각도이다. 이 각도 안에는 어떤 부착물도 존재하지 않는다.

(13) 뒤 오버행각(rear overhang angle 또는 departure(rear) angle)

자동차의 뒷부분 하단에서 뒷바퀴 타이어의 바깥 둘레에 그은 선과 지면이 이루는 최소각도이다. 이 각도 안에는 어떤 부착물도 존재하지 않는다.

(14) 조향각(steering angle)

자동차가 방향을 바꿀 경우 조향바퀴의 스핀들(spindle)이 선회하여 이동하는 각도이다. 보통 선회하는 안쪽 바퀴의 최대값으로 표시한다.

(15) 램프각(ramp angle)

축거의 중심점을 포함한 차체 중심면과 수직면의 가장 낮은 점에서 앞바퀴와 뒷바퀴 타이어의 바깥 둘레에 그은 선이 이루는 각이다.

(16) 최소회전반경(minimum turning radius)

자동차가 최대 조향각으로 저속회전할 때 최외측 바퀴의 접지면 중심이 그리는 원의 반지름을 말한다.

(17) 최대안정경사각

공차상태에서 자동차를 경사시켰을 경우 반대측의 모든 바퀴가 바닥면에서 떨어질 때 경사면과 수평면이 이루는 각도를 말한다.

(18) 최대접지압력

최대 적재상태에서 접지 부분에 걸리는 단위면적 당 중량을 말한다. 그러나 일반 자동차의 경우 타이어 접지부분의 너비 1cm에 걸리는 중량으로 표시한다.

1-5-2 자동차 중량

(1) 차량중량(unladen vehicle weight)

공차상태(적화물이 없이 연료, 냉각수, 윤활유 등은 최대로 충전하고 운행에 필요한 장비를 장착한 상태)에서의 자동차의 중량을 말하는데 공차중량이라고도 한다.

(2) 최대적재량(maximum loading capacity)

트럭 등에서 허용된 화물의 최대적재량이다.

(3) 차량총중량(GVW: gross vehicle weight)

최대 적재상태에서의 자동차의 중량을 말한다. 차량중량에 자동차의 승차정원 또는 화물의 최대적재량을 합한 중량이다.

(4) 배분중량(distributed weight)

최대 적재상태에서 자동차의 각 차축에 배분된 중량을 말하며 그 합은 차량총중량이 된다. 각 차축에 배분된 중량을 축중이라고 하고 축중을 그 자동차에 부착된 바퀴수로 나눈 값을 바퀴하중이라고 한다.

(5) 중량배분비(weight distribution ratio)

각 차축의 배분중량의 백분율로 공차상태인지 적재상태인지를 명기한다.

(6) 섀시중량(chassis weight)

공차상태에서의 섀시중량을 말한다. 특기한 사항이 없을 때는 운전대도 달리지 않은 상태이다.

(7) 스프링상중량(sprung weight)

새시스프링에 가해진 부분의 중량으로 추진축, 현가장치, 브레이크장치, 조향장치와 같이 그 중량의 일부가 스프링상중량으로 작용하는 것은 그 구조에 따라 스프링상중량으로 가산한다.

8) 스프링하중량(unsprung weight)

앞뒤 차축에 고정된 부분의 중량이다. 추진축, 현가장치, 브레이크장치, 조향장치 등은 스프링상중량에 가산된 나머지 부분만이 스프링하중량이 된다.

1-5-3 자동차 성능

자동차의 성능에 대한 구체적인 내용은 뒷장에서 다루기로 하고 여기에서는 간단하게 개념들만 살펴보기로 한다.

(1) 자동차 주행성능선도(tractive performance diagram)

그림 1-13에 표시한 자동차 주행성능선도는 자동차의 주행속도(보통 km/h로 표시)에 대한 구동력 곡선, 주행저항 곡선 및 변속기의 각 변속단에서의 엔진회전속도를 하나의 그래프에 모아놓은 그림이다.

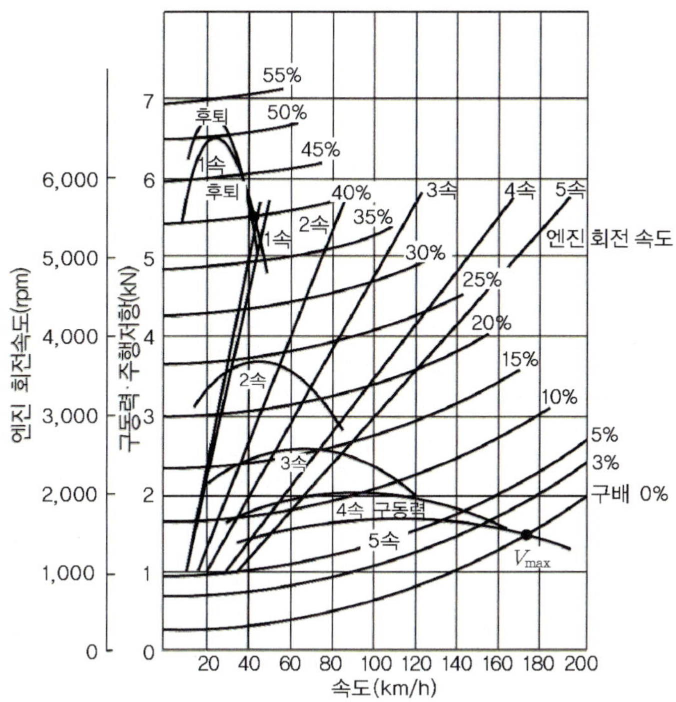

그림 1-13 5단 변속기의 자동차 주행성능선도

(2) 동력전달효율(mechanical efficiency of power transmission)

엔진에서 발생한 크랭크축 출력(축출력)과 클러치, 변속기, 감속기 등의 동력전달장치를 거쳐 구동바퀴에 전달된 출력의 비(%)를 말한다.

(3) 최고속도(maximum speed)

무풍이고 수평인 평탄한 노면에서 적재상태의 자동차가 낼 수 있는 최고의 속도를 말한다. 최고속기어에서 최고속도가 발생하며 단위로는 [km/h]를 사용한다.

(4) 연료소비율(fuel consumption rate)

자동차가 단위시간 또는 단위 주행거리에서 소비하는 연료의 양을 말하며 단위로는 보통 [km/l]를 사용한다.

(5) 등판능력(hill climbing ability)

자동차가 적재상태에서 언덕을 올라갈 수 있는 능력으로, 등판할 수 있는 최대경사각도로 표시한다. 보통 $\sin\theta = \dfrac{h}{a}$ 로 표시하나 구배(기울기)인 $\dfrac{h}{l} \times 100(\%)$로 표시하기도 한다.

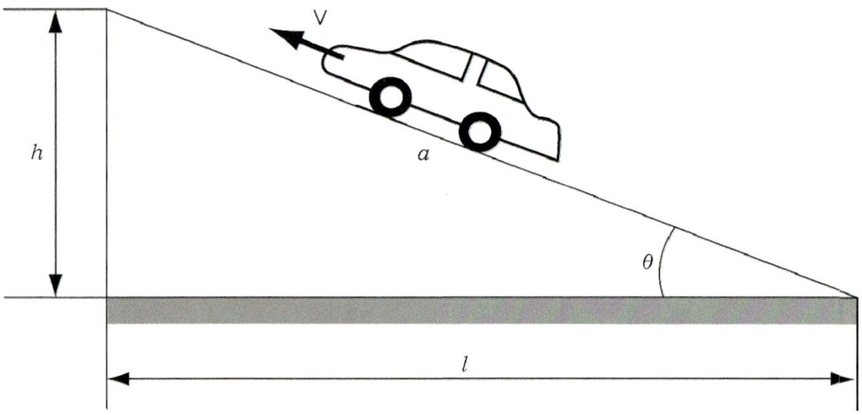

그림 1-14 등판능력

(6) 가속능력(accelerating ability)

자동차가 평지에서 주행할 때 가속할 수 있는 최대여유능력을 말하며 발진가속능력과 추월가속능력으로 구분된다.

① 발진가속능력(standing start accelerating ability)

자동차가 정지상태에서 출발하여 적절하게 변속을 하면서 일정거리를 주행하는 시간이나 일정속도에 도달하는 시간으로 구해지는 최대 가속능력을 말한다.

② **추월가속능력(passing accelerating ability)**

자동차가 어느 초속도에서 변속하지 않고 일정속도까지 가속하는 시간으로 구해지는 최대 가속능력을 말한다.

(7) 제동능력(braking ability)

운전자가 제동조작을 수행하여 제동장치가 작동하면서 자동차가 정지할 때까지의 거리(제동거리)로 표시한다. 공주거리는 운전자가 전방에 있는 위험을 인지하고 가속 페달에서 발을 떼어 브레이크 페달을 밟기 전까지 이동한 거리이다. 한편 정지거리는 공주거리와 제동거리의 합으로 구한다.

(8) 변속비(transmission gear ratio)

변속기의 입력축과 출력축의 회전수 비로 주행상태에 따라 선택할 수 있다.

(9) 총감속비(total reduction gear ratio)

엔진의 회전속도와 구동바퀴의 회전속도와의 비를 말하는데 변속기의 변속비와 종감속기의 감속비를 곱하여 구한다. 전감속비라고도 한다.

1-6 친환경 자동차

현재 운송수단으로서 가장 널리 사용되고 있는 자동차의 엔진으로 승용차에서는 가솔린엔진이 주로 적용되고 있고, 대규모의 승객과 화물을 운반하는 버스나 트럭에서는 디젤엔진을 채택하고 있다. 1970년대 두 차례의 석유파동(oil shock) 이후 석유에너지로부터 탈피하기 위해 대체연료(alternative fuel)를 개발하려는 연구가 진행되기 시작했다. 1980년대 이후에는 배기가스의 배출을 줄여 대기오염을 줄이려는 관점에서 대체연료 자동차, 전기자동차, 하이브리드 자동차 그리고 연료전지 자동차 등과 같이 새로운 방식의 자동차에 대한 개발이 앞다투어 진행되고 있다. 그러나 자동차용 동력원으로서 기존의 가솔린과 디젤엔진의 장점을 대체할 연료 또는 동력발생장치의 출현이 지연되고 있다. 현재 내연기관에 사용되는 연료별 장・단점을 표 1-1에 나타내었다.

표 1-1 자동차용 대체연료의 특성 비교

연료		주행거리	비출력	열효율	저공해	연료탑재성	안전성
가솔린		100	○	△	○	○	○
경 유		120	△	○	△	○	○
알 콜		60	○	△	△	○	△
천연가스		≅100	△	△	○	△	△
수소	기체	≅100	△	○	◎	△	△
	액체	30	△	○	◎	○	○
전 기		≅100	○	−	◎	−	○

주) 액체연료는 동일한 연료탱크 체적을 기준으로 함. 기체연료는 안전한 고압연료탱크의 개발로 탑재성이 향상됨

친환경 자동차는 화석연료의 사용량을 줄임으로써 국내 환경부령으로 정하는 배출허용 기준의 저공해 기준에 부합되는 자동차이다. 국내 '환경친화적 자동차의 개발 및 보급 촉진에 관한 법률'에 따른 친환경 자동차의 종류로는 전기자동차(electric vehicle), 태양광 자동차(solar vehicle), 하이브리드 자동차(hybrid electric vehicle), 연료전지 자동차(fuel cell electric vehicle), 천연가스 자동차(natural gas vehicle) 등이 거론된다. 이 중에서 전기자동차는 현대문명의 총아인 전기에너지를 공급받아 인버터와 모터를 돌려 운행하는 자동차이고, 태양광 자동차는 태양빛을 전력으로 전환하는 태양전지를 활용하고 이로부터 발생한 전기로 모터를 구동하면서 운행하는 자동차이다.

하이브리드 자동차는 2가지 동력원의 조합으로 구동된다. 즉 가솔린, 경유, 천연가스 등 기존의 내연기관 동력원과 배터리 또는 연료전지의 전기에너지의 동력원의 조합으로 필요에 따라 양쪽 동력원의 어느 하나 또는 모두를 활용하는 방식의 자동차이다. 또한 연료전지 자동차는 대표적인 것이 수소를 활용한 수소 연료전지 자동차로 이는 수소를 연료로 하여 전기화학반응을 통해 전기를 생산한 후 전기모터를 돌려 동력을 얻는 방식의 친환경 자동차이다. 천연가스 자동차는 현재 대기오염이 심각한 국내 대도시의 시내버스에서 채택하고 있는 친환경 자동차이다. 기존의 내연기관을 수정한 엔진에 압축천연가스나 액화천연가스 연료를 사용하는 내연기관을 장착한 자동차로 현재 운송수단의 주종인 가솔린이나 디젤자동차보다 배출가스의 양이 현저히 적게 배출되고 있다. 한편 친환경 자동차의 영역으로 구분되지는 않지만 연비개선과 배출가스 저감효과가 입증된 희박연소 방식을 채택한 자동차에 대해서도 간단하게 기술하고자 한다.

1-6-1 전기자동차

(1) 배터리 전기자동차

① 배터리 전기자동차의 역사

순수 배터리 전기자동차는 1873년 영국의 Davidson(R. Davidson)에 의해 최초로 제작되었으며 1900년에는 전기자동차가 전체 자동차의 38%를 점유하였다. 1909년의 미국에는 만대의 전기승용차와 3천대의 전기트럭이 운행되었다. 그러나 1911년 GM 자동차에서 전기구동 시동기(starter)가 발명되면서 가솔린 자동차가 급속하게 발전하였고 이에 따라 전기자동차는 일반의 관심에서 멀어져 자취를 감추게 되었다. 1938년에 전기자동차회사인 Detroit Electric이 마지막으로 문을 닫았으며, 1996년 GM의 납축전지 기반의 EV1이 발표될 때까지 전기자동차는 암흑기의 시대였다.

그림 1-15 Thomas Parker의 최초 상용 전기자동차(1884년)

전기자동차, 증기자동차, 내연기관 및 최근의 연료전지자동차의 발전시기를 시대별로 살펴보면 아래의 그림 1-16과 같다.

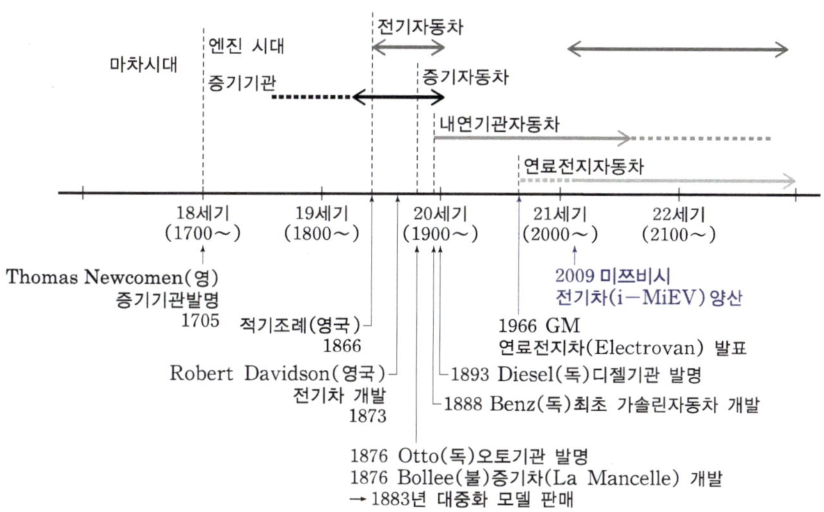

(출처: 자동차와 환경, 정용일)

그림 1-16 각종 자동차의 시대별 발전 역사

80년대에 들어와서 자동차 배출가스에 의한 공해문제가 대두되면서 이를 근본적으로 해결할 방안으로 전기자동차가 다시 부상하였으나 배터리 기술이 부족하여 실용화가 미루어져 왔다. 그러나 90년대 초반 들어 배터리 신기술 창출 가능성이 높아지면서 미국을 중심으로 급속하게 전기자동차 개발이 추진되었다. 특히 자동차회사의 강한 반발에도 불구하고 캘리포니아 대기자원위원회(CARB)의 강력한 의지로 1998년부터 전기자동차 사용을 의무화하는 ZEV(zero emission vehicle) 규제를 입법화(강제 판매 기준 2%)하면서 전기자동차 개발이 본격화되기 시작했다. 그러나 1990년경부터 몇 년간의 집중적인 연구투자에도 불구하고 배터리 기술이 기대만큼 성과를 거두지 못하여 전기자동차 기술의 발전이 주춤하였으며, 더욱이 미국에서는 ZEV 규제를 연기하기도 하였다. 2000년대 후반 리튬 배터리 기술이 급성장하면서 하이브리드자동차에 사용되기 시작하고, 플러그인 하이브리드자동차의 양산이 발표되는 등 다시 자동차에 2차전지 사용이 증가하고 있으며, 이에 따라 전기자동차 시대의 도래에 대한 기대도 높아졌다. 현재 전기자동차 전문기업인 테슬라를 중심으로 전통적으로 유명한 자동차회사에서는 전기자동차에 대한 투자와 연구개발을 강화하고 있는데, 배터리 기술의 비약적인 발전에도 불구하고 주행거리나 배터리 충전시간 등 전기자동차의 성능 측면에서 기존 내연기관자동차에 비해 아직 부족한 실정이다. 하지만 배터리 전기자동차는 플러그인 하이브리드자동차와 마찬가지로 심야전기 등 국가 전기에너지를 효율적으로 활용할 수 있고, 배터리 기술 발전 상황에 따라 급속히 시장이 팽창할 가능성이 있다.

② 배터리 전기자동차의 부활과 이점

전 세계적인 산업화의 부작용으로 지구온난화와 대기오염이 인간의 삶의 질에 악영향을 미치면서 전기자동차가 다시 미래의 자동차로 주목을 받고 있다. 전기자동차는 주행 시에 배기가스를 전혀 배출하지 않고, 내연기관의 폭발행정과 같은 연소과정이 없으므로 저소음 자동차로서 다시 부상하고 있다. 특히 유럽을 중심으로 2025년 이후 점진적으로 내연기관을 장착한 자동차의 판매를 금지하려는 움직임이 활발하게 진행되면서 그 효용가치가 더욱 높아지고 있다.

순수 배터리 전기자동차는 미국의 테슬라를 중심으로 배터리 관련 문제점을 극복하고 본격적인 양산체제를 구축한 후 전 세계적으로 급속하게 보급되고 있다. 한편 세계 최대 자동차 수요국인 중국의 경우 그동안 축적된 전기 동력원의 활용을 전기자동차에 적용하면서 선진국과의 경쟁에서 내연기관의 기술적 열위를 극복하려고 국가적으로 지원하고 있다. 배터리 전기자동차의 가장 큰 문제점은 배터리를 충전하는 시간이 길고 또한 한 번 충전한 후 주행할 수 있는 거리가 기존의 내연기관에 비해 짧다는 것이다. 최근 자동차회사를 중심으로 급속충전기의 도입, 배터리 제조 기술의 발달 등으로 백 년 이상 이어진 전기자동차의 현안문제인 긴 배터리 충전시간과 짧은 주행거리의 장애물을 점진적으로 극복해 나가고 있다. 배터리 전기자동차는 향후 각국 정부의 보조금 지원을 통해 전 세계적으로 판매량이 급증하면서 2025~2030년쯤에는 기존 내연기관의 위상을 크게 위협할 수준까지 이르게 될 전망이다.

배터리 전기자동차는 크게 배터리, 인버터, 모터의 세 개의 주요 부품으로 구성되어 구조적으로 매우 간단하다. 이 중에서 모터는 기존 내연기관을 대체하는 부품이고 인버터는 배터리의 직류를 교류로 변화시켜 준다. 배터리 전기자동차에서는 기존의 가솔린 또는 디젤자동차에서 핵심부품인 엔진과 변속기의 사용이 배제되면서 부품 수가 30~40% 이상 획기적으로 줄어들고 있다. 전기자동차는 오래 전부터 건물이나 작업장 내부에서 단거리의 특수용도용으로서 사용되었다. 최근에는 배터리의 에너지 밀도의 향상, 충전시간의 단축 및 수명연장 등의 기술수준이 상당히 진척되어 친환경 자동차로 인기를 끌면서 급속히 보급되고 있다.

전기자동차의 장점으로는 간단한 구조, 2차전지에 의한 충전, 무공해 운전, 저소음, 간단한 운전조작 등이 거론된다. 한편 최근 가솔린자동차 또는 디젤자동차와 비교하여 전혀 손색이 없을 정도의 주행거리를 달리는 전기자동차가 출시되고 있다. 배터리 용량을 100kWh 이상으로 증가시키면서 1회 충전 후 주행거리가 600km 이상 운행할 수 있다. 또한 충전시간도 급속충전 시 20~30분, 완속충전의 경우 2~5시간으로 점점 짧아지고 있다. 순수 전기자동차의 경우 차량원가 중에서 배터리가 차지하는 비율이 30~40%로 상당히 높은 것으로 알려져 있다. 국내외에서 다수의 배터리 생산업체들이 전기자동차의 미래의 성장잠재력을 확신하고 배터리의 연구개발에 과감한 투자를 하고 있다. 이러한 기술개발과 선의의 경쟁을 통해 배터리 셀 가격이 1kWh당 100달러 이하의 경제적인 가격으로 공급될 경우 전기자동차의 보급은 더욱 탄력을 받을 것으로 전망된다. 배터리는 초창기 니켈-카드뮴(Ni-Cd) 배터리, 니켈-수소(Ni-MH) 배터리를 거쳐 현재 리튬이온 배터리가 널리 사용되고 있다. 현재 세계 각국의 배터리 생산업체에서는 리튬폴리머 배터리, 전고체 배터리, 리튬-공기 배터리 등에 대한 연구가 활발하게 진행되고 있다. 그러나 배터리 전기자동차가 크게 활성화되기 위해서는 전국적으로 배터리를 충전할 충전 인프라 시설을 구축하는 것이 선행되어야 한다. 이러한 충전 인프라 시설의 확충은 결코 쉬운 과제는 아니지만 전기자동차의 보급을 위해서 반드시 우선적으로 해결되어야 한다.

그동안 국내에서도 전기자동차시대에 대비하는 급속충전시스템 인프라 구축을 준비하고 저속 전기자동차(NEV: Neighborhood Electric Vehicle)가 시내 운행을 할 수 있도록 법규도 정비하였다. 그러나 지구온난화 문제에 대응하기 위해 전기자동차로부터 이산화탄소(CO_2) 저감효과를 얻기 위해서는 현재의 화석연료를 사용하여 전기를 생산하는 방법 대신 원자력 등 대체에너지 및 재생에너지를 이용하여 전기를 생산해야 한다. 다음 그림 1-17은 전기자동차의 주요부품 구성을 나타낸 것으로 전기자동차의 상용화는 성능이 우수한 배터리의 개발에 달려 있다고 해도 과언이 아닐 정도로 전기자동차 기술에서 배터리 기술이 차지하는 비중이 크다.

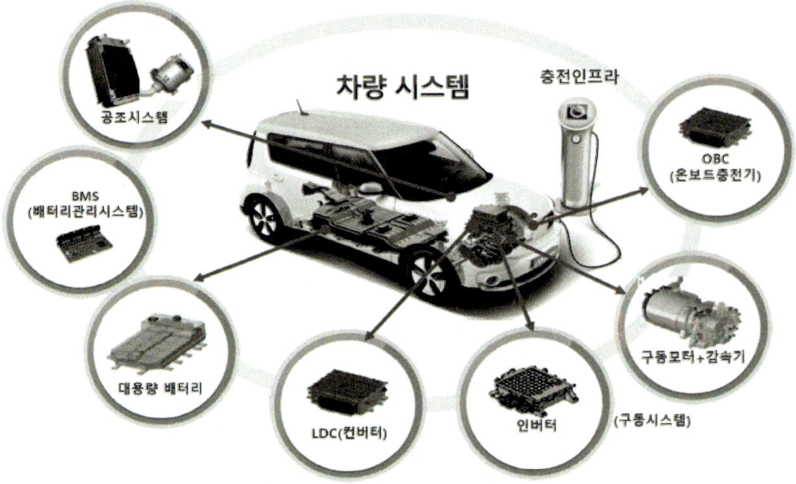

그림 1-17 전기자동차 주요 부품 구성

③ 배터리 개요, 종류 및 기술의 발전

배터리 성능을 결정하는 가장 중요한 인자로는 에너지밀도(energy density)와 출력밀도(power density)가 있으며, 이외에도 안정성, 수명, 충전 용이성, 충전효율, 충전시간, 저온성능 등 다양한 요구를 만족하여야 한다.

에너지밀도(energy density)는 1회 충전 시 주행할 수 있는 운행거리와 관계되는데, 단일전지에 저장되는 에너지량으로 결정된다. 충돌 시의 안전성과 승객이나 화물을 실을 수 있는 공간확보를 위하여 배터리를 탑재할 수 있는 공간은 제한된다. 따라서 배터리의 에너지밀도가 높고 용적이 작으며 경량화가 중요하다. 출력밀도(power density)는 배터리 단위무게당 출력으로 정의되며, 전기자동차의 가속력과 최고속도를 결정한다.

일반적으로 에너지밀도와 출력밀도는 상각(trade-off) 관계를 지닌다. 이에 따라 에너지밀도와 출력밀도를 동시에 높이기 위해서는 여러 가지의 전기 관련 기술을 복합적으로 적용해야 한다. 배터리의 출력을 높이기 위해서는 고출력 양극・음극 소재를 적용하고 전극을 얇게 코팅하며 전도성 물질함량을 늘리는 방법이 있으나 이에 따른 에너지밀도 감소를 감안해야 하므로 적용에는 한계가 있다. 에너지밀도를 감소시키지 않고 출력을 높이기 위해서는 배터리 구성 부품의 저항을 줄이고, 분리막의 투과도를 높이는 복합적인 기술적용이 필요하다.

배터리 전기자동차에 쓰이는 배터리는 배터리무게당 에너지밀도가 큰 배터리를 요구하고, 하이브리드 자동차용 배터리는 배터리무게당 출력이 큰 배터리를 요구한다.

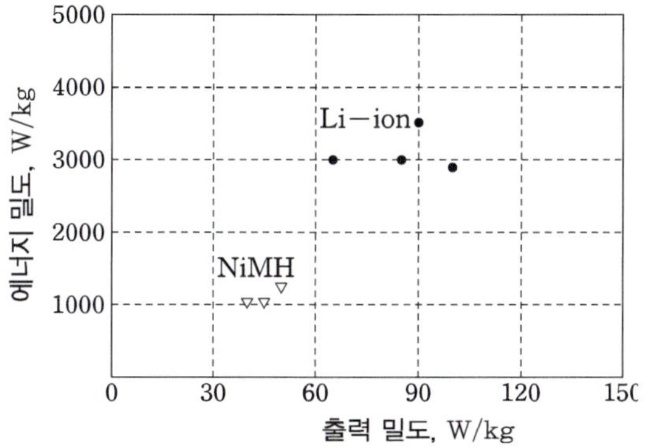

(출처: SK에너지)

그림 1-18 상용화된 배터리의 출력밀도와 에너지밀도

리튬이온배터리는 1980년대 미국의 Goodenough(J. B. Goodenough)에 의해 원리가 확립된 이후 1991년 Sony사가 LiCoO2를 양극, 탄소를 음극으로 사용하는 리튬이온 2차전지를 상용화시켰다. 리튬이온 2차전지는 리튬을 함유한 금속산화물을 양극으로 리튬이온을 가역적으로 흡장할 수 있는 탄소계 물질을 음극으로, 리튬염이 함유된 유기용매를 전해질로 이용하는 전지를 지칭한다. 전지의 충방전 시 리튬이온은 분리막으로 격리된 양극과 음극사이를 가역적으로 이동하면서 전자를 저장 및 방출하게 된다. 아래 그림 1-19는 건전지로부터 2차전지까지 배터리의 개발에 대한 역사에 대해 간단하게 설명하고 있다.

그림 1-19 배터리 개발 역사

자동차용으로 주로 이용되고 있는 양극재료로는 고가의 코발트(cobalt) 사용량을 줄이거나 사용하지 않는 NCA(Nickel Cobalt Aluminum 산화물), NCM(Nickel Cobalt Manganese 산화물), Olivine(철 인산염), Spinel(망간 산화물) 등이 있다. 또한 자동차용으로 주로 이용하고 있는 음극재료로는 흑연(graphite), 비정질 탄소(amorphous carbon), LTO(Lithium Titanium Oxide)의 3가지가 주로 사용되고 있다. 최근 리튬

배터리 기술이 한 단계 발전함으로써 예전보다 주행거리가 크게 확장된 전기자동차가 생산되고 있다. 그러나 전기자동차가 본격적으로 상용화되기 위해서는 현재 100Wh/kg 수준의 에너지밀도가 500Wh/kg 수준으로 5배 이상의 성능 향상을 요구하고 있으며, 가격도 현재의 1/10 이하가 되어야 가능할 것으로 예상하고 있다.

아래 그림 1-20처럼 리튬배터리 기술의 한계가 250Wh/kg의 에너지밀도까지인 것으로 예측되고 있어 현재 기술을 뛰어넘는 새로운 기술의 개발이 필요한 것으로 전망된다. 또한 전기자동차가 대량으로 증가하면 소비전력량을 감당할 수 있는 발전소의 증설이 필수적이며, 전기충전인프라 구축도 병행되어야 하기 때문에 보다 장기적인 관점에서 기술개발과 시설 투자를 할 필요가 있다.

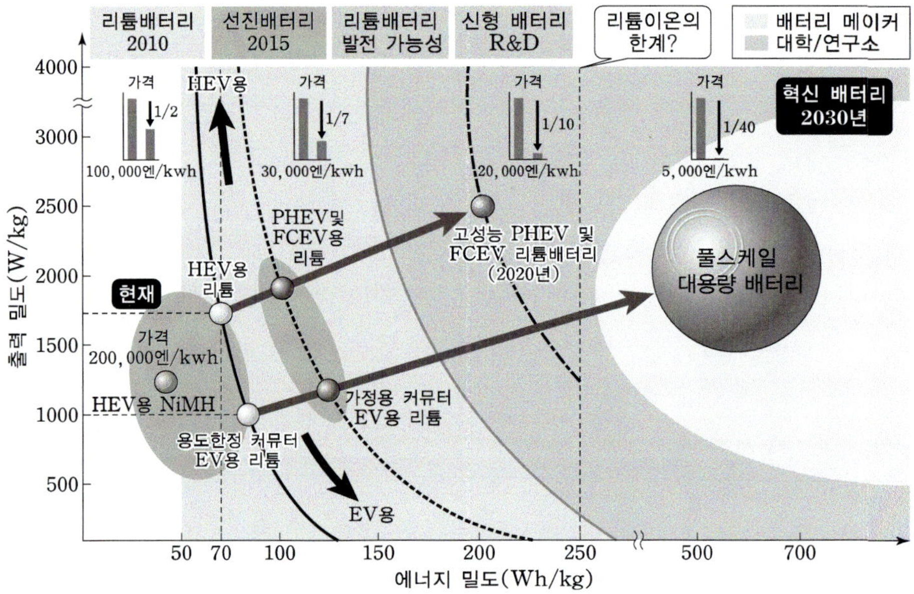

그림 1-20 일본의 전지기술 전망

보급이 확대되고 있는 전기자동차용 차세대 배터리의 후보로는 표 1-2와 같이 리튬-황 배터리, 리튬-공기 배터리, 나트륨/마그네슘 배터리, 전고체 배터리 등이 있다. 이 중에서 전고체 배터리는 지난 10여 년 간 기술개발 속도가 비교적 빠르게 진행되었고 리튬이온전지의 고질적인 불안요소인 안전성을 해결해 줄 수 있다는 기대감까지 더해져 가장 현실적인 대안으로 떠오르고 있다. 즉, 전고체 배터리가 안전성, 고용량, 디자인 자유도 등 수요 측면의 다양한 필요조건을 충족시킬 수 있는 차세대 배터리의 유력한 대안으로 압축되고 있다. 이러한 양상은 지난 10여 년 간의 특허 출원 및 등록 현황에서도 잘 나타나는데, 차세대 배터리 관련 특허 출원 건수를 살펴보면, 전고체 배터리, 리튬-공기 배터리, 리튬- 황 배터리, 나트륨/마그네슘 이온 배터리 순으로 높게 나타났다.

표 1-2 ▶ 차세대 배터리의 구성요소 및 장단점(출처: LG경제연구원(2017년)

구 분	구성 요소	장 점	단 점
리튬-황 배터리	• 양극: 황 또는 황화합물 • 음극: 리튬 금속 • 전해질: 유기계/고체 전해질	• 고용량 및 낮은 제조 원가 • 기존 공정의 활용 가능	• 지속적인 충·방전 시 양극재(황)의 감소로 수명 저하 • 황에 의한 제조설비의 부식
리튬-공기 배터리	• 양극: 공기(산소) • 음극: 리튬 금속 • 전해질: 유기계/고체 전해질	• 배터리 셀 구조 단순 • 고용량 및 경량화 가능	• 고순도 산소 확보 어려움 • 산소 여과 장치, Brewer 등 추가장치로 인해 부피 증가
나트륨/마그네슘 배터리	• 양극: 금속화합물 • 음극: 나트륨/마그네슘 • 전해질: 유기계/고체 전해질	• 저가화 및 고용량에 용이	• 양극재 후보 물질 적음 • 긴 충·방전 시간
전고체 배터리	• 양/음극: 기존 또는 다른 차세대 배터리의 양/음극 활용 가능 • 전해질: 세라믹(황화물/산화물), 고분자, 복합재 등	• 높은 안전성 및 고용량 가능 • 다양한 어플리케이션 (초소형 전자기기~전기차)에 활용 가능	• 높은 계면저항 • 유해 가스인 황화수소 발생(황화물계) 또는 낮은 저온 특성(고분자)

④ 전기자동차의 에너지 효율

가솔린이나 디젤자동차의 연료소비율과 등가개념이 되는 전기자동차의 에너지소비율은 배터리로부터 공급된 전기에너지로 주행한 거리로 평가된다. 외부전원으로부터 배터리를 충전할 때 충전기 효율과 배터리의 충전효율에 의한 손실이 있으며, 배터리에 충전된 에너지의 방전이 고려되어야 한다. 배터리의 에너지는 모터를 구동하여 자동차를 구동시키는데 이때 모터효율에 의한 손실이 발생한다. 또한 모터 이외의 각종 전기장치를 작동하는 데에 소모되는 에너지 손실도 함께 고려하여야 한다. 자동차 운전을 위한 모터 구동에너지는 자동차의 구름저항과 공기저항에 사용되며 나머지의 여유 구동력은 가속능력으로 작용한다. 일반적으로 전기자동차는 감속 시의 에너지를 전기에너지로 회수하여 사용하기가 용이하며 이를 고려한 에너지 절감효과도 고려해야 한다.

내연기관 자동차와 전기자동차의 에너지소비 비중을 비교하여 보면 그림 1-21과 같다. 내연기관의 경우 공급에너지(연료)는 대부분 연소로 손실(배출가스 손실, 냉각 손실, 마찰 손실 등)되며 20~30% 정도만 차량 구동하는 에너지로 사용된다. 반면 전기자동차에서는 연소 손실에 해당하는 모터구동 손실 등은 전체의 20% 정도이며 에너지 회수도 15% 이상 가능하기 때문에 차량에 공급되는 에너지만으로 비교하면 전기자동차 에너지 사용효율이 내연기관차량에 비해 월등하게 높다.

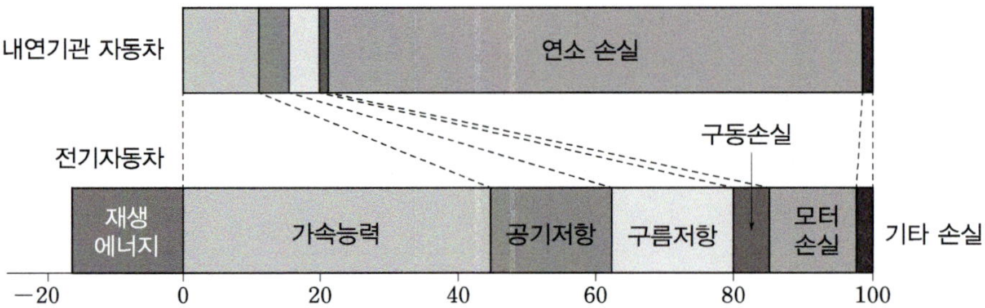

그림 1-21 전기자동차와 내연기관 자동차의 에너지 소비 비교

전기자동차에 최적의 동력성능을 확보하는 것이 필요하다. 현재와 같이 한 개의 구동 모터로는 최적 운전 조건을 만족할 수 없기 때문에 최근 전기자동차에도 변속기를 적용하는 추세이다. 전기자동차에 다수의 모터를 활용하여 2단 이상의 변속 기능을 구현할 수 있다면 우수한 동력성능의 확보가 가능하다. 또한 모터의 크기를 작게 할 수 있기 때문에 연비 개선효과를 도모할 수 있다.

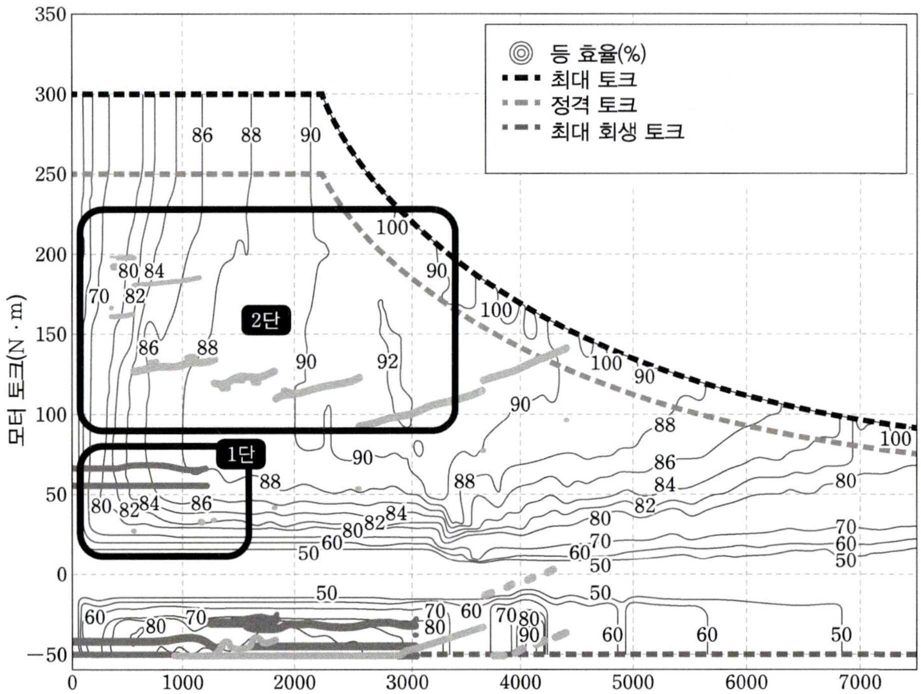

(출처 : 전기자동차용 변속기 개발동향, 여영길 SPG Co. Ltd., Auto Journal 2015. 5)

그림 1-22 전기자동차용 변속기

(2) 연료전지 자동차(fuel cell vehicle)

최근 친환경 자동차로는 연료전지(fuel cell) 자동차가 배터리 전기자동차와 함께 미래의 동력원으로 강력하게 부상하고 있다. 연료전지는 전기화학반응에 의해 연료가 갖고 있는 화학에너지를 전기에너지로 직접 변환시키는 발전장치이다. 연료전지의 원리는 1839년 영국의 Grove(William Grove)에 의해 처음 발명되었고, 1960년대부터 NASA의 우주선 프로젝트의 동력원으로 활용되기 시작했고 1994년 다임러-벤츠사에서 연료전지 자동차를 제작하였다. 그림 1-23은 연료전지 스택에서 전기가 발생하는 원리를 보여주고 있다. 연료전지의 원리는 천연가스, 메탄올, 석유 또는 석탄가스 등의 연료로부터 추출한 수소와 공기 중의 산소를 반응시켜 전기에너지를 직접 얻는 원리를 활용하는데, 이는 물을 전기분해하면 수소와 산소가 발생하는 것을 역으로 이용한 것이다. 이 중에서 천연가스를 고온·고압에서 수증기와 화학반응시켜 생산하는 수소가 전 세계 수소 생산량의 절반을 차지하고 있다.

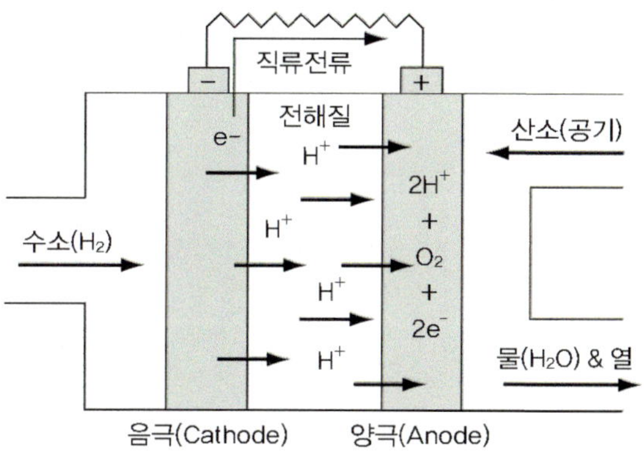

그림 1-23 연료전지의 원리

연료전지의 각각의 전극으로 수소와 산소를 공급하면 전기, 물 그리고 열이 발생한다. 공급된 수소는 다공성의 양극(Anode, 연료극)을 통과하고 이 수소는 양극 표면에서 이온화되면서 수소이온과 전자로 분리된다. 이렇게 분리된 수소이온은 가운데 전해질을 통해 그리고 전자는 외부 회로를 통해 각각 반대편 음극(Cathode, 공기극)으로 움직여 산소와 결합하면서 물이 생성되고 동시에 전기가 발생되는데, 이 반응에서 열이 발생한다. 연료전지는 전기화학반응을 통해 직접 발전되기 때문에 그 효율이 40~60% 정도로 가스터빈의 30% 수준보다 상당히 높으며, 또한 공해 물질과 소음 배출이 적은 에너지 절약형인 동시에 무공해 기술이다. 연료전지 스택은 연료전지 자동차의 핵심 부품으로 일반적으로 총 400여개 이상의 적층된 셀로 구성된다. 하나의 셀은 수소와 산소가 화학반응을 하여 전기에너지를 생성하는 전극, 수소 및 산소를 전극막 표면으로 전달하는 기체 확산층, 전극막과 수소, 산소가 통과할 수 있는 경로를 만들어주는 금속분리판 등으로 구성된다.

수소 연료전지는 수소와 산소의 화학반응 시 물이 생성되는 과정에서 전력을 얻게 되는데, 이때 백금촉매로 도포된 전해질막으로 수소와 산소를 격리해야 한다. 전해질은 한 전극에서 다른 전극으로 수소 이온을 전달해 주는 역할을 하며, 이온전달의 저항을 최소화 해주기 위하여 전해질막은 전극이 접촉되지 않는 범위에서 가능한 얇게 한다. 촉매는 전극의 반응을 향상시킨다. 수송용의 경우, 주로 고분자막의 전해질이 사용될 가능성이 높은데, 수소는 촉매의 작용으로 이온화하고, 수소에서 분리된 전자는 배선을 통과해 산소 쪽으로 흐르며, 배선의 중간에 모터를 놓으면 전력으로 이용할 수 있게 된다. 수소와 산소가 결합할 때는 저온을 유지하게 되고 60% 이상의 높은 효율을 얻을 수 있다.

고체 고분자막형 연료전지에서 사용되고 있는 전극은 고분자 전해질막과 일체화 접합된 것으로, "투과막/전극접합체(MEA: Membrane Electrode Assembly)"라고 한다. 이것은 백금계 촉매를 입힌 카본 분말을 투과막소재에 분산시킨 박막인데, 이 박막을 투과막의 앞뒤에 접합하여 MEA로 만든다. MEA의 두께는 0.2mm 정도로 전극의 두께는 약 10μm, 전극속에 포함되는 백금계 촉매는 0.1~0.5g/cm^2 정도이다. 분리막(separator 또는 bipolar plate)은 연료와 공기의 통로가 되는 홈이 파인 판(plate)이다. MEA의 외측에 접합된 다공질탄소막에 다시 접합된다. 이 판은 연료와 공기를 공급할 뿐 아니라 연료측에서는 수분의 보급통로, 공기측에서는 생성된 물의 제거통로로써의 기능을 가지고 있다. 그리고 외부회로로 전기를 흘리는 역할도 한다. 따라서 홈의 깊이와 폭 등 구조적인 인자가 연료전지의 출력효율에 크게 영향을 미치는 중요한 기술요소가 되는 것이다.

연료전지는 크게 저온형과 고온형으로 구분된다. 저온형 연료전지는 100℃ 이하에서 작동하며 자동차, 선박, 열차, 드론 등 수송용 기계장치에 주로 사용되는데, 고분자전해질형 연료전지(PEMFC: polymer electrolyte membrane fuel cell)가 대표적이다. 저온형 연료전지에서는 저온에서 전기를 발생시키기 위해서는 귀금속인 고가의 백금을 촉매로 사용하므로 가격이 비싼 것이 단점이다. 고온용 연료전지는 150~200℃ 이상의 고온에서 작동한다. 고온형 연료전지로는 용융탄산염형 연료전지(MCFC: molten carbonate fuel cell)이나 고체산화물형 연료전지(SOFC: solid oxide fuel cell)가 대표적으로 활용되는데, 발전소, 대형 건물 또는 일반 산업현장에서 널리 활용되고 있다. 연료전지 설계에서는 표 1-3과 같이 크게 4가지 방식으로 구분할 수 있다.

표 1-3 연료전지 종류

종류	PEMFC 고분자전해질형 연료전지	PAFC 인산형 연료전지		MCFC 용융탄산염형 연료전지		SOFC 고체산화물형 연료전지	
적용범위	차량용 소형, 이동형 전원	가정용	건물용	대형발전용	선박용	건물용	선박용
용량	1kW	1kW	5~수백 kW	MW급	수십kW~MW	10kW~	수백 kW
효율	35%	40%		47%(복합 시 60%)		55%(복합 시 65%)	
전해질	프로톤 교환막	H_3PO_4		Li_2CO_3/K_2CO_3		$ZrO_2(+8Y_2O_3)$	
전극	Graphite+Pt	Graphite+Pt		NiO/Ni(CR)		LSM(YSZ)/NiO(YSZ)	
전달이온	H^+	H^+		CO_3^{-2}		O^{-2}	
사용연료	H_2(개질기) LNG, LPG 메탄올	H_2(개질기) LNG, LPG 메탄올		H_2, CO(개질기) LNG, LPG 메탄올, 석탄가스		H_2, CO, CH_4 LNG, LPG 메탄올, 석탄가스	
작동온도	상온~120℃	160~220℃		600~700℃		850~1000℃	
특성	높은 에너지 밀도 [적용] 우주, 차량	효율제한, 부식 [적용] 대형 차량		제어복잡, 부식 [적용] 발전소		고효율 [적용] 발전소	

PEMFC: Polymer Electrolyte Membrane Fuel Cell(고분자전해질형 연료전지)
PAFC: Phosphoric Acid Fuel Cell(인산형 연료전지)
MCFC: Molten Carbonate Fuel Cell(용융 탄산염 연료전지)
SOFC: Solid Oxide Fuel Cell(고체 산화물 연료전지)

고분자전해질형 연료전지(PEMFC)는 고체폴리머 연료전지(solid polymer fuel cell)로도 불리며 자동차용으로 가장 많이 연구되고 있는 방식이다. 고체 고분자 전해질막(PEMFC) 연료전지 스택은 다음과 같은 장점을 가지고 있다.

- 전해질로 고체고분자막을 사용하기 때문에 양극간의 차압제어와 가압화가 쉽다.
- 전지는 상온에서 기동할 수 있고, 기동시간이 짧다.
- 플라스틱 등의 값싼 전지 구성 재료를 사용할 수 있다.
- 내부저항이 낮아 고출력밀도를 얻기가 용이하여 소형, 경량화가 가능하다.
- 100℃ 이하의 저온에서 운전 할 수 있다.

현재 연료전지에 필요한 수소는 천연가스, 메탄올, 석유 또는 석탄가스 등의 연료로부터 추출하여 활용하고 있다. 한편 물의 전기분해를 통해 수소를 얻는 방식(수전해 방식)은 현재로서는 경제성이 크게 떨어지는 것으로 알려져 있다. 그러나 장기적으로 태양열, 풍력 등을 활용하여 생성된 전기로 물을 전기분해하여 수소를 제조하는 방식이 활성화되어야 할 것이다. 현재 수소는 천연가스, 메탄올, 석유 또는 석탄가스 등으로부터 생산하고 있는데, 연료 충전소에 연료 변환기(fuel reformer)가 설치되어 있는 경우 해당 연료로부터 수소를 경제적인 가격으로 얻을 수 있다. 그림 1-24는 수소를 얻는 과정부터 연료전지를 통해 전기에너지를 만들고 수송용 자동차뿐만 아니라 가정용, 발전용 등 다른 활용분야까지를 종합적으로 도시한 것이다.

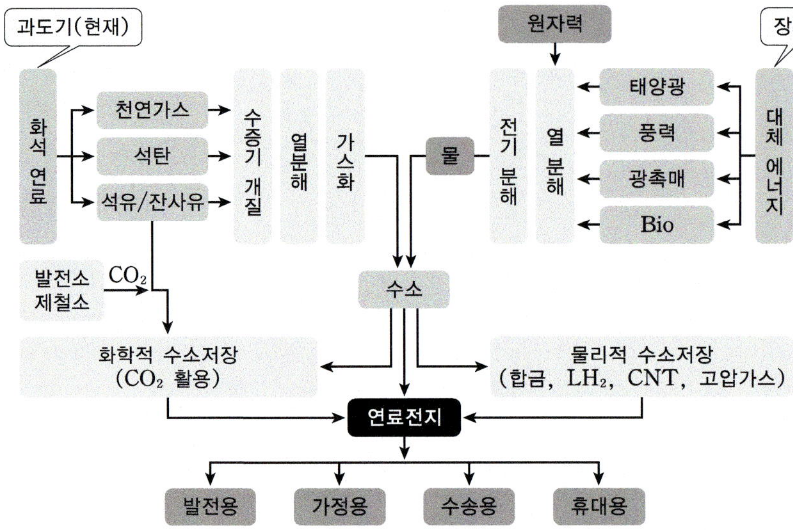

그림 1-24 수소 연료전지시스템의 활용

연료전지는 모듈간의 연결 즉, 전지를 연결하듯이 시스템을 덧붙이면 대형화가 가능한 것도 큰 장점이다. 처음에 연료전지는 자동차나 인공위성 등 이동용의 독립전원으로서 개발되기 시작했다. 연료전지가 우주를 왕복하는 유인 우주선에 활용될 경우 전기 에너지원으로도 활용될 뿐만 아니라 연료전지의 부산물로 생성되는 물은 우주에는 없는 물을 얻는 수단으로 유효하게 잘 활용될 수 있다.

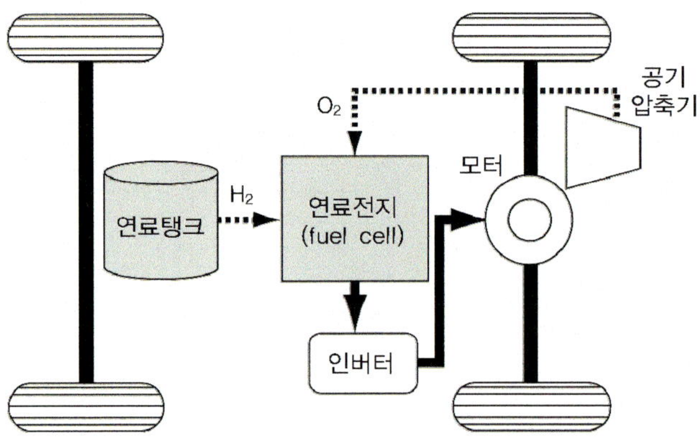

그림 1-25 연료전지 자동차의 구성

그림 1-25는 연료전지 자동차의 구조를 보여주고 있다. 구조는 기존의 전기자동차와 유사하나, 배터리 전기자동차와는 달리 연료전지로 자동차 자체에서 전기를 생성한다. 전기자

동차에는 변속기 대신 대부분 감속기가 장착되고, 전기로 모터를 돌려 자동차의 차축을 구동시킨다.

기체 수소는 부피당 밀도가 낮기 때문에 이를 보관하기 위해서는 고압으로 압축하는데, 연료전지 자동차에서는 700bar 정도의 고압으로 수소를 압축하여 보관한다. 수소 보관용 연료탱크는 이런 고압을 견디도록 탄소섬유 강화 복합재질로 제작하고 탱크의 내부에는 복원력이 뛰어난 폴리이미드 라이터를 내장한다. 연료전지 자동차에서 700bar의 고압의 기체 수소는 2단계로 감압되어 연료전지 스택으로 공급된다. 한편 전기 생산을 위한 화학반응에 필요한 공기는 외부 공기를 정화하여 활용한다. 먼저 대기 중의 공기에 포함된 미세먼지, 화학물질 등을 공기필터로 제거하는데, 이렇게 정화된 건조한 공기는 가습기로 습도를 높인 후 기체 확산층을 통해 연료전지 전극막으로 공급된다.

연료전지 스택의 주요 구성 부품으로는 멤브레인, 촉매전극, 기체 확산층(GDL), 분리판, 체결기구 등이 있다. 주로 자동차 구동용으로 사용되는 전해질 교환막 연료전지 시스템의 실용화를 위한 가장 큰 기술적 과제는 작동 온도의 적정화와 빙점 이하 보관 및 시동에 있다. 작동온도의 적정화는 120℃ 내외에서 작동이 가능한 전해질 교환막 개발을 통해서만이 가능하다. 이 경우 물을 매개로 한 기존의 전해질 전도 특성에서 탈피할 수 있어 가습 및 반응 생성수의 제거 문제가 해결된다. 특히 작동 온도가 올라가면 전지 반응 활성화에 의해 귀금속 촉매 사용량을 줄일 수 있다. 또한 냉각수 온도를 높일 수 있어 크기가 작은 냉각 시스템의 설계가 가능하다.

연료전지 스택에서 수소와 산소를 반응시켜 전기를 만들고 나면 부산물로 H2O가 생성되는데, 저온상태에서 촉매 근처나 기체 확산층 내에서 얼지 않도록 하며 시동을 거는 것이 매우 중요하다. 디젤엔진과 동등한 저온시동성 확보를 목표로 현재 영하 25 ℃로 스택을 냉동한 후에도 시동이 가능한 냉시동 기술개발이 필요하다.

물 관리가 필요한 현재의 전해질 교환막 수소연료전지의 경우 물의 동결에 의한 연료전지 전극 구조의 파괴나 스택 운전 장치의 손상이 없어야 한다. 또한 신속한 시동 및 적정 운전 온도 도달을 위해 연료전지 시스템을 가열하는 것이 필요하다. 신속한 시동은 수소연료차량의 연비를 결정하는 중요한 요소로서 시스템 부피 및 무게 저감을 위한 기술개발이 필요하다. 그림 1-26은 수소 연료전지자동차에서 각 부품의 배치도와 기능을 설명하고 있다.

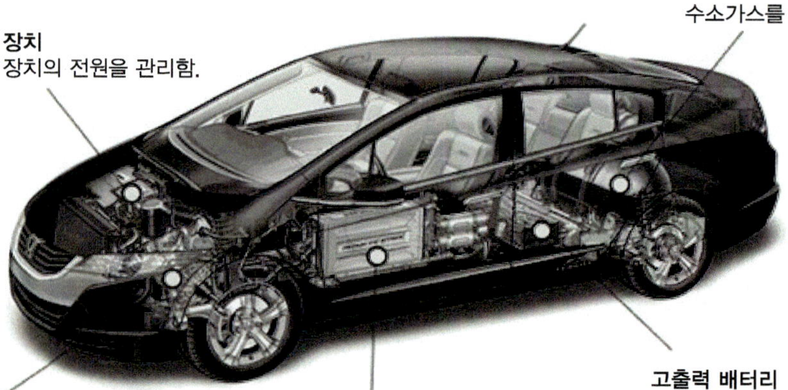

그림 1-26 수소 연료전지자동차의 부품 배치와 기능

내연기관 자동차와 비교할 경우 연료전지 자동차의 장점으로는 기존 내연기관에 비해 에너지 전환효율이 높고 에어컨용 압축기나 펌프 등 보조기구의 작동 소음 이외에 불쾌한 음원의 발원요소가 없다는 것이다. 엔진과 변속기가 필요하지 않기 때문에 부품 수가 대폭적으로 줄고 차량 공간의 레이아웃 설계의 자유도가 높아질 수 있으며 또한 대기오염을 발생하는 해로운 배출가스가 거의 없다. 연료전지 자동차에서는 생성되는 전기에너지 이외에 배기 시스템을 통해 수소와 산소의 반응으로 순수한 물만 배출된다. 한편 배터리 전기자동차와 비교할 경우 연료전지 자동차는 수소의 연료공급 시간이 배터리 충전시간보다 훨씬 짧게 걸리고 1회 충전 후 주행거리가 훨씬 길다. 한편 연료전지 자동차의 단점으로는 차량가격이 비교적 높고 연료인 수소를 공급하는 충전소와 같은 인프라 시설이 부족하다는 점이다. 또한 고압으로 기체 수소를 저장하는 연료공급 방식이 액체 연료를 사용하는 가솔린, 디젤자동차보다는 위험하다는 것도 단점으로 거론된다.

최근 연료전지 자동차가 미래의 친환경 자동차로 강력하게 부상하고 있다. 연료전지는 자동차뿐만 아니라 친환경 에너지원으로서 환경오염을 유발하는 화력발전소를 대체할 친환경 발전소 또는 잠수함의 동력원 등과 같은 대형시스템으로도 그 사용범위가 확대될 전망이다. 동력원으로서의 연료전지는 친환경 자동차, 열차, 드론 등과 우주선의 동력원으로 사용이 크게 증가할 것으로 전망된다. 이제 2020년 이후 전 세계적으로 친환경에 대한 요구가 한층 더 강화되면서 우주에서 가장 풍부한 원소인 수소에너지의 시대가 화석에너지의 시대를 종결하면서 다가올지 관심을 갖고 살펴보아야 할 것이다.

(3) 태양광 자동차

태양광을 전기로 이용할 수 있다는 생각은 1839년부터 시작되었고, 이 아이디어는 1954년 벨연구소에서 실리콘으로 실용적인 태양전지를 만들면서 실현되었다. 그리고 태양광에 의한 전기에너지는 1958년 미국의 뱅가드 1호 위성의 전원으로 사용되면서 진가를 발휘하기 시작했다. 요즘 매스컴에서는 태양전지를 몸체에 붙인 가오리 형상의 솔라카(solar car)가 등장해 인기를 끌고 있다. 솔라카가 넓고 납작한 모양을 하고 있는 것은 공기저항을 줄이기 위한 측면도 있지만 태양전지 모듈을 태양전지판(solar panel)에 최대한 많이 붙이기 위한 고육책의 산물이다.

태양전지는 반도체의 광기전력 효과를 이용한 것으로 P형 반도체와 N형 반도체를 조합하여 만든다. P형 반도체와 N형 반도체의 접합 부분에 빛이 들어오면 빛에너지에 의해 반도체 내부에서 음의 전하(전자)와 양의 전하(정공)가 발생한다. 이렇게 발생된 전자와 정공은 내부의 전압에 의해 각각 N형과 P형 반도체 측으로 이동해 양쪽의 전극에 모아지며, 이 양 전극을 도선으로 연결하면 전류가 흐르고 이를 외부에서 전력으로 사용될 수 있다. 태양전지는 반도체 재료에 따라 실리콘 태양전지와 화합물 반도체 태양전지로 구분된다. 실리콘 태양전지는 다시 결정계와 비결정계로 나누어진다. 결정계는 15~23%에 이르는 높은 전력 변환효율과 신뢰성을 갖고 있으며 옥외의 대형 시스템에 사용되고 있으나 가격이 비싸다는 단점이 있다. 반면 비결정계는 탁상용 계산기 등 소형 전원으로 이용되는 저가의 박막 전지로 변환효율이 11~13%로 상대적으로 낮다. 화합물 반도체 태양전지는 변환효율이 18~24%로 높은 대신 고가재료를 사용하므로 우주용 프로젝트에 한정적으로 사용되고 있다. 태양전지는 에너지 변환효율이 낮고 대규모로 발전을 하기 위한 장소도 부족한 실정이어서 소규모의 발전에만 이용되고 있다.

오랫동안 태양광 자동차는 태양의 무한정, 무공해 청정에너지를 활용하는 친환경 자동차용 전력원으로 주목받아 왔다. 태양광 자동차는 자동차의 후드(보닛) 또는 지붕에 설치한 태양전지판을 통해 전기에너지를 충전하고 이를 배터리의 전력자원으로 전환한 후 모터를 구동하여 주행하는 자동차이다. 그러나 태양광 자동차는 독립적인 동력원으로 사용되기보다는 기존의 내연기관 또는 배터리 전기자동차와 겸용하는 하이브리드 자동차 형태로써 주된 동력원의 보조적 수단으로 활용되고 있다. 이것은 태양에너지 단독으로 자동차를 구동하기 위해서는 태양전지판의 크기가 커야 유리한데 현실적으로 크기가 제한을 받을 수밖에 없기 때문이다. 지구에서 집열되는 태양의 에너지 밀도는 매우 낮은 편이다. 태양전지판의 획기적인 기술혁신이 이루어지지 않는 한 태양광 자동차는 대기오염이 심한 도심지의 배출가스 문제, 연료절감 등을 위한 보조적 수단으로 활용될 것으로 전망된다. 태양광 자동차는 당분간 성능이나 효율성보다는 태양의 청정에너지 사용을 통하여 이산화탄소 배출을 감소시키고 자동차의 화석연료에 대한 의존도를 낮추기 위한 대책으로 활용되는 데 큰 의의를 두어야 할 것이다.

(4) 하이브리드 자동차(hybrid vehicle)

하이브리드 자동차는 2가지 이상의 동력원이 결합되어 운행되는 자동차를 말한다. 예를 들어 가솔린엔진이나 디젤엔진과 같은 내연기관의 동력원에 배터리 또는 연료전지에서 발생하는 전기의 동력원이 결합된 형태로 '가솔린자동차-전기자동차', '전기자동차-연료전지 자동차', '가스터빈 자동차-전기자동차', '디젤자동차-전기자동차', '천연가스 자동차-전기 자동차', '태양광 자동차-전기자동차' 등 무수한 동력원 간의 조합이 구성될 수 있다.

하이브리드 자동차의 장점으로는 인간과 환경에 해로운 배기가스가 적게 배출되어 대기오염이 적고 또한 연비가 매우 우수하다는 점이다. 선진국에서는 하이브리드 자동차를 보급하기 위해 2~3년 운행하면 정부 차원에서 보상을 해주거나 구입비용뿐만 아니라 차량 보유세, 통행세 등과 같은 각종 세금을 절감시켜주는 혜택을 주고 있다. 그러나 하이브리드 자동차는 배터리가 상당히 커서 차량의 무게가 일반자동차보다 100~200kg 정도 무겁고, 배터리를 뒷좌석 아래와 트렁크에 배치하기 때문에 트렁크의 공간이 협소해지는 단점이 있다. 대표적인 하이브리드 자동차로 일본 도요타에서 생산된 '프리우스(prius)'가 1997년 출시된 이후 가장 큰 인기를 끌며 판매되고 있고, 국내에서는 2005년 현대자동차가 '클릭(click)'을 시작으로 2020년 현재 상당수의 승용차에 하이브리드 방식의 동력원을 채택함으로써 배기가스 저감, 동력성능 향상 및 연비저감 효과를 거두고 있다. 그러나 미래의 친환경 자동차로는 배터리 전기자동차나 연료전지 자동차가 주도할 것으로 전망되고 있다. 하이브리드 자동차는 가솔린, 디젤자동차로부터 미래형 자동차인 배터리 전기자동차나 연료전지 자동차로 전환하는 시기에 시간적, 경제적, 기술적인 장애물을 극복하기 위한 경과적인 자동차 형식으로 분류되고 있다.

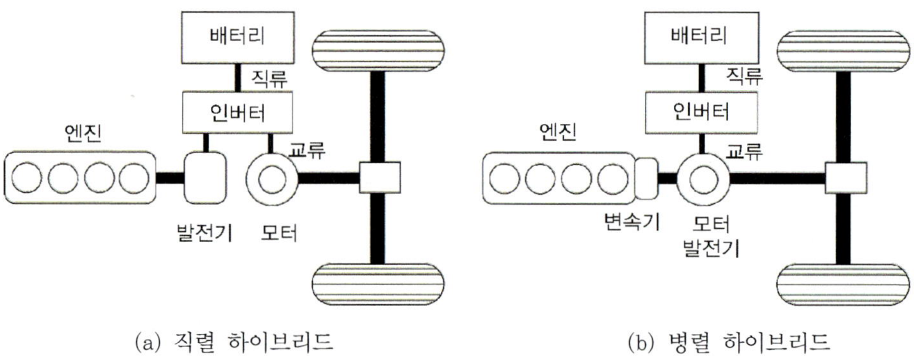

그림 1-27 직렬과 병렬 하이브리드시스템

하이브리드 자동차는 그림 1-27과 같이 엔진으로 발전기를 구동하고 이때 발생하는 전력으로 모터를 회전시키는 직렬형 하이브리드시스템(series hybrid system)과 모터로 엔진을 보조하여 엔진의 부담을 경감시키는 병렬형 하이브리드시스템(parallel hybrid system)이 있다. 또한 이 두 방식이 혼합된 직병렬형 하이브리드시스템(combined hybrid system)이 채용되고 있다. 직렬형 하이브리드시스템은 전기자동차에 엔진과 발전기를 추가한 것으로 엔진은 주행거리가 짧은 전기자동차의 단점을 보완하기 위한 발전용으로 운용한다. 직렬형 방식은 배기가스가 대폭 감소되는 것이 장점이나 구동력이 모두 모터로 전달되므로 모터와 배터리가 대형이어서 원가가 비싸고 공간적 여유가 없는 것이 단점이다. 또한 엔진의 구동력으로 생성된 교류전류를 직류로 변환하여 배터리에 충전하고 모터를 구동할 때에는 다시 교류로 변환해야 하므로 이 과정에서 에너지의 변환손실이 다소 발생한다.

한편 병렬형 하이브리드시스템은 저속에서는 전기자동차로 작동되고 일정속도 이상에서는 가솔린이나 디젤엔진을 사용하는 구동방식이다. 제동 시에는 구동모터가 발전기가 되어 운동에너지를 회수하고, 엔진이 구동될 때에 모터는 발전기가 되어 배터리를 충전한다. 현재 병렬형 하이브리드시스템이 널리 실용화되고 있고 일본의 도요타는 직병렬형 방식을 적용하고 있다. 직병렬형 하이브리드시스템은 병렬형 하이브리드 방식과 유사하나 발전용 모터가 하나 더 설치되어 있다. 엔진의 구동력에 여유가 있을 경우 추가된 발전용 모터를 구동하여 배터리를 충전하는 방식이다. 하이브리드 자동차는 다음의 기능을 갖는 부품들로 구성되어 있다.

① 엔진

가솔린엔진이나 디젤엔진이 주로 사용되고, 알루미늄 실린더 블록을 사용하여 무게를 경량화 한다.

② 전기모터와 발전기

전기모터는 소형이고 가벼워야 되기 때문에 높은 효율의 교류 동기형을 사용한다. 이 모터는 제동 시에는 차량의 운동에너지를 전기에너지로 변환하여 배터리를 충전시킨다. 발전기도 교류 동기형을 주로 사용한다.

③ 하이브리드용 변속기

변속기는 동력배분장치, 발전기, 전기모터, 감속기로 구성된다. 엔진에서 발생된 동력의 일부는 자동차를 구동하는 구동력으로 일부는 발전기를 구동시키는 용도로 사용된다. 발전기의 전력은 전기 모터와 배터리에 공급된다. 전기 모터의 회전수를 무단계로 제어하는 전자제어식과 CVT를 장착한 무단변속기가 있다.

④ 배터리

전기자동차용으로 많이 사용되는 리튬이온 또는 리튬폴리머 배터리의 등장은 배터리의 소형화와 고용량화를 가능하게 하였다. 발전기와 모터에 의해 충전과 방전제어가 주행 중에도 이루어진다.

⑤ 인버터(inverter)

인버터는 배터리의 직류전류를 모터와 발전기를 구동시키기 위한 교류전류로 변환시키는 역할을 수행한다. 배터리를 충전하는 전류도 최적의 상태로 제어한다.

하이브리드 자동차는 운전모드에 따라 차량 구동방식이 변하게 된다. 우선 출발과 저속주행 상태에서는 배터리로 구동되는 모터가 차량의 주된 동력원이 된다. 차속이 대략 30km/h 이상인 정속주행에서는 엔진이 차량을 구동시키며, 최고속도 근처에서는 엔진의 동력, 발전기의 동력 및 배터리의 전력까지 이용하여 총체적으로 차량을 작동시킨다. 한편 자동차가 감속하고 정지할 경우에는 다시 엔진 대신에 모터가 차량을 구동시키면서 배기가스의 저감효과를 도모한다. 이때 발전기에서 생성된 전력으로 차량을 구동시키고, 발전기 전력의 일부는 배터리를 충전시킨다.

최근 국내에서도 가솔린자동차의 외부의 콘센트에 전기자동차의 플러그를 꽂아 리튬이온 또는 리튬폴리머 배터리를 충전시키는 방식을 조합한 플러그인 하이브리드 자동차(PHEV, plug-in hybrid electric vehicle)가 생산되고 있다. 하이브리드 자동차나 순수 전기자동차의 핵심부품인 차세대 배터리 기술은 국내 대기업들이 큰 경쟁력을 갖고 있는데, 테슬라를 포함하여 전기자동차를 생산하는 세계적인 자동차회사에 국내에서 생산된 고용량 배터리를 공급하고 있다. 배터리 전기자동차나 하이브리드 자동차에서의 핵심 부품은 안정성이 확보된 고용량의 배터리이다. 현재 세계적인 배터리 생산업체에서는 리튬이온이나 리튬폴리머 배터리를 주력으로 선택하고 배터리의 에너지 밀도 향상과 안전성을 확보하기 위한 연구개발을 수행하고 있다. 향후 유망한 배터리로 거론되는 전고체 배터리, 금속공기 배터리, 리튬황 배터리 등에 대한 선행연구가 전기자동차를 생산하는 자동차회사나 배터리 제조업체를 중심으로 진행되고 있다.

플러그인 하이브리드 전기자동차는 하이브리드 자동차와 같은 구성이지만 일반 하이브리드자동차보다 용량이 더 큰 고용량 배터리를 장착함으로써 외부에서 추가적으로 전기에너지를 충전할 경우 전기자동차와 같이 구동할 수 있다. 즉, 일반가정에서도 전원 플러그를 자동차에 연결하여 2차전지에 충전이 가능한 하이브리드 자동차이며, 외부에서 충전된 전기에너지를 모두 소진하면 일반 하이브리드 차량과 같이 구동된다. 보통 60km 이내의 단거리를 엔진의 사용없이 배터리에 충전된 전기만을 사용하여 운행하고 그 이상의 거리를 주행할 경우 엔진을 구동하여 주행하거나 엔진을 운전하여 배터리를 충전한다. 플러그인 하이브리드 자동차가 고용량 배터리에 충전된 전기를 이용해 구동되는 것을 충전소모모드(전기주행모드, Charge Depleting mode: CD모드)라고 하고, 일반 하이브리드 차량과 같이 일정 충전상태(State of Charge, SOC)를 유지하며 구동될 때에는 충전유지모드(하이브리드주행 모드, Charge Sustaining mode: CS모드)라고 한다. 그림 1-28은 CD모드와 CS모드를 개략적으로 나타낸 것이다.

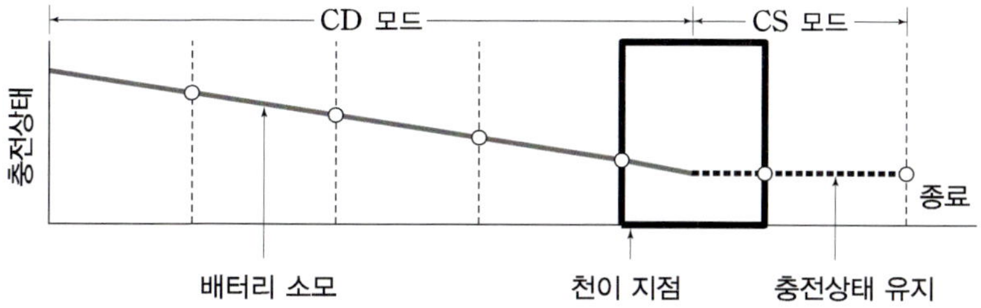

그림 1-28 CD모드와 CS모드의 개략도

이를 통해 일반 하이브리드 차량보다 연비가 높으며 해로운 배출가스를 저감할 수 있다. 그리고 일반 하이브리드 자동차에 사용되는 엔진기술, 모터 및 동력분배장치, 배터리 및 회생제동기술 등 대부분의 기술이 그대로 적용되고 전기자동차의 기능이 추가로 적용된다. 플러그인 하이브리드자동차는 높은 차량가격 및 유지비용에 비해 경제성이 부족한 일반 하이브리드 차량을 보완하기 위해 개발되어졌다. 전원을 외부에서 공급받아 충전함으로써 기존 하이브리드에 비해 연료의 효율이 상승되었고 배출가스도 보다 적게 배출함으로써 친환경 자동차에 가까워졌다. 특히 도요타의 경우 보다 친환경을 추구하기 위해 태양열 발전시스템으로 충전할 수 있는 차량을 개발 중에 있다. 이것이 실용화가 된다면 궁극적으로 발전부터 차량운행까지 유해 배출물을 거의 방출하지 않는 것이 가능해진다. 따라서 이런 기술들이 경쟁적으로 개발될 경우 플러그인 하이브리드 자동차는 기존의 하이브리드를 대체하면서 전기자동차 시대로 가기 위한 가교역할을 충분해 해낼 수 있을 것으로 전망된다.

1-6-2 대체연료 자동차

대체연료 자동차는 가솔린자동차와 기본적인 구성은 동일하며 단지 연료만 가솔린을 대체하여 사용하므로 새로운 설계의 필요성이 없기 때문에 경제적인 추가부담이 없는 장점이 있다. 현재 알코올(메탄올과 에탄올), 압축천연가스(CNG: Compressed Natural Gas), 액화석유가스(LPG: Liquefied Petroleum Gas), 수소, DME 등이 장래에 가솔린이나 경유를 대체할 가능성을 인정받고 있다. 표 1-4는 상기 연료에 대한 물성치를 표시하고 있다.

표 1-4 대체연료 물성치

	에탄올	메탄올	천연가스	액화석유가스	수소	DME	가솔린	경유
분자식	C_2H_5OH	CH_3OH	C_1-C_3 (주로 CH_4)	C_3-C_4 (주로 C_3H_8)	H_2	C_2H_6O	C_4-C_{12}	$C_{16}-C_{34}$
몰질량(g/mol)	46	32	16	44	2	46	약 100	
밀도: 액체(kg/l) 기체(kg/m^3)	0.79	0.795	0.42 0.8	0.51 2.0	0.0708	0.668 1.59	0.75	0.84
이론공연비	9.02	6.48	17.3	15.6	34.3	9.0	14.7	14.6
RON MON	106 89	106 92	130 125~130	96~111 89~96			92 83	
세탄가	8	5				>55		45~55
저위발열량(MJ/kg)	26.78	19.92	54.7	46.3	119.4	28.4	42~44	42
에너지밀도(MJ/l)	21.03	15.69	7.88	23.5	1.93	18.97	31.83	35.08
비점(℃)	78.3	64.7	−162	−42	−252.7	−20	35~210	180~360
자발화온도(℃)	420	470	632	504	585	235	250	225

(1) 알코올 자동차

알코올이 가솔린의 대체연료로서 주목을 받기 시작한 것은 1973년 제1차 오일쇼크 이후이다. 메탄올의 장점으로는 상온에서 액체이므로 가솔린의 개발 기술을 많은 부분 활용할 수 있고 천연가스 또는 석탄으로부터의 합성에 의하여 생성될 수 있으며 저공해 연료라는 점이다. 또한 옥탄가가 비교적 높으므로 압축비 상승에 의한 열효율 상승 및 연비저감 효과를 거둘 수 있는 것도 장점이다. 그러나 단위체적 당 발열량이 가솔린의 절반 정도에 그치는 실정으로 열효율이 높아도 주행거리가 가솔린의 50~60% 정도밖에 이르지 못하는 것이 가장 큰 단점이다. 이외에도 유독성 물질인 포름알데하이드(formaldehyde)가 배출되는 문제, 금속, 수지, 고무 종류로 만들어진 재료의 부식문제와 휘발성이 좋지 않으므로 이에 따른 냉시동성이 가솔린에 비해 뒤떨어지는 문제 등을 해결하여야 한다. 국내에서도 가솔린과 메탄올의 혼합비율이 0~85%인 연료를 사용하여 FFV(Flexible Fuel Vehicle) 자동차라는 이름으로 차량의 선행개발을 이미 완료한 상태이다. 한편 브라질이나 미국에서는 사탕수수나 옥수수에서 추출한 에탄올이 주로 사용되고 있다

브라질에서는 판매되고 있는 자동차의 85%가 가솔린과 사탕수수에서 추출한 에탄올을 혼합연료로 사용하는 FFV(Flexible Fuel Vehicle)로, 브라질에서 에탄올의 생산량은 가솔린을 앞선 상태이다. 또한 모든 주유소에서 E95, E25가 판매되고 있다. 미국은 세계 최대의 에탄올 생산 및 소비국가로서 1990년대 이후 연료첨가제로 사용되었던 발암물질인

MTBE(Methyl Tertiary Butyl Ether)가 미국 전역의 지하수에서 발견되면서 에탄올의 사용이 급증하였다. 그림 1-29에서는 바이오 에탄올을 사용하는 국가들에서 가솔린과 에탄올의 혼합비율을 대략적으로 표시하고 있다.

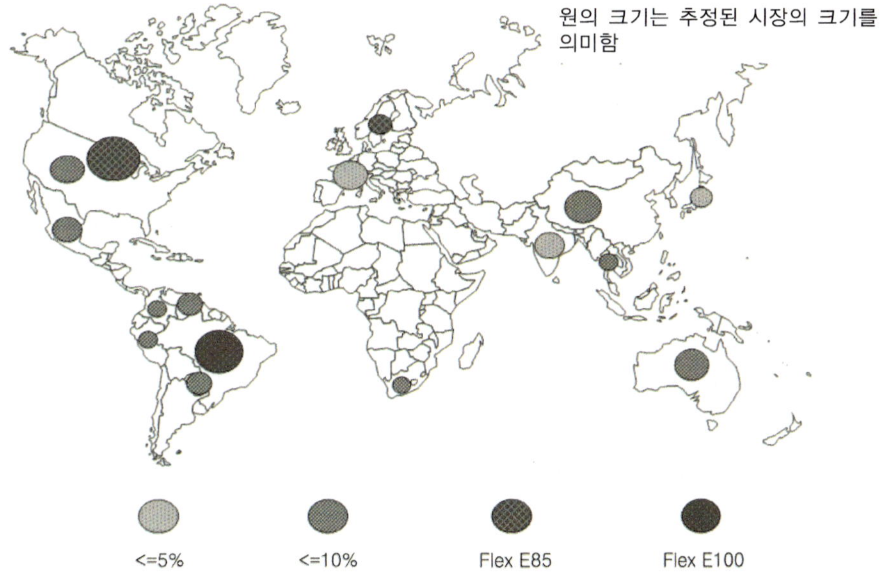

그림 1-29 세계 바이오 에탄올 사용량(Bosch)

바이오 에탄올은 당질계(사탕수수), 전분질계(곡물류), 셀룰로스계(목재, 야생풀)와 같은 다양한 바이오 자원으로부터 생산이 가능하다. 1세대 원료인 당질계, 전분질계는 식량자원의 남용이라는 비판에 직면하여 현재는 2세대 셀룰로오스계 비식용 원료로부터 에탄올을 생산하기 위한 노력이 진행되고 있다.

에탄올 연료는 가솔린 연료 대비하여 에너지 함량이 단위 부피당 67%이지만 옥탄가가 107(RON기준)이므로 가솔린 보다 노킹현상을 억제할 수 있어 압축비의 증가가 가능하므로 엔진의 성능 및 연비 향상에 효과적이고 함산소 연료이므로 CO와 같은 유해 배출가스 감소도 가능하다.

일반적으로 기존 가솔린 자동차에서 10%의 에탄올 첨가는 문제가 없는 것으로 알려져 있기 때문에 특별한 개조 없이도 현재 운행 중인 자동차에 E10 수준의 적용은 가능하다. 바이오 에탄올이 10% 이상 첨가된 혼합연료를 자동차에 적용하기 위해서는 기존 자동차의 연료시스템 개선이 우선 필요하다. 에탄올이 고무류 부식 및 알루미늄 계통의 재질에 백화현상(efflorescence)을 일으키기 때문에 연료공급파이프, 압력게이지, 증발가스관련 부품, 센서 등에서 재질변경 또는 표면처리를 통하여 에탄올 성분과의 반응성을 가지지 않도록 부품계의 개선이 요구된다. 또한, 연료성분변화에 따라 점화시기, 공연비 제어를 통하여 엔진연소를 최적화시키는 소프트웨어적인 작업도 동시에 필요하다.

(2) 바이오 디젤 자동차

바이오디젤을 경유 대체 연료로 적용할 경우 가장 큰 장점은 물성치의 유사성으로 인해 기존의 디젤엔진의 큰 개조 없이도 적용할 수 있다. 그러나 연료의 산화 안정성과 저온 유동성이 디젤에 비해 좋지 않아 쉽게 변질되거나 시동성 악화를 유발한다. 또한 바이오 디젤과의 접촉에 의한 연료 계통의 고무 성분의 열화, 저온에서의 저유동 특성에 의한 예열 장치의 보완 등이 요구되고 있는 실정이다. 그림 1-30에서는 바이오 디젤과 디젤 연료의 화학적 구조를 보여주고 있다.

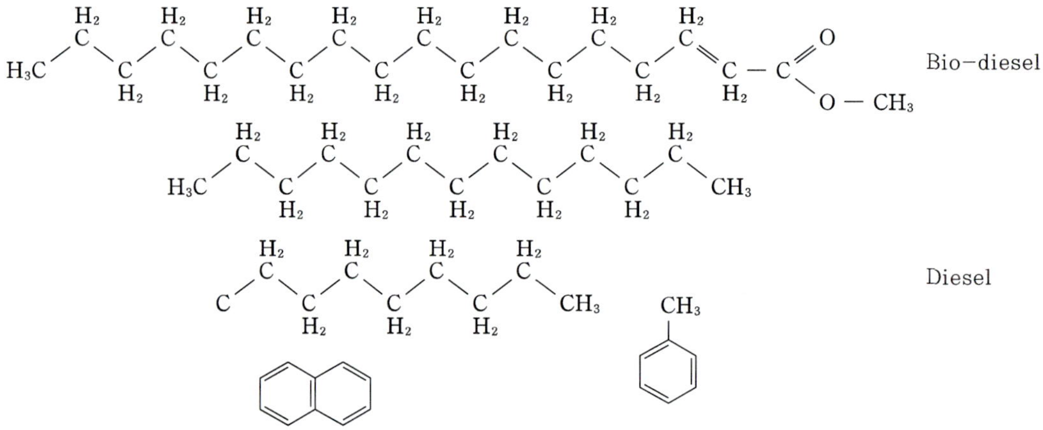

그림 1-30 바이오 디젤과 디젤 연료의 화학 구조

바이오 디젤은 유채, 해바라기씨, 팜유 등과 같은 식물성 오일, 우지 등과 같은 동물성 지방, 또는 폐식용유 등과 같이 다양한 자원을 트랜스-에스테르화 과정(Trans-esterification)이라 불리는 촉매 반응을 시켜 생산한 메틸 에스테르(methyl esters) 연료를 총칭한다. 바이오 디젤은 디젤 연료와 물성치 측면에서 유사하고 자발화의 척도가 되는 세탄가가 비슷하지만, 단위 질량당 에너지 함유량이 낮고 점도가 다소 높다는 특징이 있다. 연료 자체에 질량 기준으로 11% 정도의 산소가 함유되어 있어, HC, CO의 저감뿐만 아니라 연소실에서 매연 성분의 산화 과정을 일으켜 입자상물질(PM, Particulate Matter)의 발생을 억제하지만 연소실의 고온·고압 상태에서 가용 산소 성분의 존재는 NO_X의 생성을 촉진하는 문제를 일으키기도 한다. 표 1-5는 바이오 디젤 연료의 물성치를 나타낸다.

표 1-5 ▶ 바이오디젤 연료의 물성치

상태량	디젤	바이오 디젤
밀도(15℃), g/cm^3	0.825	0.874
증류온도, ℃	200~300	330~355
인화점, ℃	60	180
세탄가*	50	50~60
TAN**, mg/g	0.00	0.26
발열량, kcal/ℓ	9,100	8,350
유동점 온도, ℃	<-20(winter)	13
산소 함유량, 무게 %	0	12
n-파라핀, %	-	n.d.

* IQT(Ignition Quality Test)로 측정

** TAN: 산성도(Total Acid Number)

(3) LPG(액화석유가스) 자동차

LPG는 프로판, 프로필렌, 부탄, 부틸렌 등의 혼합가스로 상온, 상압에서는 기체이나 냉각 또는 가압에 의해 쉽게 액화된다. LPG는 CNG와 거의 유사한 청정 연료이며, 액체상태로 이동과 공급이 용이한 장점이 있다. 그러나 LPG는 공기보다 무거워 대기 중에 노출될 경우 대기 중으로 쉽게 확산되지 않고 누출된 곳에 축적되어 화재나 폭발의 위험이 크다. 또한 가솔린이나 디젤에 비해 동일 체적당 에너지 밀도가 70%~75% 수준으로 낮아 일회 충전 시 주행거리가 짧다.

자동차 및 산업기계 등에 사용되는 LPG 연료공급방식을 분류하여 표 1-6에 나타내었고 이를 살펴보면, 크게 믹서방식과 분사방식으로 나눌 수 있다.

표 1-6 LPG 연료공급장치의 기술별 분류

시스템 \ 특성	연료공급기			전자 제어 시스템	가스압 (자체압력)		액체	고압 가스법 적용	시스템	세대별 구분
	믹서	흡기 매니 폴드 분사	실린더 내분사		저압	고압	펌프			
단순믹서 방식	○				○				배기가스를 위한 제어는 없음. 백화이어 가능성 있음. 출력저하	제1세대
피드백 믹서방식	○			○	○				강화된 배기가스규제에 대응곤란. 역화 가능성 있음. 출력저하	제2세대
전자제어 믹서방식	○			○	○	○			산소센서의 신호로 연료량 보정. 강화된 배기가스규제에 대응 곤란	
전자제어 기체분사		○		○		○			출력향상. 배기가스규제 강화에 대응가능. 출력 약간 저하	제3세대
전자제어 액체분사		○		○			○	○	출력동등. 배가가스규제강화에 충분히 대응. 가압펌프 필요	
전자제어 직접분사			○	○			○	○	효율향상. 배기가스 저감. 고압가압펌프 필요. 기술적인 어려움 있음	제4세대

대표적인 청정가스연료 중의 하나인 LPG의 경우 지금까지 기화기 방식의 연료시스템을 사용하고 있어 연료공급의 정확도가 떨어져 아직까지 청정한 연료로서 본연의 역할을 다하지 못하고 있는 실정이었다. 이에 선진국에서는 1994년대부터 LPG의 정확한 공급과 LPG 엔진의 문제점인 냉시동성, 출력부족을 해결할 수 있는 LPG 액상분사방식을 개발하여 실용화하였다. 그림 1-31의 방식은 네덜란드의 Vialle사가 실용화한 LPi시스템으로 흡기포트 내로 정확한 연료량을 액체상태로 분사하는 기술을 이용한 것으로, 액상 LPG의 기화로 인하여 흡기 혼합기의 온도가 강하되고 이 현상에 의하여 엔진의 체적효율이 향상되는 특징이 있다.

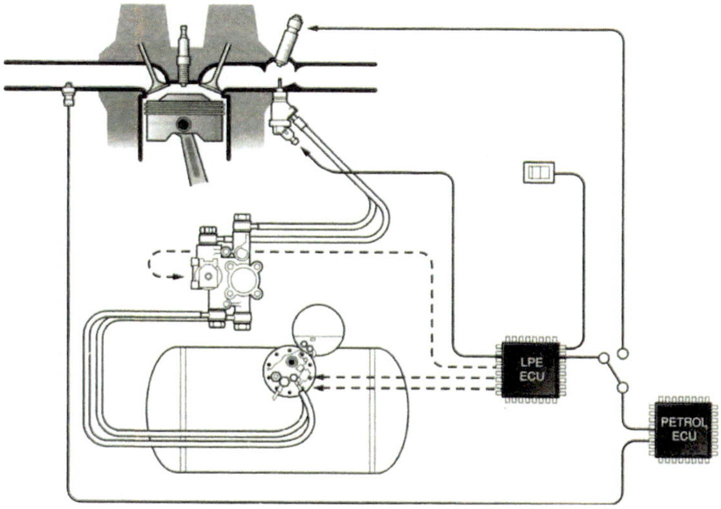

그림 1-31 다점 액체분사방식(Vialle사)

LPi시스템의 장점으로는 정확한 연료분사를 하기 때문에 연비, 출력, 배기가스성능이 향상되고, 기존의 가솔린용 전자제어 시스템과 연동(단, 혼합연료 차량의 경우)하여 정밀한 제어가 가능하다는 것이다. 또한 부품 수의 감소에 의한 원가저감, 자기학습기능으로 신뢰성 향상, 조정 불필요, 그리고 소프트웨어변경만으로 신형차량에 대응이 가능하다는 점이 장점이다.

이에 반하여 단점으로는 엔진제어시스템의 소프트웨어의 개발이 복잡하고, 제어 소프트웨어를 대상 가솔린차에 맞춰서 개조를 해야 한다는 점(단, 혼합연료 차량의 경우)이 있다. 이 시스템을 이용한 대형 LPG차량이 개발되어 많은 보급이 이루어진 상황이다.

국내에서도 LPi 차량을 세계 최초로 양산에 성공하였으며, ULEV 배출허용 기준을 만족하고 있다.

(4) 천연가스(CNG) 또는 액화천연가스(LNG) 자동차

천연가스는 메탄(CH_4)이 주성분으로 상온에서 기체(비등점: -162℃)로 존재한다. 메탄의 함유량은 생산지에 따라 다른데 보통 83~99%의 범위이다. 현재 매장량이 120조m^3 정도로 풍부하고 탄화수소계열의 연료로서 기존의 가솔린엔진을 그대로 활용할 수 있으므로, 제1차 오일쇼크 이후부터 대체연료로 활용되고 있다.

연료의 상(phase)으로서 기체인 압축천연가스(CNG)와 액체인 LNG(liquified natural gas) 두 종류로 구분된다. 압축천연가스 자동차는 주행거리가 가솔린의 20% 밖에 이를 수 없는 점, 한정된 충전소, 긴 충전시간 등이 해결되어야 할 문제이다. 그러나 배출가스가 적은 청정연료이고 기존차량을 개조하여 사용이 가능하며 매장량이 풍부한 것은 큰 장점이라 할 수 있다. LNG의 항속거리는 CNG에 비해 조금 향상되나, 액체 상태를 유지하기 위하여 초저온(110K 정도)의 필요성이 큰 부담이다.

천연가스 연료를 가솔린엔진에 적용하면 배출가스 저감효과가 현저하여 CO, HC는 30~50%, CO_2도 20~30% 이상 감소하는 것으로 알려져 있다. 또한 옥탄가가 130으로 높기 때문에 엔진 압축비를 높일 수 있어 엔진효율이 좋고 연료소비율을 향상시킬 수 있다. 엔진 연소실과 연료공급 계통에 퇴적물이 적어 윤활유나 엔진오일, 필터의 교환 주기가 연장되며 엔진수명도 길다. 그러나 가솔린엔진에 비해 출력이 10% 정도 감소(동일배기량 기준)하며, 1회 충전 거리가 짧고 개조에 필요한 장치 비용이 상당히 높다. 출력저하의 원인으로는 CNG 연료가 가솔린에 비해 단위체적당 발열량이 낮고, 체적효율이 떨어지며, 화염속도가 느림에 따라 모든 혼합기가 연소되는 타이밍 손실 등에 기인한다. CNG는 옥탄가가 높기 때문에 압축비를 높여 출력향상을 도모하지만 마찰손실 때문에 한계가 있으며 보통 12~15:1까지 가능하다

한편 천연가스 연료와 경유를 동시에 사용하는 혼합연료(dual fuel)방식은 기존 디젤엔진에 적용이 가능한 것으로서 연소실에 CNG와 공기 혼합기를 먼저 공급한 후 경유를 적정량 분사(pilot)하여 점화시킴으로써 연소하는 방식이다. 기존 디젤엔진 연소실의 변경없이 CNG 공급시스템만을 장착으로써 쉽게 CNG 엔진으로 변경할 수 있는 장점이 있다. 이 방식의 단점으로는 개조키트 사용에 따르는 추가경비와 구조의 복잡성, 두 가지 연료를 주유하여야 하는 번거로움을 들 수 있다.

압축천연가스 자동차는 현재 대기오염이 심각한 도심지에서 버스나 트럭 등에서 배출되는 매연, 입자상물질 및 질소산화물 등을 해결할 수 있기 때문에, 이들 차량에 대해 우선적으로 운행되고 있다.

(5) DME(디메틸에테르, Dimethyl Ether) 자동차

DME는 합성가스[기본적으로 수소(H_2)와 일산화탄소(CO)의 혼합물]로부터 제조된다. 가장 간단한 에테르 형태인 CH_3OCH_3 분자 구조로 이루어지는 DME 연료는 상온 조건하에서 액체로 존재하는 화학물질이다(20℃ 시, 증기압 5atm). 따라서 프로판과 부탄의 중간 정도의 증기압을 지니고 있어 저장 및 이용 시 LPG와 매우 유사한 특징이 있고, 세탄가가 높아서 디젤 차량 및 LPG 대체 연료, 연료전지 등으로 사용할 수 있는 등 활용범위가 매우 넓다. 특히 DME는 대기 중에 오랫동안 노출되어도 과산화물 형태로 되지 않는 안정한 화합물로서 비활성이고 부식성이 없다. 또한 마취성이 강한 디에틸에테르(Diethyl Ether)와 달리 발암성 및 마취성이 없어 인체에 무해한 무색의 기체이다. 그리고 DME는 동일부피에서 LPG보다 작은 열량을 지니고 있으나, 메탄올보다는 큰 열량을 갖는다. 유럽에서는 높은 세탄가의 DME 연료를 압축착화방식의 디젤 엔진에 사용하기 위해 주로 디젤 대체연료로서 DME연료에 대한 연구개발에 집중하고 있다.

(6) 합성 바이오연료(Synthetic Biofuels) 자동차

천연가스, 석탄, 바이오매스(생물 유기체) 등으로부터 생산되는 액체연료인 합성 바이오연료로는 BTL(Biomass To Liquid), CTL(Coal to Liquid), GTL(Gas To Liquid) 등을 대표적으로 들 수 있다. 천연가스를 원료로 해서 합성 액체연료로 전환하는 GTL(가스액화연료) 직・간접 합성기술은 현재 상업생산이 진행될 만큼 빠르게 발전하고 있다. 이와 더불어 CTL(석탄액화연료)과 바이오원료를 합성원유로 전환해서 생성되는 BTL(바이오매스액화연료)연료도 CO_2 저감효과 측면에서 우수할 뿐 만 아니라 에너지안보 강화정책의 일환으로 매우 활발한 연구개발이 진행 중에 있다.

(7) 수소 자동차

수소에너지는 화석연료나 원자력이 넘볼 수 없는 장점을 갖고 있다. 무엇보다 석유 매장지가 중동, 러시아 등에 밀집된 것과는 달리 수소는 지구촌 어디에서나 물을 통해 손쉽게 얻을 수 있다. 물의 전기분해로 만들어지기 때문에 얼마든지 재생이 가능하고, 어느 나라든 기술력과 경제력만 있으면 얼마든지 수소를 에너지로 전환할 수 있다. 또한 수소는 연소시 공해물질이 거의 없는 청정에너지원이다. 화석연료 차량에서 나오는 이산화탄소와 스모그는 세계적으로 해마다 수십만 명의 호흡기 질환을 유발하고 심할 경우 생명을 빼앗아가지만 수소는 친환경적 연료이다. 수소를 연소해 물이 되는 과정에서 공기 중의 질소가 산소와 반응해 극소량의 질소산화물이 생성되지만, 이는 기술적으로 충분히 제어할 수 있다. 이미 수소는 산업용 기초소재에서부터 일반연료, 자동차, 비행기, 연료전지 등에 이르기까지 다양한 분야에서 차세대 에너지원으로 사용되고 있다.

수소연료의 비점은 대기압에서 -253℃로 매우 낮아 상온에서는 기체상태이고, 저위발열량은 석유계 연료의 3배에 이르는 120MJ/kg으로 모든 연료 중에서 질량당 에너지밀도가 가장 높은 연료이다. 그러나 LPG와 같은 통상의 기체연료와는 물성치에 큰 차이가 있어 기존 엔진의 연료전환기술 개념으로는 개발이 용이하지 않다. 수소연료는 가연범위가 0.1~7.1로 넓고 점화에너지가 0.2mJ로 작으며, 연소속도가 빨라 희박연소가 용이한데 특히 저부하영역에서는 열효율이 증가한다. 그러나 조기점화(preignition) 가능성이 크고 고부하영역에서는 역화가 발생하기 쉽다. 또한 연소실 내 유동증가는 도리어 연소에 역효과를 줄 수도 있어 연소실 설계에 기존 엔진과는 차별화한 개념이 필요하다. 자발화온도가 585℃로 가솔린보다도 높아 강제 착화방식을 사용하여야 한다. 질량대비 발열량은 가솔린에 비해 2.7배 크다. 그러나 상온에서는 가스상태로 밀도가 작기 때문에 저장용기의 크기와 무게가 문제되며, 흡기매니폴드 분사방식에서는 출력의 저하가 현저하다. 단열화염온도 및 열전달계수가 커서 냉각손실 및 연소실 벽면온도를 증가시키며 따라서 냉각시스템과 열부하에 대한 대책이 필요하다. 윤활유연소에 의한 미량 이외에는 미연탄화수소와 일산화탄소 배출이 없어 공해가 적다. 그러나 단열화염온도가 석유계 연료보다 다소 높아 질소산화물 생성이 증가하며 연소소음이 발생하여 이의 대책이 필요하다.

수소 자동차의 실용화에 큰 장애물은 수소 저장매체이다. 현재 수소를 저장하는 방식은 물리적으로 압축하여 고압상태에서 저장하는 고압수소탱크, 액화시켜 극저온상태에서 저장하는 액체수소탱크, 특수금속의 가역반응을 이용한 금속수소화물(metal hydride) 저장 방식이 있다. 고압수소탱크 방식은 전절에서 설명하였듯이 탄소섬유 강화 복합재질을 사용하면서 고압으로 압축하여 연료 탑재용량을 증가시킬 수 있게 되었다. 로켓연료로 이용되는 액체수소탱크 방식은 발열과정 등에 고급기술이 필요할 뿐만 아니라 장기간 보관이 힘들고 저장밀도가 떨어진다. 이런 사정을 고려할 때 가장 가능성이 높은 차량용 수소 저장 방식은 고압수소탱크와 금속수소화물을 이용한 방식이다.

수소는 적절한 금속을 만나면 금속 내 격자 사이의 공간에 들어가 액체수소보다도 더 밀집된 상태를 이루게 된다. 금속수소화물은 금속과 수소가 가역적으로 반응해 수소화물(hydride)이라고 하는 새로운 형태의 화합물을 형성하는 것을 말한다. 금속수소화물의 부피당 저장량은 액체수소형태의 저장 방법보다 1.5~2배나 높은 것으로 알려져 있다. 수소와 결합해 수소화물을 만드는 금속으로는 주기율표상에서 알칼리금속, 알칼리토금속, 희토류 금속 그리고 전이금속 일부가 수소화물을 이룬다. 금속수소화물로 수소를 저장하는 방식은 높은 저장밀도로 대량의 수소를 저장할 수 있고 온도를 높이거나 압력을 낮춤으로써 쉽게 수소를 방출할 수 있는 장점이 있다. 대표적인 수소 저장을 위한 금속수소화물로는 7종류로 구분되고 있는데, 표 1-7에 표시하고 있다. 여기에서 원소 A는 희토류와 알칼리 원소를 의미하는데, 수소와 높은 친화도의 성질을 갖고 있어 수소화합물을 잘 구성한다. 또한 원소 B는 전이금속을 의미하는데, 수소를 활용하고자 할 때 수소화화물의 안정성은 낮추면서 가역적인 반응을 지원하는 원소이다. 표 1-7 중에서 금속수소화물로 주로 활용되는 합금재료는 AB_5, AB_2, AB, A_2B이다.

표 1-7 금속수소화물의 종류

구성식	원형(prototype)	수소화합물(hydrides)
AB_5	$LaNi_5$	$LaNi_5H_6$
AB_2	ZrV_2, $ZrMn_2$, $TiMn_2$	$ZrV_2H_{5.5}$
AB_3	$CeNi_3$, YFe_3	$CeNi_3H_4$
A_2B_7	Y_2Ni_7, Th_2Fe_7	$Y_2Ni_7H_3$
A_6B_{23}	Y_6Fe_{23}	$Y_6F_{23}H_{12}$
AB	TiFe, ZrNi	$TiFeH_2$
A_2B	Mg_2Ni, Ti_2Ni	Mg_2NiH_4

일반적으로 금속수소화물로 수소를 저장하는 능력은 저장매체인 금속의 질량당 저장되는 수소의 질량의 비로 표시한다. 일반적으로 AB_5, AB_2, AB, A_2B 형태의 금속수소화물은 각각 1.5, 2.0, 1.8, 3.0% 정도의 수소를 저장할 수 있는 것으로 알려져 있다.

한편 AB5인 란탄-니켈합금($LaNi_5H_6$)으로 수소를 흡수하면, 동일한 부피에서 1,000기압으로 압축된 기체수소 또는 액체수소의 2배정도의 수소의 저장이 가능하다. 이러한 수소화물은 조금만 온도를 높이면 수소가스를 방출하는데, 이러한 수소가스의 순도는 대단히 높은 편이다. 이러한 수소를 흡수하는 금속으로는 이외에 마그네슘(Mg), 니오븀(Nb), 바나듐(V), 망간(Mn) 및 이들의 합금이 있다.

자동차용으로 사용될 경우 수소는 천연가스, 석탄, 원자력 또는 태양에너지를 활용하여 생산할 수 있다. 수소의 중량은 가솔린의 1/3 정도이나, 보통의 온도와 압력에서는 체적이 액체 가솔린의 약 3,000배 정도이므로 자동차의 연료로 활용하기 위해서는 상당한 고압으로 압축하여야 한다. 압축기체나 액체상태에서 사용할 때의 해결과제는 천연가스와 거의 동일하며, 최근에는 고압으로 수소를 금속에 흡착한 수소저장합금을 개발하는 데 연구를 집중하고 있다. 이론적으로 수소연료를 연소시키면 물만 발생되는 청정연료이다. 그러나 실제로는 질소산화물(NOx)이 발생되고 연소속도가 지나치게 빨라 역화나 조기점화가 일어날 가능성이 큰 것이 문제점이다.

CHAPTER 01 연습문제

1-1 'FF 자동차'라고 불리는 전륜구동자동차(front engine front wheel drive car)의 장점에 대하여 설명하여라.

1-2 차체의 형상에 따라 승용차를 분류할 때 다음 승용차에 대하여 설명하여라.

(1) 세단(sedan)

(2) 리무진(limousine)

(3) 쿠페(coupe)

(4) 스테이션 웨건(station wagon)

(5) 로드스터(roadster)

1-3 트럭 중에서 다음을 구분하여 설명하여라.

(1) 라이트 밴(light van)

(2) 픽업(pickup)

1-4 섀시의 구성요소를 나열해 보아라.

1-5 전엔진 후륜구동 자동차인 FR(front engine rear wheel drive) 차량과 FF 차량을 구분하여, 엔진에서 바퀴까지 동력이 전달되는 경로를 순서대로 나열하여라.

1-6 FF 자동차에서 트랜스액슬(trans axle)을 구성하는 부품들을 나열해 보아라.

1-7 다음 물음에 답하여라.

(1) 그림 1-32를 보고 자동차의 제원에 대한 다음 용어명(A~H)을 써 보아라.

(2) ① 최소회전반경 ② 차량총중량(GVW)에 대해 설명하여라.

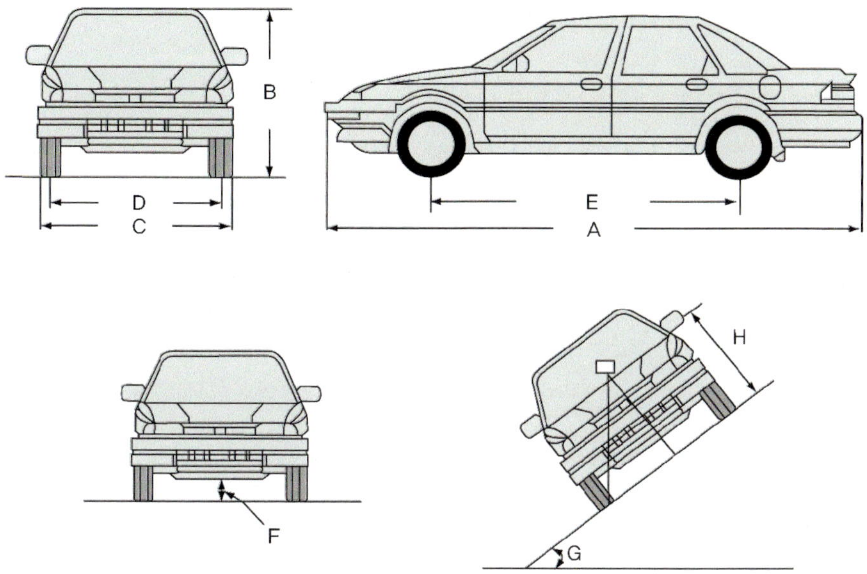

그림 1-32 자동차의 치수

1-8 자동차에서 윤거(tread)가 넓을 경우 유리한 점에 대해 설명하여라.

1-9 다음 경우에 차량총중량(GVW)을 구하여라.

(1) 공차중량 1,500kg의 승용차

(2) 공차중량 15,000kg, 최대적재량 8,000kg

1-10 자동차 회사의 현장에서 자동차를 개발하는 엔지니어들은 어느 자동차의 주행성능선도(tractive performance diagram)를 보면 그 자동차의 동력성능에 대해 대략 알 수 있다고 한다. 이러한 주행성능선도는 무엇인지 설명하여라.

1-11 다음 용어에 대하여 설명하여라.

(1) 발진가속능력(standing start accelerating ability)

(2) 추월가속능력(passing accelerating ability)

(3) 등판능력(hill climbing ability)

1-12 **등판각도 28° 언덕길을 % 구배로 표시하여라.**

1-13 **연료전지 자동차에 대한 다음 물음에 대해 답하여라.**

(1) 연료전지의 원리

(2) 연료전지자동차의 장점

1-14 **하이브리드자동차에 대한 다음 물음에 답하여라.**

(1) 직렬 하이브리드자동차와 병렬 하이브리드자동차의 차이를 간단하게 구분하여 보아라.

(2) 하이브리드자동차의 단점은 무엇인가?

1-15 **대체연료(alternative fuel) 자동차에 대한 물음에 답하여라.**

(1) 화석연료의 고갈에 대비하여 개발 중인 유력한 대체연료의 종류에 대하여 나열하여라.

(2) 수소 자동차의 실용화와 관련된 주요이슈에 대해 설명하여라.

CHAPTER 02

동력발생 장치

2장에서는 자동차의 동력발생장치인 열기관을 정의하고 외연기관과 내연기관으로 구분하여 설명한다. 엔진에서 사용되는 행정, 실린더 내경, 압축비, 점화장치, 연소실 형상 등 엔진의 구조적인 용어에 대해서도 상세하게 학습한다.

또한 엔진의 개발에서 중요한 공회전(idle), 부분부하(part load), 전부하(WOT), 공연비, MBT, DBL 등 운전특성과 관련된 용어에 대해 기술한다. 엔진의 효율성의 척도로 널리 사용되고 있는 이론적인 열효율에 대한 식을 유도하고, 실제 사이클과의 차이점에 대해 설명한다.

2장에서는 엔진의 성능을 표시하는 토크, 출력, 연료소비율 등에 대해 정의하고 또한 이들과의 상호 관계식을 유도하고 있다. 마지막으로 DOHC 엔진, 희박연소 엔진, Miller 사이클 엔진의 특징에 대해 서술한다.

2-1 열기관의 정의

열기관(heat engine)은 화석연료를 연소시켜 발생되는 열에너지를 기계적 에너지로 변환하는 장치를 말한다. 열에너지원으로는 태양열, 지열, 핵에너지까지 고려될 수 있는데 주로 화석연료인 석유와 석탄이 주된 열에너지원으로 활용된다. 열에너지는 작동유체(working fluid)로 열에너지를 전달하면서 작동유체를 고온·고압으로 팽창시켜 기구학적인 기계장치에 의해 유용한 기계적인 일로 변환된다. 열기관의 열역학적 작동원리가 그림 2-1에 표시되어 있다.

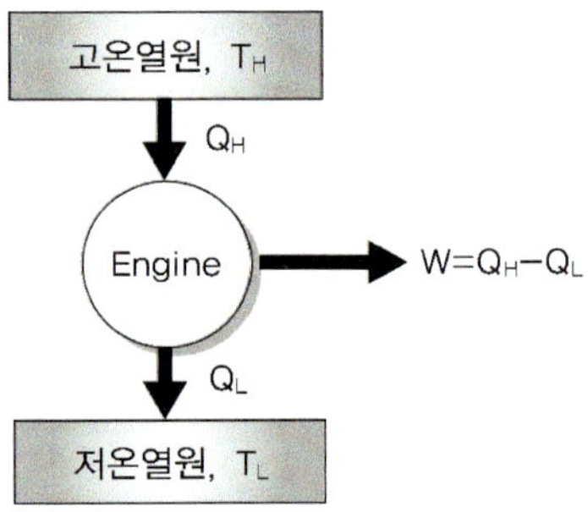

그림 2-1 열기관의 정의

열기관은 작동유체에 열에너지를 공급하는 방법에 따라 크게 외연기관(external combustion engine)과 내연기관(internal combustion engine)으로 구분된다. 외연기관은 별도의 보일러에서 연료가 연소되고 그때 발생한 연소가스로부터 전열면을 거쳐 실린더 내부의 작동유체에 열에너지를 공급하는 열기관이다. 이때 작동유체와 연소가스는 전혀 별개로 혼합되는 일이 없다. 외연기관의 대표적인 예로 증기터빈이 있고 현재도 대학이나 연구소에서 연구개발 중인 스털링엔진도 이에 속한다. 이에 반하여 내연기관은 연소실 내에서 작동유체가 직접 연소에 관여하여 고온·고압의 연소가스로 변환되면서 동력이 발생하는 장치이다. 연소가스가 곧 작동유체와 동일하며 연소과정이 엔진자체 내에서 발생하고 열을 전달하기 위한 시간적인 지연이나 손실이 없다. 현재 육상 운송용 차량이나 항공기 및 산업용 엔진으로 널리 사용되고 있는 가솔린, 디젤, 가스터빈 엔진 등이 내연기관으로 분류된다.

열기관은 작동유체에 공급된 열을 기계적인 일로 변환하는 방법에 따라서 체적형(또는 왕복형)과 속도형(또는 회전형)으로 구분된다. 체적형은 왕복식 피스톤 기관(reciprocating piston engine)과 같이 일정량의 작동유체를 실린더 내에서 팽창시켜 발생된 정압(static pressure)을 이용한다. 이에 비해 속도형은 작동유체의 열에너지를 먼저 운동에너지로 변환하면서 고속의 제트분류를 터빈 임펠러(turbine impeller)의 날개에 충돌시킴으로써 기계적인 유용한 일을 얻는 방식으로 주로 동압(dynamic pressure)을 이용한다. 이의 예로서 증기터빈이나 가스터빈이 있다. 체적형은 작동이 간헐적이고 회전속도에도 큰 제한이 있기 때문에 대용량으로 제작하기에는 부적절하며 또한 왕복하는 피스톤의 관성질량에 따른 진동과 소음이 크다는 결점이 있다. 그러나 소용량일 경우에는 회전형보다 고효율을 얻을 수 있는 장점을 갖고 있어 널리 활용되고 있다.

2-2 엔진에 사용되는 기본 용어

2-2-1 엔진의 구조적 용어

그림 2-2에 엔진에 대한 용어와 치수가 간단하게 표시되어 있다.

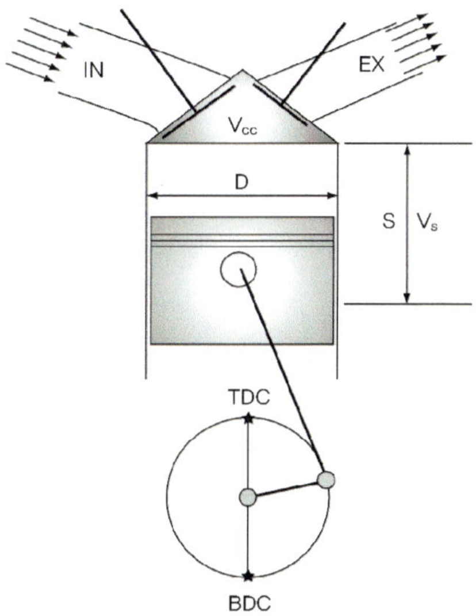

그림 2-2 엔진의 구조적 용어

(1) 상사점(TDC: Top Dead Center)

피스톤(piston)의 상면이 실린더의 최고점 즉, 실린더헤드(cylinder head)에 가장 근접해 있는 위치로 피스톤(piston) 운동의 상한점이다.

(2) 하사점(BDC: Bottom Dead Center)

피스톤의 상면이 실린더의 최저점 즉, 실린더헤드(cylinder head)와 가장 먼 곳에 있는 위치로 피스톤 운동의 하한점이다.

(3) 행정(stroke: S)

상사점과 하사점 사이의 수직인 직선거리를 말한다.

(4) 연소실체적(clearance volume: V_{CC})

피스톤의 상면이 상사점의 위치에 있을 때 피스톤과 실린더헤드가 이루는 체적이다.

(5) 행정체적(stroke volume: V_S)

실린더 내경(bore size)의 단면적에 행정을 곱한 체적으로 배기량이라고도 한다.

$$V_s = \frac{\pi}{4} D^2 \times S \tag{2-1a}$$

(6) 실린더체적(cylinder volume: V_c)

연소실체적과 행정체적의 합을 말한다.

$$V_c = V_{cc} + V_s \tag{2-1b}$$

(7) 총배기량(total displacement volume: V_d)

행정체적에 실린더의 수(n_c)를 곱한 체적을 말한다.

$$V_d = n_c \cdot V_s \tag{2-1c}$$

(8) 압축비(compression ratio: ε)

실린더체적(V_c)을 연소실체적(V_{cc})으로 나눈 값을 이른다.

$$\epsilon = \frac{V_c}{V_{cc}} = \frac{V_{cc} + V_s}{V_{cc}} = 1 + \frac{V_s}{V_{cc}} \tag{2-1d}$$

(9) DOHC 엔진

Double OverHead Camshaft의 약자로서 실린더마다 2개의 캠축을 두고 캠축당 각각 2개의 흡기밸브와 배기밸브를 설치하여 흡・배기 효율을 향상시킴으로써 고속에서 고출력을 목표로 한 엔진이다. 대응되는 용어로서 SOHC(Single OverHead Camshaft)가 있다. DOHC 엔진은 흡배기 효율이 높고 허용 엔진 최대 회전수가 높으며 압축비를 높일 수 있기 때문에 대표적인 고출력용 엔진을 구현할 수 있다. 그림 2-3은 DOHC 엔진의 구조를 보여주고 있다.

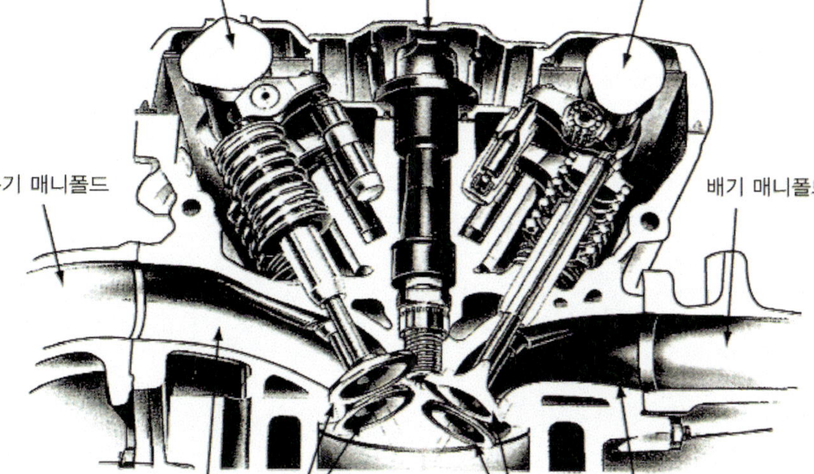

그림 2-3 DOHC 엔진의 구조

(10) 사이클(cycle)

어떤 시스템이 하나의 상태에서 출발하여 다시 본래의 상태로 되돌아오는 과정을 사이클이라고 한다. 순환과정(cyclic process)이라고도 하며 카르노사이클(Carnot cycle), 2사이클엔진, 4사이클엔진 등의 용어로 많이 사용된다.

(11) 스월(swirl)유동과 텀블(tumble)유동

급속연소는 연소효율을 증진시키는 방법 중의 하나로 흡기포트를 개량하여 유동을 부여하면서 구현한다. 나선형의 소용돌이 방식의 유동을 스월유동이라고 하고 수직적인 회전운동 방식의 유동을 텀블유동이라고 한다. 최근의 DOHC 엔진에는 흡기포트의 대칭적 배치로 인하여 스월유동 대신에 텀블유동 방식이 널리 적용되고 있다.

(12) 지붕형 연소실(pentroof combustion chamber)

1990년도 이전의 SOHC 가솔린엔진에서는 반구형 연소실이 많이 설계되었으나, 멀티밸브를 적용하는 DOHC 엔진에서는 밸브배치 구조상 지붕형상으로 된 연소실을 사용한다. 지붕형 연소실은 DOHC 엔진의 표준적인 연소실 형상으로서 다음과 같은 장점을 갖고 있다.

① 점화플러그의 중앙배치가 가능하므로 노킹특성이 우수하고 연소효율이 높다.

② 멀티밸브 시스템을 적용하기 용이하므로 고속에서 체적효율 향상을 통한 고출력을 구현할 수 있다.

③ 연소실체적당 표면적의 비가 높으므로 압축비를 높일 수 있다. 반면에 열손실이 증가하게 되어 열효율은 떨어질 수 있다.

④ 주물 후 연소실의 가공이 불필요하다.

일반적으로 고출력, 고효율의 연소실을 설계할 경우 고려할 사항은 다음과 같다.

① 화염전파거리(distance of flame propagation)가 가능한 한 짧을 것

② 연소실체적당 표면적의 비가 작을 것

③ 과열되기 쉬운 돌출부를 두지 말 것

④ 흡배기 밸브의 면적을 충분히 확보하고 혼합기(또는 흡입공기)의 유동이 잘 이루어지게 할 것

⑤ 압축행정 말기에 혼합기에 와류(turbulence)가 발생하는 구조일 것

⑥ 밸브기구가 간단하게 구성될 것

⑦ 말단가스(end gas) 근처에 노킹 방지를 위한 냉각면이 주어질 것

(13) ECU(Electronic Control Unit)

정밀하고 신속한 엔진의 제어는 각종 엔진의 센서의 신호를 통하여 현재의 엔진의 운전상태를 정확히 파악하고 최적의 연료분사량과 분사시기 및 최적의 점화시기 신호를 계산하여 엑추에이터인 인젝터와 점화플러그에 보내야 한다. 이와 같이 ECU는 엔진이 최적의 운전상태로 작동하도록 제어하는 엔진의 전자제어용 마이크로 컴퓨터로 최근 모든 자동차에 필수적으로 적용되고 있다.

(14) DLI(DistributorLess Ignition) 시스템

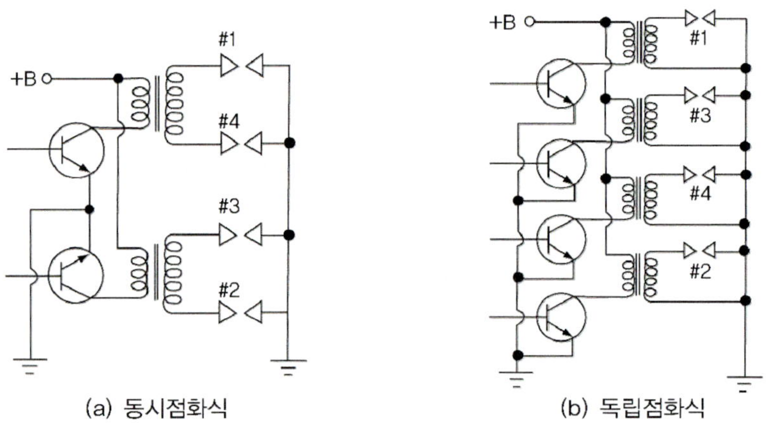

그림 2-4 DLI 점화시스템

가솔린엔진에서 점화를 위해 사용되던 배전기(distributor)가 없는 대신에 ECU의 전자제어에 의해 압축행정 말기의 위상인 각 실린더에 최적의 점화를 배분하는 점화시스템이

다. 전자제어 장치에 따라 전자배선 방식을 분류하면 크게 코일(coil) 분배식과 다이오드(diode) 분배식이 있다. 코일 분배방식에는 그림 2-4에서와 같이 동시점화식과 독립점화식이 있다.

DLI 점화시스템에서 2개의 실린더에 1개의 점화코일을 설치하여 압축상사점과 흡기상사점에서 동시에 점화시키는 방식이 동시점화식이고 각 실린더별로 독립적인 점화방식을 적용하는 방식이 독립점화식이다.

자세한 점화방식은 8장의 점화장치를 참조하면 된다.

(15) S/B 비(Stroke-Bore Ratio)

실린더 내경과 행정사이의 치수는 흡・배기효율, 엔진의 내구성 및 엔진의 성격을 결정하는 대표적인 인자이다. 엔진의 행정과 내경의 비를 실린더 행정/내경비라고 한다. 행정/내경의 비가 1.0 이상의 엔진을 장행정엔진(long stroke engine 또는 undersquare engine), 1.0에 가까울 경우 스퀘어 엔진(square engine), 1.0 이하를 단행정엔진(short stroke engine 또는 oversquare engine)이라고 한다.

최근 자동차용 가솔린 엔진의 행정/내경의 비가 1.0 또는 그 이하로 설계하는 경향이 있다. 그 이유는 피스톤의 평균속도를 올리지 않고 회전속도가 올릴 수 있기 때문에 엔진회전속도 상승으로 인한 고출력을 구현할 수 있고 엔진의 높이를 낮출 수 있기 때문이다. 반면에 피스톤이 과열되기 쉽고 피스톤에 가해지는 힘이 커져 베어링에 큰 하중이 걸리는 단점이 있다.

흡기와 배기를 원활하게 하기 위해서는 실린더 내경이 가능하면 클수록 좋으며 또한 고회전영역에서의 마찰손실 및 내구성을 고려하면 피스톤의 행정이 짧을수록 좋다. 그러나 한정된 배기량의 엔진으로 토크를 강하게 하려면 긴 행정(장행정)의 구조가 바람직하다. 스퀘어 엔진은 장행정엔진과 단행정엔진의 중간적인 특성을 보이는데 저중속영역의 토크특성 강화와 고회전영역의 고출력을 목표로 할 경우 채택된다. 일반적으로 1~2.0L의 소배기량 엔진에서는 저・중속 영역에서의 토크향상 및 연비저감을 위하여 장행정엔진이 많이 적용되고 있다.

2-2-2 운전특성과 관련된 용어

(1) WOT(Wide Open Throttling) 운전(최대출력 운전)

가솔린엔진에서 부하를 조절하는 스로틀밸브(throttle valve)를 최대로 열어 최대의 공기량이 들어가도록 하는 운전모드를 말한다. 급가속이나 큰 힘이 필요로 할 때 운전되는 영역으로서 그 엔진 회전수에서 최대 토크와 출력이 발생한다.

(2) P/L(Part Load) 운전(부분부하 운전)

WOT 운전과 대비되는 용어로 요구되는 부하에 적당하게 스로틀밸브를 일부만 열어 놓은 운전모드이다. 대부분 시내 정속주행에서의 운전모드가 부분부하 영역에 속한다.

(3) 공회전(idle) 운전

스로틀밸브가 완전히 닫힌 상태로 일부의 스로틀밸브를 우회한(bypass)한 최소량의 공기만이 연소실 내로 유입되는 운전모드이다. 이론적으로는 마찰손실을 극복할 정도의 힘만 발생하도록 최소한의 연료가 소비되게 함으로써 연비의 저감을 도모한다. 엔진의 회전속도는 1,000rpm 미만으로 유효 압축비가 낮기 때문에 운전모드 중에서 가장 불안정하다.

(4) 공연비(air fuel ratio)

공연비는 연료에 대한 공기의 질량비로 정의된다. 예혼합기는 가연한계(flammability limit)가 존재하므로 공기와 연료가 적절한 비율로 혼합되어 있어야 하며 너무 농후(rich fuel)하거나 희박(lean fuel)하면 연소가 일어나지 않는다. 이론적으로 가솔린을 완전 연소시키려면 질량단위로서 가솔린 1g에 대략적으로 공기 14.6g이 필요하다. 가솔린의 연소가 가능한 공연비 범위는 8~20 정도로 알려져 있다. 보통 가솔린엔진에서 공연비가 8 : 1보다 과농한 혼합기에서는 연소가 잘 이루어지지 않고 실화되면서 엔진이 정지된다. 20 : 1보다 희박한 공연비에서는 화염전파가 잘 되지 않아 흡・배기밸브가 열릴 때까지 연소가 진행되어 역화(backfire)가 발생하기도 한다. 따라서 가솔린엔진의 사용조건에 따라 그림 2-5와 같이 적절한 혼합비를 형성하여 공급하여야 한다. 이론공연비는 연료가 완전히 연소하였을 때 여분의 연료와 공기가 전혀 남아있지 않는 경우의 공연비를 말한다.

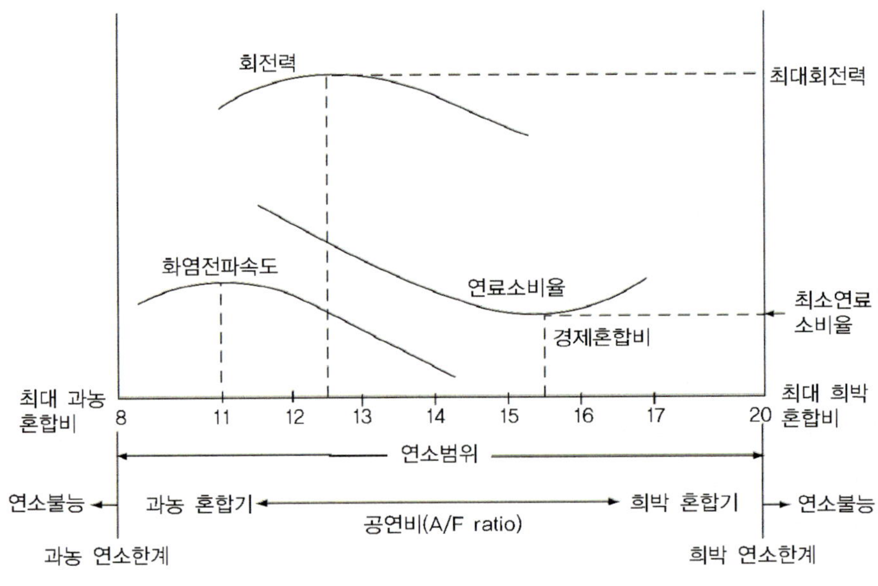

그림 2-5 혼합비에 따른 성능 변화

참고

엔진의 운전상태와 공연비의 관계

ⓐ 이론혼합비 → 14.6 : 1
ⓑ 시동 시 혼합비 → 1~5 : 1
ⓒ 가속 시 혼합비 → 8 : 1
ⓓ 경제 혼합비 → 15~16.5 : 1
ⓔ 최대출력 혼합비 → 12~13 : 1

(5) 공기과잉률, λ

공기과잉률은 이론공연비에 대한 실제공연비의 비로서 $\lambda > 1$이면 희박한 공연비를 말한다(당량비, ϕ와 역수의 관계).

$$\lambda = \frac{\text{실제 공연비}}{\text{이론 공연비}} \tag{2-2}$$

(6) EGR(Exhaust Gas Recirculation) 장치

EGR 장치(그림 2-6)는 불활성 가스인 배기가스의 일부를 흡기시스템에 재순환시켜 새로운 혼합기(fresh mixture)와 혼합시킨 후 연소실 내로 유입시킴으로써 연소최고온도를 낮추어 유해한 배기가스인 질소산화물(NO_X)의 발생을 저감시키는 시스템을 말한다. 연비가 약간 상승하는 이점도 있으나 또 다른 배기가스인 미연탄화수소(unburned hydro-carbon)가 증가하는 단점이 있다. 일반적으로 NO_X가 문제가 되는 부분부하 운전영역에서만 EGR을 적용하고 WOT 및 idle 운전조건하에서는 EGR장치를 작동시키지 않는다.

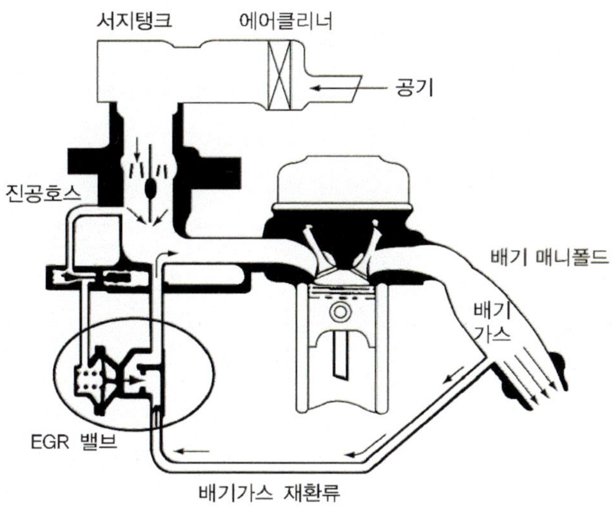

그림 2-6 배기가스 재순환장치(EGR)

(7) 엔진회전속도(engine speed)

엔진의 크랭크축이 분당 회전하는 회수를 나타낸 값으로 주로 rpm(revolutions per minute)으로 표시한다.

(8) MBT(Minimum Spark Advance for Best Torque)

MBT란 주어진 엔진회전속도와 부하 및 공연비 조건에 대해, 가장 큰 축토크(shaft torque)와 최소연료소비율(bsfc: brake specific fuel consumption)을 발생하는 최소의 점화시기(spark timing)를 말한다. 토크가 최대이면서 가장 적은 배기가스를 배출하는 점화시기이므로 주어진 운전조건에서 엔진의 점화시기 데이터를 매핑(mapping)할 경우 MBT에 주로 설정한다.

(9) DBL(Detonation Border Line)

엔진회전속도가 낮고 부하가 높은 운전조건에서 점화시기를 진각시킴에 따라 일반적으로 엔진의 토크는 계속적으로 증가한다. 그러나 엔진구조 및 운전조건에 따라 MBT에 선행하여 이상연소(abnormal combustion)인 노킹이 발생할 수 있다. 점화진각에 따라 최초로 노킹이 발생하면서 감지되는 점화시기를 DBL이라고 한다. 전자제어 점화시스템에서 DBL이 MBT에 선행하여 발생하면 엔진 토크 및 연료소비율의 손실을 감수해야만 한다. 일반적으로 이런 경우의 점하시기는 안전을 위해 DBL-2°CA (crank angle)로 맞춘다.

(10) 흡기매니폴드 압력(MAP: Manifold Absolute Pressure)

흡기매니폴드 내의 압력 또는 서지탱크(surge tank)내의 압력으로 스로틀밸브의 개도 즉, 유입되는 공기량에 비례한다. 엔진운전에서는 부하라는 용어와 같은 개념으로 활용된다.

(11) LBT(Leanest mixture for Best Torque)

WOT(Wide Open Throttling 또는 full load) 운전조건의 어느 엔진회전속도에서 공연비를 '농후한 혼합기(rich mixture)' → '희박한 혼합기(lean mixture)'로 점진적으로 이동시킬 때 최대엔진토크가 나오는 가장 희박한 공연비를 말한다. 가솔린엔진에서는 일반적으로 LBT가 12.5~13.0으로 알려져 있다.

2-3 엔진의 구조

왕복형 엔진에서 동력을 발생하는 핵심적 부품은 그림 2-7과 같이 피스톤(piston), 커넥팅 로드(connecting rod), 크랭크축(crank shaft)으로 구성되어 있다. 원통형의 실린더 안에서 피스톤은 피스톤 링을 통해 기밀을 유지하면서 왕복운동을 하고 피스톤의 왕복운동은 커넥팅 로드를 통해 크랭크축의 회전운동으로 변환된다.

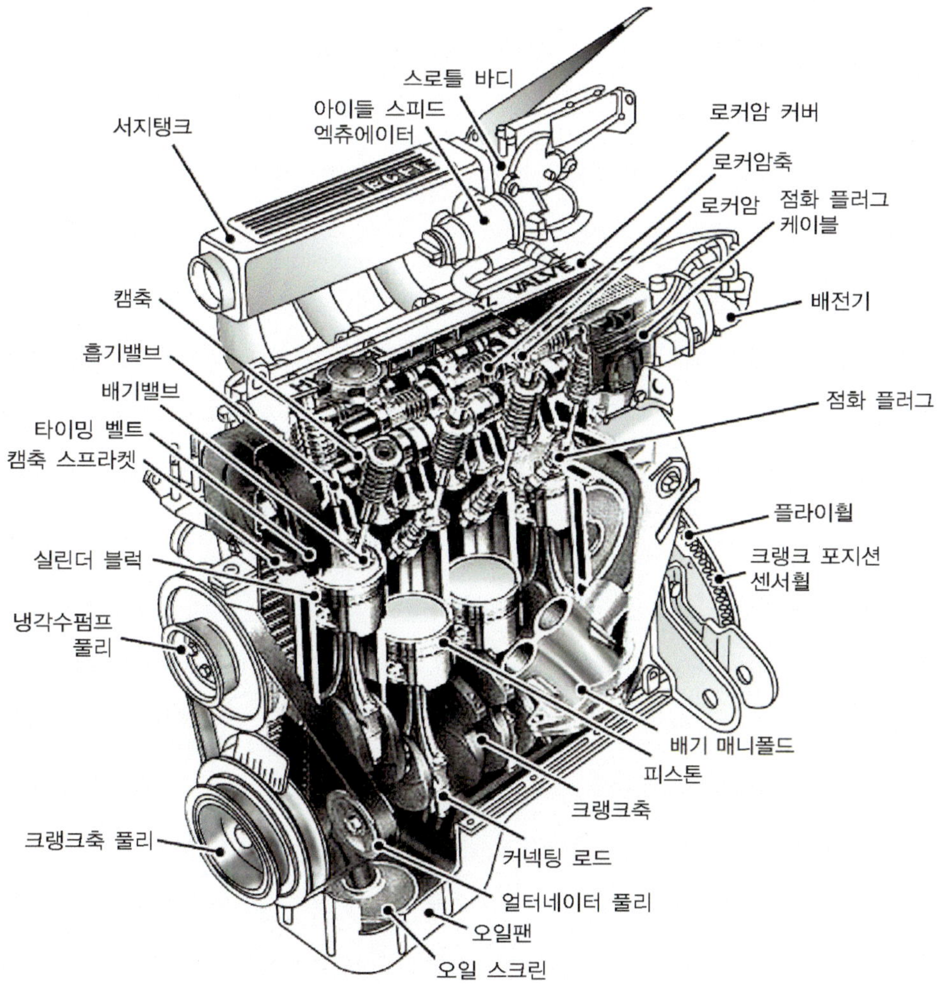

그림 2-7 가솔린엔진의 구조

연료의 화학적인 에너지는 연소실 내에서 혼합기의 연소에 의해 열에너지로 변한다. 한정된 공간에서 발생된 열에너지는 연소실 내 압력을 상승시켜 피스톤을 내리밀친다. 이때 한정된 공간에서 발생한 열에너지는 압력상승을 유발하고 커넥팅 로드와 크랭크축을 이용하여 다시 기계적인 회전에너지로 변환되어 외부에 일을 하게 된다. 혼합기의 연소로 피스톤에 가해진 동력은 간헐적인 것이므로 크랭크축을 원활히 회전시키기 위해서 크랭크축 끝에는 플라이휠(flywheel)이 장착되어 있어야 한다.

가솔린엔진은 그림 2-7과 같이 크게 정지부품, 운동부품 및 부속장치로 구분된다. 정지부품에는 실린더 블록, 실린더 헤드, 로커 커버 또는 헤드 커버 등 엔진 전체의 골격과 외곽을 형성하는 구성부품이다. 또한 공기 청정기, 흡배기매니폴드 및 엔진 베어링 등이 이에 포함된다.

운동부품으로는 위에서 설명한 피스톤, 크랭크 기구 부품과 캠축, 흡배기 밸브 등의 밸브 개폐기구가 포함된다. 부속장치의 부품으로는 혼합기를 형성하는 연료장치(인젝터, 연료펌프 등), 혼합기의 점화장치(배전기, 점화코일 등), 운동부분에 오일을 공급하는 윤활장치(오일펌프, 오일 필터 등), 엔진의 온도를 제어하는 냉각장치(워터 펌프, 서모스탯 등) 및 유해가스를 제어하는 배기가스 후처리장치 등이 있다.

2-4 공기표준 사이클

증기원동소에 적용되는 증기동력 사이클에서는 작동유체의 상변화가 있으나 내연기관의 해석에는 단일상(單一相)만을 취급하는데 이를 기체 사이클이라고 한다. 기체 사이클은 먼저 작동유체를 이상기체로 가정한 공기표준 사이클(air standard cycle)로 정성적인 해석을 한다. 그리고 실제적인 조건을 고려하여 실제 엔진사이클에 근사하도록 접근하는 방법을 활용한다. 실제 연소가 일어나기 전의 작동유체는 연료와 공기의 혼합물이다. 이것이 연소 후에는 최초상태와 완전히 다른 연소가스가 발생되므로 이상기체로 가정하는 것은 타당하지 않을 수 있다. 그러나 사이클 동안 작동유체를 이상기체로 가정하여 해석하는 것은 열역학적인 사이클 분석을 통해 정성적인 특성을 이론적으로 쉽게 파악하기 위해서 필요하다. 공기표준 사이클은 다음과 같은 가정하에서 이론적인 해석을 한다.

- 작동유체는 이상기체(ideal gas)로 가정된 공기로서 비열(specific heat)이 항상 일정하고 전 사이클을 통해 가역적으로 작동하며 공기량은 일정하다.
- 실제의 엔진에서 존재하는 흡·배기과정이 없으며 흡·배기선은 대기압과 일치한다.
- 압축 및 팽창과정은 가역단열과정(reversible adiabatic process)이다.
- 연소과정은 외부 고온열원으로부터 연료 발열량만큼의 열량이 공급되는 열전달과정으로 대체하고, 배기 및 흡기과정은 작동유체로부터 외부 저온열원으로 열량을 방출하고 처음 상태로 되돌아가는 과정으로 대체한다.

• 열해리 및 열손실은 무시한다.

공기표준 사이클은 위와 같은 가정하에서 작동되므로 실제의 사이클에서는 불가능한 고효율을 갖게 되며 최고압력, 최고온도 등도 실제의 사이클에서 측정되는 값보다 훨씬 높은 값을 갖는다. 공기표준 사이클 해석은 열효율, 압력, 온도 등에 대한 여러 인자의 영향을 정성적으로 예측하는 데 유리하므로 널리 활용되고 있다.

2-4-1 엔진의 열역학적 사이클

정적 사이클(constant volume cycle)은 왕복형 내연기관 중에서 가솔린엔진(spark-ignition engine)의 기본이 되는 이상적인 사이클로서 Otto 사이클(Otto cycle)이라고도 한다. 정적 사이클은 체적이 일정한 상태에서 연소가 일어난다. 그림 2-8에 정적 사이클의 P-V 선도와 T-S 선도가 표시되어 있는데 다음과 같이 4개의 과정으로 구성되어 있다.

- 과정 1-2: 체적이 V_1에서 V_2로 등엔트로피 과정으로 압축
- 과정 2-3: 체적이 일정한 상태에서 외부로부터 기체로 열량 Q_A 공급
- 과정 3-4: 체적이 V_2에서 V_1으로 등엔트로피 과정으로 팽창
- 과정 4-1: 체적이 일정한 상태에서 기체로부터 외부로 열량 Q_B 방출

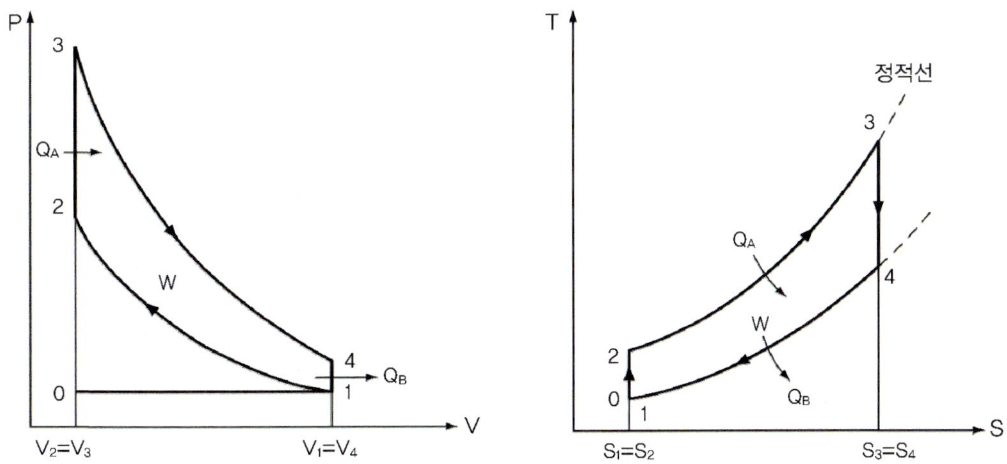

그림 2-8 정적 사이클 선도

기체 사이클에서 열역학적인 변수는 다음의 의미로 사용된다.

- C_P, C_V: 공기의 정압비열과 정적비열
- $k = \dfrac{C_p}{C_v}$: 비열비(specific heat ratio)

- m: 작동유체(공기)의 질량
- $V_2 = V_3$: 연소실체적(combustion chamber volume, Vc)
- $V_1 = V_4$: 실린더체적(cylinder volume)
- $\varepsilon = \dfrac{V_1}{V_2} = \dfrac{V_4}{V_3}$: 압축비(compression ratio)
- $Q_A = mC_v(T_3 - T_2)$: 정적 열공급
- $Q_B = mC_v(T_4 - T_1)$: 정적 열방출

앞의 정적 사이클의 이론 열효율(theoretical thermal efficiency) 즉, 공급열량대비 유효한 일의 비인 η_{th}는 다음과 같이 표시된다.

$$\eta_{th} = \frac{Q_A - Q_B}{Q_A} = 1 - \frac{Q_B}{Q_A} = 1 - \frac{T_4 - T_1}{T_3 - T_2} = 1 - \frac{T_1}{T_2}\frac{(T_4/T_1 - 1)}{(T_3/T_2 - 1)} \tag{2-3}$$

한편 과정(1-2)는 가역단열 과정 즉, 등엔트로피 과정이므로

$$\frac{T_2}{T_1} = \left(\frac{V_1}{V_2}\right)^{k-1} = \epsilon^{k-1}, \quad \frac{T_3}{T_4} = \left(\frac{V_4}{V_3}\right)^{k-1} = \epsilon^{k-1} \tag{2-4}$$

이고 $V_1 = V_4$, $V_2 = V_3$이므로

$$\frac{T_2}{T_1} = \frac{T_3}{T_4} \text{ 또는 } \frac{T_3}{T_2} = \frac{T_4}{T_1} \tag{2-5}$$

이다. 식(2-5)를 식(2-4)에 대입하면 열효율은 다음과 같이 정리된다.

$$\eta_{th} = 1 - \frac{T_1}{T_2} = 1 - \frac{1}{(V_1/V_2)^{k-1}} = 1 - \frac{1}{\epsilon^{k-1}} \tag{2-6}$$

식(2-6)에 따르면 가솔린엔진의 이상적인 사이클인 정적 사이클의 이론 열효율은 오직 압축비(ϵ)와 비열비(k)에만 의존하는데, 압축비와 비열비가 증가하면 이론 열효율은 증가하게 된다. 그림 2-9는 정적 사이클의 압축비와 비열비에 대한 이론 열효율의 변화를 나타내고 있다.

실제적으로 압축비는 연료의 노킹특성과 재질의 문제 등으로 인하여 일정 이상의 값으로 올리기가 어려운데 압축비가 커질수록 열효율의 상승효과는 점점 완만해진다.

한편 요즘 디젤엔진의 이상적인 사이클은 그림 2-10(a)처럼 연소(combustion)가 정적 과정과 정압과정이 복합되어 일어나며 이를 복합사이클 또는 사바테 사이클(Sabathe cycle)이라고 한다.

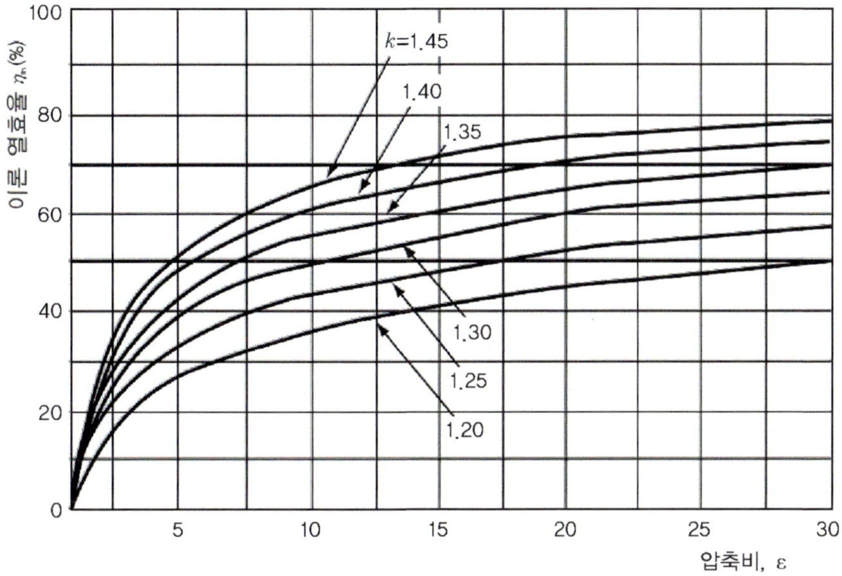

그림 2-9 정적 사이클의 이론 열효율

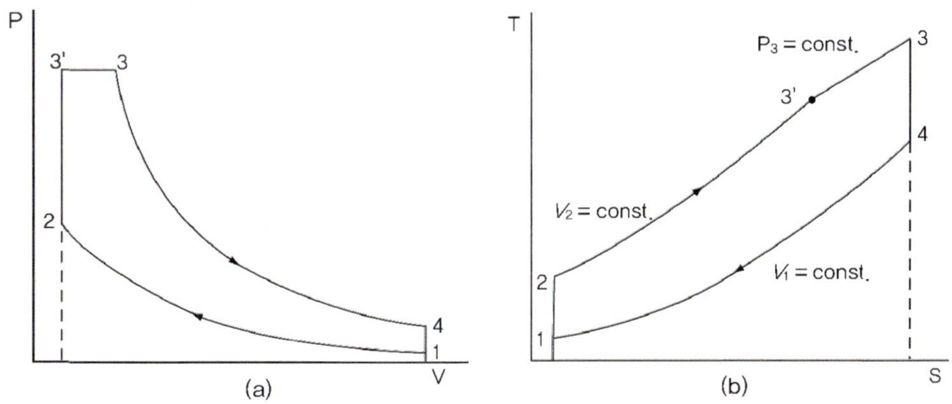

그림 2-10 사바테 사이클 선도

새로운 인자로 정적연소가 일어나는 과정(2−3′)에서의 압력비 $\alpha = \dfrac{P_{3'}}{P_2}$ 을 폭발비(explosion ratio), 정압연소가 일어나는 과정(3′−3)에서의 체적비 $\beta = \dfrac{V_3}{V_{3'}}$ 를 정압팽창비(constant pressure expansion ratio) 또는 차단비(cut off ratio)라고 정의한다. 사바테 사이클에 대해서 정적 사이클과 유사하게 열역학적 과정으로 이론 열효율을 유도하면 다음의 식으로 표시된다.

$$
\begin{aligned}
\eta_{th} &= 1 - \frac{Q_2}{Q_1} \\
&= 1 - \frac{mC_v(T_4 - T_1)}{mC_v(T_{3'} - T_2) + mC_p(T_3 - T_{3'})} \\
&= 1 - \frac{T_4 - T_1}{(T_{3'} - T_2) + \kappa(T_3 - T_{3'})} \qquad (2\text{-}7) \\
&= 1 - \frac{\alpha\beta^{\kappa} T_1 - T_1}{\alpha\epsilon^{\kappa-1}T_1 - \epsilon^{\kappa-1}T_1 + \kappa(\alpha\beta\epsilon^{\kappa-1}T_1 - \alpha\epsilon^{\kappa-1}T_1)} \\
&= 1 - \frac{1}{\epsilon^{\kappa-1}} \frac{\alpha\beta^{\kappa} - 1}{(\alpha - 1) + \kappa\alpha(\beta - 1)} \text{(단, } \alpha\text{와 } \beta > 1)
\end{aligned}
$$

복합 사이클의 이론적인 열효율은 압축비(ϵ), 폭발비(α), 정압 팽창비(β)의 함수로 표시되는데, 압축비와 폭발비가 클수록 또한 정압 팽창비가 감소(즉, 가한 열량이 감소)할수록 열효율은 향상된다. 한편 식(2-7)에서 $\alpha = 1$이면 정압 사이클, $\beta = 1$일 경우 정적 사이클이 된다.

2-4-2 실제 사이클

내연기관에서의 실제 열효율은 다음과 같은 요인에 의해 연료 공기 사이클의 효율보다 더 저하되며 보통 자동차용 가솔린엔진의 경우에는 연료 공기 사이클의 80% 정도에 그친다. 연료 공기 사이클에서는 냉각손실이 없으며 엔진의 배기량이나 회전속도에 관계없이 압축비와 공연비로부터 효율이 정해진다.

- 연소실 벽면으로의 냉각손실
- 연소가 순간적으로 일어나지 않은 것으로 인한 손실
- 불완전 연소에 의한 손실
- 흡배기에 수반되는 손실
- 작동가스의 누설에 의한 손실

그림 2-11은 연료 공기 사이클과 실제 사이클을 비교한 것을 보여준다.

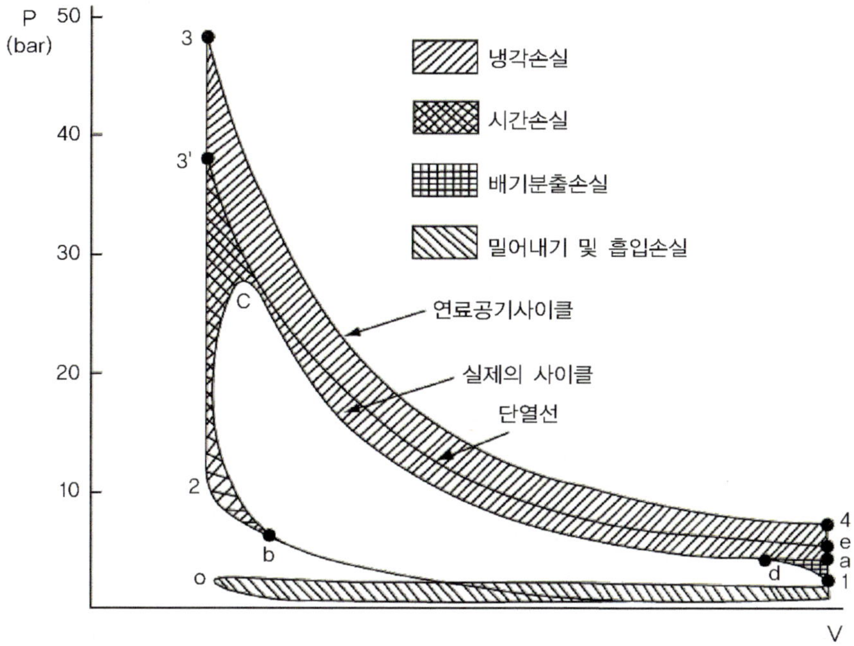

그림 2-11 실제 사이클의 P-V 선도

각각의 요인에 의한 손실을 분석해 보면 다음과 같다.

(1) 연소소요시간에 의한 손실

가솔린엔진에서 혼합기의 연소는 화염전파에 의해 유한한 시간 동안 이루어지는데 일반적으로 '점화~연소 완료'까지의 기간은 크랭크각으로 40~60°정도로 알려져 있다. 이처럼 유한한 연소기간으로 인한 손실을 시간손실(time loss)이라고 한다. 이는 압축비 저하효과와 동일한 결과를 보이는데 최고압력이 낮아지는 팽창행정 중에도 연소가 일어나면서 열이 공급된다. 그러나 안정된 연소가 이루어지고 있을 때 시간손실 영향은 비교적 작다. area(b-2-3′-c-b)

(2) 냉각손실

연료 공기 사이클에서는 작동가스와 연소실(실린더 헤드, 실린더, 피스톤) 벽과의 열교환은 고려하지 않고 단열로 가정한다. 그러나 연소 및 팽창행정 중에 실린더 헤드부 벽면, 실린더 벽면, 피스톤링, 윤활유 등을 통한 열손실이 발생한다. 이로 인해 실린더 내의 가스의 온도 및 압력이 가역단열팽창보다 낮아진다. area(c-3′-3-4-e-c)

(3) 펌핑손실(pumping loss)

흡·배기과정 동안에 흡기 및 배기계통의 마찰과 밸브에서의 교축(throttling)으로 인한 손실로서 지압선도 내에서 부(-)의 일로 표시된다. area(d-0-1)

(4) 블로다운(blowdown) 손실

원활한 배기가스의 방출을 위해 배기밸브를 일찍 열게 됨으로써 팽창행정 동안의 압력저하에 의한 손실을 말한다. area(a-d-1)

(5) 불완전연소에 의한 손실

연료 공기 사이클에서는 이론공연비보다 과농한 영역에서의 불완전연소나 열해리만을 고려하고 있다. 그러나 실제 사이클에서는 연료와 공기의 불완전한 혼합에 의한 불완전연소, 연소실 벽면의 소염층(quenching layer), 피스톤 톱랜드(top land)의 틈새(crevice)부의 미연 혼합기의 존재 등으로 인한 불완전 연소가 존재한다. 보통 연소효율은 통상 0.95~1.0 정도이다.

(6) 팽창가스의 누설(leakage)에 의한 손실

밸브로부터의 누설은 완전히 방지할 수 있으나 피스톤링(piston ring)으로부터의 누설은 피할 수 없다. 그러나 그 양은 극히 적으며 최고로 양호한 상태에서는 실린더 내 전체가스의 0.2% 정도이다.

(7) 유동손실

피스톤의 운동으로 실린더 내에 공기유동을 일으킴으로써 발생하는 와류손실을 말한다. 한편 이론공기 사이클은 내적으로 모든 과정이 가역과정이나(피스톤 속도가 무한히 작아 실린더 내의 기체는 평형) 실제 피스톤의 속도는 유한하므로 팽창 시 피스톤에 작용하는 압력이 작게 되는 손실도 있다.

연료 공기 사이클과 실제 사이클 사이에서 차이를 유발하는 여러 가지 인자들을 살펴보았다. 이 중에서도 가장 지배적인 인자는 냉각손실이고 그 다음이 불완전 연소에 의한 손실로 알려져 있다. 일반적으로 동일 압축비에서 실제 사이클의 열효율은 연료 공기 사이클의 75~85% 정도이며 압축비를 상승시킬수록 실제 사이클의 열효율은 일찍 포화상태에 이르게 된다.

2-5 엔진의 성능

(1) 토크(torque)

토크는 물체를 회전시키려고 하는 힘을 말한다. 자동차에서는 바퀴를 회전시킴으로써 전진이나 후진을 하기 때문에, 자동차가 전후로 진행하기 위해서는 바퀴를 회전시키는 토크가 필요하다. 이 토크는 엔진의 크랭크축(crank shaft)에서 발생되는 회전력을 말한다. 그림 2-12는 스패너를 이용하여 너트를 조이기 위해서는 회전력인 토크가 필요하다는 것을 보여주고 있다.

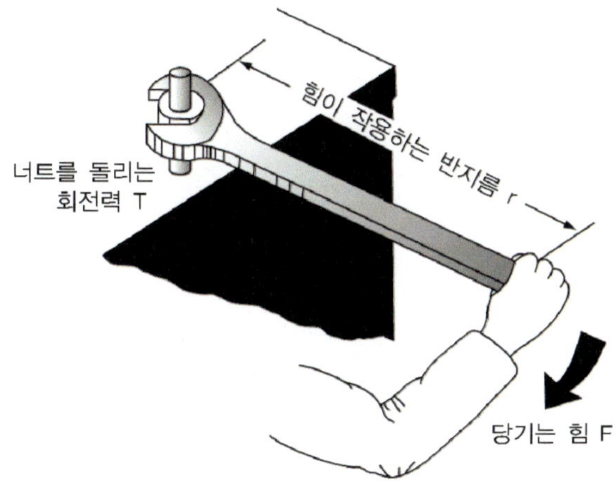

그림 2-12 토크의 원리

공학적으로 토크는 $\vec{T}=\vec{r}\times\vec{F}$ 로서 정의되는 벡터량으로 크기와 방향을 갖고 있는데, 토크의 SI 단위로는 [N・m]가 사용되고 있다. 엔진의 축토크는 중속에서 크고, 고속 및 저속에서는 적어지는 데 이것은 엔진회전속도에 따라 연소상태 및 흡입효율이 변하기 때문이다. 그림 2-13을 보면서 엔진 토크의 발생원리를 내연기관의 작동과정과 연계하여 설명하도록 하자. 내연기관의 연소실 내에서 연료를 연소시켜 생성된 연소가스의 압력과 피스톤의 면적을 곱한 힘이 피스톤에 작용하게 된다. 이 힘이 P_o로 피스톤핀 및 커넥팅 로드(connecting rod)를 거쳐 크랭크암(crank arm)과 직각 방향의 힘 P_1으로 전달된다. 토크의 정의에 따라 이 힘 P_1과 크랭크암의 길이 r을 곱한 값이 축토크로서 크랭크축을 회전시키게 된다.

토크는 전기모터와 마찬가지로 저속에서 고속까지 변화가 없이 일정한 직선형상으로 나타나는 것이 바람직하다. 그러나 저속영역(낮은 엔진회전속도 영역)에서는 열손실이 크고 혼합기의 유동효과가 작은 것으로 인하여 토크가 작다. 또한 고속영역(높은 엔진회전속도

영역)에서는 마찰이 크고 체적효율이 작기 때문에 토크가 최대치에 비해 떨어지는 것이 일반적이다. 따라서 일반적으로 연소상태가 양호하고 체적효율이 큰 중·고속영역에서 제일 큰 토크가 발생된다.

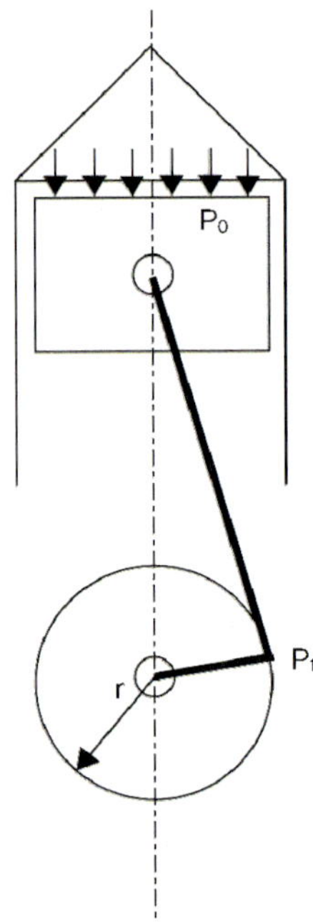

그림 2-13 토크의 발생

(2) 출력(power 또는 horse power)

출력이란 일률의 단위로 단위시간당 하는 일의 양을 말한다. 출력의 단위로서 흔히 마력이 많이 사용되고 있으나 이것은 SI 단위가 아니다. 마력의 종류로 불마력은 ps(Pferde Stärke) 단위를 사용하고 영마력은 HP를 사용하는데 국내에서는 주로 불마력을 사용하고 있다.

$$1\text{ps} = 75\ \text{kg}_\text{f}\cdot\text{m/s} \fallingdotseq 735.8\ \text{W} = 0.7358\text{kW} \qquad (2\text{-}8a)$$

$$1\text{HP} = 550\ \text{lb}\cdot\text{ft/s} \fallingdotseq 76\ \text{kg}_\text{f}\cdot\text{m/s} \fallingdotseq 745.6\text{W} = 0.7456\text{kW} \qquad (2\text{-}8b)$$

(3) 토크와 출력과의 관계

엔진은 혼합기를 연소시켜 발생하는 압력을 이용하여 유용한 기계적 에너지를 얻는 기계장치이다. 실제 엔진의 토크는 엔진 동력계(engine dynamometer)에서 스트레인 게이지(strain guage)를 이용하여 측정하고, 한편 출력은 시간의 개념이 함유된 엔진회전속도와 토크의 관계식으로 계산한다. 일반적으로 토크가 증가하면 당연히 출력도 증가하게 된다.

최근의 고출력엔진에서 최고 회전속도를 올리려고 하는 이유를 설명하면 다음과 같다. 엔진 회전속도에 따라 체적효율의 증가로 인하여 토크도 증가하게 되는데 어느 회전속도 이상에서는 체적효율이 급격히 떨어지게 되어 토크가 감소하게 된다. 그러나 토크가 떨어지는 크기 이상으로 엔진회전속도가 증가하면 출력은 상승하게 된다.

일(work)은 어떤 물체에 힘을 가하고 그 물체가 힘을 가한 방향으로 이동한 거리를 곱한 값으로 정의되며 방향이 없이 크기만 존재하는 스칼라양이다. 엔진에서 일은 크랭크에 작용하는 힘 F, r의 크기를 갖는 크랭크암이 n_r회전을 하면서 이동한 거리를 곱한 값으로 표시된다.

$$
\begin{aligned}
W &= \vec{F} \cdot \vec{s} \; \left(= \int_{s_1}^{s_2} \vec{F} \cdot d\vec{s}\right) \\
&= F \cdot 2\pi n_r \quad (n_r\text{: 회전수}) \qquad (2\text{-}9) \\
&= 2\pi n_r \, F \cdot r \\
&= 2\pi n_r \cdot T \; (\because \; T = r \cdot F)
\end{aligned}
$$

여기에서 회전수(n_r) 대신에 시간의 개념이 포함된 엔진회전속도 n이 위식에 대체되면 일이 이제는 단위시간당 일인 일률(P)이 되며 다음과 같은 식으로 표시된다.

$$P(W) = \frac{2\pi n T}{60} \qquad (2\text{-}10)$$

위의 식에서 출력의 단위는 [W], 엔진회전속도의 단위는 [rpm], 토크의 단위는 [N · m]이다.

(4) 엔진의 연료소비량과 연료소비율

① 연료소비량(fuel consumption, B)

연료소비량은 엔진이 단위시간당 소비하는 연료의 질량으로 표시되며 단위로는 [kg/h]가 주로 사용된다. 엔진의 크기와 관계없이 시간당 소비되는 연료의 양을 표시하므로 배기량이 서로 다른 엔진을 비교하기에는 적당하지 않다.

② 연료소비율(specific fuel consumption, f)

연료소비율은 엔진이 단위시간당 단위마력당 소비되는 연료의 질량으로 정의되는데 열효율에 반비례한다. 단위로는 [g/kw · h] 또는 [g/ps · h]를 사용한다. 연료소비율은 일반적으로 최대 토크가 발생되는 엔진회전속도에서 가장 작은 값을 나타낸다. 연료소비량과 연료소비율과의 관계는 다음과 같다.

$$f\,(\text{g/kW}\cdot\text{h 또는 g/ps}\cdot\text{h}) = \frac{1{,}000\,B\ (\text{kg/h})}{P\ (\text{ps or } kw)} \qquad (2\text{-}11)$$

(5) 평균유효압력(MEP)

실린더체적이나 엔진회전속도를 증가시키면 엔진출력은 당연히 증가하게 되므로 엔진의 배기량에 무관하게 엔진성능을 나타내기에는 불충분하다. 따라서 배기량이 다른 엔진을 상대적으로 비교할 경우 실린더체적이나 엔진회전속도와는 무관한 평균유효압력(mean effective pressure)이라는 개념이 널리 사용되고 있다. 평균유효압력은 1사이클당의 일을 행정체적으로 나눈 값으로 그 의미는 팽창행정 동안 압력이 변하면서 피스톤에 작용한다고 할 때 피스톤에 실제 행해지는 일(work)과 같은 양의 일을 하는 평균압력을 말한다. 평균유효압력은 다음과 같이 표시된다.

$$MEP = \frac{W}{V_d} = \frac{2\pi n_e T}{V_d} \qquad (2\text{-}12)$$

위의 식에서 n_e 는 1사이클에서 1번의 팽창행정이 일어날 때의 크랭크축의 회전수로서 2행정엔진과 4행정엔진에서 각각 1과 2의 값을 갖는다. 평균유효압력의 정의에 따르면 1사이클 동안 일은 다음과 같이 표시된다.

1사이클 동안의 일＝MEP×피스톤면적(piston area)×행정(stroke)   (2-13)

한편 평균유효압력이 크랭크축에서 얻어지는 토크를 이용하여 계산될 경우 제동평균유효압력(BMEP)이라고 한다.

(6) 엔진성능선도(engine performance diagram)

엔진성능선도는 스로틀밸브가 전개된 상태(WOT)에서 엔진의 각 회전속도에서의 토크, 출력 및 연료소비율(bsfc)의 관계를 하나의 그래프에 표시한 선도를 말한다. 그림 2-14는 엔진성능선도를 표시하는데 엔진을 개발할 경우 공표되는 최대 토크와 최대 출력을 한 장의 그림으로 간단하게 파악할 수 있기 때문에 널리 활용된다.

전술하였듯이 일반적으로 저속영역에서는 연소실 내로 유입되는 혼합기의 속도가 낮아 연소효율이 저하되고 또한 상대적으로 긴 시간으로 인해 열손실이 증가하여 토크의 값이 작다. 한편 고속에서는 충전효율이 좋지 않고 마찰손실의 증가로 인해 토크는 급격히 저하된다. 또한 토크가 급격히 감소함에도 불구하고 출력은 상승할 수도 있는데 이것은 출력 $P \propto T \cdot n$의 관계식에 따라 엔진의 회전속도가 더 큰 비율로 증가되기 때문이다.

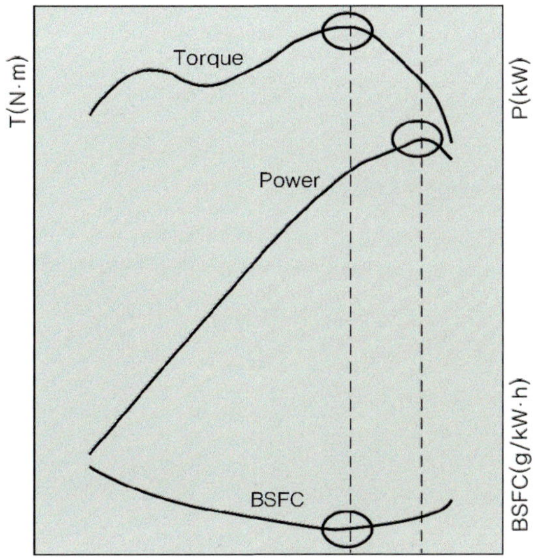

그림 2-14 엔진성능선도

(7) 제동평균유효압력(토크) 향상 방안

엔진이 좋고 나쁨을 가늠하는 실용적인 척도는 제동평균유효압력과 밀접하게 관련되어 있다. 배기량에 무관하게 표준화된 제동평균유효압력은 다음과 같은 방안으로 상승시킬 수 있다.

- 흡기밸브 직전의 압력 즉, 부스트압력(boost pressure) P_B를 높인다. 이는 흡입되는 공기의 밀도를 증가시키는 효과가 있다.
- 배기밸브 직후 배기매니폴드 내의 평균정압인 배압(back pressure) P_r을 가능한 한 낮춘다. 이것은 다음 사이클에 존재하는 잔류가스를 줄여 원활한 흡기, 연소 및 배기과정을 수행할 수 있기 때문이다.
- 흡기온도 Ti를 낮춘다. 이것 역시 흡입되는 공기의 밀도의 증가와 관련이 있다.
- 노킹이 일어나지 않도록 하면서 압축비 ε 을 높인다. 압축비 상승에 따라 열효율이 증가하고 잔류가스량이 적어지기 때문에 성능이 향상된다.
- 흡·배기밸브의 저항을 줄이기 위해 밸브유효면적을 크게 잡아 고속에서의 체적효율의 감소를 줄인다.
- 베어링 부위의 마찰손실 및 보조기구장치의 구동손실을 줄인다.
- 출력공연비에서 운전한다. 가솔린엔진은 공기과잉률 $n = \frac{A/F}{(A/F)_{stoch}}$ 이 0.6~1.2 (A/F9~18)의 범위에 있지 않으면 연소가 원활하지 않다. 한편 디젤 엔진은 n=2~10의 범위일 경우 연소가 가능하다.

2-6 DOHC 엔진의 특징

2-6-1 DOHC4 밸브엔진의 개념

내연기관 자동차의 동력성능은 엔진과 변속기에 의해 결정되는데 저속에서 고속까지의 만족스러운 주행을 위해서는 엔진의 성능이 우선적으로 우수해야 한다. 최고출력이 높은 엔진은 SOHC 엔진에 터보차저를 장착해도 가능하나 터보차저 엔진은 저·중속에서 아무래도 응답성능이 떨어진다. DOHC(Double OverHead Cam shaft) 엔진이란 2개의 캠축으로 각각 흡기밸브(2개)와 배기밸브(2개)를 개폐시키는 엔진으로 1사이클당 많은 양의 연료와 공기를 흡입할 수 있으므로 큰 출력을 발생할 수 있게 된다. DOHC 엔진은 동력성능과 응답성능의 우수성을 동시에 만족시킬 수 있으며 터보차저(turbocharger)와 같은 별도의 부가장치를 필요로 하지 않으므로 구조상으로도 간단하다. 80년대 중반부터 승용차 엔진에 적용된 이후로 최근에 출시되는 대부분의 승용차는 기본적으로 DOHC 엔진이 장착되고 있다.

미국이나 유럽 등 자동차가 발달된 국가의 운전자들은 배기가스를 적게 배출하면서 출력이 높은 동력발생장치를 요구하고 있다. 보통 가솔린엔진은 연소실에서 연소시킨 혼합기의 연소에너지를 피스톤에 전달하고 피스톤은 다시 커넥팅로드를 매개로 하여 크랭크축으로 회전에너지 형태로 전달시키는 원리를 이용한다. 그러나 연소에너지가 모두 회전에너지로 변환되는 것은 아니다. 열에너지의 일부는 운동부분의 마찰손실이나 혼합기를 흡입한 후 압축하는데 소요되고 대기 중으로 고온의 배기가스로 배출되기도 한다. 또한 열을 집중적으로 받는 엔진 구성품의 재질 보호를 위하여 냉각수나 오일로 발생열이 방출되기도 한다. 연료가 보유하고 있는 화학적 에너지를 고출력의 에너지로 변환시키기 위해서는 위에서 거론된 열에너지의 손실을 가급적 줄이면서, 가급적 1사이클당 많은 양의 혼합기를 흡입하고 짧은 시간 동안 이 혼합기를 효율 좋게 연소시키면서 고속으로 운전하면 된다. 출력을 향상시키려면 다음 조건이 만족되어야 한다.

- 흡·배기 저항을 작게 하고 급속연소(fast burn)를 시킨다.
- 운동부분의 관성중량과 마찰저항을 저감시킨다.
- 내구성에 문제가 없는 한 엔진회전속도를 최대로 높인다.

위와 같은 조건을 모두 만족시키는 엔진이 바로 DOHC 엔진이다.

2-6-2 DOHC 엔진의 흡기시스템의 배치구조와 성능

흡기와 배기시스템은 혼합기가 연소실에 유입되어 연소과정 후 배기가스가 흐르는 경로를 총칭하여 이르는 말이다. 넓은 의미로 흡기시스템은 공기흡입덕트(air intake duct)-공기청정기(air cleaner)-흡기매니폴드(intake manifold)-흡기포트(intake port)로 구성되는데 공기는 이를 순차적으로 거친 후 연소실로 흡입된다. 배기가스는 연소실에서부터 배기포트(exhaust port)-배기매니폴드(exhaust manifold)-촉매(catalytic converter)-머플러(muffler) 등으로 구성된 배기시스템을 경유하여 대기 중으로 배출된다. 그림 2-15는 흡기시스템을 보여주고 있다.

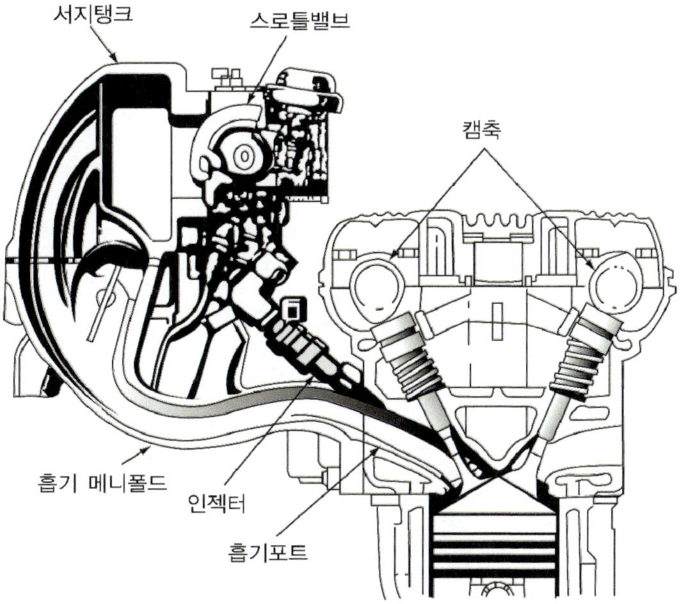

그림 2-15 흡기매니폴드와 흡기포트

흡기시스템과 배기시스템 중에서 특히 흡기시스템은 엔진의 성능에 큰 영향을 미친다. 흡기시스템의 기하학적인 구조와 크기에 따라 혼합기의 균일한 분배, 안정성, 가속에 대한 반응 및 시동성 등이 큰 영향을 받기 때문에 엔진의 용도와 성격에 맞는 흡기시스템의 설계가 요구된다. 엔진의 개발에서 보통 저·중속 성능을 향상시키면 이와 상각관계(tradeoff)에 있는 고속성능의 저하를 수반하게 된다. 일반적으로 흡기시스템의 설계에 따른 성능의 변화는 다음과 같이 요약된다.

- 저·중속에서 성능을 향상시키기 위해서는 흡기계의 단면적을 작게 하여 혼합기의 유동을 빠르게 함으로써 급속연소를 실현해야 한다. 그러나 고속성능이나 가속성능을 향상시키기 위해서는 단면적을 크게 해야 한다.

- 흡기계의 곡률반경을 크게 하면 저항이 감소되는데 특히, 고속성능을 향상시킬 수 있다.
- 흡기매니폴드의 길이를 길게 설계하면 실린더 사이의 간섭이 적게 됨으로써 흡기매니폴드 내의 압력맥동이 감소하여 저·중속 영역에서의 충전효율을 향상시킬 수 있다. 그러나 이는 엔진이 고속회전하는 경우에는 큰 저항으로 작용한다.

흡기시스템의 설계에 의하여 저·중속과 고속 영역 모두에서 만족스러운 성능을 원하는 경우에는 가변흡기시스템(variable induction system)이 채택되고 있다. 배기계통은 엔진의 성능에 관한 한 흡기시스템만큼 큰 영향을 미치지 않지만 연소가스를 원활하게 배출시키는 역할이 중요하므로 다음의 몇 가지를 고려하여 설계하여야 한다.

- 배기가스의 유출저항을 줄이기 위하여 단면적을 크게 하고 곡률반경을 크게 한다.
- 배기밸브와 밸브가이드를 충분히 냉각할 수 있는 구조가 되도록 한다.
- 냉각손실을 줄이기 위하여 배기포트의 길이는 가능한 한 짧게 한다.
- 배기매니폴드의 길이는 엔진의 성격, 차량 내 탑재공간 등의 제약조건 등을 고려하여 결정하는데, 특히 배기간섭으로 인해 배기가스의 배출을 방해받지 않도록 한다.

2-6-3 DOHC 엔진의 밸브 배치와 연비

4밸브엔진은 그림 2-16과 같이 1개의 실린더당 흡기와 배기밸브가 각각 2개씩 설치되어 있는 엔진으로 DOHC 엔진과 동일한 의미로 사용되고 있다.

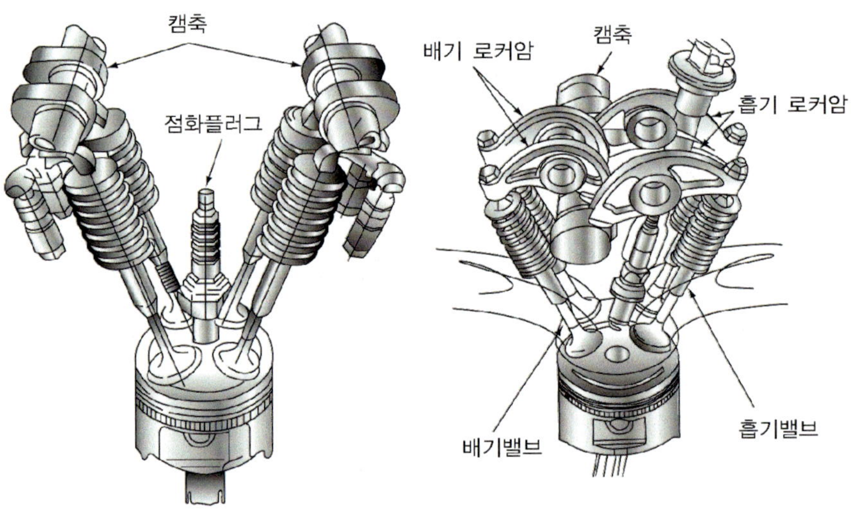

(a) DOHC 엔진 (b) SOHC 엔진

그림 2-16 DOHC 엔진과 SOHC 엔진의 밸브 배치

DOHC 엔진은 점화플러그를 중앙에 배치할 수 있으므로 쉽게 고출력을 구현할 수 있다. 배기밸브도 1개에서 2개로 나누어 설치하여 밸브의 중량을 감소시킬 수 있으므로 일반적으로 6,000rpm 이상으로 운전될 수 있으며 경주용 자동차에서는 10,000rpm 이상으로 운전되기도 한다. 또한 흡배기 밸브나 포트의 설계에 자유도가 크게 되어 혼합기에 강한 스월유동을 주는 것이 가능하므로 급속연소를 구현할 수 있다. DOHC 엔진은 점화플러그의 중앙배치가 가능하여 화염전파거리가 짧게 되므로 노킹특성이 우수하다.

DOHC 엔진은 밸브의 수를 증대시킴으로써 충전효율을 올릴 수 있고 엔진의 최대 회전속도를 상승시킬 수 있어 고속에서의 출력상승을 도모할 수 있다. 그러나 연소실형상이 복잡하게 되고 또한 표면적이 증가되어 열효율은 떨어질 수 있다. 또한 고속용으로 설계되어 있으므로 냉각손실이 증가하고 밸브중첩각도 크게 설정되므로 실용운전영역인 저 ·중속 영역에서의 연비는 동일한 조건의 SOHC 엔진보다 약간 떨어지는 것으로 알려져 있다.

2-7 층상급기를 이용한 희박연소 엔진

세계 각국은 화석연료의 유한성과 지구온난화의 부작용을 감소시키기 위해 이산화탄소를 저감하려는 규제를 시행하고 있다. 온실가스의 주범으로 지목되고 있는 이산화탄소의 배출량을 줄이기 위해서는 연비개선이 우선적으로 이루어져야 한다. 가솔린엔진으로 시내주행을 할 경우 주된 운전모드는 부분부하(part load)영역으로 이 영역에서 연비와 배기가스를 저감시키는 것이 중요하다. 현재 국내 자동차업체에서는 희박연소 엔진에 대한 개발이 완료되었고 1990년대 말에는 일부 양산된 바 있다. 희박연소 방식은 한층 발전하여 2000년 이후 디젤엔진처럼 연소실 내 직접분사방식을 적용하여 체적효율 향상, 차량의 응답성 향상 및 연비 향상의 효과를 거두고 있다.

엔진에서의 희박연소란 엔진 흡기과정 중에 상대적으로 많은 양의 공기를 공급하여, 공기과잉(excess air)상태인 공기-연료의 예혼합기(premixed mixture)를 연소시키는 메커니즘을 말한다. 희박 공연비의 예혼합기는 연소의 관점에서 희박혼합기로 인하여 화염전파속도(flame propagating speed)가 떨어지기 때문에 상당히 열악한 연소조건이라고 볼 수 있다. 이러한 불리한 여건에 있는 연소실의 희박 혼합기에 대해 얼마나 안정된 연소를 확보할 수 있는지가 희박연소 엔진개발에서 성공의 관건이다. 희박 혼합기에서 안정된 연소를 얻기 위한 방안으로는 점화 플러그 주변의 희박한 예혼합기에 강력한 점화에너지를 공급하기 위한 점화 코일의 개량, 난류강도(turbulence intensity)를 증가시켜 화염전파 속도를 향상시키는 방법, 연료의 불균일한 분포 즉, 성층급기(stratified charge)를 형성하여 초기

화염핵의 형성 및 화염전파가 잘 되도록 지원하는 방법 등이 있다. 또한 전자제어의 발달로 인해 압력센서를 연소실에 장착하여 정밀한 연소 제어방식의 개선을 도모하려는 방법도 시도되고 있다.

희박연소 엔진의 연료소비율은 보통의 엔진에 비해 10~15% 향상되고 배기가스도 전체적으로 감소한다. 그러나 안정된 공연비(12.5~13)보다 열악한 조건인 20 이상의 희박한 공연비에서 운전이 되기 때문에, 토크의 편차가 심하게 나타나게 되어 엔진의 연소 안정성(combustion stability)은 떨어진다. 엔진의 안정성은 곧바로 승차감(driveability)과 밀접하게 관련되므로 이를 해결하기 위한 수단으로 그림 2-17과 같은 스월 조절 밸브(swirl control valve), 흡기매니폴드 조절 밸브(manifold throttling valve) 등의 부가장치를 이용한다. 이런 부가장치는 혼합기에 강한 유동을 강제적으로 생성시켜 압축행정 말기까지 유동이 지속되도록 유도함으로써 연소상태를 개선시키는 역할을 한다.

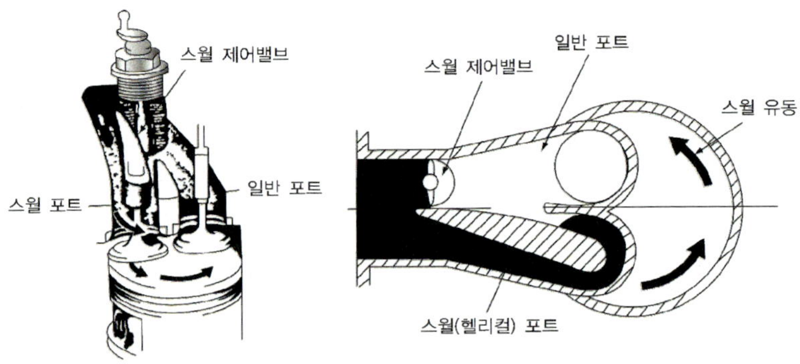

그림 2-17 흡기포트를 이용한 스월 유동 생성

그러나 적절한 유동을 얻기 위해 부가장치를 설치하면 유동의 흐름을 저하시키는 저항요인으로 작용하여, 유량계수(flow coefficient)가 크게 떨어지므로 최고 출력의 감소를 피할 수 없게 된다. 대부분의 디젤엔진은 연소실 내로 연료를 직접분사하는 방식으로 연료를 공급한다. 국내 자동차회사에서는 그림 2-18과 같이 가솔린엔진에도 디젤엔진처럼 연소실 내로 50~120bar 이상의 고압의 연료를 직접분사시켜 초희박연소를 하는 방식의 GDI(Gasoline Direct Injection) 엔진을 채택하고 있다.

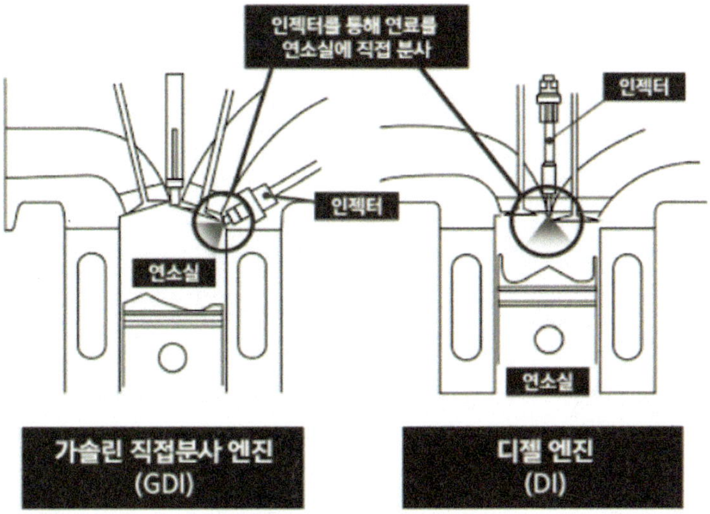

그림 2-18 GDI 엔진과 디젤엔진

표 2-1에는 흡기매니폴드 연료분사방식의 가솔린엔진과 GDI 엔진의 장단점을 비교하였다. 희박연소기술을 적용하면 스로틀밸브가 많이 열림에 따라 유동저항이 감소하여 펌핑손실이 줄고, 노킹이 억제되므로 압축비를 높일 수 있다. 또한 이론공연비의 혼합기 연소보다 혼합기의 비열비가 증가하고 열손실이 감소하여 열효율이 향상되는 장점이 있다.

표 2-1 기존 가솔린엔진(흡기매니폴드 분사방식)과 비교한 GDI 엔진 장단점

장 점	단 점
• 연료소비율 감소 ○ 펌핑손실 감소 ○ 열전달손실 감소 ○ 압축비 증가 ○ 혼합기의 비열비 증가 • 과도기 응답성 향상 ○ 가속 시 덜 농후한 연료공급 • 엔진 연소 시 배출가스 저감 ○ 저온시동 시 미연 HC 저감 ○ CO_2 저감 ○ 정밀한 공연비 제어	• 성층연소 제어의 어려움 → 연소안정성 확보 필요 • 과도한 인젝터 퇴적물 발생 • 삼원촉매 사용 곤란 • 고부하 시의 매연(soot) 생성 • 인젝터/고압연료펌프 구동을 위한 전기소모 증가 및 제어기기 필요

그러나 초희박연소는 공연비가 희박해짐에 따라 분사시기와 점화시기가 적절히 제어되지 않을 경우 연소가 불안정하게 되어 토크 변동을 초래하는 단점이 있다. 따라서 초희박연소를 실현하기 위해서는 연소 안정성 확보기술이 핵심기술이 되며, 연소안정성 확보를 위한 연소실 설계, 인젝터 및 점화플러그 위치 선정 및 분사시기와 점화시기의 제어가 요구된다. GDI 엔진에서는 연소 최고온도가 낮아짐으로써 질소산화물(NO_X)이 현저히 감소되고, 또한

완전연소로 인한 일산화탄소(CO)가 감소하여 유해배출가스가 줄어든다. 희박연소에 의해 NO_X 배출농도가 상당히 저감되기는 하지만 삼원촉매로 NO_X를 저감할 수 없으므로 ULEV 규제를 만족시킬 수 없다. 이를 해결할 수 있는 방안으로 lean NO_X 촉매의 사용이 필요하다.

GDI 엔진은 최대 50:1까지의 상당히 희박한 공연비에서도 연소가 가능한 것으로 발표되고 있다. 이 값은 연소실에 공급되는 공연비로서 디젤엔진은 140:1 이상에서도 연소가 가능하다. 디젤연료는 자발화 온도가 낮아 외부의 점화에너지가 없어도 스스로 착화되며, 이와 같은 초희박 공연비에서도 국부적으로 착화가 가능한 공연비가 존재하기 때문에 실화의 문제는 거의 없다. 그러나 가솔린 연료의 경우 외부의 점화플러그에 의해 점화되기 때문에 점화플러그 주변에 착화 가가능한 공연비(22:1 이하)를 공급하여야 실화가 발생하지 않는다. 이를 위하여 특히 GDI 엔진에서는 초희박 공연비에서의 성층화 기술이 매우 중요하다.

기존 흡기매니폴드 분사 방식에서는 배출가스 제거를 위해 삼원촉매를 사용하였으나 GDI 방식은 희박영역에서 작동하기 때문에 삼원촉매기술의 적용은 부적합하다. 특히 NO_X 저감이 큰 문제점으로 부각되고 있은데 현재로서는 lean NO_X 촉매기술의 개발에 큰 기대를 걸고 있다. 또한 저부하 영역에서 분사된 연료가 직접 연소실 벽에 부착되어 미연탄화수소가 다량 발생하는데 고부하영역에서는 디젤엔진처럼 매연이 발생하는 경우도 있어 이를 해결해야만 한다.

그러나 기존의 흡기매니폴드 분사방식으로는 급변하는 저연비와 저배기가스에 대한 대응이 어렵고 특히 저연비 측면에서 디젤엔진과 경쟁할 수 없다. 현재로서는 GDI 방식이 가솔린엔진에서 저연비를 구현하기에 가장 적절한 엔진으로 인식하고 있으며 향후 인젝터의 성능개선, 운전조건에 따르는 공연비 제어 등 GDI 엔진의 초희박연소와 관련된 기술의 발전이 기대되고 있다.

2-8 Miller 사이클 엔진

Miller 사이클 엔진은 1885년 Atkinson(James Atkinson)이 발명한 'Atkinson 사이클'이 효시라고 할 수 있으나 1947년 Miller(Ralph Miller)가 실용성이 있는 새로운 개념의 'Miller 사이클'을 발표하였다. 그러나 이 엔진기술을 상용화시키기 위해서는 응답성이 우수한 과급기 개발이 무엇보다 중요하다는 것을 인식하고 일본의 마쯔다자동차에서 기존의 Lysholm 압축기를 개량함으로써 1990년대 초반에 사이클 엔진을 자동차에 적용하였다.

비출력(엔진무게 또는 배기량당 출력)이 높은 엔진은 차량의 중량감소뿐만 아니라 엔진룸의 체적을 작게 차지하여 자동차 설계에 유리하기 때문에 중요한 개발목표 중의 하나이다. 가장 효율적인 방법으로 터보차저(turbocharger)나 슈퍼차저(supercharger)를 사용하여 압축공기를 연소실 내로 강제 과급하는 기술이 사용되고 있으나, Otto 사이클의 경우 노킹을 피하기 위해 압축비를 낮춰야 하며 이에 따라 엔진효율이 또한 저하되어 과급의 효과가 줄어든다. 이와 같은 Otto 사이클의 문제점을 개선하기 위하여 Miller 사이클에서는 흡기밸브의 닫힘시기(closing timing)를 하사점 전 또는 후에 닫히게 함으로써 압축비를 낮추어 노킹을 방지한다. 또한 팽창비는 크게 하여 연소가스의 팽창에너지를 충분하게 활용함으로써 에너지 효율을 높여 종래 엔진에 비해 1.5배의 높은 토크와 10~15% 연비절감을 얻고 있으며 CO_2 저감효과도 크다. 또한 실용운전영역의 범위가 2,000~3,500rpm으로 넓고 전 회전영역에서 평탄한 토크 특성을 나타내며, 엔진응답성도 우수하나 생산가격이 높아지는 단점이 있기 때문에 고급차에 주로 적용한다.

그러나 Miller 사이클은 Otto 사이클에 비해 흡입행정이 짧기 때문에 과급효율이 높은 과급기가 필요하며, 인터쿨러를 사용하여 흡입공기를 냉각하여 과급효과를 높임으로써 충분한 효과를 얻을 수 있다.

Miller 사이클은 흡기밸브의 닫힘시기를 조절함으로써 소기의 목적을 구현할 수 있다. 표 2-2와 같이 Miller 사이클을 구현하는 방식으로는 먼저 흡기밸브가 하사점에 도달하기 이전의 흡입행정 후반에 닫는 '가변 Miller 방식'과 하사점 통과 후 압축행정 초기에 닫는 '고정 Miller 방식'이 있다. 가변 Miller 방식은 저속영역에서는 연비가 우수한 장점이 있으나 고속에서는 흡입공기량이 감소하고 제어가 복잡한 단점이 있다. 반면 고정 Miller 방식은 고속에서도 흡입공기량 감소가 적으며 중저속에서도 노킹방지효과가 크지만 스로틀링 손실이 상대적으로 크며 부분부하에서는 효과가 감소되는 단점이 있다.

표 2-2 ▶ 흡기밸브 조절방식에 따른 Miller 사이클 엔진 개발현황

방식		방법		개발회사
		흡기캠 변위	로터리 밸브	
고정방식		○		마쯔다 Miller 방식
			○	
가변방식	연속가변	○		기아, 혼다
			○	
	2단 가변	○		벤츠, 닛산, BMW
			○	K-Miller 방식

그림 2-19는 흡기밸브 닫히는 시기의 조절방법에 따른 두 가지 방식을 비교해서 나타낸 것이다. 흡기밸브를 통상적인 시기보다 빠르게 닫히도록 하는 EIVC(early intake valve closing)방식과 통상적인 시기보다 늦게 닫히도록 하는 LIVC(late intake valve closing) 방식이다.

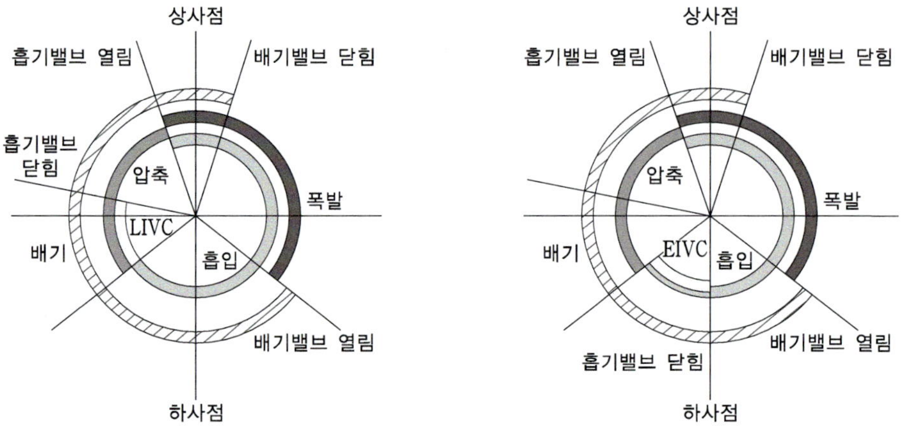

(a) LIVC (b) EIVC

그림 2-19 흡기밸브 닫힘각 조절방식 비교

EIVC 방식은 하사점 이전에 흡기밸브가 닫히기 때문에 흡입공기의 압력이 낮아 냉각효과로 노킹은 감소하나, 흡기밸브의 개방기간이 짧아 고속영역에서는 충분한 공기가 공급되지 못하는 문제가 있다. 반면에 LIVC 방식은 하사점 이후에 흡기밸브가 닫히기 때문에 실린더 주변의 열을 흡수하여 고온상태가 되는데 이로 인해 충전효율이 감소할 수 있다. 흡기밸브 닫히는 시기를 진각 또는 지각시킬 경우 흡입공기량이 감소하면서 체적효율은 감소하지만, 유효압축비가 낮아지고 펌핑손실이 감소하여 저압축-고팽창 기관을 실현하여 연료소비율을 3~10%정도 향상시킬 수 있다.

Miller 사이클에 적용되는 이 방식은 EGR에도 응용할 수 있다. EGR은 크게 외부 EGR과 내부 EGR로 구분할 수 있다. 외부 EGR은 밸브 타이밍에 변화를 주지 않고 배기매니폴드로부터 흡기매니폴드로 통하는 새로운 통로(loop)와 제어시스템을 통하여 배기가스의 일부를 흡기매니폴드로 되돌려준다. 한편 내부 EGR의 경우 별도의 통로를 적용하지 않고도 밸브트레인을 통해 연소가스의 일부를 실린더에 잔류시킴으로써 구현할 수 있는데, 그림 2-20과 같이 크게 재흡기(rebreathing) 방식과 재압축(recompression) 방식으로 나눌 수 있다. 먼저 재흡기 방식의 경우 흡기행정 중간에 배기밸브를 함께 열어줌으로써 배출되었던 배기가스를 다시 흡입하는 방식이다. 반면 재압축 방식의 경우 배기밸브의 닫힘시기(EVC)를 앞당김으로써 잔류가스의 양을 늘리는 방식으로 잔류가스량의 제어에 용이하다.

두 방식 모두 연소실 내의 불활성 배기가스의 양을 늘리고 연소 최고온도를 낮춤으로써 NO_X 저감에는 효과적이나 혼합기의 착화성을 떨어뜨리고 출력 및 연비의 감소를 초래한다. 따라서 고속 및 고부하 주행조건보다는 도심에서의 중저속 주행에서 그 장점을 발휘할 수 있다.

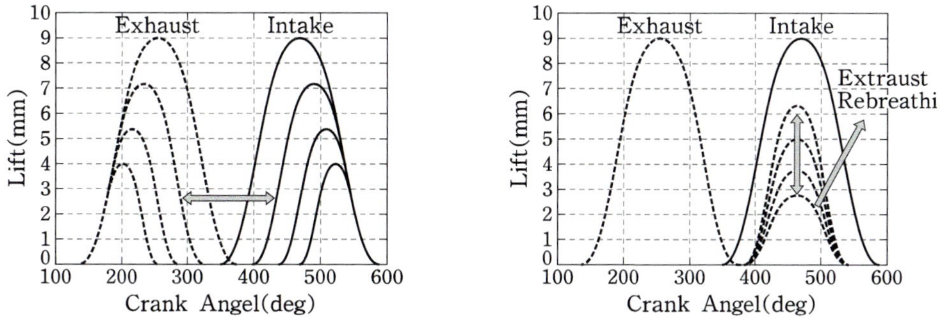

(a) 재압축 방식　　　　(b) 재흡기 방식

(출처: DoE HCCI Consortium Meeting)

그림 2-20 재압축 및 재흡기 방식의 밸브 리프트 개요

2-9 저연비 자동차를 위한 기술

일반적으로 자동차의 연비에 영향을 주는 인자로는 크게 차량의 중량, 감속비, 타이어의 구름저항, 공기저항, 부속품(에어컨, 파워스티어링 등) 마찰력 그리고 차량운행과 관련되는 날씨와 도로상태, 급발진 및 급가속 운전습관 등을 들 수 있다. 이런 다양한 인자 중에서 최근 유럽 자동차 제작사를 중심으로 차량의 경량화, 연료 절감을 위한 연소효율 개선 그리고 마찰손실 저감 등을 통해 저연비 즉, 고효율 가솔린 및 디젤 자동차를 개발하기 위해 총력을 기울이고 있다. 특히 유럽에서는 연비측면에서 유리한 소형차와 디젤 자동차의 선호도가 높기 때문에 현재 이러한 유럽 자동차 시장의 특성에 맞춘 저연비 자동차들이 점차 영역을 넓혀가고 있는 상황이다.

현재 가솔린자동차에서는 연료로부터 차륜을 구동하기 위하여 연료 에너지의 약 15% 정도만이 사용되는 것으로 알려져 있는데, 그림 2-21과 같이 크게 엔진과 동력전달장치 그리고 아이들링 부분에서 대부분의 에너지가 손실되고 있음을 알 수 있다. 따라서 이들과 관련된 기술의 고도화를 통해, 에너지효율 향상을 위한 잠재력은 대단히 크다.

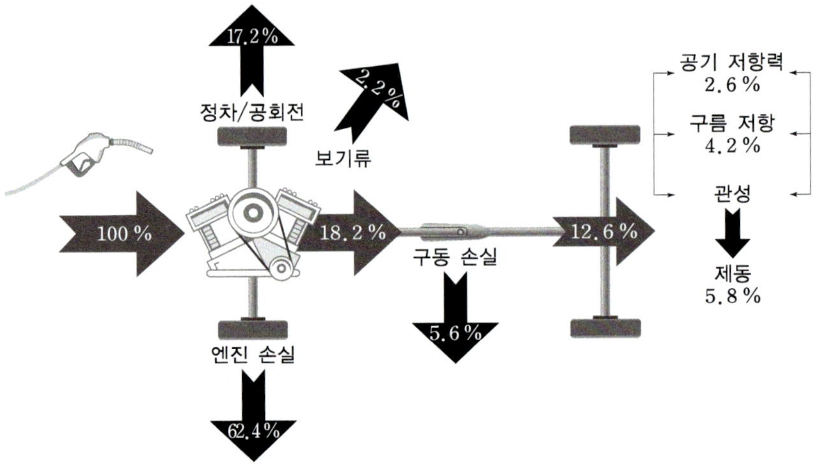

그림 2-21 가솔린 자동차에서의 전형적인 에너지 활용 및 손실 개략도

이러한 자동차 시스템 내 에너지 손실의 주요과정들을 살펴보면 먼저 아이들링 손실(idling loss, 17.2%)의 경우, 교통흐름과 교통신호 등의 영향을 받는 도심지를 주행할 때 주로 발생한다. 이의 저감을 위한 ISG(integrated starter/generator) 시스템(공회전 제한장치, Idle Stop & Go)은 엔진작동을 자동적으로 제어할 수 있는 기술로 부각되고 있다. 이 ISG 시스템은 신호대기 등으로 인해 차량 정차 시 기어를 중립에 위치시키면 자동으로 엔진가동을 중지하고, 출발 시 가속페달을 밟으면 순간적으로 재시동하는 원리를 활용한다. 이를 통해 정차와 출발을 반복하는 도심 교통상황에서 약 15% 연료소비를 줄일 수 있다.

두 번째로 엔진에서 발생된 동력 에너지는 변속기를 포함하여 동력전달장치에서 약 5.6% 손실된다. 기술을 고도화시킨 무단변속기(CVT: continuously variable transmission)나 자동화된 수동변속기(AMT: automated manual transmission) 등이 이들 손실을 줄이고자 개발·적용 중에 있다.

세 번째로 차량 구동을 위해서는 정지 관성력을 극복할 만큼 충분한 구동력이 필요한데, 이는 차량의 중량과 직접 연관되어 있으며 약 5.8% 손실이 유발되고 있다. 따라서 차량의 중량이 가벼울수록 차량을 구동하는 에너지가 적게 소모되기 때문에 경량화 재질과 경량화 기술의 적용은 차량의 연비향상에 필수적이다.

네 번째로 타이어의 구름저항(rolling resistance)에 의해 약 4.2% 손실이 발생하는데, 이는 타이어에 작용하는 하중에 직접 비례하게 된다. 따라서 현재에는 타이어 트레드(tread)와 숄더(shoulder) 개선과 차량 주행 시 노면 충격을 감소시키고 노면에 닿은 타이어 트레드 부위를 넓게 하여 주행성을 좋게 하는 타이어 벨트(belt)의 재질 향상(스틸 와이어 또는 직물 섬유 등)을 통해 이의 손실을 저감시키고 있다.

다섯 번째로 공기역학적인 측면에서 항력(공기 저항력)에 의해 약 2.6% 손실이 발생되는데, 이는 차체의 형상에 크게 좌우된다.

여섯 번째로 에어콘, 파워스티어링, 윈드실드 와이퍼 등의 구동을 위해 약 2.2% 동력이 사용되며, 이들의 최적화를 통해 연비를 약 1%까지 향상시킬 수 있다.

마지막 가장 중요한 사항으로 연료의 화학에너지를 기계적 회전에너지로 변환 시 가솔린 자동차의 경우 연료 에너지의 약 60% 이상 엔진에서 열과 마찰 등으로 손실된다. 현재에는 가변 밸브 양정/타이밍, 흡입공기의 과급, 연료의 연소실 내 직접분사, 엔진 실린더 비활성화(cylinder deactivation) 기술 등을 통해 이의 손실을 감소시키고 있다. 반면 WOT 상태에서 디젤엔진의 열효율(35~45%)이 가솔린엔진의 열효율(25~35%)보다 높기 때문에 유럽의 자동차회사에서는 디젤엔진의 연료에 대한 첨단기술을 가솔린엔진에도 적용함으로써 저연비를 실현하려는 노력이 시도되고 있다.

표 2-3은 엔진과 변속기와 관련한 7개의 기술과 이를 통한 연비향상을 나타내고 있다. 이 중에서 가장 연비향상에 효과적인 것은 '과급을 활용한 직접연료분사방식(direct fuel Injection with turbocharging or supercharging) 기술'이라는 것을 알 수 있다. 즉, 흡입 공기를 과급(충전효율 증대)하면 실린더 내의 온도가 증가하지만, 고압의 연료를 직접 실린더 내로 분사함으로써 혼합기를 냉각시킬 수 있으므로 엔진의 고출력과 저연비를 동시에 달성할 수 있다.

표 2-3 ▶ 저연비를 위한 엔진과 변속기 기술

기술	평균 효율 증가(%)
엔진 기술	
가변밸브 타이밍 및 양정	5
실린더작동 가변화	7.5
터보차저	7.5
아이들 정지/작동 시스템	8
직접 연료분사	11-13
변속기 기술	
무단 변속기	6
자동화된 수동 변속기	7

유럽연합 위원회(EC)에서는 EGCI(European Green Cars Initiative)의 일환으로 자동차 연비향상과 유해 배출가스의 획기적 개선을 위한 연구를 진행할 예정인데, 주로 전기자동차와 하이브리드 자동차와 관련된 기술에 역점을 두고 있다. 따라서 현재 유럽에서의 연료절약형 자동차에서는 내연기관의 첨단화와 하이브리드 시스템의 도입을 요구하고 있

다. 자동차 기술비용에 대한 이산화탄소의 저감효과를 살펴보면 그림 2-22와 같다. 저연비용 자동차를 위해 지금까지 서술한 내용은 대부분 낮은 기술적 비용으로 자동차 연비를 향상시킬 수 있는 방법이다. 향후 유럽에서의 저연비 자동차 개발은 비용 경제성을 고려한 최적 기술 모듈의 도입과 이들의 상호 결합을 통한 방식으로 진행될 것으로 전망된다.

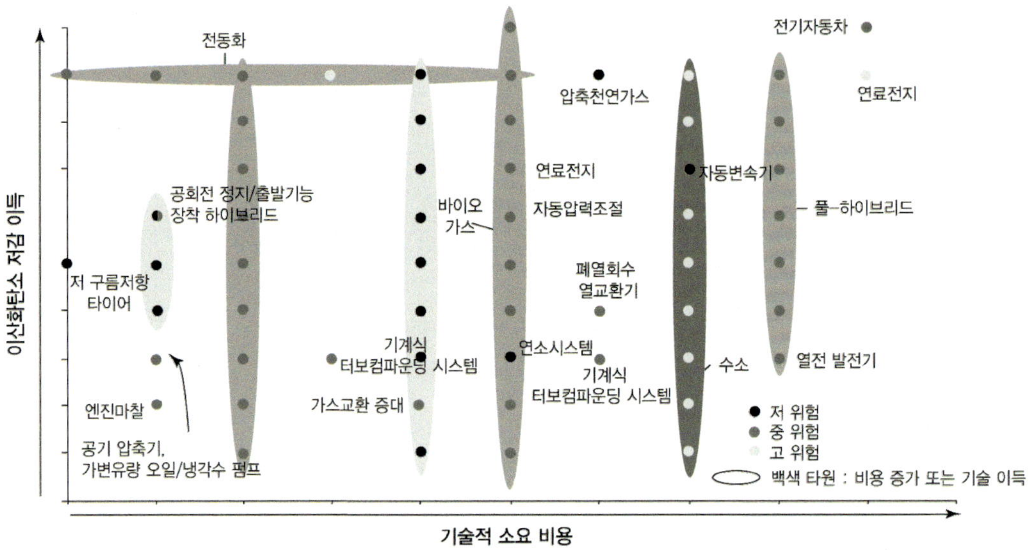

(출처: UK Department for Transport 보고서)

그림 2-22 자동차 기술비용과 이산화탄소 저감효과의 상관관계

CHAPTER 02 연습문제

2-1 **고온열원에서 받는 열량이 5,000kJ, 저온열원으로 방출하는 열량이 3,000kJ인 열기관이 있다. 이 열기관의 이론 열효율을 구하여라.**

2-2 **다음 물음에 답하여라.**

(1) 그림 2-23에 표시된 (A), (B), (C), (D)의 명칭을 써넣어라.

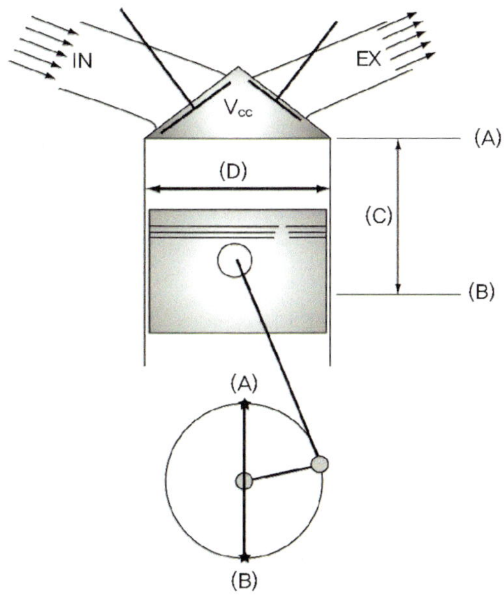

그림 2-23 엔진의 구조적 용어

(2) 위의 엔진이 실린더 내경 75.5mm, 행정 83.5mm인 4기통 엔진이라고 할 때 총배기량(total displacement volume)을 구하여라.

(3) 연소실체적 $V_{cc} = 40.0\text{cc}$ 라고 할 때 이 엔진의 압축비를 구하여라.

2-3 **요즘 DOHC 엔진의 표준 연소실로 설계되는 지붕형 연소실(pentroof combustion chamber)의 장점에 대하여 설명하여라.**

2-4 **일반적으로 연소실을 설계할 때 고려할 사항들을 나열해 보아라.**

2-5 최근 실린더 행정과 내경의 비(stroke-bore ratio)가 1보다 작은 단행정엔진(short stroke engine) 또는 오버스퀘어 엔진(oversquare engine)이 많이 채택되고 있다. 이러한 단행정 엔진의 장점에 대하여 설명하여라.

2-6 운전특성과 관련된 다음 용어들을 설명하여라.

(1) WOT

(2) EGR

(3) MBT

(4) DBL

(5) 공기과잉률

2-7 다음 공연비에 대한 물음에 답하여라.

(1) 이론공연비의 정의

(2) 이소옥탄(C_8H_{18})의 이론공연비를 화학식을 이용하여 구하여라.

2-8 동일한 조건에서 가솔린엔진의 실제 사이클과 이론공기 사이클인 정적 사이클을 비교하면 정적 사이클의 효율이 훨씬 크게 나타난다. 실제 사이클의 P–V 선도를 보면서 손실되는 주요 요인들을 설명해 보아라.

2-9 공기를 작동유체로 하는 Otto 사이클에서 압축이 시작되기 전의 온도는 20℃, 압력은 0.1MPa이다. Otto 사이클에 공급되는 열량이 10kJ이고 압축비가 9.5라고 할 경우 다음 물음에 답하여라. 단, 공기의 정압비열은 1.004kJ/kg·K, 정적비열은 0.715kJ/kg·K이다.

(1) Otto 사이클의 열효율을 구하여라.

(2) 한 사이클 당 발생하는 일을 구하여라.

2-10 다음 물음에 답하여라.

(1) 평균유효압력의 의미에 대하여 설명하여라.

(2) 평균유효압력(MEP), 토크(T), 총배기량(V_d) 사이의 관계식

(3) 총배기량이 2,000cc인 4사이클, 4기통 엔진이 2,500rpm으로 회전하고 있을 때, 크랭크축에서 발생되는 토크가 135N·m인 것으로 측정되었다. 평균유효압력을 구하여라.

2-11 4사이클 4기통 2,000cc 엔진이 3,000rpm으로 회전하고 있다. 이 엔진의 축토크(shaft torque)가 150 N · m로 측정되었을 때 다음 물음에 답하여라.

(1) 1ps = ( ) kg_f · m/s = ( ) W = ( ) kW

(2) 이 엔진의 출력을 kW와 ps 단위로 구하여라.

(3) 1사이클의 주기를 구하여라.

(4) 1사이클 당 한 일의 양

2-12 엔진성능선도(engine performance diagram)에 대해 설명하여라.

2-13 엔진에서 제동평균유효압력을 올릴 수 있는 방안에 대하여 설명하여라.

2-14 4기통 4실린더 엔진의 점화는 1-3-4-2의 실린더 순서로 진행된다. 3번 실린더가 압축행정일 경우 1번과 2번 실린더의 사이클 위상을 결정하여라.

2-15 어떤 Otto 사이클의 연소실체적이 행정체적의 12%라고 할 때 다음 물음에 답하여라. 단, 공기의 비열비는 1.4로 계산한다.

(1) Otto 사이클의 4개 구성과정

(2) 압축비(ϵ)

(2) 이론열효율(η_{th})

2-16 엔진의 크랭크암 내경이 12cm이다. 크랭크축이 1,500rpm으로 회전하고 있을 때 크랭크핀의 평균 원주속도를 구하여라.

2-17 4사이클 가솔린엔진이 2,000rpm으로 운전되고 있다. 이 엔진의 연소실 내 최고압력이 크랭크각으로 상사점 후 12°에서 발생한다고 한다. 한편 점화 후에 최고압력에 도달하는 시간이 1/400초 걸린다고 할 때 점화시기를 결정하여라.

2-18 DOHC 엔진에 대한 다음 물음에 답하여라.

(1) DOHC 엔진이 무엇인지 설명하여라.

(2) DOHC 엔진에서 엔진의 최대회전수를 올리는 데 유리한 이유를 설명하여라.

(3) DOHC 엔진에서 고출력이 가능한 이유를 설명하여라.

(4) 동일한 조건일 경우 SOHC 엔진과 DOHC 엔진의 실용영역에서의 연비를 정성적으로 비교 · 판단해 보아라.

2-19 4사이클 가솔린엔진이 1분 동안에 250cc의 연료를 소모하는 것으로 측정되었다. 동력계를 이용하여 측정한 축토크가 200N·m이고 엔진의 회전수는 2,000rpm이다. 연료의 비중(specific gravity)이 0.75, 연료의 저위발열량은 10,500kcal/kg인 것으로 알려졌다. 다음을 계산하여라. 단, 1cal = 4.186J이다.

(1) 연료소비량(kg/h)

(2) 축출력(kW and ps)

(3) 연료소비율(g/ps·h)

(4) 열효율

2-20 일반적으로 엔진의 흡기와 배기시스템 중에서 특히 흡기시스템은 엔진의 성능에 큰 영향을 미친다. 저·중속 성능을 향상시키기 위하여 흡기시스템은 어떻게 설계하여야 하는가?

2-21 희박연소 엔진과 Miller 사이클(Miller cycle) 엔진에 대한 물음에 답하여라.

(1) 희박한 공연비에서 희박연소가 가능한 이유를 설명하여라.

(2) 희박연소자동차의 단점에 대하여 설명하여라.

(3) Miller 사이클의 장점과 단점에 대하여 설명하여라.

2-22 내연기관 자동차에서 저연비를 구현할 수 있는 기술에 대하여 설명하여라.

CHAPTER 03

동력전달 장치

3장에서는 엔진에서 발생된 토크와 엔진회전속도를 변화(증가 또는 감소)시켜 바퀴에 전달하는 동력전달장치의 구성과 작동원리에 대해 다룬다. 마찰 클러치와 유체 클러치의 원리와 이의 종류를 분류하고 토크 컨버터에서 스테이터를 통해 토크가 증배되는 원리를 설명한다.

변속기는 차량의 주행조건에 맞도록 엔진에서 발생한 구동력(토크)과 회전속도를 최적의 구동조건으로 변환시킨다. 3장에서는 수동변속기와 자동변속기의 구조와 작동원리에 대해 설명하고 이들을 비교하면서 각각의 장단점에 대하여 학습한다.

도로의 요철에 의해 차축과 엔진, 변속기와의 상대위치는 계속 변한다. 이때 변속기와 차축 사이를 연결하면서 동력을 전달하는 유니버설 조인트의 기능과 종류에 대해 설명한다. 또한 3장에서는 종감속기가 설치된 이유에 대해 학습하며 원활한 선회성능을 얻는 데 필요한 차동장치의 구조와 그 원리에 대해서도 기술한다.

3-1 동력전달장치 개요

동력전달장치는 엔진에서 발생된 동력을 구동바퀴에 전달하는 장치이다. 보통 동력은 엔진 → 클러치(clutch) → 변속기(transmission) → 유니버설 조인트(universal joint) → 추진축(propeller shaft)(FR 차량의 경우) → 종감속기(final reduction gear) 및 차동기어장치(differential gear) → 구동차축(driving axle) → 구동바퀴의 순서로 전달된다. 그림 3-1은 FR 자동차의 동력전달계통을 보여준다.

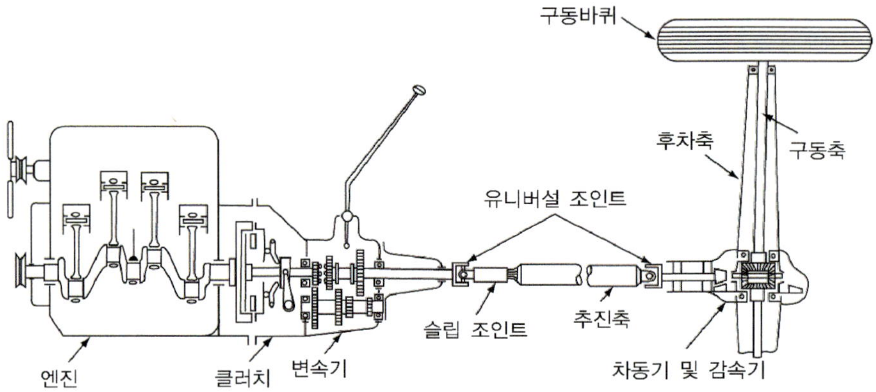

그림 3-1 FR 자동차의 동력전달장치 구성

그림 3-2의 FF 자동차에서는 클러치, 변속기, 감속기, 차동기 등이 일체로 집합된 트랜스 액슬(trans axle)이 있으며 FR 자동차와 같은 추진축은 필요하지 않다.

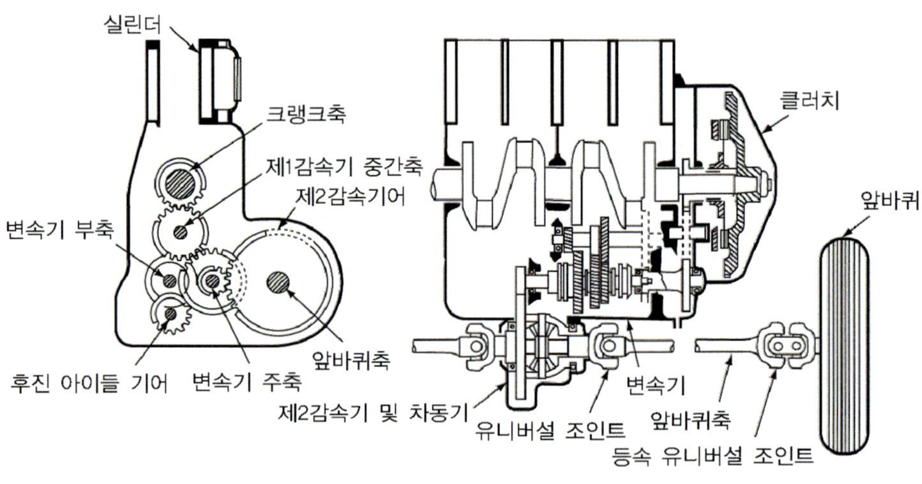

그림 3-2 FF 자동차의 동력전달장치 구성

변속기나 종감속기에서 회전속도를 감속할 경우 이에 비례하여 토크는 증가한다. 동력전달장치의 역할을 간단히 살펴보도록 하자.

(1) 클러치(clutch)

엔진의 플라이휠(flywheel) 뒤에 설치되어 있으며 출발할 때나 변속 시 필요에 따라 동력을 단속한다.

(2) 변속기(transmission)

발진, 등판, 평탄로 주행 등 주행상태에 알맞도록 기어의 변속비를 변경시키고 또한 자동차가 전진과 후진을 하며 장기간 정차하기 위해 필요한 장치이다.

(3) 트랜스 액슬(trans axle)

일반적인 변속기에 종감속기와 차동장치를 결합한 장치로서 FF 자동차에 사용된다.

(4) 추진축(propeller shaft 또는 drive shaft)

FR 자동차에서는 변속기의 출력을 추진축을 통해 차량 뒷부분에 위치한 종감속기에 전달하지만 FF 자동차에서는 변속기의 출력이 앞바퀴에 바로 전달된다.

(5) 종감속기(final reduction gear)

추진축에서 구동차축으로 토크, 회전속도 및 회전방향을 변화시켜 전달하는 장치이다.

(6) 차동장치(differential gear)

차량이 선회할 때 좌우바퀴의 회전속도를 알맞게 조정하고 양 바퀴에 균등한 토크를 전달하여 원활한 주행을 할 수 있도록 한 장치이다.

(7) 구동차축(driving axle)

구동바퀴에 구동력을 전달하는 차축이다.

3-2 클러치

3-2-1 클러치의 개요

자동차는 외부(자동차 바퀴)에 부하를 걸어놓은 상태에서 시동을 걸 수 없다. 또한 동력이 전달되고 있는 상태에서는 변속기 내부 기어가 맞물려 있으므로 변속을 하기 어렵다. 이처럼 엔진의 시동 시에 무부하상태를 유지하고 기어를 변속할 때 기어열을 보호하기 위해 동력을 일시 차단하며, 또한 발진가속 시 엔진의 동력을 서서히 구동바퀴에 전달하는 역할을 수행하는 부품이 필요하다. 클러치는 그림 3-3에서와 같이 플라이휠과 변속기의 입력축 사이에 설치되어 엔진의 동력을 변속기에 전달하거나 또는 차단하는 역할을 한다.

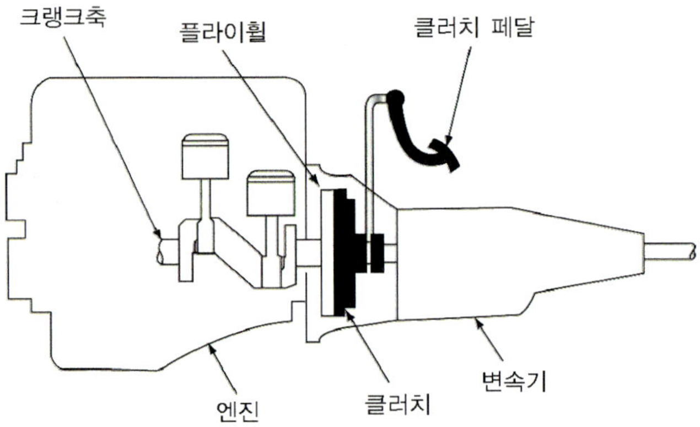

그림 3-3 클러치 역할

운전자는 자동차의 시동을 걸 때 또는 기어를 변속할 때 클러치 조작으로 동력을 끊을 필요가 있으며 발진할 때에는 엔진의 동력을 변속기에 서서히 전달해야 한다. 기능상으로 클러치에서 요구되는 성능은 다음과 같다.

- 접속이 원활하고 차단이 확실하며 쉬울 것
- 충분한 토크전달용량을 가지며 관성모멘트가 되도록 작을 것
- 슬립에 의한 발열이 발생할 때 이를 잘 발산시키고 과열되지 않을 것
- 플라이휠과 함께 엔진의 회전변동을 적절하게 흡수, 저감시킬 것
- 구조가 간단하고 취급이 쉬우며 고장이 적을 것

클러치는 동력을 전달하는 방식에 따라 다음 그림 3-4와 같이 분류된다.

- 클러치
  - 마찰 클러치
    - 단판클러치 — 건식
      - 코일 스프링식
      - 다이어프램 스프링식
    - 다판클러치
      - 건식
      - 습식
      - (건식·습식) — 코일 스프링식
  - 유체 클러치
    - 유체 커플링
    - 토크 컨버터
  - 전자 클러치
    - 자성 분체식
    - 전자(電磁)식

그림 3-4 클러치의 분류

보통 수동변속기에는 마찰력을 이용하여 동력을 전달하는 건식단판 마찰 클러치가 많이 사용되고 있고 자동변속기에서는 유체 클러치의 일종인 토크 컨버터가 널리 적용되고 있다.

3-2-2 마찰 클러치

마찰 클러치는 마찰력을 이용하여 엔진의 회전력을 변속기로 전달하는 장치로 구조가 간단하고 정비가 용이하기 때문에 널리 사용되고 있다. 마찰 클러치는 건식(dry type)과 습식(wet type)으로 구분된다. 건식은 마찰판이 건조한 상태에서 플라이휠과 접촉되어 회전력을 전달한다. 습식은 마찰면을 보호하고 회전을 원활하게 하기 위해 마찰판을 오일에 담근 것으로 건식에 비해 마모가 적고 단속이 원활한 이점이 있다. 그러나 습식은 건식에 비해 마찰계수가 작아 전달토크가 작다는 단점이 있다. 보통 승용차에는 건식단판 마찰 클러치가 널리 쓰인다. 한편 큰 동력을 전달해야 하는 중차량이나 경주용 자동차에서는 회전관성 모멘트를 줄이기 위해 클러치판과 압력판을 여러 장 겹쳐 사용하는 다판식이 적용된다.

(1) 마찰 클러치의 구조와 조작기구

그림 3-5는 건식단판 마찰 클러치가 작동하는 것을 보여준다. 운전자가 클러치 페달을 밟으면 릴리스 베어링(release bearing)이 릴리스 레버(release lever)를 누르고, 릴리스 레버를 누르는 힘이 코일 스프링의 탄성력 총합보다 크게 되면 압력판(pressure plate)이 클러치판(clutch disc)으로부터 분리된다. 이에 따라 클러치판도 플라이휠의 마찰면에서 분리되면서 엔진에서 변속기 입력축(클러치축)으로 전달되는 동력을 차단한다.

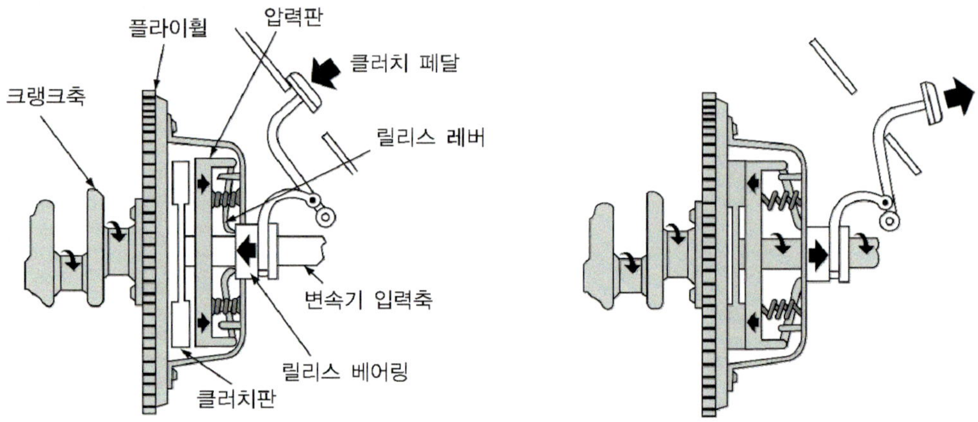

(a) 동력 차단 (b) 동력 전달

그림 3-5 건식단판 마찰 클러치 구조와 작동

한편 압력판은 플라이휠과 볼트로 조립되어 있는 클러치 커버에 장착되고, 클러치판 허브(hub)는 변속기 입력축에 스플라인에 따라 축방향으로만 이동할 수 있는 구조이다.

클러치판 페이싱(facing)의 재질의 구비조건은 적당한 마찰계수를 갖고 내마모성, 내구성이 우수하며 온도에 따른 마찰계수의 변화가 적어야 한다. 보통 석면직물에 마찰조정제를 섞은 후 수지나 고무 등의 결합재로 굳혀서 만드는데, 중차량이나 건설용 차량 등 가혹한 용도의 클러치에는 내열성, 내마모성이 우수한 동계의 소결합금 재료 또는 동계의 금속을 포함하는 세라믹이 사용된다.

마찰 클러치의 조작기구는 클러치 페달의 조작력을 클러치 본체에 전달하는 기구로서 클러치 페달의 조작력을 릴리스 포크에 전달하는 기구, 릴리스 베어링, 릴리스 포크 등으로 구성된다. 조작기구는 크게 기계식과 유압식으로 분류된다.

① 기계식

기계식은 링크기구나 케이블을 이용하여 클러치 페달의 조작력을 릴리스 포크에 전달하여 릴리스 베어링을 작동시키는 방식으로 구조가 간단하고 조작이 확실하다. 그러나 클러치 페달에서부터 릴리스 베어링까지 기계적으로 연결되어 있어 클러치의 진동이 운전자에게 전달되기 쉽고 클러치판 페이싱의 마모에 의해 페달의 연결 위치가 변하기 때문에 정기적인 조정이 필요하다.

② 유압식

유압식은 클러치 페달의 조작력으로 유압을 발생시키는 마스터 실린더(master cylinder)와 유압을 받아 릴리스 포크를 움직이는 릴리스 실린더(release cylinder 또는 operating cylinder)로 구성되어 있으며 그 사이는 호스나 유압 파이프로 연결되어 있다. 유압식은 조작이 가볍고 부드러우며 페달의 연결 위치에 대한 조정이 필요하지 않으나 구조가 복잡하고 클러치액 내로 공기가 혼입되면 작동이 불확실해지는 단점이 있다.

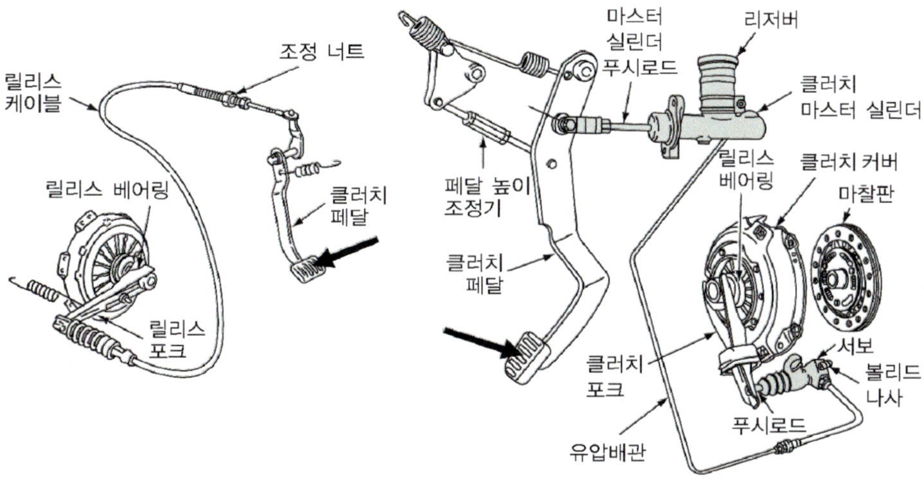

그림 3-6 클러치 조작기구

(2) 건식단판 마찰 클러치의 분류

건식단판 마찰 클러치는 압력판을 눌러주는 클러치 스프링의 종류에 따라 코일 스프링식과 다이어프램 스프링식으로 세분된다.

① 코일 스프링식

코일 스프링식에서 압력판은 압력판 주위에 설치된 6~20개의 클러치 코일 스프링에 의해 플라이휠 쪽으로 밀리면서 클러치 디스크를 플라이휠에 압착시켜 동력을 전달하게 된다.

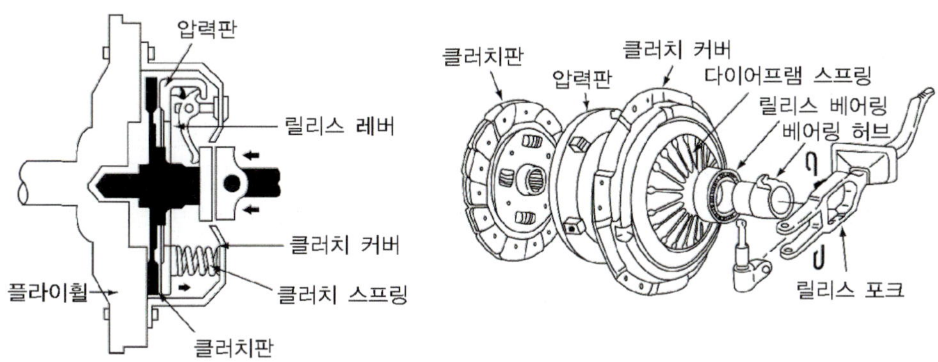

그림 3-7 코일 스프링식 클러치와 다이어프램 스프링식 클러치

② 다이어프램 스프링식

다이어프램 스프링식은 다이어프램이 클러치 스프링과 릴리스 레버의 역할을 담당하고 있는데 다음과 같은 특징을 갖고 있어 일반 자동차에 널리 사용된다.

- 각 부품이 원형으로 되어 있어 회전평형이 좋고 압력판에 작용하는 압력이 균일하다.
- 고속회전 시 원심력에 의한 스프링 힘의 감소가 적다.
- 클러치 페이싱(clutch facing)이 어느 정도 마모되어도 압력판을 누르는 힘의 변화가 작다.
- 클러치 페달을 밟는 힘이 작다.

일반적으로 클러치 페달의 조작력(답력)은 승용차의 경우 80~150N, 트럭은 150~200N 정도이며 클러치 페달에는 클러치 페이싱의 마모를 고려하여 20~30mm 정도의 유격을 둔다.

(3) 클러치의 동력전달 용량

엔진의 동력을 단속할 때 클러치가 전달하는 토크를 클러치 용량이라고 한다. 자동차가 출발하기 위해 클러치를 부드럽게 접속할 때 클러치의 양쪽면에는 슬립이 발생하며 이때 엔진은 감속되고 구동축과 자동차 전체는 가속이 된다. 클러치 용량은 엔진에서 발생되는 최대토크보다 항상 1.5~2.5배 정도 크게 설계된다. 클러치 용량이 지나치게 크게 되면 클러치의 조작이 어렵고 접속 시 충격이 발생하며 엔진이 정지될 가능성도 있다. 또한 너무 작게 설계하면 클러치가 잘 미끄러지게 되어 페이싱의 마모가 쉽게 일어난다.

클러치의 용량을 표시하는 전달토크 $T\,[\mathrm{N \cdot m}]$는

$$T = C \cdot (\mu_c F_s r_e) \tag{3-1}$$

의 식으로 표시된다. 식(3-1)에서 F_s[N]는 클러치 스프링의 최대 압축력, μ_c는 클러치 페이싱과 압력판, 플라이휠 사이의 마찰계수, r_e[m]는 클러치 페이싱의 평균유효반경, C는 다판 클러치일 때 마찰면의 수이다. 페이싱의 유효반경은 페이싱이 원모양의 도넛 형상으로 구성될 경우 내경과 외경의 중간값을 취한다. 한편 클러치가 미끄러지지 않으려면 엔진 토크는 식(3-1)보다 작아야 한다.

(4) 클러치의 동력전달효율

클러치는 출발과 같은 특수한 경우를 제외하고는 접속할 때 슬립이 발생하지 않도록 해야 한다. 클러치에서 슬립이 발생하면 동력이 손실되고 클러치 페이싱이 마모되는 부작용이 발생한다. 엔진에서 발생하는 토크가 T_e, 엔진회전속도가 n_e, 클러치의 출력토크가 T_c, 클러치 출력의 회전속도가 n_c라고 할 때 클러치의 동력전달효율 η_c는

$$\eta_c = \frac{T_c \cdot n_c}{T_e \cdot n_e} \tag{3-2}$$

로 표시된다. 보통 마찰 클러치의 전달효율은 슬립이 일어나지 않으므로 거의 100%이지만 자동변속기에서는 유체에서의 슬립이 발생하므로 클러치의 동력전달효율은 100% 보다 작다.

3-2-3 유체 클러치

유체 클러치(fluid clutch) 또는 유체 커플링(fluid coupling)은 유체를 매개로 하여 엔진의 동력을 유체의 운동에너지로 바꾸고 운동에너지를 다시 회전력으로 변환시켜 변속기에 전달한다. 유체 클러치는 동력의 단속을 자동적으로 원활하게 수행할 수 있다. 현재는 토크 컨버터로 발전하여 대부분의 자동변속기 차량에 장착되고 있다.

(1) 유체 클러치의 원리

그림 3-8과 같이 동일한 선풍기 2대를 마주보게 세우고 한쪽에 전원을 공급하여 회전시키면 다른 선풍기도 공기의 유동에 의해 회전하기 시작하는데 일정시간이 지나면 양쪽의 선풍기는 거의 같은 속도로 회전하게 된다. 이것은 유체인 공기의 운동에너지가 다른 선풍기를 회전시키는 운동에너지로 변환되기 때문에 가능하다.

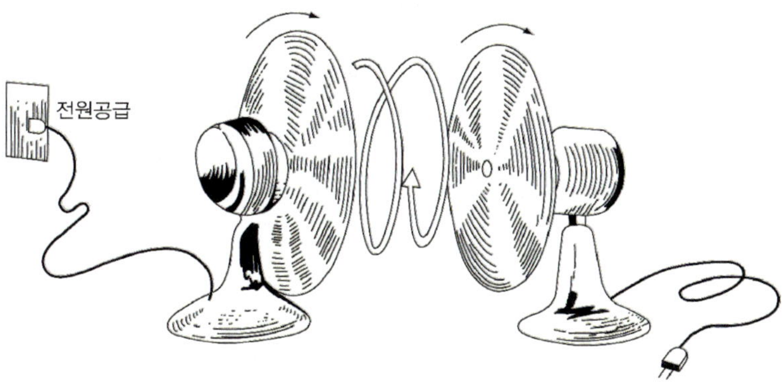

그림 3-8 유체 클러치의 개념

유체 클러치는 이런 원리를 이용한 것으로 먼저 크랭크축(클러치 입력축)에 설치된 펌프날개(pump impeller)가 회전하면서 유체(오일)에 운동에너지를 전달한다. 그리고 이 유체(오일)가 변속기 입력축(클러치 출력축)에 설치된 터빈날개(turbine runner)에 운동에너지를 전달하면서 엔진과 변속기 사이에 동력전달이 이루어진다.

(2) 유체 클러치의 구조

유체 클러치는 그림 3-9와 같이 입력축과 출력축을 일직선상에 배치하고 입력축에는 펌프날개, 출력축에는 터빈날개를 연결하여 하나의 케이싱에 양 날개를 마주세우고 내부를 오일로 가득 채운 구조이다.

오일은 펌프와 터빈날개를 반복적으로 순환하면서 동력을 전달하게 된다. 엔진에 의해 입력축이 회전하면 오일은 펌프날개와 함께 축둘레를 회전운동하면서 원심력에 의해 바깥쪽으로 유출된다. 바깥으로 유출된 오일은 케이싱의 안내로 반대쪽의 터빈날개로 유입되면서 그림과 같이 회전순환류(vortex flow)가 발생하는데 이 회전순환류는 펌프와 터빈사이에 속도차가 존재할 경우에만 발생한다.

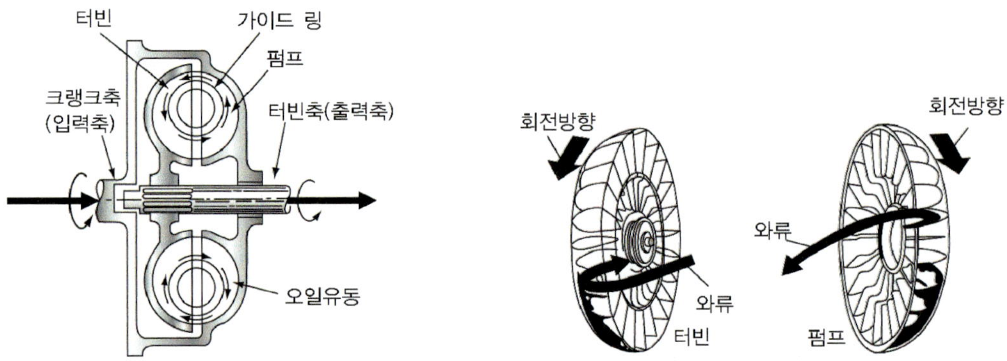

(a) 유체 클러치 구조 (b) 유체 클러치 내부의 오일유동

그림 3-9 유체 클러치의 구조와 내부 오일유동

펌프와 터빈의 날개는 전달효율 향상을 위하여 각도가 없이 중심으로부터 바깥둘레를 향해 평면방사형으로 제작한다. 입력축과 출력축의 동력전달 차단은 펌프와 터빈 간에 완전한 슬립 즉, 엔진회전속도가 저속일 때 발생한다. 유체 클러치는 전달되는 동력의 증대작용이 없으나 구조가 간단하고 동력전달 용량이 크다. 그러나 자동차가 주행 시 동력을 완전히 끊을 수 없으므로 변속용 클러치나 유성 변속장치가 필요하다.

(3) 토크 컨버터

① 토크 컨버터의 구조

자동클러치 작용 이외에 토크의 배가작용을 하는 장치로 토크 컨버터가 사용된다. 토크 컨버터는 그림 3-10과 같이 앞의 유체 클러치의 펌프날개와 터빈날개에 스테이터(stator)날개가 일방향 클러치(one way clutch)로 변속기 케이스에 부착된 구조이다.

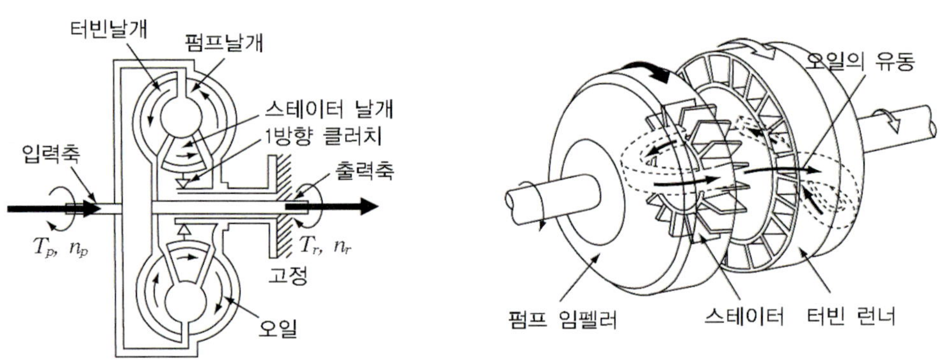

(a) 토크 컨버터 구조 (b) 토크 컨버터 내부의 오일유동

그림 3-10 토크 컨버터의 구조와 내부 오일유동

일방향 클러치는 토크를 한 방향으로만 전달시키고 다른 방향으로는 공회전이 일어나도록 하는 장치로서, 펌프날개와 터빈날개 사이에 속도차가 크면 스테이터는 고정되고 속도가 비슷하게 유지되면 스테이터가 공전한다. 스테이터가 고정되어 있을 때에는 토크 컨버터 특유의 토크 증배(torque multiplication) 작용이 나타나며 이때 출력인 터빈의 토크는 입력인 펌프의 토크보다 크게 된다. 한편 스테이터가 공전할 때는 터빈과 펌프의 토크가 같아지면서 커플링 상태가 된다. 토크 컨버터에서 토크가 증배되는 원리는 다음의 그림 3-11을 보면 쉽게 이해할 수 있다.

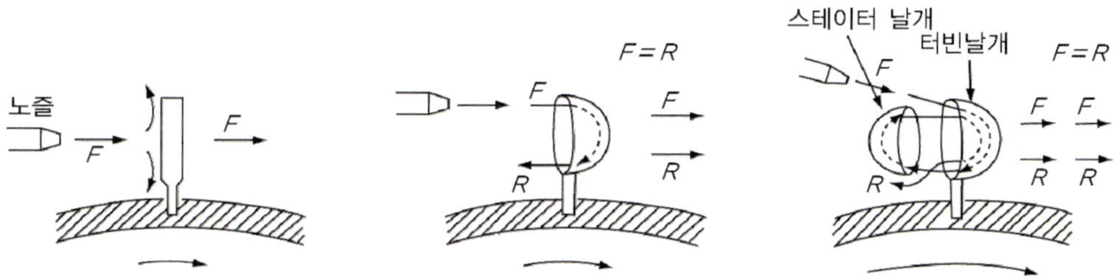

(a) 평판일 때 (b) 곡선판일 때 (c) 스테이터가 있을 때

그림 3-11 토크 컨버터에서 토크 증배의 원리

위의 그림 3-11(a)에서와 같이 노즐에서 평판에 오일을 분사시키면 충격력 F가 발생된다. 한편 그림 3-11(b)와 같이 그림(a)의 평판 대신에 오일의 흐름을 180° 바꾸는 곡면판을 설치하면, 충격력 F와 이와 동일한 반동력이 더해져 전체의 힘은 2F의 힘이 작용한다. 그림(c)와 같이 그림(b)의 곡면판에 대향시켜 스테이터를 설치할 경우 오일의 유동이 다시 터빈날개로 되돌아오게 되어 스테이터가 받는 힘과 같은 크기의 힘을 더하게 되어 더욱 토크가 증대된다. 실제로는 오일의 흐름 간섭, 마찰, 날개의 저항 등으로 손실이 발생하는데 스테이터를 설치하였을 때 토크의 증대비는 대략 2~3배 정도이다.

유체 클러치의 날개는 평면형이고 각도가 없는 형상으로 되어 있는 반면에 토크 컨버터에서는 날개의 배열이 곡선으로 되어 있으며 배열도 대단히 복잡하다. 그림 3-12처럼 유체 클러치에서는 터빈에서 나온 오일이 펌프로 되돌아갈 때 펌프의 회전방향과 반대방향으로 진입하여 펌프의 회전을 방해하는 구조이다. 그러나 토크 컨버터의 스테이터는 터빈을 회전시킨 오일이 펌프의 회전방향과 동일한 방향으로 진입하도록 방향을 바꾸는 역할을 수행한다. 따라서 펌프에서의 오일의 유동속도는 유입되는 오일에 의해 추가적으로 증가하고 이런 작용이 토크를 증배(2~3배)시키는 원리로 작용한다.

엔진이 회전하면 펌프의 오일은 원심력으로 외주를 향하여 흐름이 발생하면서 "펌프날개(펌프임펠러) → 터빈날개(터빈러너) → 스테이터 → 펌프날개"의 순서로 흐르는 순환류가 발생한다. 오일은 펌프날개의 주속과 순환류의 속도가 합성된 방향의 속도로 터빈날개에 충돌하면 터빈날개는 펌프날개와 동일한 방향으로 회전한다. 터빈날개에 회전력을 전달한 오일은 회전방향(원주방향)의 속도를 잃고 터빈날개 형상을 따라 스테이터를 거쳐 펌프로 되돌아간다.

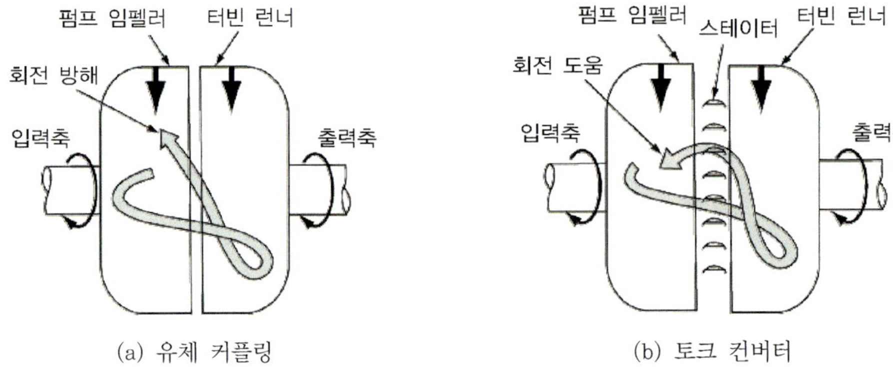

그림 3-12 유체 커플링과 토크 컨버터 내부의 오일유동

② 스테이터의 역할

일반적으로 토크 컨버터 내의 오일의 흐름은 펌프날개와 터빈날개의 속도에 따라 변화한다. 펌프날개에서 동력을 받은 오일은 그림 3-13(a)처럼 터빈날개에 유입하여 회전력을 전달한 후, 그림과 같이 회전방향의 속도를 잃고 스테이터에서 오일의 방향을 바꾸면서 펌프날개의 뒷면에 힘을 가하게 된다.

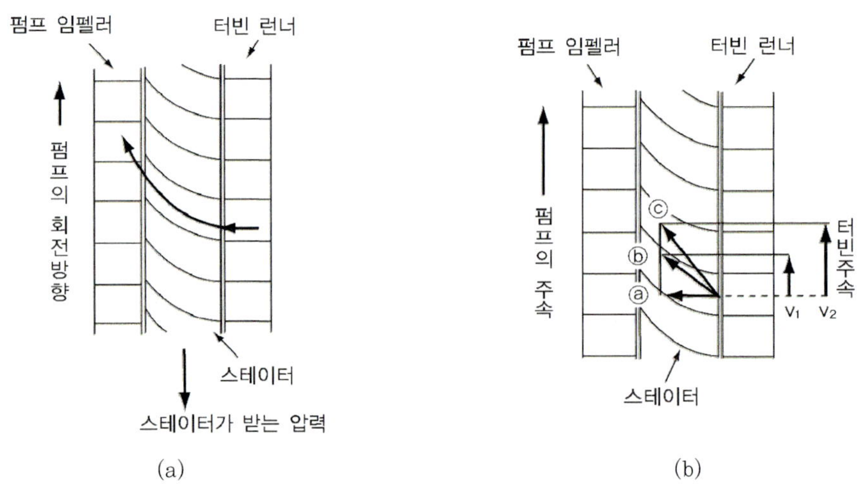

그림 3-13 토크 컨버터에서 스테이터의 역할

이때 스테이터는 오일로부터 반력을 받게 되는데 그 반력은 일방향 클러치를 거쳐 케이스에 전달되고 그 크기는 토크의 증가에 비례하게 된다. 터빈날개가 회전을 시작하면 터빈날개에서 유출된 오일의 방향은 그림 3-13(b)와 같이 터빈의 주속과 순환류가 합성된 방향을 갖게 되며, 터빈날개의 속도가 증가함에 따라 스테이터로 유입되는 오일

의 흐름 방향이 변한다. 터빈날개의 속도가 증가할수록 스테이터가 받는 반력은 감소하는데 토크의 증가는 터빈날개가 정지하고 있을 때 최대값을 가지며 터빈날개의 속도가 증가할수록 감소한다. 터빈날개의 속도가 그림 3-13(b)의 ⓒ와 같이 빨라지게 되면 오일은 스테이터의 뒷면에 충돌하게 되어 스테이터는 오히려 펌프날개의 회전을 방해하는 방향으로 오일을 유도하므로 효율이 감소한다. 이처럼 오일이 스테이터의 뒷면에 충돌하는 경우에는 일방향 클러치를 통해 스테이터를 공전시키도록 하여 전달효율의 저하를 피하고 있다.

③ 토크 컨버터의 성능

토크 컨버터의 성능은 그림 3-14에서와 같이 하나의 성능곡선으로 표시된다.

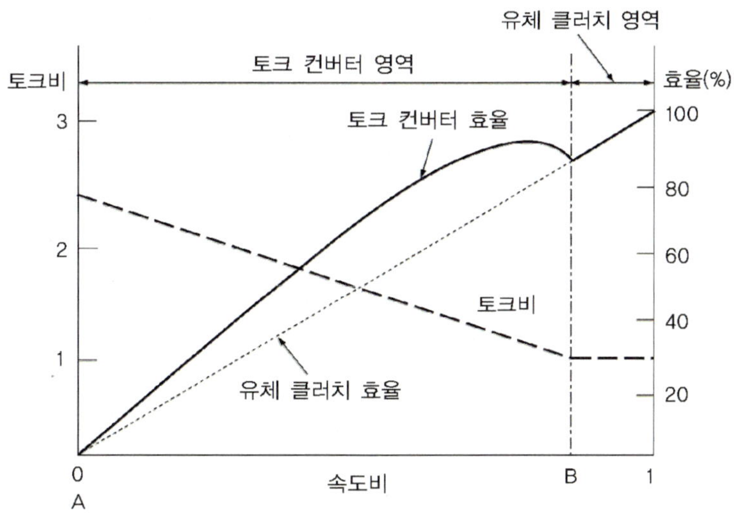

그림 3-14 토크 컨버터의 효율

펌프에서의 입력토크와 회전속도를 T_p, n_p터빈의 출력토크와 회전속도를 T_t, n_t라고 할 경우 그림에 표시된 속도비(e), 토크비(T') 및 동력전달효율(η)은 다음과 같이 정의된다.

$$\text{속도비, } e = \frac{n_t}{n_p} \tag{3-3}$$

$$\text{토크비, } T' = \frac{T_t}{T_p} \tag{3-4}$$

$$\text{동력전달효율, } \eta = \frac{n_t \cdot T_t}{n_p \cdot T_p} \tag{3-5}$$

전술한 바와 같이 펌프에서 터빈으로 동력을 전달하려면 오일의 운동에너지와 회전순환류를 이용하여야 한다. 토크 컨버터 내에서 오일은 동력전달의 주요 역할을 담당하는데 펌프와 터빈 사이에서 오일의 슬립이 일어나면 동력전달 손실이 발생한다. 이것은 자동변속기가 수동변속기보다 연비가 악화되는 하나의 원인으로 작용한다. 엔진 시동 시 부하가 많이 걸릴 때 터빈날개는 회전하지 않고 펌프날개만 회전하여 속도비가 0이 되는 A점을 스톨점(stall point)이라고 한다. 이때 발생하는 토크를 스톨 토크(stall torque)라고 한다. 또한 엔진이 공회전을 하고 있을 때에도 펌프의 회전속도는 느리고, 터빈으로 유입되는 오일의 유량도 적고 느리다. 따라서 터빈에 작용하는 토크는 구동계통의 저항보다 작게 되어 터빈은 정지하게 되는데 이런 경우는 클러치가 끊어진 상태로 볼 수 있다. 그림 3-14에서 알 수 있듯이 차량 발진 시 토크 컨버터의 토크비는 최대값을 갖고 터빈날개가 서서히 회전하면서 변속기에 동력이 전달되기 시작한다. 터빈날개의 회전속도가 증가할수록 토크비는 감소하나 동력전달효율은 증가하고 토크비가 1이 되는 B점에서 스테이터는 공전하기 시작한다. 이 점이 속도비로 대략 0.85~0.90 정도로 이를 클러치점(clutch point)라고 하는데 클러치점부터 토크 컨버터는 유체 클러치로 작동하게 된다. 유체 클러치 영역에서는 속도비가 증가할수록 동력전달효율은 계속 증가한다.

3-3 변속기

변속기는 엔진과 추진축 사이에 위치하면서 엔진에서 발생한 동력을 구동바퀴에 전달할 때 자동차의 주행상태에 알맞도록 회전속도 또는 구동력을 변화시키거나 자동차를 후진시킬 때 필요한 장치이다. 또한 엔진과 바퀴와의 연결을 장시간 끊을 필요가 있을 때 즉, 무부하 상태로 둘 경우에도 변속기가 사용된다. 변속기가 갖추어야 할 이상적인 조건은 다음과 같다.

- 단계가 생기지 않도록 연속적인 변속이 이루어질 것
- 조작이 민첩, 확실, 정숙, 용이할 것
- 전달효율이 우수할 것
- 소형경량으로 고장이 적을 것

변속기는 크게 수동변속기(manual transmission)와 자동변속기(automatic transmission)로 구분된다. 또한 수동변속기는 선택 기어식 변속기라고도 부르는데 종류로는 FR 자동차에 적용되는 변속기와 FF 자동차에 적용되는 트랜스 액슬로 분류된다. 자동변속기는 수동변속기와 달리 마찰 클러치가 존재하지 않으며 가속페달을 밟은 정도와 차의 주행속도에 따라 자동적으로 변속이 이루어진다. 자동변속기는 토크 컨버터, 유성기어장치, 유압 제어장치, 전자제어장치 등의 주요 부품들로 구성된다.

3-3-1 수동변속기

변속기는 기어의 조합을 통해 주행저항에 적합하도록 구동바퀴에 전달되는 토크와 회전속도를 변화시키는 역할을 수행한다. 변속기에서 토크가 증가하는 원리를 살펴보자.

(1) 변속기와 토크 증가의 원리

그림 3-15처럼 작은 기어가 큰 기어와 맞물려 돌아갈 때 바퀴의 회전속도는 감소하나 토크는 증가한다.

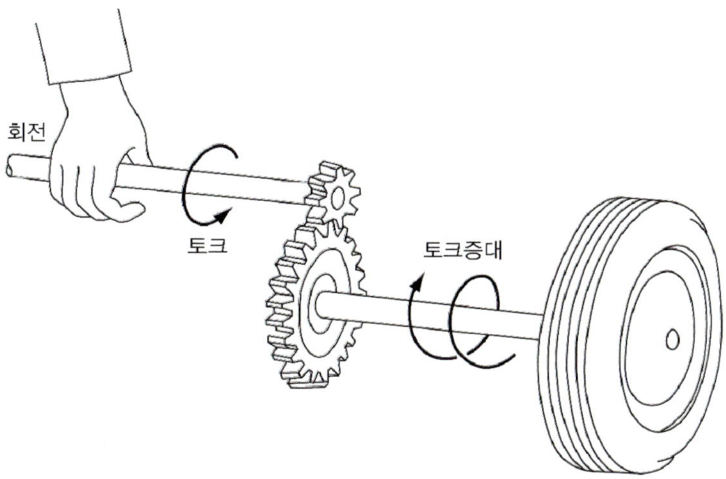

그림 3-15 감속에 의한 토크 증가의 원리

이 회전속도의 비율을 변속기의 변속비, i_t라고 하며 다음과 같은 식으로 표시된다.

$$i_t = \frac{\text{엔진의 회전속도}}{\text{바퀴의 회전속도}} = \frac{\text{구동되는 기어의 잇수}}{\text{구동기어의 잇수}} \tag{3-6}$$

한편 기어를 통해 전달되는 토크는 감속되는 회전속도비만큼 증가한다. 동력전달손실이 없다고 가정할 때 기어를 통해 전달되는 동력은 회전속도가 변하더라도 변화가 없다는 것을 다음의 관계식에서 알 수 있다.

$$P = \frac{2\pi n_e T}{60} \tag{3-7}$$

위식에서 P는 동력[W], n_e는 엔진회전속도[rpm], T는 토크[N・m]를 각각 표시한다.

다음 그림 3-16은 실제 수동변속기와 동일한 구조로 주축과 부축에서 변속기어들이 맞물린 상태를 보여주고 있다. 그림에서 변속비는 다음과 같이 계산된다.

$$변속비(i_t)=\frac{B기어의\ 잇수}{A기어의\ 잇수}\times\frac{D기어의\ 잇수}{C기어의\ 잇수} \tag{3-8}$$

변속기의 기어조합에서는 변속비가 큰 것으로부터 1속(1st gear), 2속(2nd gear), 3속(3rd gear) 등으로 부른다. 일반적으로 4속에서는 변속비가 1 근처로 입력축과 출력축의 속도가 거의 동일하게 되며 5속에서는 변속비가 1보다 작게 되어 변속기에서 증속을 하게 되는데 이를 오버드라이브(overdrive)라고 부른다.

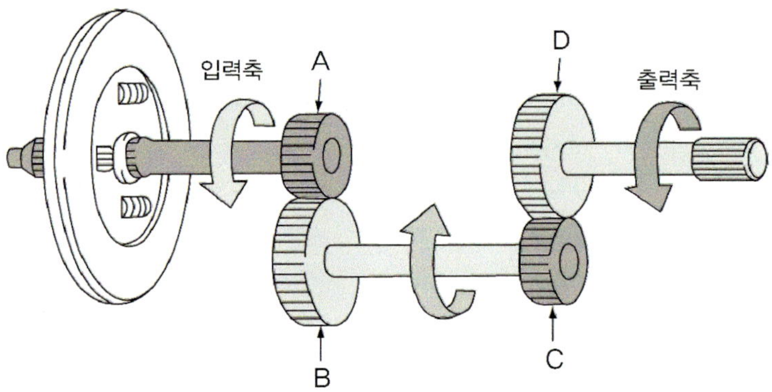

그림 3-16 변속기어의 조합

가솔린엔진이나 디젤엔진 자체는 구조상 역회전이 불가능하다. 그러나 실제 자동차를 운행할 때 주차를 하거나 유턴 등 많은 경우에 차량후진의 필요성을 느낀다. 보통 엔진은 정면에서 보았을 때 시계방향으로 회전한다. 엔진이 비록 역회전은 불가능하나 기어의 조합을 통하여 차량을 후진시키는 것이 가능하다. 그림 3-17과 같이 부축의 후진기어와 주축기어 사이에 아이들러 기어(idler gear)를 조합시킬 경우 변속기 입력축인 클러치축의 회전과 반대방향의 회전이 주축에서 얻어진다. 이처럼 아이들러 기어는 회전방향을 바꾸기 위해서 사용되는데 이 기어로 인해서 변속비는 변하지 않는다.

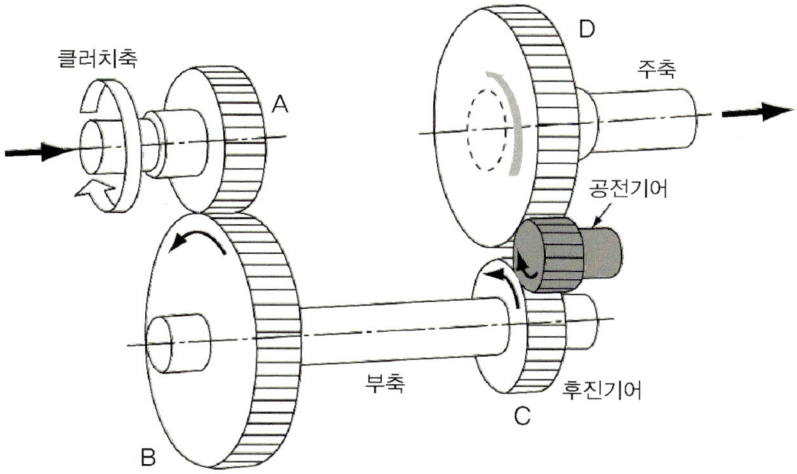

그림 3-17 후진 시 기어의 조합

(2) 변속비의 결정

변속비는 변속 단수 사이의 구동력 차이가 크지 않고 연속적으로 이루어지는 것이 바람직하나 경제성과 조작의 편의성도 같이 고려되어야 한다. 다음 그림 3-18은 스로틀밸브를 전개하였을 때 전진 4단 수동변속기의 각 변속단에서 차속과 구동력과의 관계를 보여주고 있다.

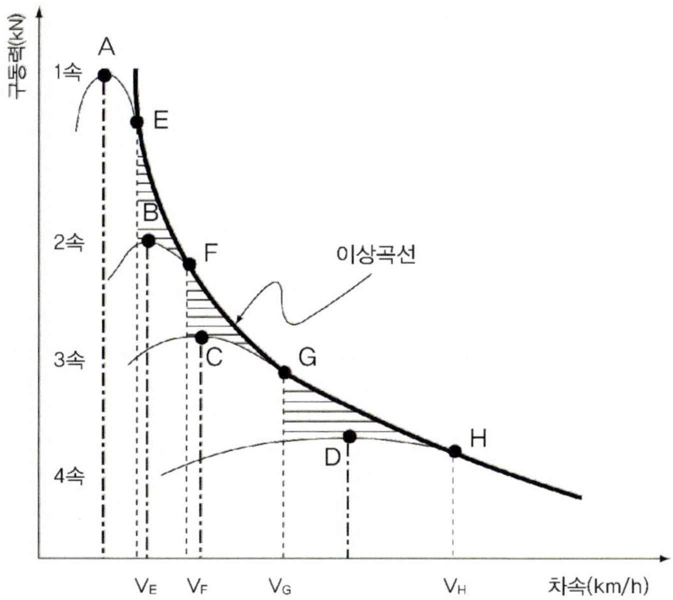

그림 3-18 수동변속기의 주행성능곡선

각 기어변속단에서 최대 구동력이 A, B, C, D의 값을 갖게 되고 E, F, G, H에서 엔진이 최대출력을 갖는다. 이때 최대출력을 나타내는 속도가 각각 V_E, V_F V_G, V_H이다. 최대출력이 발생되는 점을 연결한 곡선이 이상곡선으로 변속비를 적절하게 선정하여 이상곡선에 근접하도록 하는 것이 좋다.

한편 빗금친 부분은 엔진 구동력을 유용하게 활용할 수 없는 영역인데 이런 부분을 적게 하려면 변속단수를 많게 하여야 한다. 그러나 변속단수를 증가시킬수록 운전조작이 번잡해지고 변속기 구조가 복잡해지며 또한 경제성도 떨어진다. 일반적으로 변속단수는 승용차의 경우 4~8단, 버스나 트럭의 경우 5~6단으로 설정한다.

(3) 수동변속기의 변속 조작기구

수동변속기의 조작기구는 운전자가 변속레버(shift lever)의 조작을 통해 변속기 내부의 변속포크(shift fork)를 이동시켜 기어물림의 조합을 변동시킴으로써 운전자가 원하는 변속비를 얻는 기구이다. 그림 3-19는 수동변속기의 조작기구를 보여주고 있다.

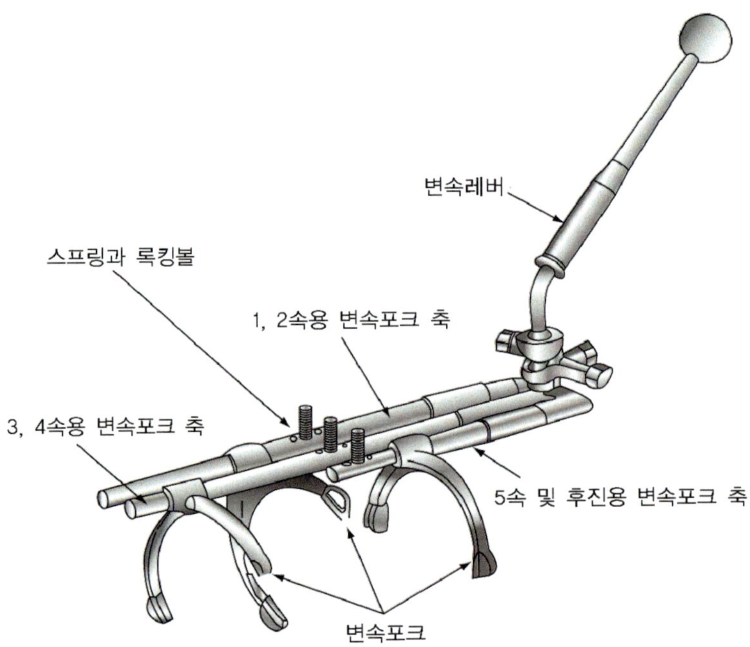

그림 3-19 수동변속기의 변속조작 기구

운전자가 주행 중에 적절한 변속단수를 결정하고 변속레버를 조작하면 3개의 변속포크 중에 한 개가 선택되어 기어물림의 조합이 이루어진다. 변속포크는 변속포크 축에 고정되어 있으면서 싱크로나이저 슬리브의 홈과 연결된다. 한편 변속포크 축에는 변속포크의 위치가 유지되도록 스프링과 함께 록킹볼(locking ball)이 설치되어 변속 시 변속감을 좋게 하고 변속물림이 빠지는 것을 방지한다. 또한 변속포크 축 각각에는 홈을 파 놓아 핀과

볼을 넣어 놓고 어떤 변속물림이 되어 있을 때 다른 변속물림이 발생하지 않도록 하는 이중변속물림 방지장치인 인터록(interlock) 기구를 설치한다.

(4) 수동변속기의 종류

기어식 수동변속기는 구조와 조작기구 등에 따라 활동물림식(sliding mesh type), 상시물림식(constant mesh type), 동기물림식(synchro mesh type)으로 분류된다.

① **활동물림식 변속기(sliding mesh transmission)**

활동물림식 변속기(그림 3-20)는 변속기의 변속포크(shift fork)에 의해 주축상의 스플라인에 끼워진 활동기어(sliding gear)와 부축상의 각 기어를 물려주면 변속이 된다. 구조가 간단하고 취급이 용이하나 맞물리는 기어들의 원주속도가 크게 다르면 소음이 발생한다. 주축기어와 부축기어의 원주속도가 느린 후진기어에 주로 적용된다.

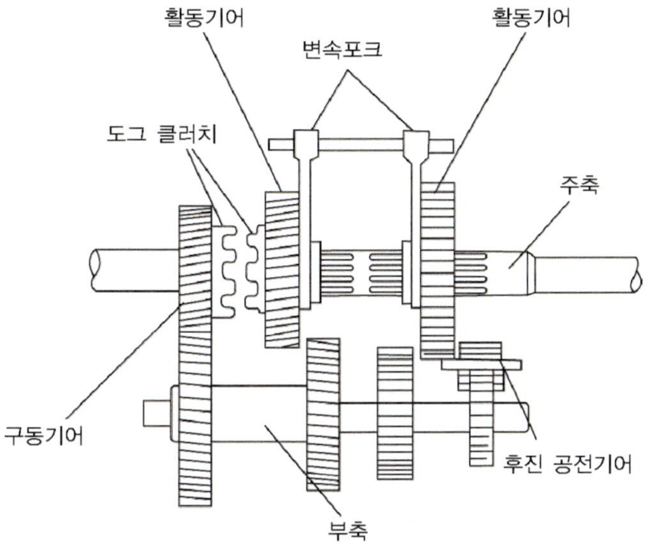

그림 3-20 활동물림식 변속기의 구조

② **상시물림식 변속기(constant mesh transmission)**

상시물림식(그림 3-21)은 활동물림식의 단점을 보완하기 위해 주축과 부축의 기어가 항상 물린 상태로 회전하는데 주축기어는 주축 상에서 자유롭게 회전하나 부축기어는 부축에 고정된 구조이다.

주축에는 스플라인을 통해 결합된 도그 클러치(dog clutch)가 설치되고 구동기어와 부축기어를 통해 전달된 회전력을 주축에 전달한다. 이 방식은 항상 기어가 맞물려 있기 때문에 기어의 마모가 적고 정숙한 운전이 가능하나 변속 시 도그 클러치에서 소음이 발생된다. 현재 대형버스나 트럭 등에 적용되고 있다.

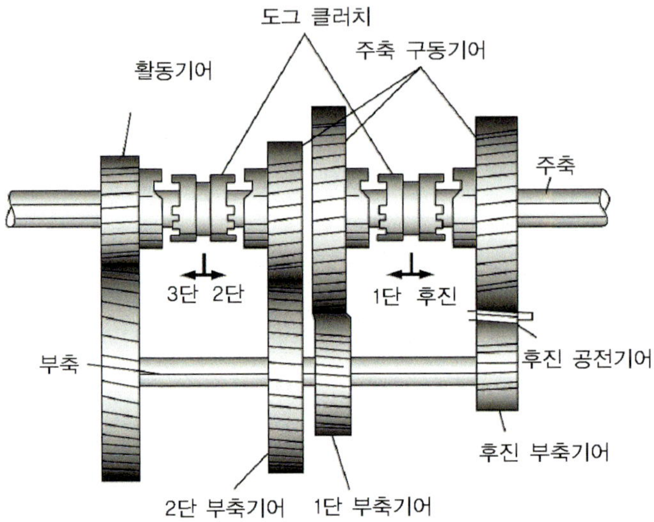

그림 3-21 상시물림식 변속기의 구조

③ 동기물림식 변속기(synchro mesh transmission)

전술한 상시물림식 변속기는 도그 클러치를 맞물릴 때 서로간의 주속이 일치하지 않아 소음이 발생하거나 기어의 파손이 일어난다. 상시물림식 변속기에 동기장치(싱크로메시 기구)를 조립하여 이러한 단점을 보완한 것이 동기물림식 변속기(그림 3-22)이다. 동기장치 기구에는 주축에 스플라인으로 물려 고정되어 있는 싱크로나이저 허브(synchronizer hub), 스플라인에 의해 싱크로나이저 허브의 외주에 물려 있으면서 변속포크(shift fork)에 의해 좌우로 미끄러지며 기어 클러치 역할을 하는 싱크로나이저 슬리브(synchronizer sleeve), 각 변속기어마다 연결되어 있는 싱크로나이저 원추체(cone)가 있다. 또한 동기장치에는 원추체에 접촉하여 클러치 작용을 하는 싱크로나이저 링(synchronizer ring)이 있고 동기장치 스프링에 의해 슬리브 내면에 항상 눌려 있는 싱크로나이저 키(shifting key)도 포함된다.

여기서 동기화 과정은 그림 3-22와 같이 싱크로나이저 슬리브의 홈에 장착된 변속포크가 싱크로나이저 슬리브를 우측으로 밀면 슬리브 내면에 물려 있는 싱크로나이저 키도 우측으로 움직이면서 그 끝면으로 싱크로나이저 링을 밀어 변속단기어의 원추체 표면(cone surface)에 밀착시킨다. 이때 변속단기어의 테이퍼 부분과 싱크로나이저 링의 안쪽의 테이퍼 부분이 서서히 접촉하면서 주축의 싱크로나이저 허브와 변속단기어의 속도가 점차로 일치하게 된다. 이처럼 싱크로나이저 슬리브는 최외곽에서 싱크로나이저 허브, 싱크로나이저 링 및 변속단기어의 외부 기어를 연결하게 된다. 이 방식에서도 기어는 항상 물려 있고 변속은 동기화가 되면서 동시에 일어난다.

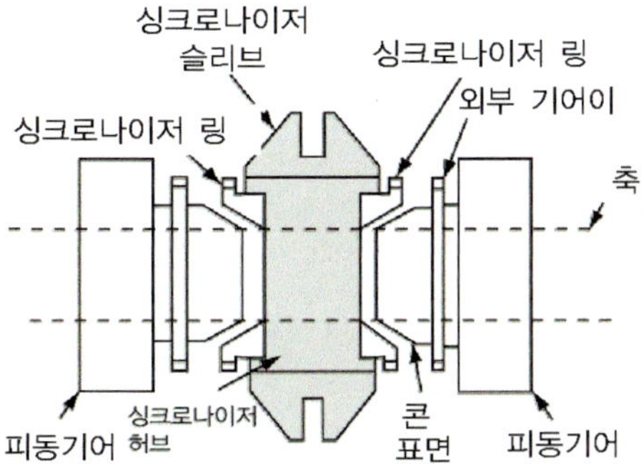

(a) 싱크로나이저 중립

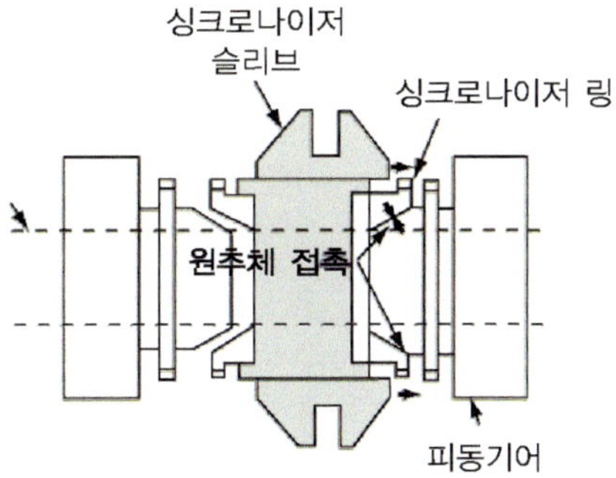

(b) 싱크로나이저 작동

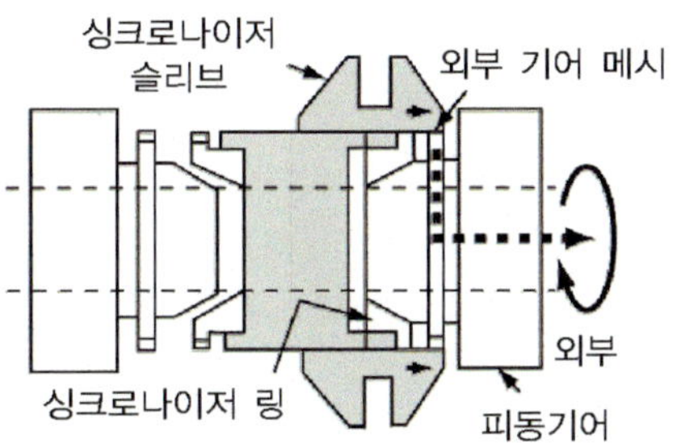

(c) 싱크로나이저 허브작동 변속완료

그림 3-22 동기물림식 변속기의 구조와 작동

동기장치로는 크게 일정하중형(constant load type)과 관성잠금형(inertia lock type)이 있는데 주로 관성잠금형이 쓰인다. 또한 관성잠금형은 키형식, 핀형식, 서보식이 있는데 조작성, 조립성, 내구성에서 뛰어난 키형식이 승용차용으로 널리 사용된다. 한편 트럭에서는 핀형식, 스포츠카에서는 서보작용을 통한 빠른 동기작용이 가능한 서보식이 채용되고 있다. 다음 그림 3-23은 키식 동기장치의 구성을 보여주고 있다.

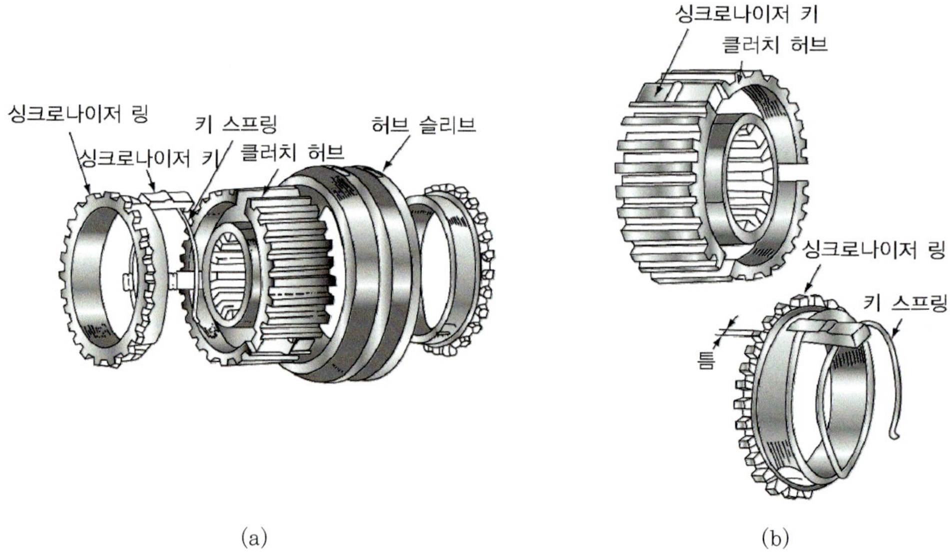

그림 3-23 키식 동기장치의 구성

그림 3-24는 FR 자동차에서 전진 5단 후진 1단인 동기물림식 수동변속기의 구조를 보여주고 있다. 클러치축, 주축, 부축 사이에서 기어의 맞물림에 의해 변속비가 결정된다.

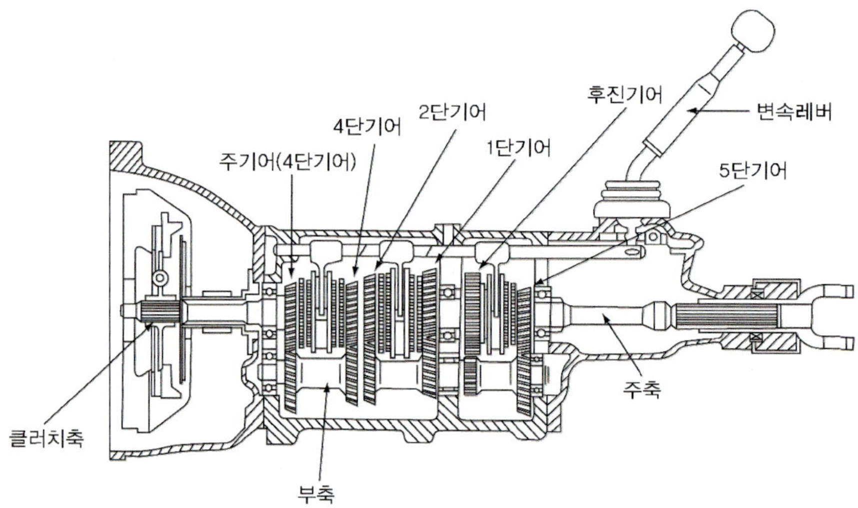

그림 3-24 FR 자동차의 변속기 구조

그림 3-25는 위의 전진 5단, 후진 1단인 동기물림식 수동변속기인데, 각 변속단에서 기어 맞물림을 통해 동력이 전달되는 모습을 보여주고 있다. 싱크로나이저 슬리브의 작동에 의해 각 변속단수에서 주축과 부축이 연결되는 것을 보여준다.

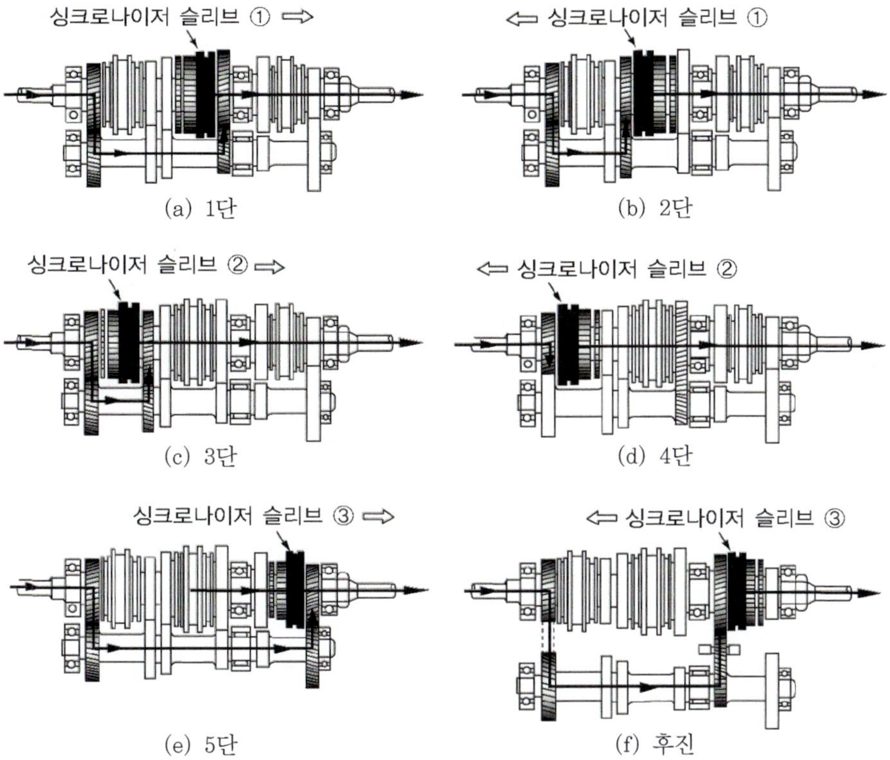

그림 3-25 FR 자동차의 전진 5단 변속기의 동력전달

한편 FF 자동차에서는 차량의 전면부에 종감속기와 차동장치가 변속기와 함께 구성된 트랜스 액슬(trans axle)이 설치된다.

그림 3-26은 전진 4단, 후진 1단인 트랜스 액슬의 모습을 보여주고 있다. 입력축으로 들어온 동력은 각 변속단수에 맞게 변속되고 주축의 피니언기어를 통해 차동장치의 링기어를 구동한다. 한편 양쪽의 싱크로나이저가 중앙에 위치하게 되면 기어는 중립이 된다.

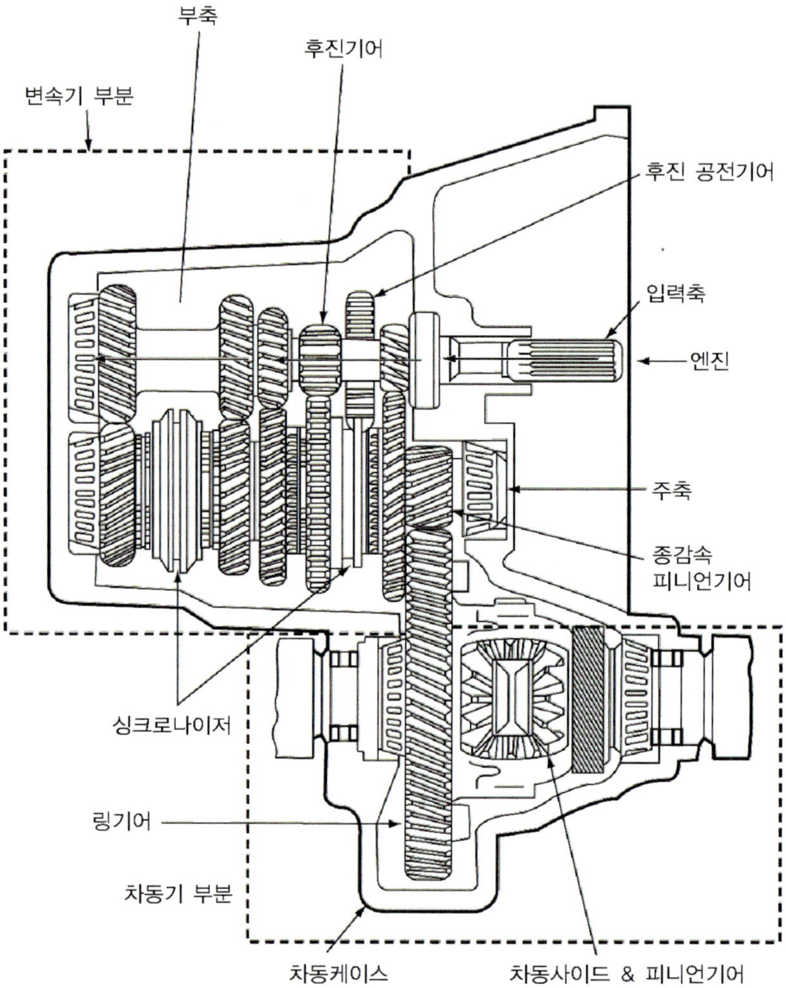

그림 3-26 전진 4단 트랜스 액슬

그림 3-27은 전진 5단, 후진 1단인 FF 자동차의 각 변속단수에서 기어 맞물림을 통해 동력이 전달되는 과정을 보여주고 있다.

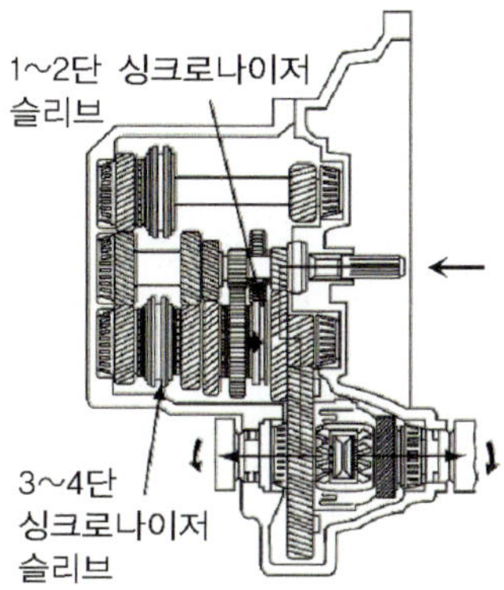

(a) 1단

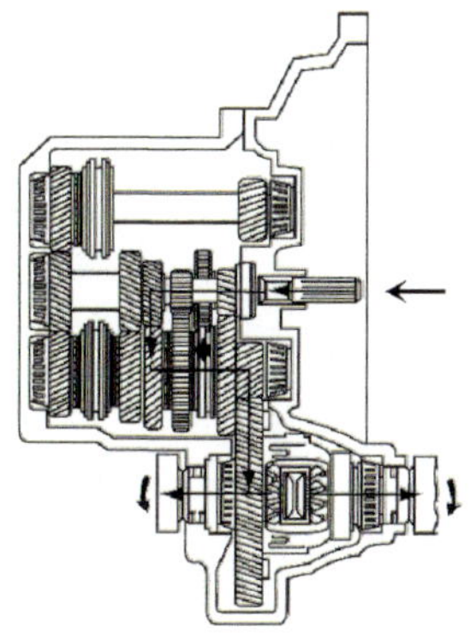

(b) 2단

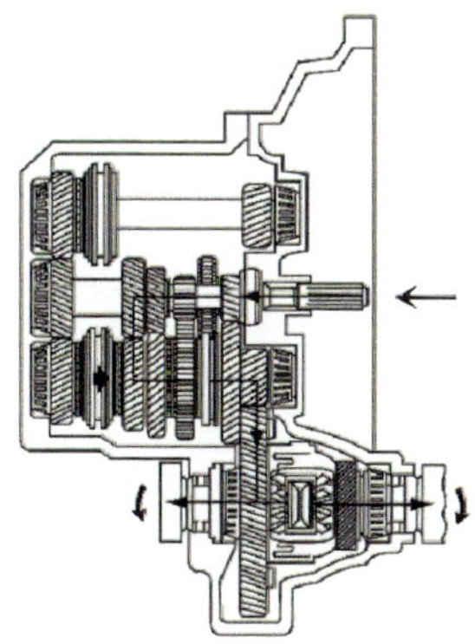

(c) 3단

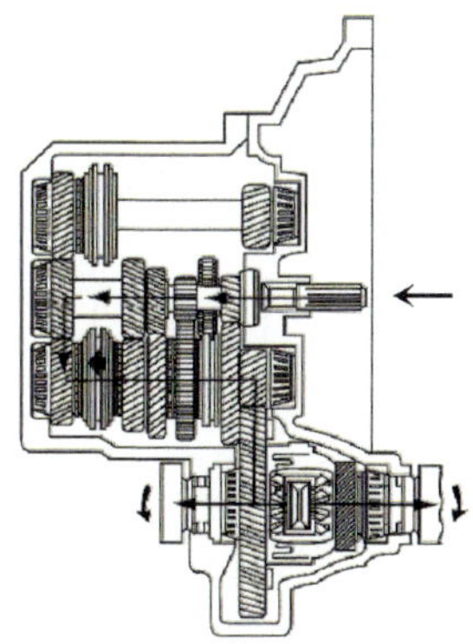

(d) 4단

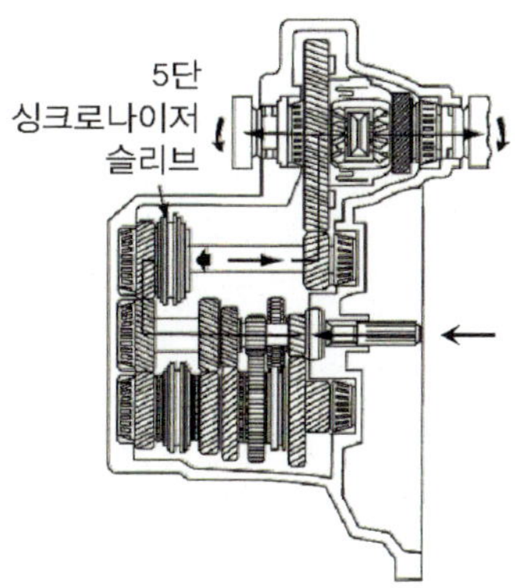

(e) 5단

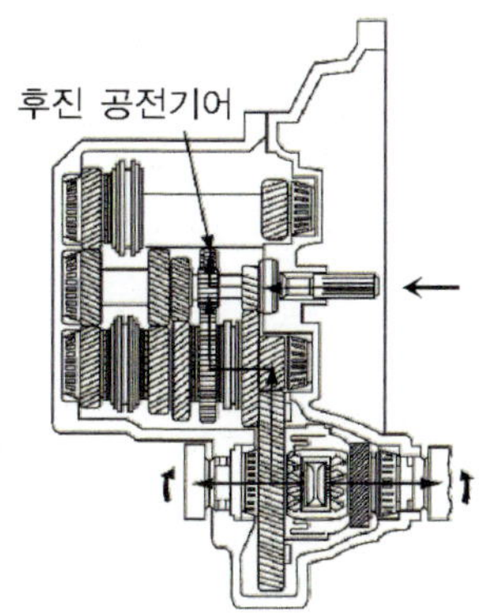

(f) 후진

그림 3-27 FF 자동차의 전진 5단 변속기의 동력전달

3-3-2 자동변속기

자동변속기는 동력을 단속하는 클러치 작용과 기어의 변속비를 변화시키는 변속작용을 자동적으로 하는 변속장치이다. 자동변속기는 크게 토크 컨버터, 오일펌프, 클러치 및 브레이크(clutch and brake), 유성기어장치, 유압 및 전자제어시스템(hydraulic and electronic control system) 그리고 400~600여개의 기계요소 부품들로 구성된다. 토크 컨버터는 1903년경 독일의 Föttinger(Hermann Föttinger) 박사에 의해 증기 터빈으로 구동되는 해군 함정에 사용할 목적으로 발명되었다. 자동변속기가 실차에 적용되어 양산이 시작된 것은 1939년 미국 GM의 올즈모빌(Oldsmobile) 차량으로 알려져 있다. 오늘날과 같은 승용차용으로는 1960년대 중반부터 시작되었는데, 이후 토크 컨버터와 유성기어장치가 결합되어 현재의 자동변속기의 모습이 갖추어졌다. 자동변속기의 장점은 다음과 같다.

- 기어의 변속이 불필요하기 때문에 운전자의 피로가 경감된다.
- 엔진과 변속기 사이에 기계적인 연결이 없으므로 각 부위에 가해지는 충격이 작다.
- 토크 컨버터와 유성기어장치에서의 토크 증대작용으로 저속구간에서의 등판능력이 향상되어 경사로 출발이 용이하다.
- 초보자의 조작 미숙으로 인한 시동꺼짐 현상이 없기 때문에 안전운전이 가능하다.

한편 자동변속기의 단점으로는 다음의 사항들이 거론된다.

- 구조가 복잡하고 가격이 고가이다.
- 수동변속기에 비해 연료소비량이 약 10~20% 정도 증가한다.
- 추월가속성능이 다소 떨어지고 최고속도도 낮다.

다음의 그림 3-28은 토크 컨버터와 4단 자동변속기를 조합한 형식의 한 예를 보여주고 있다.

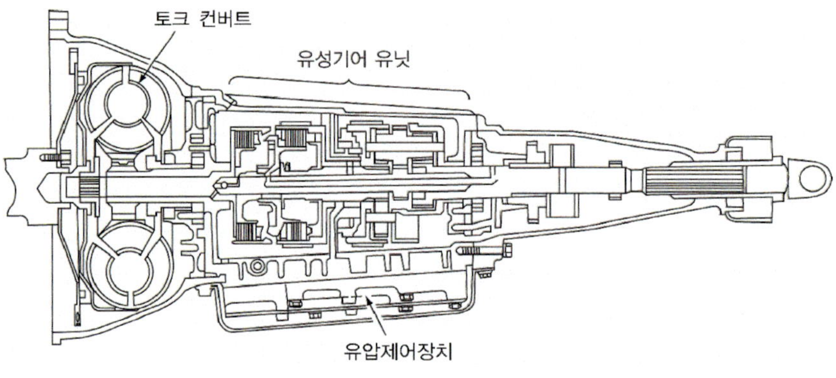

그림 3-28 4단 자동변속기의 구조

자동변속기는 클러치 조작의 자동화와 변속조작의 자동화를 구현하기 위해 크게 토크 컨버터, 유성기어장치(planetary gear set), 작동기구(다판 클러치와 브레이크 밴드) 및 유압 밸브바디(valve body)로 구성된다. 토크 컨버터는 오일 유동을 통해 엔진의 토크를 증가시켜 변속기 입력축에 전달하는 클러치 역할을 한다. 유성기어장치는 기어의 조합을 통하여 자동차 주행저항에 맞는 회전속도와 토크를 만들거나 후진이 가능하도록 역방향의 회전을 얻는 데 사용된다. 브레이크 밴드, 다판 클러치 및 밸브바디는 변속을 자동적으로 수행하는 데 이용된다.

1. 유성기어장치

(1) 유성기어장치의 종류

자동변속기는 토크 컨버터에 의한 클러치 작용과 토크 증배작용을 할 수 있으나 또한 주행저항에 맞는 더 큰 토크와 후진을 위한 역방향 회전이 필요하다. 이런 용도에 맞는 장치가 유성기어장치로 단순 유성기어장치(simple planetary gear set)와 복합 유성기어장치(compound planetary gear set)로 구분된다. 단순 유성기어장치는 그림 3-29와 같이 선기어(sun gear), 2~4개의 피니언기어(pinion gear), 피니언기어를 연결한 캐리어(carrier) 및 최외곽에 위치한 링기어(ring gear 또는 internal gear)로 구성된다. 책에 따라서 피니언기어를 유성기어(planet gear)로 표시하기도 한다. 단순 유성기어장치에는 피니언기어의 수에 따라 싱글 피니언(single pinion) 유성기어장치와 더블 피니언(double pinion) 유성기어장치로 구분된다.

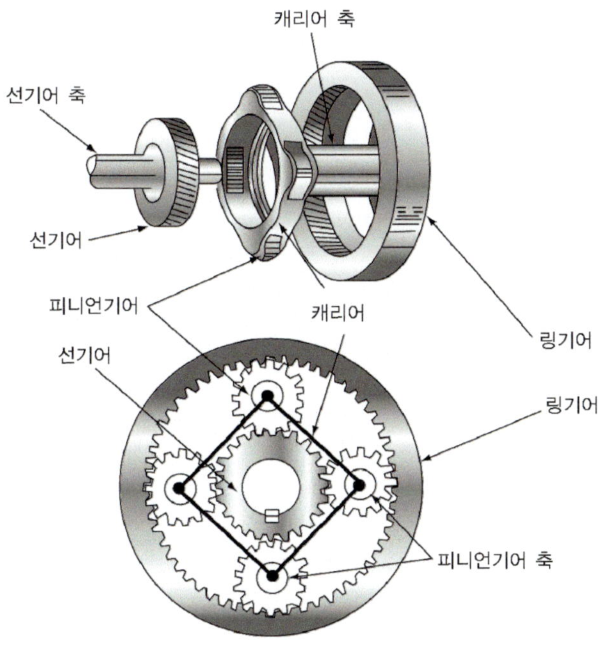

그림 3-29 유성기어장치의 구성

복합 유성기어장치는 단순 유성기어장치를 2개 이상 조합하여 다수의 전진 변속비와 한 개의 후진변속비를 낼 수 있도록 조합한 방식이다. 복합 유성기어장치의 종류로는 심슨 기어장치(Simpson gear system), 래비뉴 기어장치(Ravigneaux gear system) 및 2-심플형 기어장치가 있다. 심슨 복합기어장치는 2차 대전 직후 미국의 Simpson(Howard Simpson)이 고안하였다. 2개의 싱글 피니언기어장치를 조합한 형태로 3속용 자동변속기에 널리 적용되었으나 4속용으로 사용하기 위해서는 단순 유성기어장치 1개가 추가로 사용되어야 하는 단점이 있다.

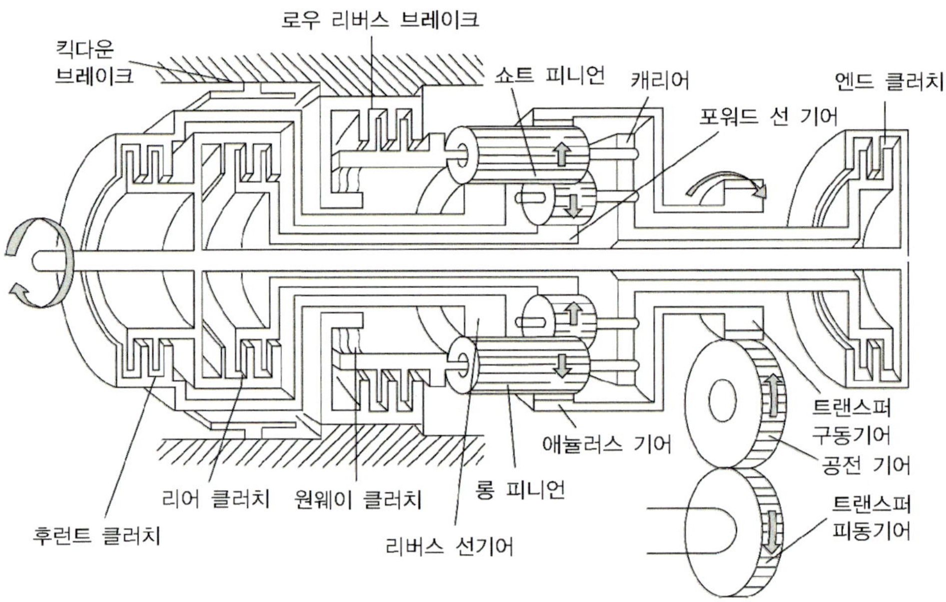

그림 3-30 1속에서의 복합 유성기어장치의 구조와 작동

래비뉴 복합기어장치는 싱글 피니언 기어장치와 더블 피니언 기어장치를 조합한 복합장치이다. 이 방식은 3속과 4속이 모두 가능하여 오랫동안 사용하여 왔으나 최근 그 사용 예가 점차 감소하고 있다. 4~5속 자동변속기에는 2개의 싱글 피니언 단순 유성기어장치를 조합한 형식인 2-심플형 기어장치가 많이 채택된다.최근 8~10단의 자동변속기가 장착되고 있는데, 이는 래비뉴 방식과 심플형 방식을 2~4개 조합한 유성기어장치를 사용한다.

(2) 유성기어장치의 작동의 예

동력이 전달될 때 유성기어장치의 선기어, 캐리어, 링기어 중에서 두 요소는 입력과 출력이 되고 다른 한 요소는 밴드 브레이크로 고정시키면 다양한 조합의 변속이 가능하다. 그림 3-31에서 S는 선기어, C는 캐리어, R은 링기어, E는 밴드 브레이크라고 할 때 다음의 각 경우는 감속과 가속, 역회전 및 직결이 되는 것을 설명하고 있다.

① 감속의 경우

밴드 브레이크로 링기어의 운동을 고정시키고 선기어를 입력, 캐리어를 출력으로 하면 캐리어가 선기어보다 저속으로 회전하게 되어 감속이 된다.

② 역회전의 경우

캐리어의 운동을 구속하고 선기어를 입력, 링기어를 출력으로 하면 링기어의 회전방향은 선기어의 반대방향이 되어 역회전이 되므로 후진이 된다.

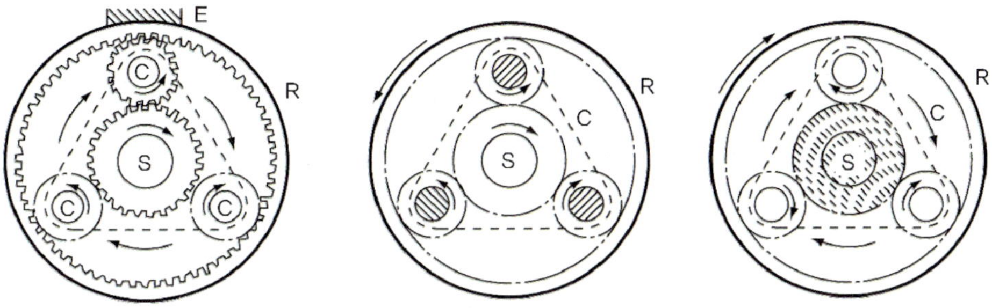

그림 3-31 유성기어장치의 작동 예

③ 증속의 경우

선기어의 운동을 구속하고 캐리어를 입력, 링기어를 출력으로 하년 링기어가 캐리어보다 빨리 회전하므로 증속이 된다.

④ 직결

피니언기어와 캐리어의 운동을 구속하면 일체가 되어 직결이 된다.

(3) 유성기어장치의 변속비 계산

대부분의 자동변속기에는 복합 유성기어장치가 사용되고 있다. 단순 유성기어장치의 해석이 가능하면 복합 유성기어장치의 해석도 어렵지 않다. 먼저 단순 유성기어장치를 이용한 변속비의 조합에 대해 알아보자. 싱글 피니언 단순 유성기어장치와 더블 피니언 유성기어장치의 각 구성요소별 속도비는 다음의 식으로 표시된다.

싱글 피니언: $\omega_R N_R + \omega_S N_S = \omega_C (N_R + N_S)$ (3-9)

더블 피니언: $\omega_R N_R - \omega_S N_S = \omega_C (N_R - N_S)$ (3-10)

위의 식에서 ω는 회전속도[rpm], N은 기어 잇수, 하첨자 R, S, C는 각각 링기어, 선기어, 캐리어를 표시한다.

유성기어장치 각 요소의 회전속도, 토크 등을 해석하는 손쉬운 방법으로는 레버해석법(lever analogy)이 널리 사용된다. 이 방법을 이용하면 선기어, 링기어, 캐리어, 피니언기어에 작용하는 회전속도 및 토크가 기하학적으로 표시되어 해석이 매우 용이하다. 레버해석법에서는 싱글 피니언 단순 유성기어장치의 선기어(S), 캐리어(C), 링기어(R)를 다음 그림

3-32의 순서대로 3개의 점(node)을 갖도록 1개의 막대기(lever)에 표시한다. 각 기어 요소 간의 간격은 선기어의 잇수를 N_S, 링기어의 잇수를 N_R로 하고, 선기어에서 캐리어까지의 거리와 캐리어에서 링기어까지의 거리를 N_R, N_S로 설정한다.

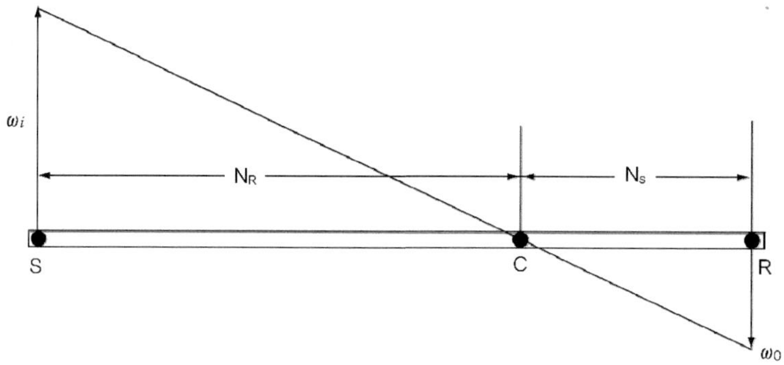

그림 3-32 싱글 피니언 유성기어장치의 변속비

위의 그림 3-32의 유성기어장치의 각 요소를 입력, 출력으로 하고 나머지 하나를 고정시키면 총 6가지의 다른 변속비가 가능하다. 먼저 그림 3-32처럼 캐리어를 고정시키고, 선기어가 입력, 링기어가 출력이고 입력과 출력의 회전속도 벡터를 각각 w_i, w_o인 경우를 고려해 보자. 이때 변속비는

$$i = \frac{w_i}{w_o} \tag{3-11}$$

로 정의된다. 위의 그림 3-32로부터 기하학적으로 다음의 관계식이 성립한다.

$$w_i : N_R = -w_o : N_S \tag{3-12}$$

위의 식으로부터 다음의 변속비가 구해진다.

$$i = \frac{w_i}{w_o} = -\frac{N_R}{N_S} \tag{3-13}$$

만약 $N_R = 75$, $N_s = 35$ 라고 하면 $i = -\frac{75}{35} = -2.143$ 가 되는데 이는 입력된 w_i에 대해 출력 w_o는 역방향으로 2.143배 감속되어 출력된다는 것을 의미한다. 한편 더블 피니언 단순 유성기어장치는 레버의 비가 싱글 피니언의 경우와 약간 상이하다.

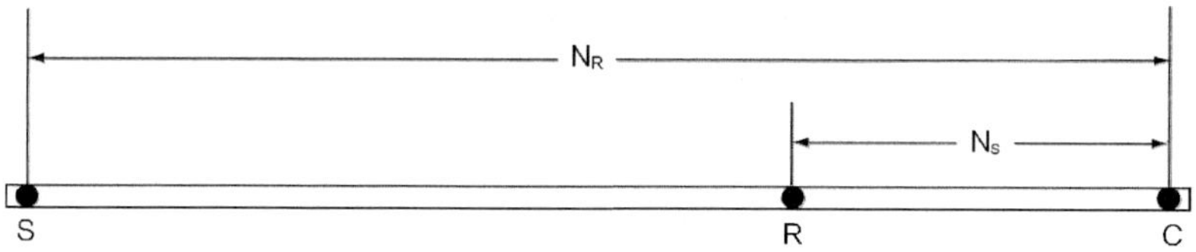

그림 3-33 더블 피니언 유성기어장치의 변속비

앞의 그림 3-33을 참고로 하면, 더블 피니언 단순 유성기어장치도 변속비를 계산하는 방법은 싱글 피니언 기어장치와 유사하다. 입력과 출력 및 한 요소의 고정에 의해 이 장치도 6가지의 변속비를 얻을 수 있다.

예제 3-1

선기어, 피니언기어, 링기어의 잇수가 각각 15, 10, 50인 더블 피니언 유성기어장치가 있다. 선기어를 고정시키고 입력축인 캐리어가 300rpm으로 구동되고 있을 때 다음 물음에 답하여라.

1) 감속비

2) 출력축의 회전속도

풀 이

1) 레버해석법을 이용

$$\frac{N_S}{N_R} = \frac{\omega_o}{\omega_i} \Rightarrow \therefore i = \frac{\omega_i}{\omega_o} = \frac{N_R}{N_S} = \frac{50}{50-15} = 1.43$$

2) 출력축의 회전속도 $\omega_o = \frac{N_S}{N_R}\omega_i = \left(\frac{50-15}{50}\right)(300\text{ rpm}) = 210\text{ rpm}$

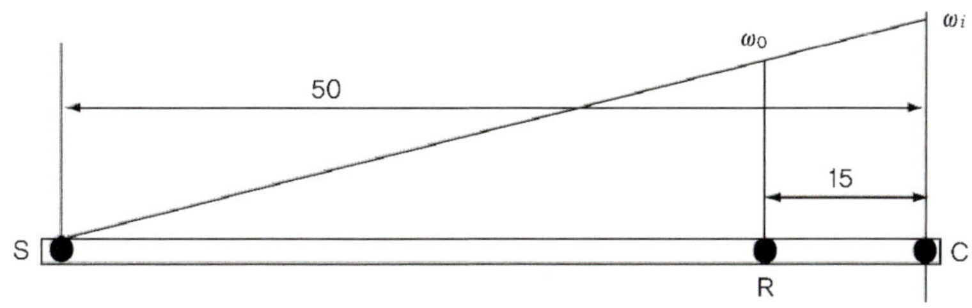

그림 3-34 레버해석법에 의한 감속비 계산

2. 변속제어기구

변속제어기구는 유성기어장치에서 원하는 변속비를 얻기 위하여 선기어, 캐리어, 링기어의 기어 요소에 동력을 전달하거나 고정시키는 기능을 수행한다. 그림 3-35는 복합 유성기어장치의 변속제어기구가 자동변속기에 장착되어 있는 전체적인 개략도를 표시하고 있다.

변속제어기구는 여러 가지 다판 클러치, 밴드 브레이크 및 유압제어기구로 구성된다. 자동변속기에 장착되는 유성기어장치의 종류와 기능에 따라 다판 클러치, 브레이크의 종류와 장착위치는 차이가 있다. 밴드 브레이크는 드럼의 회전을 멈추게 하여 고정시키는 역할을 하고, 다판 클러치는 동력을 연결시키는 기능을 한다. 보통 브레이크와 클러치는 유압기구의 오일압력에 의해 작동하거나 해제된다. 변속기마다 차이는 있으나 자동변속기의 전체 부품

중에서 클러치와 브레이크가 차지하는 부품의 비율이 40~50%에 이를 정도로 많이 활용되고 있다.

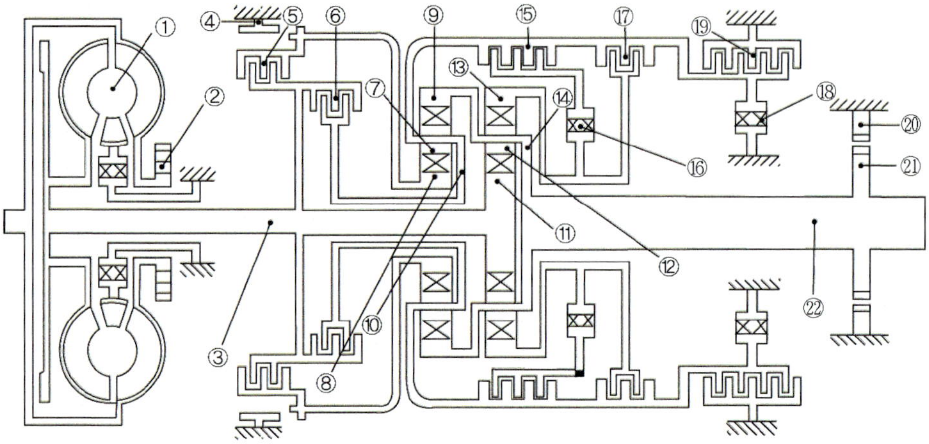

① 토크 컨버터
② 오일펌프
③ 입력축
④ 밴드 브레이크
⑤ 리버스 클러치
⑥ 하이 클러치
⑦ 프런트 피니언기어
⑧ 프런트 선기어
⑨ 프런트 인터널기어
⑩ 프런트 플래너터리 캐리어
⑪ 리어 선기어
⑫ 리어 피니언기어
⑬ 리어 인터널기어
⑭ 리어 플래너터리 캐리어
⑮ 포워드 클러치
⑯ 포워드 원웨이 클러치
⑰ 오버런 클러치
⑱ 로 원웨이 클러치
⑲ 로 리버스 브레이크
⑳ 파킹 볼
㉑ 파킹 기어
㉒ 출력축

그림 3-35 복합 유성기어장치의 구성

유압제어기구는 오일펌프에 의해 발생된 유압을 압력조절기에 의해 조절하고 차속이나 운전조건에 맞도록 각종 밸브로 유성기어장치를 조작하여 변속을 원활하게 행하는 장치이다. 유압제어기구의 역할은 다음과 같다.

- 다판클러치, 밴드 브레이크 등을 적절한 시기에 작동시킨다.
- 차속과 부하를 검출하여 업시프트(up-shift)와 다운시프트(down-shift) 시기를 결정한다.
- 토크 컨버터에 오일을 공급하고 각 부위를 윤활한다.
- 토크 컨버터나 다른 작동부분에서 발생한 열을 제거한다.

유압제어기구의 구성으로는 오일펌프, 밸브바디, 압력조정 밸브, 시프트 밸브(차속과 엔진부하에 따라 변속), 거버너 밸브, 매뉴얼 밸브 등이 있다. 유압제어기구 각각의 역할은 다음과 같다.

(1) 오일펌프(oil pump)

오일펌프는 펌프 임펠러와 함께 엔진의 동력으로 구동되며 토크 컨버터, 유압제어장치 및 각 윤활부위로 오일을 압송한다. 보통 구동기어와 피동기어가 편심으로 배열된 기어식 펌프가 주로 사용된다.

(2) 밸브바디(valve body)

밸브바디는 그림 3-36처럼 오일펌프의 유압을 각부로 분배하는 유로로 구성되어 있는 부품으로 압력조정 밸브, 시프트 밸브, 매뉴얼 밸브 등 각종 밸브 종류를 내장하고 있다. 보통 유성기어장치의 하부에 조립되어 있다.

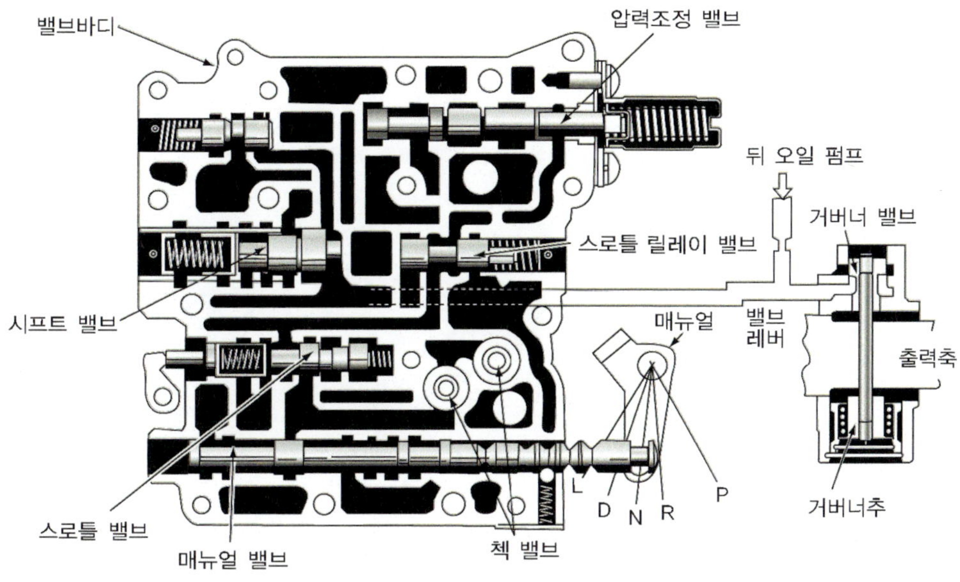

그림 3-36 밸브바디의 구조

(3) 압력조정 밸브(pressure regulator valve)

압력조정 밸브는 운전석의 변속레버와 링크로 연결되어 있는데 레버의 움직임에 따라 압력조정 밸브로 조정된 유압을 각 클러치 및 밴드 브레이크 등으로 보내어 P, R, N, D, 2, L 등의 변속을 수행한다.

(4) 시프트 밸브(shift valve)

시프트 밸브는 차량의 속도와 엔진의 부하에 따라 유성기어를 자동적으로 변속하는 밸브로 1-2 시프트 밸브, 2-3 시프트 밸브, 3-4 시프트 밸브 등이 있다. 시프트 밸브는 차속에 따라 발생되는 압력인 거버너 압력과 엔진부하에 의해 발생되는 스로틀 압력에 따라 1속, 2속, 3속 등으로 변속된다.

(5) 거버너 밸브(governor valve)

거버너 밸브는 변속기 출력축에 장착된다. 출력축의 회전속도 즉, 차속에 따라 적절한 거버너 압력을 얻기 위한 밸브로 제1거버너 밸브와 제2거버너 밸브로 구성된다. 제2거버너 밸브는 유압회로의 압력을 받아 거버너 압력을 조정하는 밸브이며, 제1거버너 밸브는 제2거버너 밸브에 의해 조정된 거버너 압력을 각종 제어밸브로 송출하는 역할을 한다.

(6) 스로틀 밸브(throttle valve)

스로틀 밸브는 가속페달을 밟는 정도 즉, 엔진부하에 대응하는 스로틀 압력을 얻기 위한 밸브로 밸브의 한쪽 끝이 다이어프램실에 연결된다. 다이어프램실에는 흡기매니폴드 압력이 가해지도록 되어 있는데 흡기매니폴드의 부하의 크기에 따라 밸브가 이동하여 적절한 스로틀 압력이 얻어진다.

(7) 매뉴얼 밸브(manual valve)

매뉴얼 밸브는 운전석에 있는 변속레버의 조작에 의해 작동되는 밸브로서 변속레버와 링크로 연결되어 있다. 변속레버의 움직임에 따라 라인 압력(line pressure)을 발생시켜 P, R, N, D, 2, L의 적절한 레인지로 변환된다.

토크 컨버터는 오일을 매개로 하여 동력을 전달하므로 기계식 클러치에 비해 슬립에 의한 손실이 크다. 이런 요인으로 인해 자동변속기는 수동에 비해 연비가 좋지 않다. 최근 로크업(lock up) 붙임 토크 컨버터가 사용되고 있다. 이것은 차량이 어느 규정 차속 이상이 되면 펌프 임펠러와 터빈 러너를 기계적으로 직결시켜 슬립에 의한 손실을 제거함으로써 연비저감과 정숙성을 개선한 방식이다. 이를 통해 연비는 대략 5~20% 정도 향상되는 것으로 알려져 있다.

그림 3-37은 유압으로 변속되는 자동변속기의 회로를 보여준다. 자동변속기의 선택레버를 주차위치인 'P'로 놓을 경우 주차 스플래그가 주차 폴에 맞물리도록 하여 출력축인 링기어의 회전을 고정시킨다. 이에 따라 바퀴가 회전할 수 없게 되어 차량은 움직이지 못하도록 제한된다.

자동변속기 차량이 교차로에서 신호대기를 받고 있을 때 많은 운전자는 연료를 절약하기 위해 변속기를 N단에 놓았다가 신호가 바뀐 후 바로 D단으로 놓고 가속페달을 밟는다. 이는 변속기 내부에서 기어가 걸리기도 전에 유압이 발생하게 되면서 다판클러치가 크게 손상될 수 있다. 또한 이때 발생된 유압으로 인해 기어가 걸리면서 변속충격이나 변속지연현상이 발생하고 심하면 자동변속기의 고장을 유발할 수 있으므로 주의해야 한다. 한편 자동변속기에는 인히비터 스위치(inhibitor switch)가 변속레버에 장착되어 있다. 이 스위치는 P와 N단 이외의 위치에서는 ECU로 입력신호를 보내지 않게 되어 시동이 걸리지 않도록 한다. 또한 R단에서의 후진 시 점등되거나 변속레버의 위치를 검출하는 기능도 수행하고 있다.

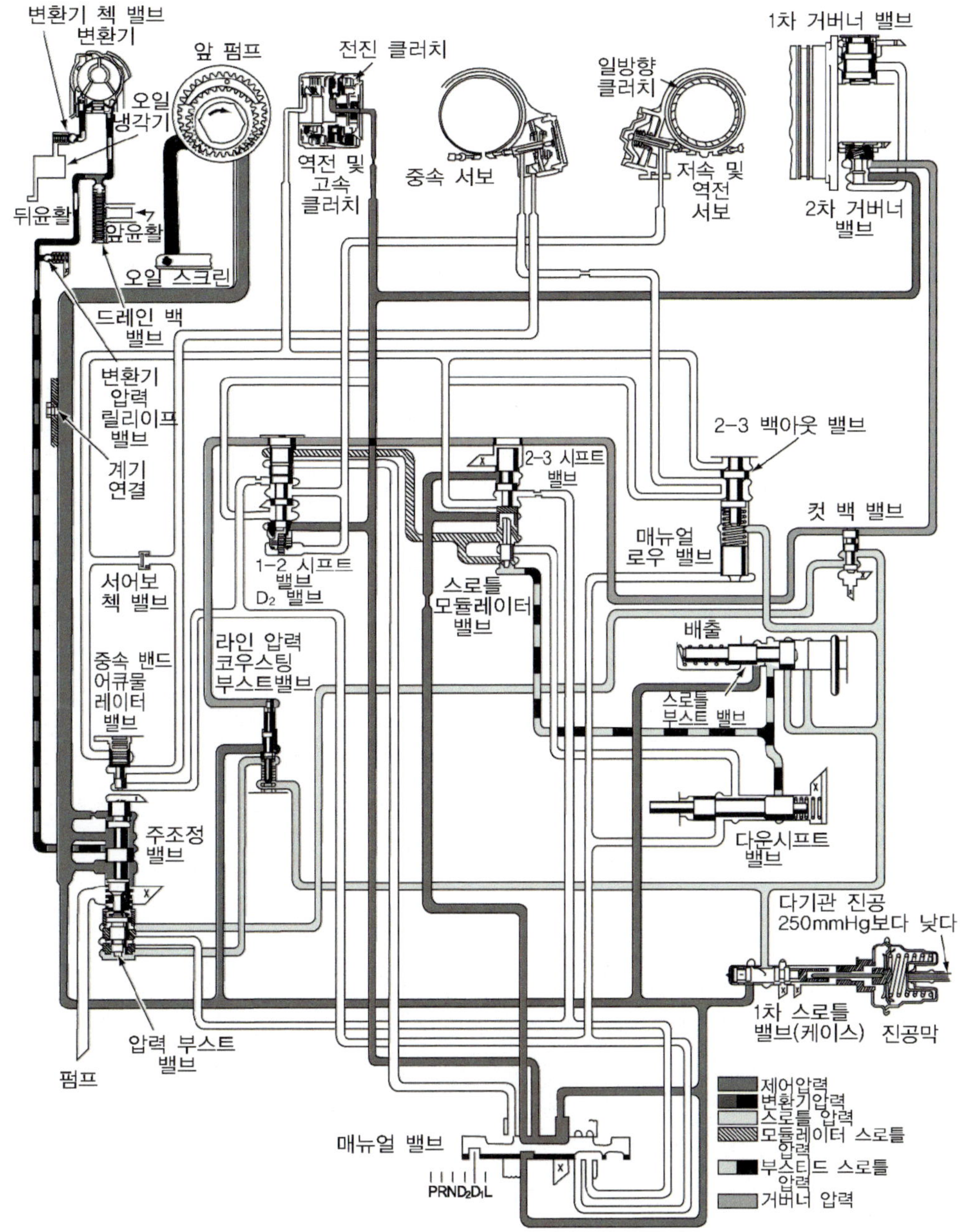

그림 3-37 자동변속기의 유압제어 회로

3-3-3 자동변속기의 변속점 및 변속선도

자동변속기는 유압제어기구에 의해 스로틀 밸브의 개도와 차속을 인식하고, 유압제어장치를 이용하여 주행조건에 맞게 자동적으로 변속이 이루어진다. 변속점은 기어변속이 일어나는 지점을 말하는데 그림 3-38과 같이 차속과 부하에 따라 드라이브 변속단(D-range)에서의 변속점을 표시한 것을 변속선도라고 한다.

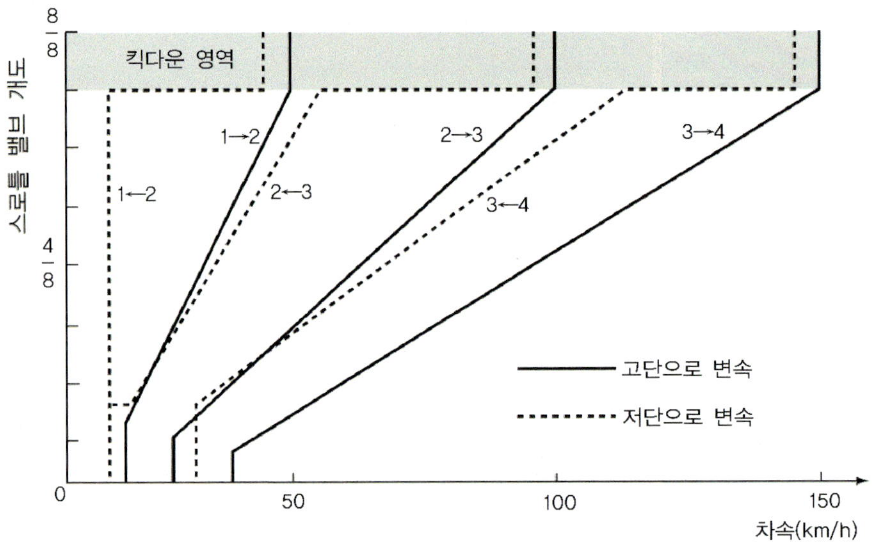

그림 3-38 드라이브 변속단에서의 자동변속선도

그림 3-38에서와 같이 차속이 증가하면 제1속에서 4속까지 자동적으로 변속되는데 변속점은 스로틀 밸브 개도에 따라 차이가 있다. 스로틀 밸브 개도가 크면 업시프트(고속 변속단으로의 변속) 시기가 지연된다. 스로틀 밸브 개도가 같더라도 업시프트와 다운시프트의 변속점이 차이가 있는데 이를 히스테리시스(hysteresis)라고 한다. 이것은 변속점 부근에서 주행 중에 변속이 빈번하게 일어나게 되어 주행이 불안정하게 되는 것을 방지하는 역할을 한다. 한편 4속, 3속, 2속에서 주행 중에 급가속을 필요로 할 경우에는 스로틀 밸브를 WOT 근방으로 깊게 밟으면 변속점을 지나 단번에 강제적으로 다운시프트가 된다. 이때 큰 출력이 발생되면서 원하는 가속성능이 얻어지는데 이를 킥다운(kickdown)이라고 한다.

최근에는 이러한 유압제어방식에 컴퓨터에 의한 제어를 도입하여 더욱 정밀하고 신속한 변속기의 제어가 가능하게 되었다. 이것을 전자제어식 자동변속기(ECT, Electronic Control Transmission)라고 한다. 자동변속기의 전자제어는 변속 쾌적성(shift comfort)과 주행성(driveability) 및 연비를 크게 향상시킨다. 최근 개발되는 대부분의 자동변속기 차량에는 마이크로프로세서인 TCU(Transmission Control Unit)와 센서를 이용한 전자제어방식을 채택하고 있다.

3-3-4 자동변속기와 수동변속기의 비교

일반적으로 수동변속기는 연비가 좋고 운전자의 의지대로 변속을 할 수 있는 장점이 있으나 도심지의 정체되는 도로에서는 자동변속기에 비해 편의성이 떨어진다. 최근 자동차를 구입하는 운전자는 운전의 피로감을 덜고 안정성을 중시하면서 대부분 자동변속기를 선택하고 있으므로 국내 자동변속기의 비율은 앞으로도 계속 증가할 전망이다. 다음의 표 3-1은 수동변속기와 차동변속기의 차이점을 비교해서 정리한 것이다.

표 3-1 수동변속기와 자동변속기의 비교

구 분	수동변속기 차량	자동변속기 차량
기어변속	수동	자동
동력전달(엔진 → 변속기)	건식단판 마찰 클러치	토크 컨버터
토크 증배 기능	변속기 기어	토크 컨버터 + 기어
플라이휠	유	무
자동변속기의 오일쿨러	무	라디에이터 하부
변속기어	기어	유성기어
클러치 페달	유	무
운전성	숙련을 요함	조작이 손쉬움
초기 구동력	작다(경사로 출발 어려움)	크다(경사로 출발 용이)
구동계 완충작용	클러치 커버 내의 스프링	토크 컨버터 내의 유체
엔진 정지 가능성	많다	적다
가감속 시 충격	크다	작다
소음 수준	크다	작다
연비	우수	열세
가격	저가	고가
중량	가볍다	무겁다
고장 시 원인 규명	비교적 용이	어렵다
급발진	용이(스포츠 카)	불리

일반적으로 자동차의 출력(토크)은 실제 도로주행에서 필요한 주행저항보다 훨씬 크게 설계되어 있다. 자동차의 주행에서 필요한 출력과 실제 엔진의 출력과의 차이를 여유출력(여유마력)이라고 한다. 이런 여유출력으로 차량을 가속하여 속도를 증가시키거나 경사로를 등판한다. 그림 3-39에서 해칭된 부분의 높이가 주어진 차속에서의 여유출력으로 이것이 클수록 고급차라고 할 수 있다.

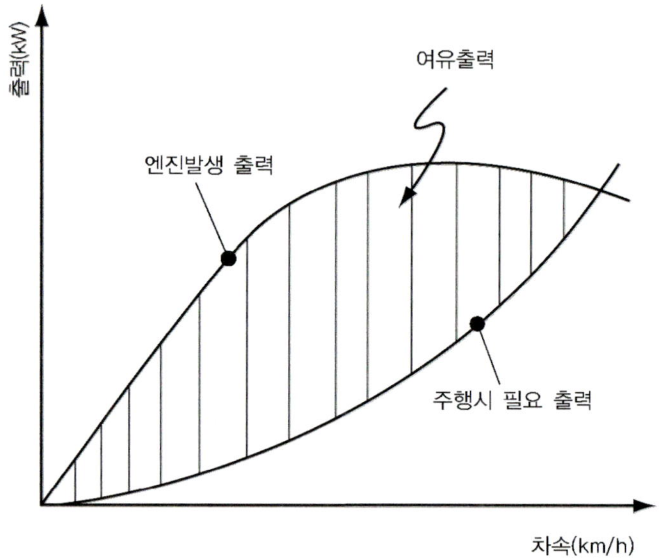

그림 3-39 여유출력

보통 엔진의 출력은 회전속도가 증가하면 이에 비례하여 상승한다. 오버드라이브 장치는 이러한 여유출력을 이용하기 위하여 변속기 출력축의 회전속도를 엔진의 크랭크축 회전속도보다 크게 한 것이다. 오버드라이브의 장점은 다음과 같다.

- 정숙한 운전이 가능하고 엔진 수명이 길어진다.
- 평탄한 도로를 주행 시 연료소비가 20% 정도 감소된다.
- 동일 엔진회전속도에서 차량속도가 30% 정도 빠르다.

한편 앞의 차를 추월하려고 할 때 수동변속기에서는 운전자가 변속기를 다운시프트(downshift)하여 충분한 구동력을 얻은 후에 고속기어로 변속하면서 추월한다. 그러나 자동변속기에서는 차속과 스로틀 밸브 개도에 따라 유압장치에 의해 자동적으로 변속이 일어나므로 인위적으로 다운시프트를 행하는 것이 어렵다. 이럴 때를 대비하여 자동변속기에서는 전술한 킥다운(kickdown)이라는 기능을 사용한다. 킥다운은 최고속기어 또는 2~3속기어로 주행하다가 추월을 위해 급가속을 위한 구동력이 필요할 경우 가속 페달을 힘껏 빠르게 밟으면 변속점을 지나 강제적으로 다운시프트되면서 필요한 구동력을 얻는 운전행위이다.

3-4 추진축과 유니버설 조인트

FR 자동차에서 드라이브 라인은 변속기의 출력을 뒤차축의 종감속기로 전달하는 부분이다. 드라이브 라인은 추진축의 길이방향의 변화를 흡수해주는 슬립 조인트(slip joint), 추진축(propeller shaft), 각도변화에 따라 구동력을 전달해 주는 유니버설 조인트(universal joint)로 구성된다.

3-4-1 슬립 조인트

슬립 조인트는 변속기 주축의 끝에 스플라인을 통하여 기능을 수행하는데 뒤차축의 상하운동에 따라 변속기와 종감속기 사이의 길이 변화에 대응하기 위하여 설치된다.

3-4-2 추진축

엔진이 자동차 앞부분에 설치되고 뒷바퀴를 구동하는 FR 자동차의 경우 변속기로부터 종감속기까지 긴 축을 이용하여 동력을 전달하여야 하는데 이것을 추진축(propeller shaft)이라고 한다. 한편 FF 자동차는 추진축이 필요하지 않기 때문에 자동차의 경량화에 유리할 뿐만 아니라 바닥높이를 낮게 할 수 있다. 구동차축(drive axle)은 차동기어로부터 구동바퀴까지 동력을 전달한다. 추진축은 엔진의 회전력을 종감속기까지 전달하면서 고속으로 회전하므로 강도가 큰 중공축을 많이 채택하고 있다. 승용차에는 2조인트(2 joint type) 방식이 사용되고 있다. 한편 트럭이나 버스처럼 대형자동차는 추진축이 너무 길 경우 공진이나 파손 등이 발생하므로 2~3개로 분리된 3조인트형 또는 4조인트형의 분할식이 사용된다.

3-4-3 유니버설 조인트

유니버설 조인트는 일직선상에 위치하지 않고 어떤 각도를 가진 두 개의 축 사이에 동력을 전달할 때 사용된다. 보통 엔진과 변속기는 차체에 고정되고 종감속기, 차동기어 및 구동바퀴는 스프링을 통해 차체에 장착된다. 일반적으로 노면 요철에 의한 충격이나 적재량에 따른 하중의 변화로 인하여 변속기와 종감속기 사이에 이루어지는 각도와 길이는 수시로 변하게 된다. 따라서 드라이브 라인 중에 길이변화에 대응하고자 슬립 조인트가 사용되고 있고 상대위치에 따른 변화에 대응하기 위하여 유니버설 조인트를 설치한다. 유니버설 조인트의 종류는 많은데 최근 자동차에서는 훅 조인트(Hook's joint), 플렉시블 조인트(flexible joint), 등속 조인트(constant velocity joint)가 널리 사용되고 있다.

(1) 훅 조인트

훅 조인트(그림 3-40)는 마찰저항을 줄이기 위해 2개의 요크를 니들 롤러 베어링을 통해 십자축으로 연결한 방식이다. 이 방식은 입력축이 등속회전을 하여도 출력축은 90°마다 변동하므로 1회전 마다 2회의 감속과 2회의 가속이 발생되어 진동이 발생된다. 따라서 진동을 작게 하려면 설치각을 10° 이하로 하여야 하는데 이 각도 이상일 경우에는 토크나 각속도에 변동이 발생한다. 구조가 간단하고 가공이 쉬우며 소형·경량으로 부하 능력이 크기 때문에 승용차에서 대형차에 이르기까지 FR 자동차에 널리 사용된다.

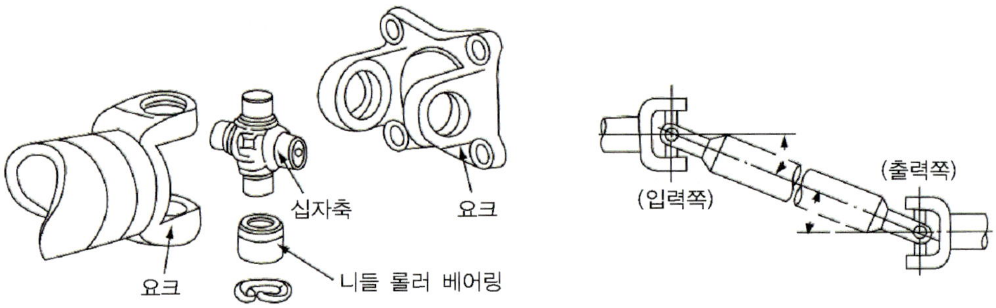

(a) 십자형 조인트의 구조 (b) 십자형 조인트의 등속 구조

그림 3-40 십자형 훅 조인트

(2) 플렉시블 조인트

플렉시블 조인트는 3엽상의 요크 사이에 가죽이나 경질 고무 등 탄성체의 유연성을 이용하여 만든 커플링을 끼우고 다시 볼트로 조립한 형식이다. 이 방식은 마찰부분이 없기 때문에 주유하지 않아도 회전이 정숙하다. 입력축과 출력축의 설치각이 3~5°이상이 되면 진동을 일으키면서 동력전달효율이 저하된다. 드라이브 라인의 각도변화가 작은 소형차에서 많이 사용된다.

(3) 등속 조인트

훅 조인트나 플렉시블 조인트는 입력축이 1회전 시 출력축도 1회전하게 된다. 그러나 출력쪽의 1회전당 각속도가 4등분되어 빠른 구간과 느린 구간으로 나누어지므로 회전이 자연스럽지 못하고 또한 떨리면서 돌아가는 등 동력손실이 발생한다. 등속 조인트(그림 3-41)는 변속기와 종감속기 사이에 각도변화가 발생해도 입력축과 출력축 사이에 속도변동이 발생하지 않도록 하는 유니버설 조인트이다. 보통 다수의 볼 베어링을 입력축과 출력축의 홈에 맞물리게 하여 동력을 전달하는 등속 조인트는 입력축과 출력축의 2등분면에 입력축과 출력축 사이의 동력 전달점을 위치시킬 경우 등속전달이 가능하다. 등속 조인트는 FF 자동차와 같이 변속기 출력축과 종감속기 입력축과의 각도가 30~35°가 되어도 사용할 수 있으며 30°이하가 되면 동력전달 시 등속운동이 가능하다. 또한 동력 전달계통의 소음과 진동을 완벽에 가깝게 줄일 수 있고 승차감이 좋으므로 FF 자동차나 FR 자동차의 독립 현가방식 등 큰 각도로 동력을 전달하는 자동차에 널리 적용된다.

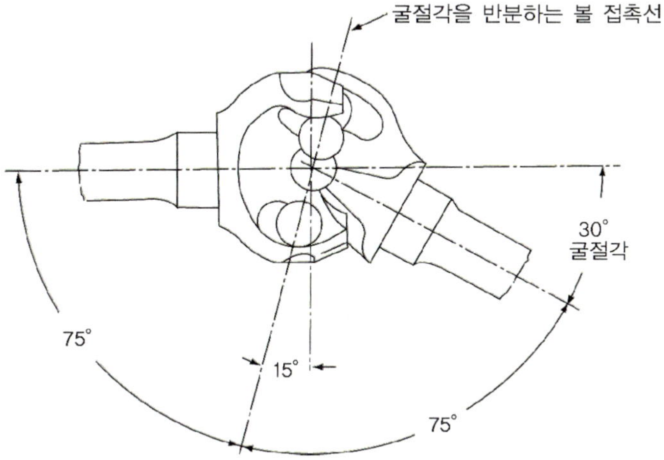

그림 3-41 등속 조인트의 등속 동력전달

3-4-4 구동형식

엔진에서 발생된 동력은 구동바퀴에 전달되고 구동바퀴로부터 차체는 추력을 받아 자동차는 전후로 움직인다. 구동바퀴의 구동력을 차체(프레임)에 전달하는 방식은 그림 3-42와 같이 크게 호치키스 구동(hotchikiss drive), 토크 튜브 구동(torque tube drive), 레이디어스 암 구동(radius arm drive)으로 분류된다.

(1) 호치키스 구동

이 방식은 구동축의 현가 스프링으로 판 스프링이 적용되었을 때 많이 사용된다. 구동바퀴의 구동력이 판 스프링의 말단 부위를 거쳐 차체에 전달되는 방식이다.

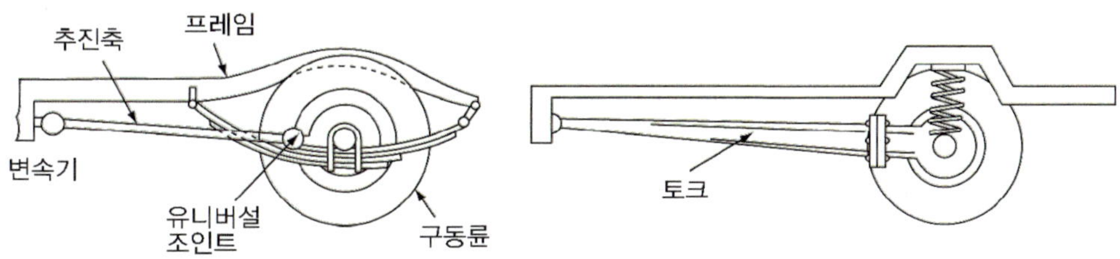

그림 3-42 구동력의 차체 전달방식

(2) 토크 튜브 구동

이 방식은 현가 스프링으로 코일 스프링을 사용하는 차량에서 많이 사용되고 있는 구동 방식으로 추진축이 튜브에 내장되어 있다. 구동바퀴의 구동력은 튜브를 통하여 차체에 전달된다.

(3) 레이디어스 암 구동

토크 튜브 구동과 동일하게 코일 스프링을 사용하는 방식에 적용된다. 구동바퀴의 구동력은 구동축과 차체를 연결한 2개의 암을 통해 차체에 전달된다.

3-5 종감속기와 차동장치

추진축을 통해 변속기에서 나온 동력은 구동바퀴를 구동시키기에는 너무 적기 때문에 토크를 증가시켜야 한다. 종감속기(final reduction gear system)는 회전속도를 감속시켜 큰 토크를 얻게 하고 또한 바퀴를 구동시키기 위한 토크는 추진축과 직각방향이므로 토크의 방향을 바꾸기 위해 사용된다. 한편 자동차는 주행할 때 직선도로를 달릴 때보다 오른쪽이나 왼쪽으로 선회 운동을 하는 경우가 많다. 차동장치(differential gear system)는 자동차가 선회하거나 또는 노면에 요철이 있을 때와 같이 좌우 바퀴 사이에 회전차가 필요할 경우 자동적으로 회전차를 주어 원활한 주행이 가능하도록 한다. 차동장치가 없으면 구동차축에 비틀림이 생기거나 타이어의 마모가 심하게 된다. 일반적으로 차동장치는 종감속기와 일체가 되어 액슬 하우징(axle housing)에 내장된다.

3-5-1 종감속기

종감속기는 추진축에서 전달된 회전속도를 감속시켜 토크를 증가시키고 또한 토크의 전달방향을 직각으로 바꾸어 좌우 구동축에 전달한다. 종감속기의 감속비는 엔진의 출력특성, 차량 최고속도, 차량에 요구되는 가속능력, 등판능력, 연료소비율 등을 고려하여 선정된다. 보통 종감속비는 고속 주행능력을 요구하는 승용차에서는 3~6, 트럭이나 버스 등의 대형차량에서는 5~8 정도로 설정한. 종감속기는 링기어와 구동 피니언으로 구성되어 있고 링기어는 차동장치에 고정되어 있다. 종감속기어로는 웜기어(worm gear), 스파이럴 베벨기어(spiral bevel gear), 하이포이드기어(hypoid gear) 등이 사용되고 있다. 일반적으로 FF 자동차의 트랜스 액슬인 경우 물림률(contact ratio)이 우수한 헬리컬 기어, FR 자동차의 리어 액슬인 경우 하이포이드 기어가 널리 하고 있다.

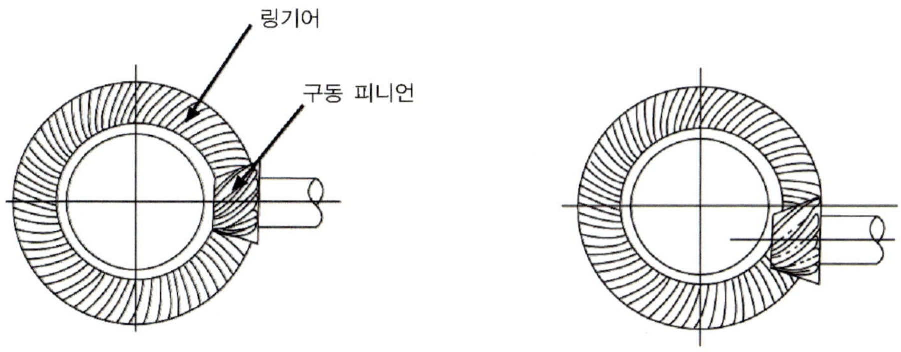

(a) 스파이럴 베벨 기어 (b) 하이포이드 기어

그림 3-43 종감속기어의 종류

웜기어는 감속비를 크게 할 수 있고 차고를 낮게 할 수 있다. 그러나 전달효율이 낮고 열이 많이 발생되므로 현재는 그다지 사용되지 않는다. 현재는 하이포이드기어가 널리 되는데 베벨기어와 비교한 장점은 다음과 같다.

- 구동 피니언의 오프셋(offset)에 의해 추진축이 낮아지고 이에 따라 자동차의 중심이 낮아져 안정성이 높다.
- 구동 피니언의 외경을 크게 할 수 있어 치형 및 입력축의 베어링 강도를 크게 할 수 있다.
- 기어의 물림률이 크기 때문에 정숙한 회전이 가능하다.

보통 오프셋은 링기어 지름의 10~20% 정도로 한다.

종감속기에서 감속되는 종감속비 i_f는 다음의 식에서 구해진다.

$$i_f = \frac{\text{구동 피니언의 회전수}}{\text{링기어의 회전수}} = \frac{N_R}{N_P} \tag{3-14}$$

위식에서 N_P는 구동 피니언의 잇수, N_R은 링기어의 잇수를 표시한다. 한편 자동차의 총감속비(i_{tot})는 변속기의 변속비(i_t)와 종감속기어의 종감속비(i_f)의 곱으로 결정된다.

$$i_{tot} = i_t \cdot i_f \tag{3-15}$$

일반적으로 총감속비를 크게 하면 등판성능과 가속성능은 향상되나 차량 최고속도는 낮아진다. 반대로 작게 하면 가속성능이 떨어지나 최고속도를 증가시킬 수 있으므로 차량의 소요주행성능을 고려하여 총감속비를 설계한다.

3-5-2 차동장치

자동차가 선회할 때 바퀴가 미끄러지지 않고 커브길을 원활하게 회전하려면 안쪽 바퀴와 바깥쪽 바퀴의 회전반경이 다르기 때문에 바깥쪽 바퀴가 더 많이 회전하여야 한다. 차동장치는 그림 3-44와 같이 차량의 회전을 원활하게 지원하는 장치로 차동 피니언, 피니언 축, 사이드기어, 케이스 등으로 구성되어 있다.

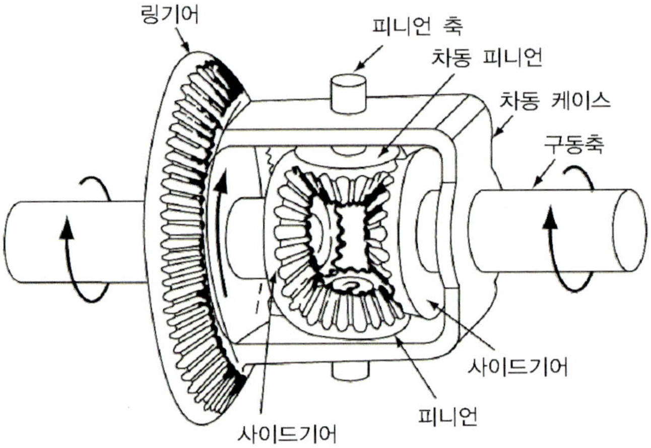

그림 3-44 차동장치의 구조

그림 3-44처럼 차동장치는 차동 케이스(differential case) 내에 차동 피니언이 피니언 축에 결합되고 차동 피니언에 사이드기어가 물려 있다. 또한 사이드기어 중심부는 스플라인으로 되어 구동축과 결합된다. 차동 케이스는 링기어와 일체로 되어 있으며 동력은 추진축에서 "구동 피니언 → 링기어 → 차동 케이스 → 차동 피니언 → 사이드기어 → 구동축"의 순서로 전달된다.

(1) 차동장치의 원리

다음 그림 3-45와 같이 상하로 움직이는 래크 A, B 사이에 피니언 C를 두고 피니언을 위로 잡아당겨 보자. 먼저 래크 양쪽에 동일한 무게를 갖는 추를 올려놓았을 경우 피니언을 위로 당기면 피니언은 자전하지 않고 래크 A, B와 함께 들어 올려진다. 한편 래크 B 위의 추 무게를 가벼운 것으로 바꿀 경우 피니언 C를 위로 들어 올리면 피니언은 가벼운 추가 있는 래크 B를 들어 올리며 자전하게 된다. 이때 양쪽 래크가 이동한 거리의 합은 피니언이 이동한 거리의 2배가 된다. 이러한 원리를 이동한 것이 차동장치로 양쪽의 래크 대신에 베벨 기어 형식의 사이드 기어로 치환하고 사이드 기어에 구동차축을 연결한다.

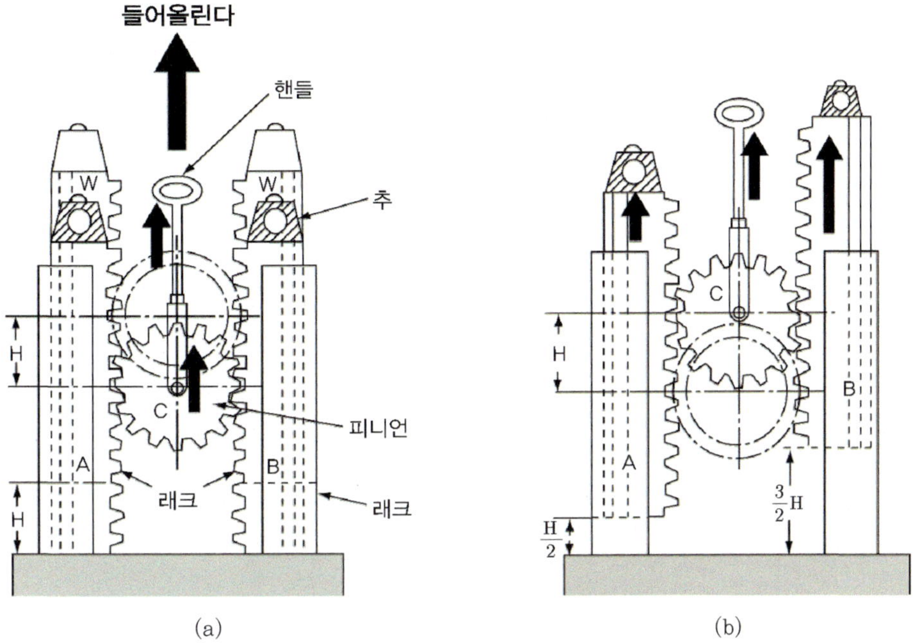

그림 3-45 차동기어장치의 원리

(2) 차동장치의 작동

차동 피니언이 링기어에 의해 공전하면 좌우에 설치된 사이드기어가 회전한다. 자동차가 평탄로의 직선주로를 주행할 때에는 좌우 구동바퀴의 회전저항이 똑같다. 따라서 차동 피니언은 회전하지 않고 좌우의 사이드기어는 동일 회전속도로 피니언의 공전에 따라 움직이게 된다. 이때 링기어 및 차동기어 케이스 전체가 하나의 덩어리가 되어 회전한다.

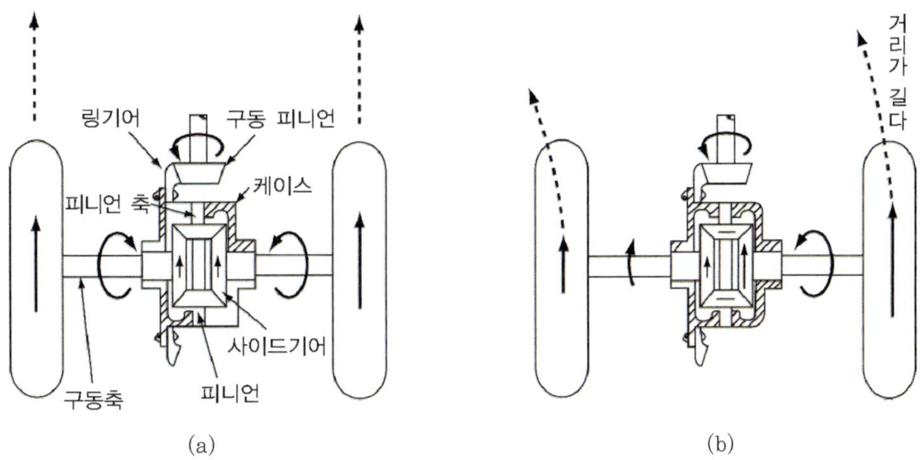

그림 3-46 차동기어장치의 작동

한 왼쪽으로 선회할 경우 왼쪽바퀴에 큰 저항이 걸리게 되어 차동 피니언은 지지축 둘레를 자전하고 동시에 구동차축 둘레를 공전하게 된다. 차동 피니언은 축에 베어링이 설치되어 있어 자유롭게 회전할 수 있다. 따라서 안쪽바퀴는 감속되고 바깥쪽 바퀴는 가속되면서 좌우의 사이드기어의 회전속도가 달라지면서 원활한 곡선주행이 가능하게 된다.

현재 링기어가 100회전으로 돌고 있을 때 자동차가 평탄한 직선로를 주행한다면 양쪽 구동 바퀴는 모두 100회전으로 돌고 있다. 이 상태에서 왼쪽으로 굽어진 길을 선회한다고 하자. 왼쪽 바퀴가 90회전을 돌면 오른쪽 바퀴는 110회전으로 돌게 된다. 또한 왼쪽 바퀴가 70회전으로 돌면 오른쪽 바퀴는 130회전을 하게 된다.

예제 3-2

구동 피니언의 잇수가 7, 링기어의 잇수가 35이고 추진축이 1,000rpm으로 회전하고 있다. 이때 좌측 바퀴가 150rpm을 하면 우측 바퀴의 회전속도는 얼마인가?

풀 이

링기어의 회전속도는 $1,000 \times \frac{1}{5} = 200$ rpm이고 양 바퀴의 회전수는 400rpm이 된다. 좌측 바퀴가 150rpm으로 회전할 경우 우측 바퀴는 우측 바퀴회전수 = 400 − 150 = 250rpm

(3) 차동제한장치의 사용

일반적으로 차동장치는 차동 피니언에 의해 좌우 구동바퀴에 항상 토크를 균등하게 배분하므로 차량의 총 구동력은 점착력이 작은 구동바퀴 구동력의 2배이다. 차동장치는 자동차가 선회하거나 요철이 있는 도로를 지날 때에 꼭 필요한 장치이기는 하나 때때로 불편을 초래하는 경우도 있다. 주행 중 한쪽의 바퀴가 웅덩이나 빙결노면에 빠졌을 경우 한쪽의 바퀴는 노면의 저항을 받게 되나 빠진 바퀴는 거의 저항을 받지 않아 쓸데없이 공전하고 나머지 바퀴에도 동력이 전달되지 않는다. 이런 경우 차동장치의 작동을 멈추게 하면 수렁을 탈출할 수 있으므로 험로의 주행을 빈번히 주행하는 승용차나 트럭에는 그림 3-47과 같은 차동제한장치(LSD, Limited Slip Differential)를 설치한다. 이것은 차동장치 내부에 일종의 클러치를 설치하고 한쪽 바퀴가 공전할 때에는 클러치가 자동적으로 작동하여 차동장치의 기능을 일시적으로 정지시키도록 되어 있다.

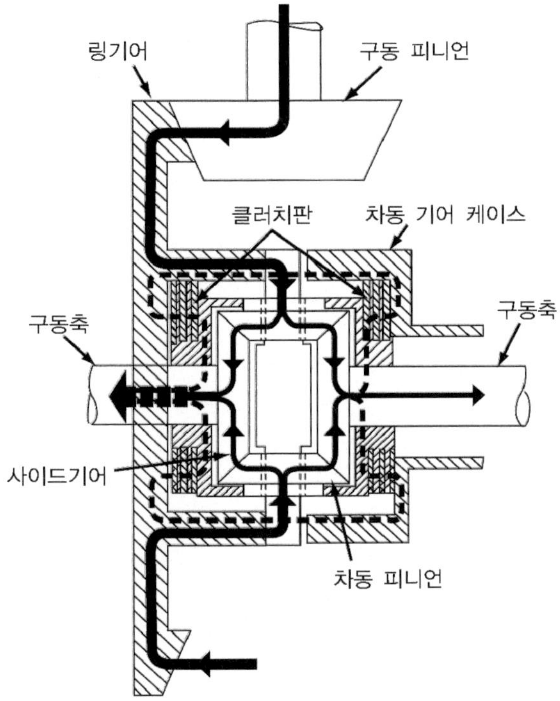

그림 3-47 차동제한장치의 작동

위의 그림 3-47은 우측바퀴가 진흙 또는 수렁에 빠진 경우 타이어와 노면 사이의 점착력이 감소할 경우 차동제한장치가 작동되는 사례를 보여준다. 양쪽의 클러치판의 경우 구동판과 피동판으로 구성되어 있는데 구동판은 차동기어 케이스에 스플라인을 통해 끼워져 있고 피동판은 차동 사이드기어에 역시 스플라인으로 끼워져 있다. 일반적인 차동기어장치에서 동력은 수렁에 빠진 우측바퀴에 전달되면 그 바퀴는 공전하게 된다. 그러나 차동제한장치가 작동하게 되면 회전이 빠른 우측의 구동축이 클러치판을 거쳐 차동기어 케이스를 구동하게 된다. 이때 동력은 차동기어장치를 거치지 않고 직접 차동기어 케이스를 통해 점선의 경로로 전달됨에 따라 좌측 구동축에는 차동기어 케이스의 구동력이 더해져 전달되므로 수렁을 빠져나올 수 있게 된다.

최근 자동차회사에서는 전자식 차동제한장치(e-LSD)를 개발하여 동력배분을 더욱 안정적으로 수행하여 차량주행의 안정성을 더욱 높이고 있다. 전자식 차동장치는 굴곡로에서의 급격한 선회운동이나 빙결노면, 웅덩이를 주행 시 차량의 주행상태와 노면상태에 따라 발생하는 미세한 압력변화를 신속하게 검지하고 이를 근거로 차량의 좌우측 바퀴에 구동력을 최적으로 배분하여 안정적인 주행이 가능하도록 지원하는 장치이다.

CHAPTER 03 연습문제

3-1 **자동차의 동력전달장치를 구성하는 구성품을 나열해 보아라.**

3-2 **클러치에서 기능상 요구되는 특성을 설명하여라.**

3-3 **클러치에 대한 다음 물음에 답하여라.**

(1) 클러치용량이 작을 경우에 발생되는 문제점은 무엇인가?

(2) 건식단판 마찰 클러치에서 코일 스프링식에 비교하여 다이어프램 스프링식이 갖는 장점을 설명하여라.

3-4 **건식단판 마찰 클러치의 마찰면에 작용하는 압축력이 2kN, 클러치 페이싱의 평균유효반경이 40cm, 클러치 페이싱과 압력판 사이의 마찰계수가 0.3이다. 이때 클러치 전달용량을 계산하여라.**

3-5 **2,500rpm으로 회전하는 엔진의 토크가 200N · m로 측정되었다. 어떤 클러치의 출력 측의 회전속도가 2,400rpm이고 클러치 출력 측의 토크가 190N · m로 알려져 있다. 이 클러치의 동력전달효율을 구하여라.**

3-6 **토크 컨버터에 대한 다음 물음에 답하여라.**

(1) 토크 컨버터를 구성하는 부품을 나열하여라.

(2) 스테이터(stator)는 언제 고정되는지를 설명하여라.

(3) 엔진이 회전할 때 토크 컨버터 내의 오일이 원심력을 받아 순환하는 순서를 토크 컨버터 부품을 이용하여 설명하여라.

(4) 토크 컨버터에서 토크의 증배작용이 일어나는 원리를 그림으로 설명하여라.

(5) 클러치 포인트(clutch point)에 대하여 설명하여라.

3-7 **변속기에 대한 다음 물음에 답하여라.**

(1) 변속기가 갖추어야 할 이상적인 조건을 설명하여라.

(2) 현재 가장 널리 사용되고 있는 수동변속기의 종류는?

(3) 위의 문제 (2)번의 수동변속기의 기능을 담당하고 있는 주요 부품을 써 보아라.

(4) 싱크로메시와 관련된 기구가 수행하는 작용은 무엇인가?

3-8 (1) 변속비 r을 입력축과 출력축의 회전속도로 표시해 보아라.

(2) 어떤 차량이 3단 변속비로 운전되고 있을 때 변속비가 2이다. 엔진이 3,000rpm으로 회전하고 있다면 변속기 출력축의 회전속도를 구하여라.

3-9 다음 그림 3-48의 변속기에서 기어 A, B, C, D의 잇수는 32, 38, 30, 36이다. 바퀴로 전달되는 회전속도가 1,000rpm이라고 할 때 엔진에서 변속기에 들어가는 입력축의 회전속도를 구하여라.

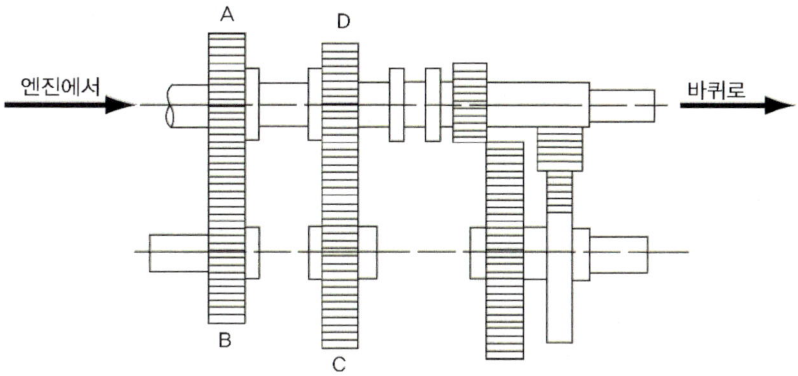

그림 3-48 수동변속기의 입출력축 회전속도 계산

3-10 수동변속기와 비교하여 자동변속기의 장점을 나열하여라.

3-11 자동변속기의 주요 구성부품들을 나열해 보아라.

3-12 단순 유성기어장치에서 (1) 역회전 (2) 직결이 되는 메커니즘을 선기어, 피니언 기어, 캐리어, 링기어를 이용하여 설명하여라.

3-13 단순 유성기어장치에서 선기어, 링기어, 피니언기어의 잇수가 각각 25, 55, 15라고 한다. 링기어를 고정하고 선기어를 구동할 경우 변속비를 구하여라.

3-14 자동변속기의 로크업(lock up) 붙임 토크 컨버터의 기능에 대해 설명하여라.

3-15 자동변속기에서 앞차를 추월하려고 할 때 사용하는 킥다운(kick-down)에 대하여 설명하여라.

3-16 더블 피니언 유성기어장치가 있다. 선기어, 링기어, 피니언기어의 잇수가 각각 15, 40, 10이고 링기어가 고정되어 있으며 선기어가 입력축이다. 이때 변속비를 레버해석법으로 구하여라.

3-17 유성기어장치를 이용한 자동변속기의 변속제어기구 중에서 (1) 다판클러치 (2) 밴드 브레이크 (3) 유압제어기구의 역할에 대하여 각각 설명하여라.

3-18 다음 자동변속기와 관련된 물음에 답하여라.

(1) 유체 커플링과 토크 컨버터의 차이점에 대해 설명하여라.

(2) 수동변속기와 비교하여 자동변속기가 갖는 단점은 무엇인가?

(3) 자동변속기에 전자제어를 채택할 경우의 이점에 대하여 설명하여라.

3-19 자동변속기 차량이 교차로에서 신호대기를 받고 있다. 운전자가 연료를 절약하기 위해 변속기를 N단에 놓았다가 신호가 바뀐 후 바로 D단으로 놓고 가속페달을 밟으면 어떤 문제점이 발생하는지 설명하여라.

3-20 추진축과 유니버설 조인트에 대한 다음의 물음에 답하여라.

(1) 유니버설 조인트의 용도에 대해 설명하여라.

(2) 자동차에 사용되는 대표적인 유니버설 조인트의 종류 3가지를 나열하여라.

(3) 등속 조인트의 장점에 대하여 설명하여라.

3-21 종감속기와 차동기에 대한 다음 물음에 답하여라.

(1) 종감속기

(2) 차동장치의 역할에 대해 설명하여라.

(3) FR 자동차의 감속기어로 널리 사용되는 하이포이드기어가 베벨 어에 대해 갖는 장점을 설명하여라.

(4) 추진축에서 구동축까지 동력이 전달되는 순서를 써 보아라.

3-22 자동차에서 차동제한장치(LSD)는 어떤 상황에서 작동되는지 설명하여라.

3-23 수동변속기 차량과 자동변속기 차량을 비교한 다음 표 3-2의 빈칸을 적절하게 채워라.

표 3-2 수동변속기와 자동변속기의 비교

구 분	수동변속기 차량	자동변속기 차량
동력전달(엔진 → 변속기)	건식단판 마찰 클러치	
토크 증배 기능	변속기 기어	
플라이휠	유	
변속기어	기어	
클러치 페달		무
초기 구동력		크다(경사로 출발 용이)
구동계 완충작용	클러치 커버 내의 스프링	
가감속시 충격		적다
소음 수준	높다	
연비		열세
중량		무겁다

3-24 어떤 자동차가 우측으로 굽은 굴곡로를 주행하고 있을 때 추진축이 1,200rpm 으로 회전하고 있다. 링기어와 구동 피니언의 잇수는 각각 32, 8이고 우측바퀴가 260rpm으로 회전하고 있을 때 좌측바퀴의 회전속도를 구하여라.

3-25 자동차가 1단의 변속비 4, 엔진회전속도 2,400rpm으로 굽어진 도로를 주행하고 있다. 링기어와 구동 피니언 기어의 잇수가 각각 35, 7이라고 할 때 다음 물음에 답하여라.

(1) 추진축의 회전속도

(2) 총감속비

(3) 좌측바퀴의 회전속도가 95rpm일 때 우측바퀴의 회전속도

3-26 오버드라이브 장치에 대한 다음 물음에 답하여라.

(1) 오버드라이브 장치란 무엇인지 설명하여라.

(2) 오버드라이브의 장점을 나열하여라.

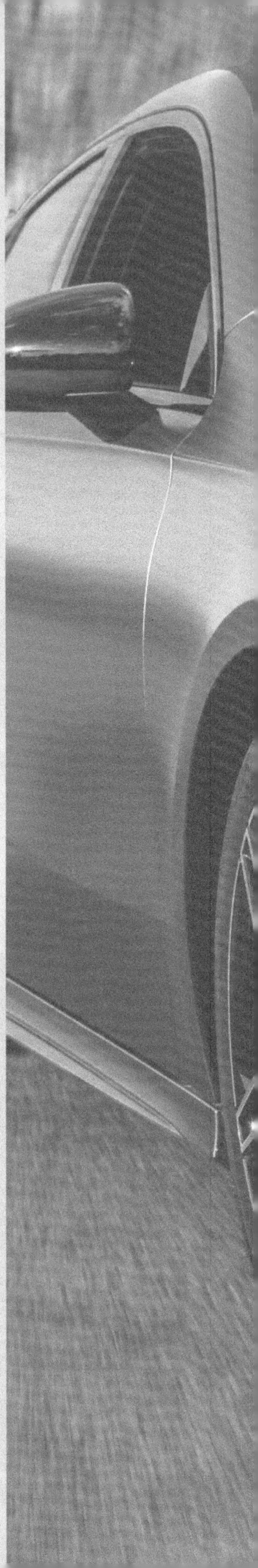

CHAPTER 04

현가장치

- 4-1 현가장치의 개요
- 4-2 현가장치의 구조와 분류
- 4-3 현가장치의 구성
- 4-4 자동차의 진동
- 4-5 전자제어 현가시스템

4장에서는 자동차의 현가장치의 개요와 종류에 대해 학습한다. 자동차의 현가장치는 차축과 차체를 연결하여 노면의 충격을 흡수하고 승차감과 차량의 안정성을 향상시키는 장치이다.

현가장치는 크게 차축식과 독립식으로 구분된다. 승용차에 적용되는 독립식은 크게 위시본형, 맥퍼슨 스트럿형, 멀티링크형으로 분류되는데 각각의 현가장치의 장단점에 대해 기술한다.

4장에서는 또한 현가장치를 구성하고 있는 스프링, 쇽 업소버, 스태빌라이저 등의 부품들과 각각의 역할에 대해 자세히 학습하고 승차감 향상을 위한 최적 제어 방안으로 최근 널리 채택되고 있는 전자제어 현가장치에 대해서도 설명한다.

4-1 현가장치의 개요

현가장치(suspension system)는 차축과 차체를 연결하여 주행 중 노면에서 받는 진동이나 충격을 흡수하고 운전자가 승차감이 좋도록 느끼게 하며 또한 차량의 안정성을 향상시키는 장치이다. 일반적으로 차축은 바퀴를 통해 자동차의 중량을 지탱하거나 주행 중일 때에는 노면으로부터 충격적인 하중도 받는다. 차축은 좌우의 바퀴가 하나의 차축에 연결된 일체차축식(rigid axle type)과 좌우 바퀴가 각각 별개로 운동하도록 만든 독립식(independent type) 또는 분할차축식(divided axle type)으로 구분된다. 버스나 트럭은 일체차축식을 많이 사용하고 승용차처럼 승차감이나 조종성을 중시할 경우에는 독립현가방식(분할차축식)을 사용하는데 때로 일체차축식도 병용한다.

현가장치는 노면에서의 충격을 완화시켜 주는 섀시 스프링(chassis spring), 섀시 스프링의 자유진동을 억제하여 승차감을 향상시키는 쇽 업소버(shock absorber), 자동차가 좌우로 흔들리는 횡요동을 막아주는 스태빌라이저(stabilizer)로 구성된다. 현가장치는 노면에서 받는 진동이나 충격을 흡수하는 주요 역할뿐만 아니라 구동바퀴가 받는 구동력이나 제동력을 차체에 전달한다. 또한 선회 시 원심력에 대응하여 차체에 대하여 각 바퀴의 정상적인 위치를 유지시키는 중요한 역할도 수행한다. 현가장치가 갖추어야 할 조건은 다음과 같다.

- 노면에서의 충격을 완화하기 위해 상하 방향의 연결이 유연하여야 한다.
- 바퀴에 발생되는 구동력, 제동력, 선회 시의 원심력 등에 대응할 수 있도록 수평방향의 연결이 견고하여야 한다.

상기 2개의 조건은 서로 상반되는 조건이나 양쪽이 모두 만족되도록 여러 가지 다양한 형식이 실용화되고 있다. 최근 자동차의 주행여건, 노면상태, 운전자의 선택에 따라 스프링 상수, 감쇠력 등 현가장치의 특성을 자동적으로 제어하는 전자제어 현가장치가 개발되어 실차에 적용되고 있다.

4-2 현가장치의 구조와 분류

현가장치는 크게 차축현가식(또는 일체차축식, 차축식)과 독립현가식(독립식)으로 구분된다. 차축현가식은 좌우의 바퀴가 각각 1개의 차축으로 연결된 형식으로 강도가 크고 구조가 간단하다. 차축현가식은 주로 판 스프링을 사용하는데 트럭이나 버스와 같은 대형차량의 앞뒤차축, 승용차의 뒷차축에 널리 적용되고 있다. 독립현가식은 주로 승용차에 적용되고 있으며 차축과 현가장치의 구별이 명확하지 않다.

현가장치는 그림 4-1과 같이 여러 종류가 있다.

- 현가장치
  - 차축식
    - 평형 판 스프링형
    - 옆방향 판 스프링형
    - 코일 스프링형
    - 공기 스프링형
  - 독립식
    - 위시본형
    - 맥퍼슨 스트럿형
    - 스윙 액슬형
    - 트레일링 암형
    - 세미트레일링 암형
    - 멀티링크형

그림 4-1 현가장치의 종류

4-2-1 일체차축식 현가장치

일체차축식은 일체로 된 차축에 양 바퀴가 설치되고 차축은 스프링을 매개로 하여 차체에 장착되는 형식이다. 이 방식은 간단하면서 강도가 커서 대형 트럭이나 버스 등은 앞뒤 현가장치에 적용되고 승용차는 뒤 현가장치에 가장 널리 사용되고 있다. 일체차축식 현가장치의 장점은 다음과 같다.

- 부품수가 적고 구조가 간단하다. 특히 평행 판 스프링식은 차축의 위치를 정하는 링크가 불필요하다.
- 선회 시 차체 기울기가 작다.

한편 단점으로는 다음과 같은 사항이 거론된다.

- 스프링하중량(unsprung mass)이 크기 때문에 승차감이 좋지 않다.
- 앞바퀴에 조향장치 진동인 시미(shimmy)가 일어나기 쉽다.

• 평행 판 스프링식에서는 스프링 상수가 너무 작은 것은 사용할 수 없기 때문에 승차감이 좋지 않다.

스프링으로는 그림 4-2와 같이 배치방식에 따라 평행 판 스프링 형식과 옆방향 판 스프링식이 있으며 평행 판 스프링식이 널리 사용되고 있다. 이외에 코일 스프링이나 공기 스프링, 토션 바 스프링 등이 사용되기도 한다.

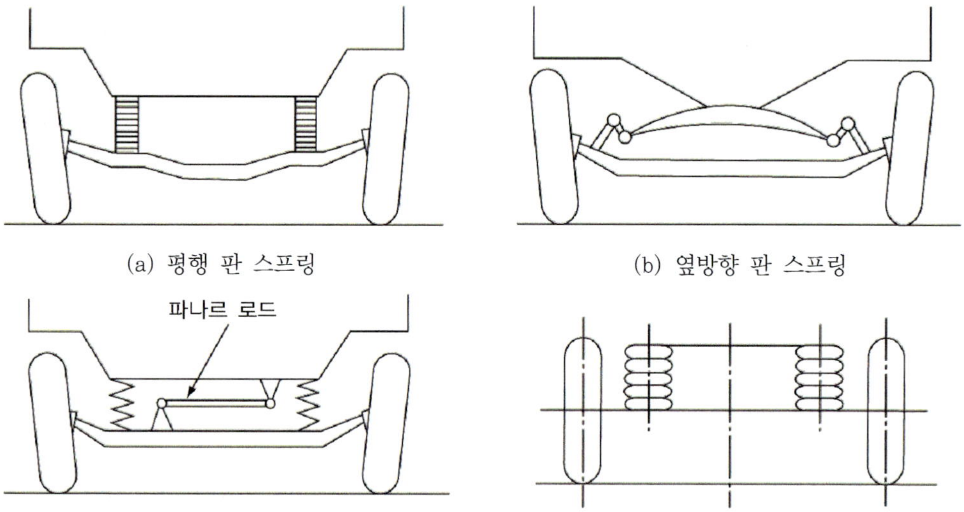

(a) 평행 판 스프링 (b) 옆방향 판 스프링

(c) 코일 스프링 (d) 공기 스프링

그림 4-2 차축식 현가장치의 종류

일체차축식은 완충 스프링의 종류에 따라 구분되는데 각 방식의 특징을 기술하면 다음과 같다.

(1) 평행 판 스프링식

이 방식은 스프링 자체가 차축을 지지하기 때문에 특별히 차축 지지용 장치를 설치할 필요가 없다. 구조가 간단하고 가격이 저렴하며 특히, 세로 방향의 외력에 강하다. 그러나 바퀴의 구동력, 제동력, 선회 시 횡력인 선회구심력(cornering force) 등이 모두 스프링을 거쳐 차체에 전달되기 때문에 유연한 스프링을 쓸 수 없다는 단점이 있다.

(2) 옆방향 판 스프링식

이 방식은 겹판스프링을 가로방향으로 배치하는데 스프링 중앙부를 프레임에 고정하고 양끝을 섀클을 통해 차축에 설치한다. 프레스 로드(press rod), 토크 바(torque bar) 또는 파나르 로드(panhard rod) 등을 설치하여 앞뒤 방향으로 작용하는 힘과 브레이크 또는 구동 시 발생되는 반동 토크를 받도록 하고 있다. 가로방향의 힘에는 비교적 강하나 세로방향의 힘에는 약하므로 링크기구로 강성을 보강해야 한다.

(3) 코일 스프링식

코일 스프링식은 스프링 상수를 통해 유연한 현가장치를 구성할 수 있으나 세로 또는 가로방향의 수평외력에 대한 강성이 매우 작다. 따라서 이를 보강하기 위해 파나르 로드를 설치하여 가로방향의 힘에 대응하도록 설계한다. 승용차의 뒷차축에 많이 사용되고 있다.

(4) 공기 스프링식

공기 스프링식은 공기의 압축 시 발생되는 비선형 체적탄성을 이용하여 스프링의 역할을 수행한다. 하중이 변해도 스프링의 고유진동수는 크게 변하지 않으므로 승차감이 좋아 고성능 고속버스에 널리 적용되고 있다.

4-2-2 독립식 현가장치

독립식 현가장치는 차축을 분할하여 양쪽 바퀴가 서로 독립적으로 움직이게 함으로써 승차감이나 안정성이 우수하다. 독립식 현가장치의 장점을 나열하면 다음과 같다.

- 스프링하중량이 작기 때문에 승차감이 좋다.
- 차량 중심을 낮출 수 있어 안정성이 우수하다.
- 부드러운 섀시 스프링을 사용할 수 있어 승차감이 우수하다.
- 조향바퀴에서 시미(shimmy)가 잘 발생하지 않고 도로 접지력(road holding)이 크기 때문에 안정성이 좋다.

한편 독립식의 단점으로는 다음과 같은 사항이 지적된다.

- 구조가 복잡하고 고가이며 정비와 유지보수 관점에서 불리하다.
- 연결부분이 많고 그 부분이 마모가 되면 앞바퀴 정렬(wheel alignment)이 변하기 쉽다.
- 바퀴의 상하운동에 따라 윤거나 앞바퀴 정렬이 변하게 되어 타이어가 쉽게 마모된다.

그림 4-3은 장애물을 넘어갈 때 일체차축식과 독립식 현가장치의 작동을 보여주고 있다. 독립식은 좌우 차축이 별개로 작동하기 때문에 안정성 측면에서 우수한 특성을 갖는다.

독립식 현가장치는 승차감이 좋기 때문에 승용차에 널리 적용되고 있는데 대표적으로 위시본 형식(wishbone type), 맥퍼슨 스트럿 형식(MacPherson strut type), 트레일링 링크 형식(trailing link type)으로 구분된다.

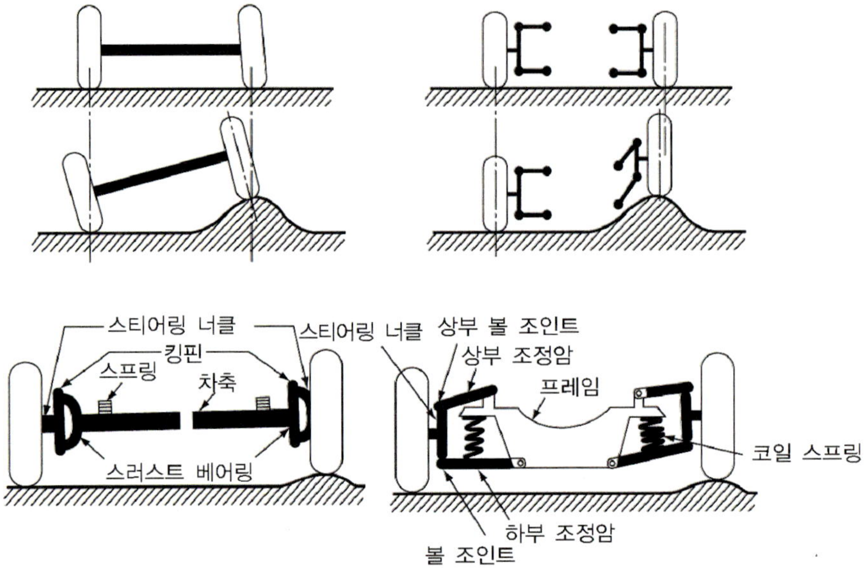

(a) 일체차축식 (b) 독립식

그림 4-3 일체차축식과 독립식의 비교

(1) 위시본 형식(wishbone type)

위시본 형식은 앞바퀴의 현가장치에 오랫동안 사용된 형식이다. 상하 2개의 V자형 현가암(suspension arm)의 한쪽은 축에 의해 프레임에 장착되고 현가암의 다른 끝은 볼조인트로 그림 4-4의 조향너클(steering knuckle)에 조립된다. 조향너클은 킹핀을 통해 차축과 연결되는 부분과 바퀴 허브가 연결되는 스핀들로 구성되는데 킹핀을 중심으로 회전하여 조향작용을 한다. 앞차축과의 접촉부에는 회전저항을 줄이기 위해 스러스트 베어링을 설치한다. 킹핀은 앞차축에 대해 규정각도를 두고 설치되어 앞차축과 조향너클을 연결하고 고정볼트에 의해 차축에 고정된다.

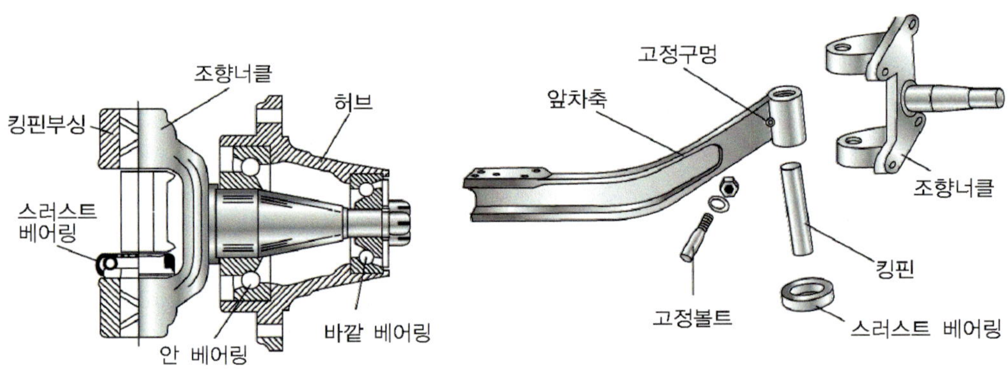

(a) (b)

그림 4-4 조향너클과 킹핀

'위시본'은 현가암의 모양이 새의 흉골(wishbone)의 모습과 비슷한 V자 형상으로부터 그 이름이 유래한다. 이 형식은 구조가 복잡하고 경제적으로 고가이다. 그러나 상하 현가암 길이의 변화에 따라 캠버 각과 토인의 변화 및 트레드 등을 자유롭게 조정할 수 있고 차체를 낮게 할 수 있는 장점이 있다. 상하방향의 힘은 코일 스프링이 담당하고, 전후방향과 좌우방향의 힘은 상하의 현가암이 담당하는 구조로 되어 있다.

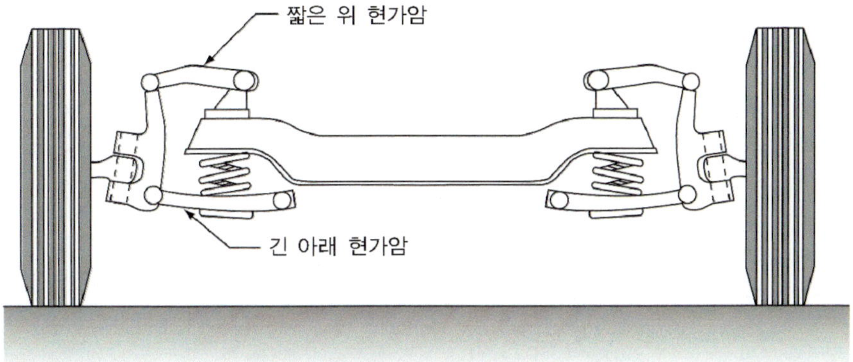

그림 4-5 위시본 형식

위시본 현가장치의 종류는 상하 현가암의 길이가 같으며 현가암을 연결한 4점이 평행사변형 형상인 평행사변형식(parallelogram type)과 그림 4-5처럼 아래 현가암이 위 현가암보다 긴 SLA형식(short long arm type)이 있다. 평행사변형식은 바퀴가 상하운동을 할 경우 조향너클 부분이 평행이동하여 윤거가 변화하고 이에 따라 타이어의 마모가 심해진다. 그러나 캠버는 변화가 없으므로 커브 주행 등에서 안정성이 요구되는 경주용 자동차에 주로 사용된다.

SLA형식은 바퀴의 상하운동 시 윤거의 변화가 없는데 타이어의 마모는 적으나 캠버가 변하는 단점이 있다. SLA 형식은 일반 자동차에 널리 사용된다. 최근에는 앞바퀴 정렬의 설계 자유도를 높이고 구동력, 제동력, 횡력 등에 대한 앞바퀴 정렬의 최적화를 위해 V형의 현가암 대신 다수의 링크를 결합한 멀티링크식 위시본 현가장치가 개발되어 승용차에 장착되고 있다.

(2) 맥퍼슨 스트럿 형식(MacPherson strut type)

이 형식은 그림 4-6과 같이 위 현가암 대신 쇽 업소버를 내장한 스트럿으로 대체한 방식으로 스트럿 위쪽은 차체에 장착되고 아래쪽은 현가암에 장착된다.

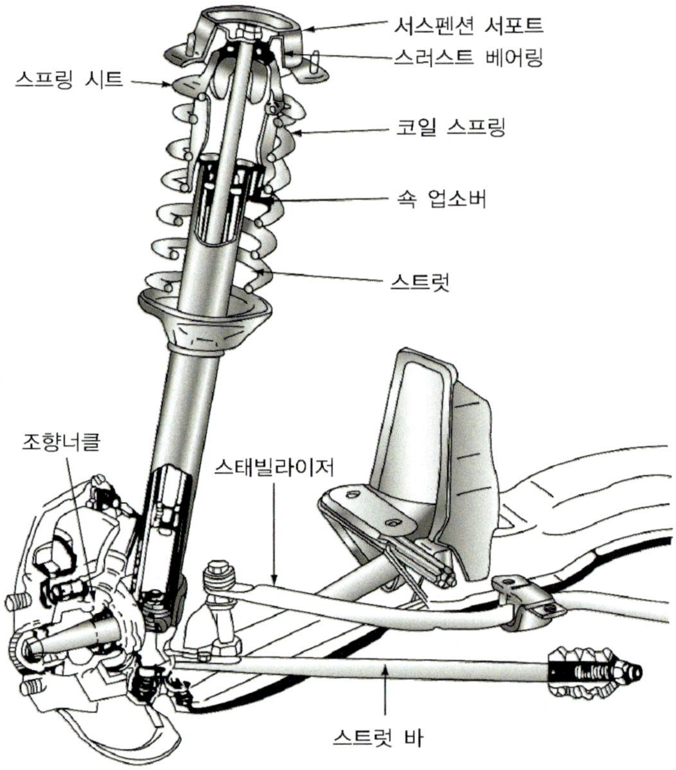

그림 4-6 맥퍼슨 스트럿 형식

구조가 간단하고 엔진룸 내부를 활용할 수 있는 이점이 있다. FF 자동차의 앞바퀴 현가장치로 가장 많이 사용되고 있으며 일부 뒷바퀴에도 적용되고 있다. 맥퍼슨 형식의 특징은 다음과 같다.

- 위시본 형식에 비해 구조가 간단하고 구성부품이 적으며 보수하기가 쉽다.
- 스프링하중량이 작아 접지성과 승차감이 좋다.
- 엔진룸의 유효공간을 넓게 할 수 있다.

이 형식에서 차량의 중량은 현가 서포트를 통해 차체가 지지하며 조향을 할 경우 조향너클과 함께 스트럿이 회전하도록 되어 있다.

(3) 스윙 액슬 형식(swing axle type)

스윙 액슬 형식은 그림 4-7과 같이 차축을 좌우 2개로 분할하고 분할된 점을 중심으로 바퀴가 상하운동을 하도록 한다. 롤 중심이 높아 횡요동 방지 효과가 커서 과거 소형 승용차의 뒷바퀴 현가장치로 사용되었으나 현재는 사용되지 않는다.

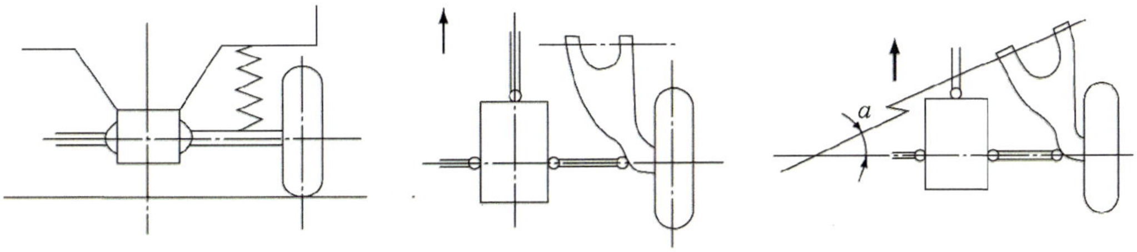

(a) 스윙 액슬형 (b) 트레일링 암형 (b) 세미 트레일링 암형

그림 4-7 독립식 후차축 현가장치의 종류

(4) 트레일링 암 형식(trailing arm type)

트레일링 암 형식은 자동차의 앞쪽을 향한 1개 또는 2개의 암으로 바퀴를 지지하고 쇽업소버와 코일 스프링 및 토션 바로 구성되어 있다. 이 형식은 구조가 간단하고 앞바퀴 정렬의 변화나 타이어의 마모가 작다는 장점으로 소형 FF 자동차의 뒷바퀴 현가장치로 많이 사용되고 있다. 그러나 FR 자동차에서는 거의 사용하지 않는다.

(5) 세미 트레일링 암 형식(semi-trailing arm type)

세미 트레일링 암 형식은 바퀴의 요동축이 차체 중심선에 대해 65~70°경사지게 장착된다. 요동축의 각도를 변화시켜 캠버, 토인, 롤링 중심높이를 변화시킬 수 있으나 독립적으로 조정하기는 어렵다. 충격에 대한 완화 능력이 우수하여 FR 자동차의 뒷차축용 현가장치로 적용되고 있다.

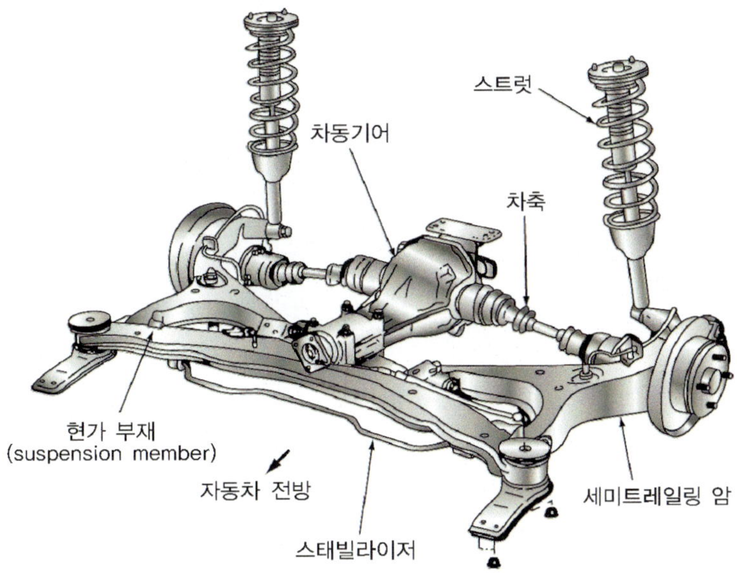

그림 4-8 세미 트레일링 암형 현가장치

(6) 멀티링크 형식(multi-link type)

뒷바퀴 현가장치를 독립식으로 하면 스프링하중량을 작게 할 수 있어 승차감 및 접지력이 향상된다. 또한 차체의 바닥을 낮출 수 있어 실내의 공간을 유효하게 쓸 수 있는 효과가 있다. 따라서 최근 승용차의 뒷차축에는 그림 4-9의 독립식 멀티링크 형식을 많이 사용한다. 멀티링크 형식은 바퀴가 지지하는 암을 차체에 경사지게 장착하는데 3~10개의 링크로 구성되어 있으므로 멀티링크 형식이라고 한다. 이 형식은 얼라인먼트 설계의 자유도가 향상되고 또한 전륜과 후륜에 관계없이 킹핀 축을 가상의 것으로 잡게 되어 제동력, 구동력, 횡력 등에 의한 얼라인먼트 변화를 최적으로 할 수 있게 된다.

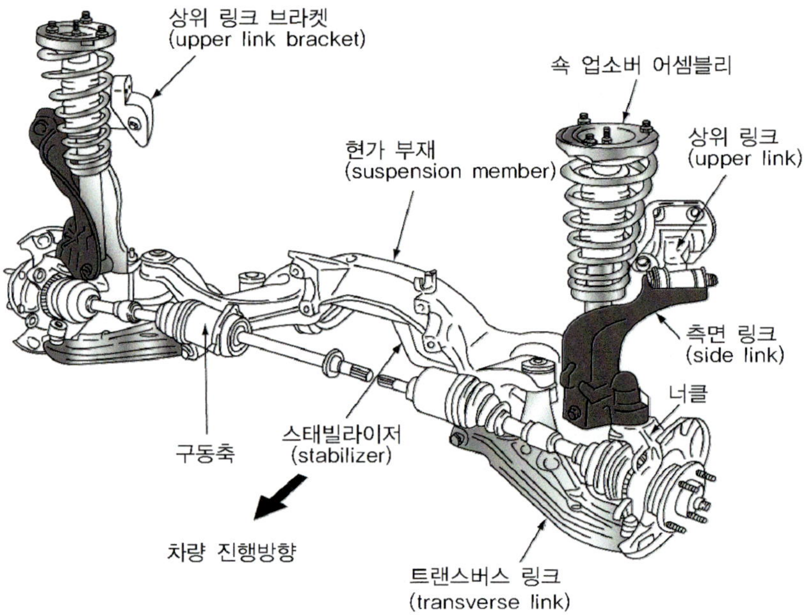

그림 4-9 멀티링크 형식 현가장치

이 형식은 차체가 롤링하는 경우에도 항상 타이어를 수직으로 세울 수 있어 캠버의 변화가 없고 차량이 상하로 움직이는 경우에도 토인의 변화가 없는 등 승차감과 조종안정성을 양립시킬 수 있는 것이 장점이다. 그러나 구조가 복잡하고 각 부품이 높은 정밀도를 요구하고 있어 가격이 비싸며 무거워지는 단점이 있다.

4-3 현가장치의 구성

그림 4-10에서 보는 바와 같이 현가장치의 구성요소로는 크게 차량의 중량을 지지하고 도로의 충격을 완화하는 스프링, 스프링의 진동을 빠르게 감쇠시키는 작용을 하는 쇽 업소버, 횡요동을 막아 차량 전복의 위험성을 막아주는 스태빌라이저(stabilizer) 등이 있다.

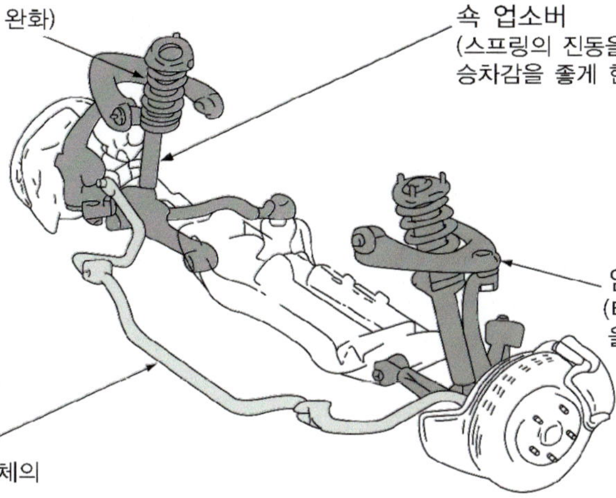

그림 4-10 현가장치의 구성

4-3-1 스프링

스프링은 차체와 차축 사이에 설치되어 주행 중 노면에서 발생하는 충격이나 진동을 흡수하여 차체 또는 운전자에게 충격이 전달되지 않도록 한다. 스프링의 종류로는 코일 스프링(coil spring), 판 스프링(leaf spring), 토션 바(torsion bar), 공기 스프링(air spring) 등이 있다.

(1) 판 스프링

판 스프링은 강판에 가해진 외력을 제거하면 원래 상태로 되돌아오는 성질을 이용한 것으로 강도를 향상시키기 위해 그림 4-11과 같이 여러 개의 띠 모양의 스프링 강판을 겹쳐 사용한다. 판 스프링은 판 사이의 마찰(inter leaf friction)에 의해 스프링의 특성이 결정되는데 부식이나 이물질의 침입으로 판 사이의 마찰이 증가하는 것을 방지해야 한다. 다수의 겹쳐진 스프링 강판의 중심은 중심볼트(center bolt)로 고정하고 양 끝에 스프링 아이

(spring eye)를 두어 핀을 통해 프레임이나 차체에 장착한다. 한편 스프링의 중간부분은 U-볼트로 차축에 고정하고 뒤쪽 스프링 아이는 길이 방향의 변화에 대응하도록 섀클(shackle)에 연결된다.

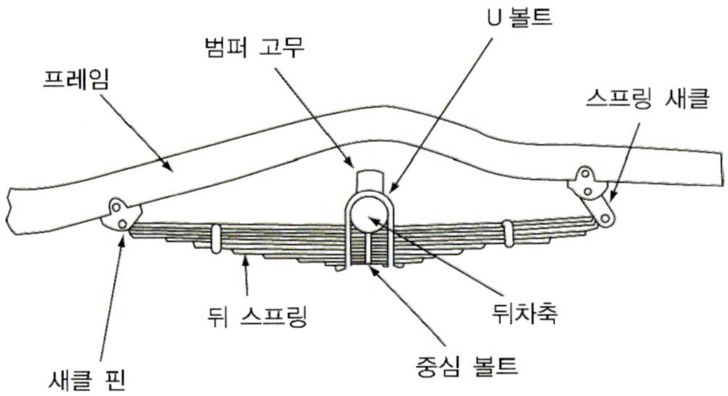

그림 4-11 판 스프링의 구조

이 방식은 구조가 간단하고 현가장치의 구조 부재로서의 기능을 수행할 수 있어 내구성이 좋으므로 트럭이나 버스 등에 널리 사용되고 있다.

(2) 코일 스프링

코일 스프링은 원형 단면의 스프링 강을 코일 형태로 감아 만든 것으로 외력을 받으면 판 스프링이 구부러지는 것에 비해 코일 스프링은 비틀어진다. 에너지를 흡수하는 능력이 판 스프링보다 크고 스프링이 유연하게 작용하기 때문에 승차감이 우수하여 주로 승용차에 적용된다.

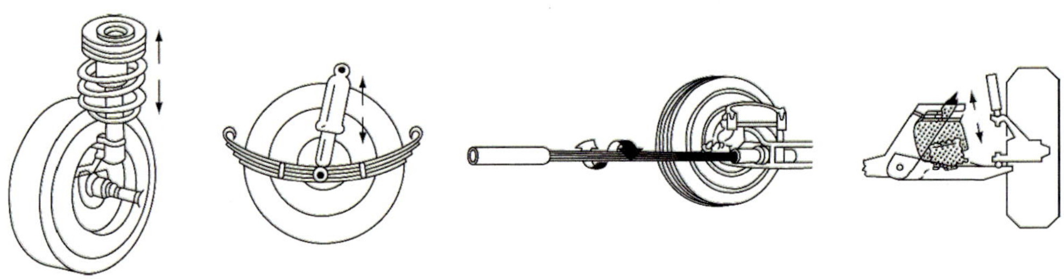

(a) 코일식 (b) 판식 (b) 토션 바식 (b) 공기식

그림 4-12 현가장치에서 스프링의 종류

코일 스프링은 판 스프링과 같이 판 사이의 마찰이 없어 진동의 감쇠작용을 하지 못하므로 항상 쇽 업소버와 결합되어 사용되고 있다.

(3) 토션 바

토션 바는 스프링강의 막대로 만들어지며 비틀었을 때 탄성에 의해 제자리로 돌아가려는 성질을 이용한 것이다. 토션 바의 한쪽은 프레임에 고정하고 다른 끝은 이것에 직각인 토션 암을 넣어 바퀴에 연결한다. 도로의 요철로 인해 바퀴가 상하로 움직일 때 토션 암에 의해 토션 바가 힘을 받으면서 비틀림 스프링 작용을 한다. 스프링의 힘은 토션 바의 길이와 단면적에 의해 결정되며 코일 스프링과 마찬가지로 진동의 감쇄작용이 없기 때문에 쇽 업소버와 결합되어 사용된다. 구조가 상당히 간단하고 설치하는데 장소를 크게 차지하지 않으며 에너지 흡수율이 다른 어떤 스프링보다 큰 장점이 있다. 주로 독립식 현가장치에 적용되고 있다.

(4) 공기 스프링

공기 스프링은 공기의 탄성을 이용한 것으로 다른 스프링에 비해 상당히 부드러운데 이에 따라 노면에서의 아주 작은 진동도 흡수할 수 있는 장점이 있다.

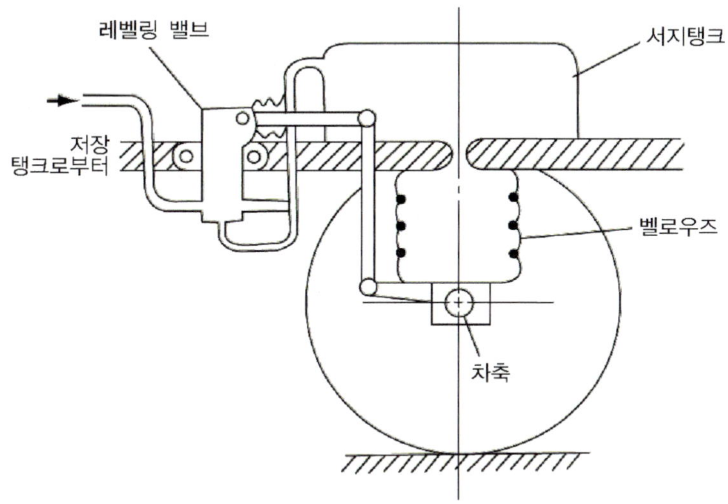

그림 4-13 공기 스프링 방식 현가장치

공기 스프링에는 그림 4-13의 벨로우즈형(bellows type)과 다이어프램형(diaphragm type)이 있다. 어느 방식이나 부속장치로 공기 압축기, 공기탱크, 공기 스프링 내로 공기를 입출력시켜 차고를 일정하게 유지하는 레벨링 밸브(leveling valve)를 두고 있다. 공기 스프링은 공기의 부드러운 스프링 작용으로 승차감이 아주 우수하므로 장거리를 주행하는 대형 고속버스에 널리 적용되고 있다.

4-3-2 스태빌라이저

독립식 현가장치를 장착한 차량은 선회 시나 노면에 요철이 있을 때 차체의 기울기가 크게 되면 평형을 유지하기 어렵다. 활 모양의 스태빌라이저(stabilizer)는 일종의 토션 바로 양끝이 좌우의 아래 현가암에 연결되고 중앙부는 프레임에 설치된다.

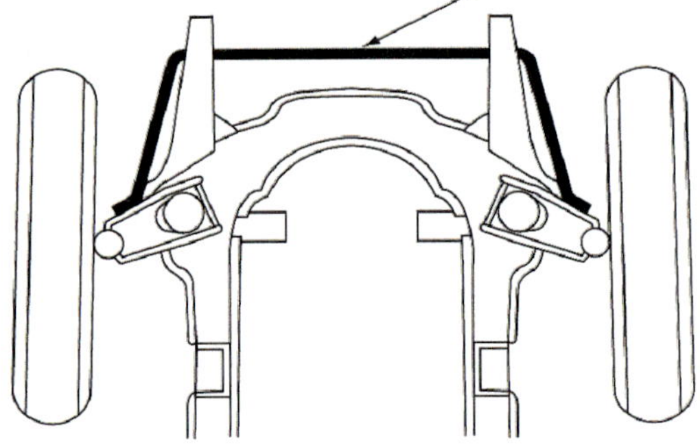

그림 4-14 스태빌라이저의 구조

스태빌라이저는 좌우 바퀴가 동시에 상하로 움직일 때는 작용하지 않는다. 좌우 바퀴가 서로 반대방향으로 상하운동을 할 경우 스태빌라이저가 비틀리고 이때 발생하는 토션 바 스프링의 힘으로 차체가 기울어지는 것을 감소시킨다. 또한 스태빌라이저는 그 기울어짐을 빨리 복원시켜 차량이 옆으로 흔들리거나 롤링으로 인한 전복을 막아주는 역할을 하는데 특히 독립식 현가장치에 주로 사용되고 있다. 스태빌라이저의 강성이 너무 높아 롤링에 대한 억제를 강화하면 경주용 자동차와 같은 강력한 코너링이 용이하지 않게 된다.

4-3-3 쇽 업소버

쇽 업소버(shock absorber)는 현가장치의 스프링에 진동이 발생하였을 때 스프링의 운동을 억제하면서 부드럽게 그 진동을 감쇠시키는 역할을 한다. 쇽 업소버는 스프링 진동의 신속한 감쇠작용으로 승차감 향상, 화물 보호, 차체 각부에 발생되는 동적 응력의 저감, 내구성 향상, 타이어의 접지력 증가 등의 효과를 거두면서 차량의 조정성과 안정성을 향상시킨다. 일반적으로 쇽 업소버에서 흡수되는 운동에너지는 열에너지로 변환되어 공기 중으로 발산된다.

쇽 업소버는 구조상 레버형(lever type)과 통형(telescopic type)으로 구분된다. 레버형은 스프링의 상하운동을 직선 막대를 통해 레버의 회전운동으로 바꾸고 다시 쇽 업소버에서 감쇠작용을 하는 구조인데 현재는 사용되지 않고 있다. 그림 4-15는 레버형 쇽 업소버와 쇽 업소버가 설치되었을 경우의 감쇠작용을 나타내고 있다.

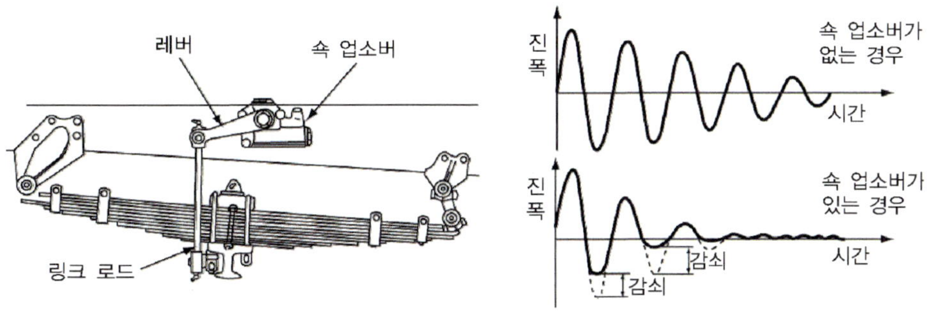

그림 4-15 레버형 쇽 업소버와 감쇠작용

현재 사용되고 있는 쇽 업소버는 그림 4-16과 같은 통형으로 구조는 안내를 겸한 가늘고 긴 원통을 서로 결합한 구조로 되어 있다. 쇽 업소버 내부는 차축과 연결하는 실린더와 차체와 연결하는 피스톤이 결합되어 있고 실린더 안에는 오일이 채워져 있다. 피스톤에는 오일이 통과될 수 있도록 작은 오리피스(orifice)가 있으며 오리피스에는 오일의 흐름에 따라 자동적으로 오리피스를 개폐하는 자동밸브가 설치되어 있다.

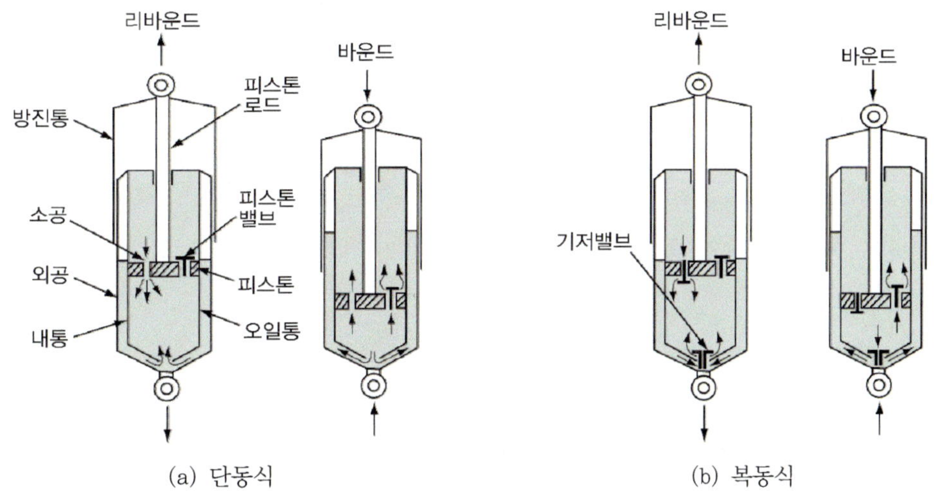

그림 4-16 통형 쇽 업소버

쇽 업소버의 감쇠작용은 바퀴가 리바운드(rebound) 시 즉, 신장될 때와 바운드(bound) 시 즉, 압축될 때가 서로 같지 않다. 쇽 업소버에는 신장될 때만 감쇠력이 작용하는 단동식(single acting type)과 압축될 때에도 작용하는 복동식(double acting type)이 있다. 최근에는 복동식이 널리 사용되고 있다. 한편 가스주입식은 유압방식을 보강하기 위해 실린더 하부에 피스톤을 사이에 두고 고압(2~3MPa)의 질소가스를 봉입한 방식이다. 가스봉입식 쇽 업소버는 고압가스가 항상 쇽 업소버 오일에 작용하고 있으므로 급격한 신축이 있어도 오일에 캐비테이션(cavitation)이 발생하지 않아 안정성이 확보될 수 있는 장점이 있다.

4-4 자동차의 진동

자동차 진동의 입력원으로는 노면의 요철, 도로의 교량 부분의 이음새, 험로에서의 요철 등이 있다. 또한 엔진, 동력계 및 타이어의 자체 회전에 의해서도 진동이 발생한다. 이중에서 노면이나 타이어에서 발생되는 진동은 현가장치에서 경감된 후 차체에 전달되고 엔진이나 구동계통의 진동은 차체를 통해 운전자에게 전달된다.

현가장치는 진동을 감쇠시켜 승차감과 주행안정성을 향상시키는 장치로 승차감을 향상시키려면 차량 각부의 고유진동에 대해 알아야 한다. 자동차는 그림 4-17과 같이 섀시 스프링에 의해 지지되는 스프링상중량(sprung weight)과 타이어와 현가장치 사이에 위치한 차축 등의 스프링하중량(unsprung weight)으로 구분된다.

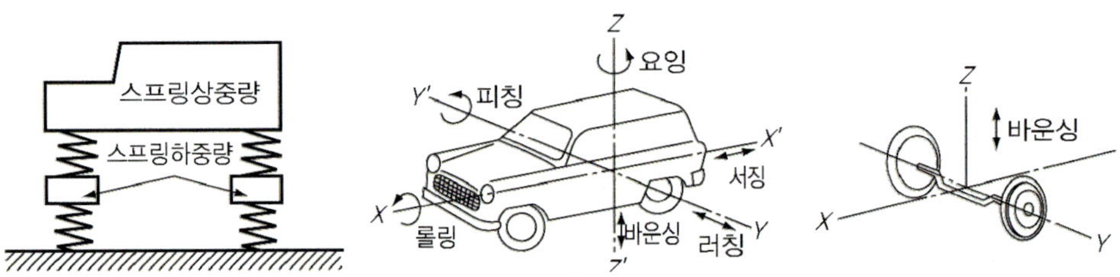

그림 4-17 자동차의 진동모델과 종류

이들 스프링상중량과 하중량은 스프링을 매개로 연결되어 있고 독립적인 주파수로 3차원적인 진동을 하면서 서로 영향을 미친다. 일반적으로 스프링상중량은 무거울수록 또한 스프링하중량은 가벼울수록 노면의 요철에 따른 바운싱이 적고 승차감이 좋게 된다. 보통 차체를 무겁게 하면 다른 성능이 좋지 않은 영향을 받게 되므로 스프링하중량을 가볍게 하는 것이 승차감을 향상시키는 데 중요하다.

(1) 스프링상중량의 진동

스프링상중량의 진동은 아래 6가지가 각각 독립적으로 발생하는 것이 아니고 반드시 중첩되어 발생된다.

- 전후진동(surging): X축 방향의 차량 전후 평행운동으로 인한 고유진동
- 좌우진동(lurching): Y축 방향의 차량 좌우 평행운동으로 인한 고유진동
- 상하진동(bouncing): Z축 방향의 상하 평행운동에 의한 고유진동
- 종요동(pitching): Y축 둘레의 회전운동을 하는 고유진동
- 횡요동(rolling): X축 둘레의 회전운동을 하는 고유진동
- 요잉(yawing): Z축 둘레의 회전운동을 하는 고유진동

(2) 스프링하중량의 진동

스프링하중량의 진동에는 다음과 같은 것이 있다.

- 상하진동(wheel hop): 그림 4-17처럼 Z축 방향의 상하 평행운동을 하는 진동
- 휠 트램프(wheel tramp): 그림 4-17에서 X축과 평행한 회전축을 중심으로 회전운동을 하는 진동
- 시미(shimmy): 조향너클핀을 중심으로 앞바퀴가 좌우 회전하는 진동

현가장치에서는 상기 스프링상중량과 스프링하중량에서의 진동이 발생하지 않도록 하고 동시에 발생했을 경우에는 효과적인 흡수작용이 가능하도록 해야 한다.

(3) 진동수와 승차감

자동차를 탔을 때 멀미를 하는 경우는 이상진동이 사람의 두뇌에 작용하여 자율신경에 영향을 주기 때문으로 알려져 있다. 보통 사람이 보행할 때 머리의 상하운동은 '60~70사이클/분', 달리기는 '120~160사이클/분'이라고 한다. 일반적으로 상하운동의 진동수가 '60~120사이클/분'인 상하 움직임일 경우 승차감이 좋은 것으로 알려져 있다. 한편 진동수가 '45사이클/분'보다 작으면 어지러운 느낌을 받고 '120사이클/분'을 초과하면 딱딱하게 느껴진다고 한다.

(4) 스프링상수와 승차감

Hook의 법칙에 따르면 스프링의 변형은 가해진 외력의 크기에 비례한다. 스프링 상수는 외력을 스프링의 변형으로 나눈 값으로 항상 일정하며 단위로는 [N/m]를 사용한다. 스프링과 임의의 질량으로 구성되어 있는 시스템의 스프링 상수를 k, 스프링에 달린 물체의 질량을 m이라고 할 때 스프링의 고유진동수 f[Hz]는 다음의 식에서 구할 수 있다.

$$f = \frac{1}{2\pi}\sqrt{\frac{k}{m}} \tag{4-1}$$

스프링 상수는 승용차에서 대략 30~50kN/m, 트럭에서 200~300kN/m 정도로 설정되어 있다.

예제 4-1

스프링상수가 35kN/m인 현가스프링에 3.5kN의 차체의 하중이 작용하고 있다. 이 스프링의 고유진동수를 구하여라.

풀 이

식(4-1)을 적용하면 스프링의 고유진동수

$$f = \frac{1}{2\pi}\sqrt{\frac{k}{m}} = \frac{1}{2\pi}\sqrt{\frac{50,000}{350}} = 1.90\ Hz$$

4-5 전자제어 현가시스템(ECS system)

자동차의 현가장치는 주행 중에 상반되는 요구사항인 승차감과 안정성을 동시에 만족시켜야 한다. 일반적으로 현가장치가 부드러워야(soft) 승차감이 향상되나 급가속, 급제동, 급선회 등을 할 경우에 자동차의 자세 변화가 심하게 되어 안정성을 위협한다. 반대로 현가장치가 딱딱한(hard) 경우 여러 운전 상황에서 발생되는 자동차의 자세변화를 잘 억제할 수 있다. 그러나 노면으로부터의 진동이 흡수되지 않고 운전자에게 직접 전달되어 운전자는 불쾌감을 느낄 수 있다. 이러한 문제점을 해소하기 위해서는 쇽 업소버의 감쇠력(damping force)을 도로상황에 맞게 가변적으로 제어할 필요가 있다. 즉, 일반 주행 중에는 부드러운 현가장치를 사용하고 고속주행이나 자동차의 자세가 급하게 변할 때에는 딱딱한 현가장치를 작동하게 함으로써 승차감과 주행안정성을 동시에 확보할 수 있다. 또한 비포장도로와 같이 노면의 상황과 운전조건에 따라 차고를 가변적으로 제어할 필요가 있다. 비포장도로 또는 험한 산길과 같은 불규칙한 도로를 주행할 때에는 차고를 상승시켜 차체를 보호하고 평탄로를 고속주행을 할 때에는 차고를 낮게 조정하여 공기저항을 감소시킴으로써 주행안정성을 확보해야 한다. 이러한 제어를 목적으로 설계한 것이 전자제어 현가시스템(ECS : Electronic Control Suspension system)인데 유압식과 공압식으로 작동하도록 한 현가시스템이 실용화되고 있다. 전자제어 현가시스템은 다음과 같은 장점을 갖고 있다.

- 일반적으로 부드러운 현가장치를 사용하여 승차감이 우수하다.
- 가속과 감속 시 또는 조향 시 자동차 자세의 변화를 크게 감소시킨다.
- 자동차의 운동 특성을 최적화할 수 있다.
- 도로면과 주행속도에 적합하게 최적의 차고가 되도록 제어한다.

전자제어 현가시스템은 간단하게 다음과 같이 분류된다.

(1) 차고 조절식

- 공압식: 공기 스프링을 설치하여 차고를 제어한다.
- 유압식: 유압 펌프를 사용하여 쇽 업소버를 제어한다.

(2) 감쇠력 가변식

이 방식은 기존의 쇽 업소버를 기본으로 하여 오일이 흐르는 통로인 오리피스를 변경시킴으로써 전자제어를 총괄하는 ECU(전자제어부)가 주행조건에 따라 엑츄에이터를 구동하여 감쇠력을 가변시킨다.

이를 통해 일반 주행 시에는 현가장치를 부드럽게 설정하고 고속주행이나 선회운동 또는 제동 시에는 딱딱하게 작동하도록 하는 방식이다.

(3) 복합식

차체에서 발생되는 진동이나 노면상태를 판단하여 차고 조절과 감쇠력 가변을 동시에 제어하는 방식으로 고급차 사양에 널리 적용되는 방식이다.

그림 4-18은 전자제어 현가시스템을 장착한 차량의 구조를 나타낸 것이다.

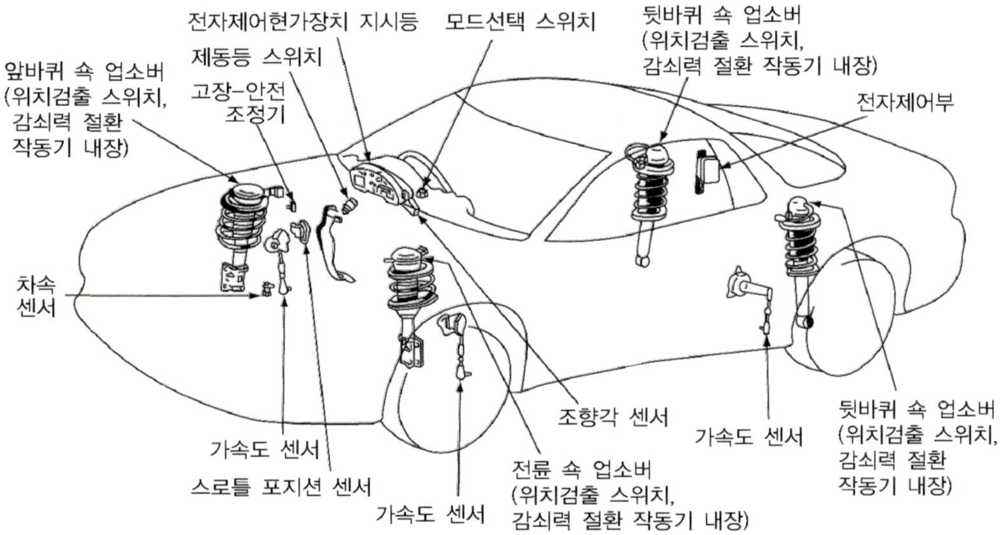

그림 4-18 전자제어 현가시스템의 구성

상기 전자제어 현가시스템에서 각종 센서의 기능은 다음과 같다.

(1) 차속 센서

변속기 출력축이나 속도계 구동축에 설치되는데 주행속도를 검출하여 급발진과 가·감속도를 검출한다. 이 정보는 차속 감응 제어(speed sensitive control)를 하는 데 이용한다.

(2) 스로틀 포지션 센서

엔진의 급가속 및 급감속의 여부와 운전자의 의지를 검출한다.

(3) 조향각 센서

직진 위치를 기준으로 조향휠의 회전각과 회전 각속도를 검출하여 ECU에서 차량의 롤링 여부를 판정한다.

(4) 가속도 센서

전방에 2개, 후방에 1개 모두 3개를 설치하여 차체의 상하운동에 대한 정보를 검출하여 차체의 거동을 판단한다. 이 정보는 승차감을 제어(ride control)하는 데 이용한다.

(5) 차고 센서

자동차의 높이 변화에 따른 차체(body)와 차축(axle)의 위치를 검출하여 ECU로 보낸다.

(6) 중력 센서(gravity sensor)

압전소자의 압전효과를 이용하여 도로면의 요철에 의한 차체의 바운싱 정보를 ECU에 입력한다.

(7) 모드선택 스위치

운전자가 안락한 승차감이 필요할 경우 부드러운(soft) 모드로, 조향의 안정성을 중시할 경우 딱딱한(hard) 모드를 선택한다. 자동모드(auto mode)에서는 주행조건에 따라 자동적으로 선택된다.

(8) ECU

센서에서 입력된 정보를 분석하고 엑추에이터를 작동시켜 감쇠력을 제어한다. 전자제어 현가시스템에서 ECU는 각 센서들로부터 입력된 정보를 처리하여 쇽 업소버의 감쇠력을 조정하는 작동기에 구동신호를 출력한다. 이를 통해 감쇠력과 차고를 조절하여 승차감(ride control)과 고속주행 시 자동차의 안정성을 향상시키며 차량의 롤링 운동을 억제(anti-rolling)한다. 또한 급가속 시 차량의 앞부분이 올라가고 뒷부분이 낮아지는 것을 방지(anti-squat)하며, 급제동 시 앞부분이 하방으로 쏠리는 현상을 방지(anti-dive)한다.

CHAPTER 04 연습문제

4-1 **현가장치에 대한 다음 물음에 답하여라.**

(1) 현가장치의 역할에 대하여 설명하여라.

(2) 현가장치의 구성요소를 나열하고 각각의 역할을 간단하게 설명하여라.

(3) 현가장치가 갖추어야 할 조건을 나열하여라.

4-2 **트럭이나 버스, 일부 승용차의 뒷차축에 적용되고 있는 일체차축식 현가장치의 1) 장점 2) 단점에 대하여 설명하여라.**

4-3 **승용차에 널리 적용되고 있는 독립식 현가장치의 (1) 장점 (2) 단점에 대하여 설명하여라.**

4-4 **전륜구동 자동차의 앞바퀴 현가장치로 널리 채택되고 있는 맥퍼슨 스트럿 형식의 장점에 대하여 설명하여라.**

4-5 **현가장치의 스프링과 쇽 업소버에 대한 물음에 답하여라.**

(1) 현가장치에 많이 쓰이는 스프링의 종류를 나열하여라.

(2) 판 스프링은 어떤 장점을 갖고 있고 또한 어떤 종류의 차량에 주로 적용되고 있는지 설명하여라.

(3) 코일 스프링의 장점을 설명하고 주로 어떤 종류의 차량에 적용되고 있는지 설명하여라.

(4) 쇽 업소버의 역할에 대해 설명하여라.

(5) 최근 자동차에 사용되는 쇽 업소버는 어떤 종류인가?

4-6 **자동차의 진동과 관련된 물음에 답하여라.**

(1) 스프링상중량과 스프링하중량을 구분하여라.

(2) 노면의 요철에 따른 바운싱이 적고 승차감을 좋게 하기 위해서 스프링상중량과 스프링하중량은 어떤 조건을 갖춰야 하는가?

(3) 사람이 승차감이 좋다고 느끼는 상하운동의 진동수 범위는 대략 얼마인가?

(4) 스프링 상수가 200kN/m인 코일 스프링을 사용하는 트럭의 현가장치에 700kg의 차체 질량이 가해지고 있다. 이 스프링의 고유진동수를 구하여라.

4-7 **전자제어 현가시스템(ECS: electronic control suspension system)은 승차감과 주행안정성을 동시에 확보하기 위해 최근에 널리 채택되고 있다. 다음 물음에 답하여라.**

(1) 전자제어 현가시스템의 장점에 대해 설명하여라.

(2) 전자제어 현가시스템에서 필요한 센서를 나열해 보아라.

(3) 전자제어 현가시스템에서 제어할 수 있는 기능은 어떤 것들이 있는지 설명하여라.

CHAPTER 05

조향장치

이 장에서는 운전자가 자동차의 진행방향을 바꾸고자 할 때 작동하는 조향장치와 자동차의 하중을 부담하고 구동력과 제동력을 전달하며 직접 조향기능을 수행하는 타이어에 대해 학습한다. 그리고 주행 중 차량의 안정성과 조향 시 조작력에 큰 영향을 미치는 앞바퀴 정렬에 대해 자세하게 설명한다.

이 장에서는 조향장치의 원리와 구성요소들을 자세하게 서술하고 운전자가 작은 조작력으로도 원활하게 조향장치를 작동시킬 수 있는 동력조향장치도 설명한다. 또한 조향장치에서 발생하는 진동과 조향특성에 대해서도 기술한다.

5장에서는 차량주행 시 안정성을 좌우하고 타이어의 마모에도 영향을 주며 조향휠의 조작력에도 관여하는 앞바퀴 정렬(front wheel alignment)의 정의와 설치목적에 대하여 설명한다. 주요 앞바퀴 정렬인 토인, 캠버, 캐스터, 킹핀 경사각의 상세한 기능에 대해서도 학습한다.

5-1 조향장치의 개요

조향장치는 타이어에 힘을 전달하여 운전자가 원하는 임의의 방향으로 자동차의 진행방향을 바꾸기 위한 장치이다. 그림 5-1과 같이 조향장치는 크게 조작기구, 기어장치 및 링크기구로 구성된다. 조향장치는 앞차축 또는 앞바퀴 정렬과 밀접한 관계를 맺고 있으며 자동차를 안전하게 운행하기 위해서는 제동장치와 함께 매우 중요한 역할을 담당하고 있다.

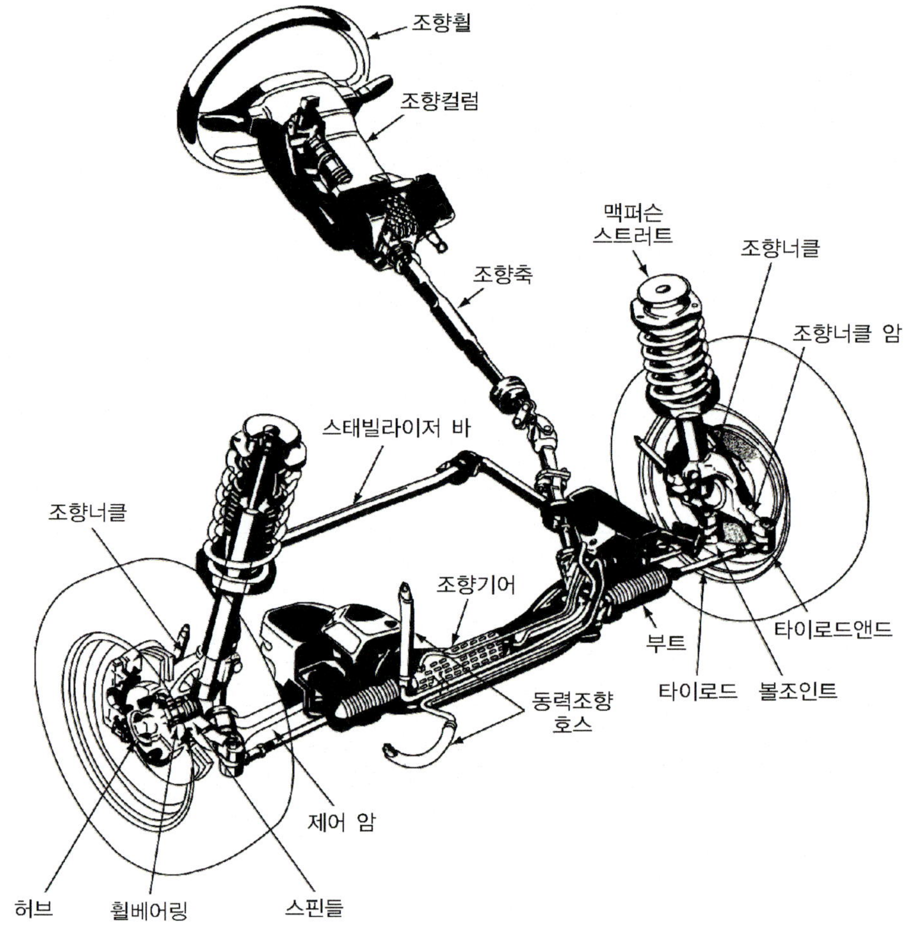

그림 5-1 조향장치의 구성

자동차가 만들어진 초기에 조향장치는 앞차축이 모두 돌아가는 피봇방식(pivot type)이었으나 고장이 매우 빈번하게 발생하여 불편하였다. 1898년 독일의 Sperger(Lanken Sperger)는 새로운 조향장치의 원리를 고안하였고, 이를 Ackerman(Rudolph Ackerman)이 사용권을 인수하여 그의 이름으로 특허를 받았는데, 이것이 현대식 조향장치의 기초가

되었다. 한편 프랑스의 기술자인 Jantaud(Charles Jantaud)는 오늘날과 같은 둥근 조향휠(steering wheel)을 고안하였고 이를 자동차에 장착하였다. 한편 자동차의 기능이 점차 향상되고 장착 부품이 증가함에 따라 차량의 무게도 증가하였고 이에 따라 조향장치를 작동시키는 데 큰 힘이 필요하게 되었다. 1952년 미국의 크라이슬러 자동차는 유압을 이용한 동력조향장치를 개발하였는데 이를 통해 조향장치를 작동시킬 때 운전자의 편의성이 크게 개선되었다.

조향장치는 그림 5-2와 같이 현가장치의 형식에 따라 크게 일체차축식 조향장치와 독립식 조향장치로 구분된다.

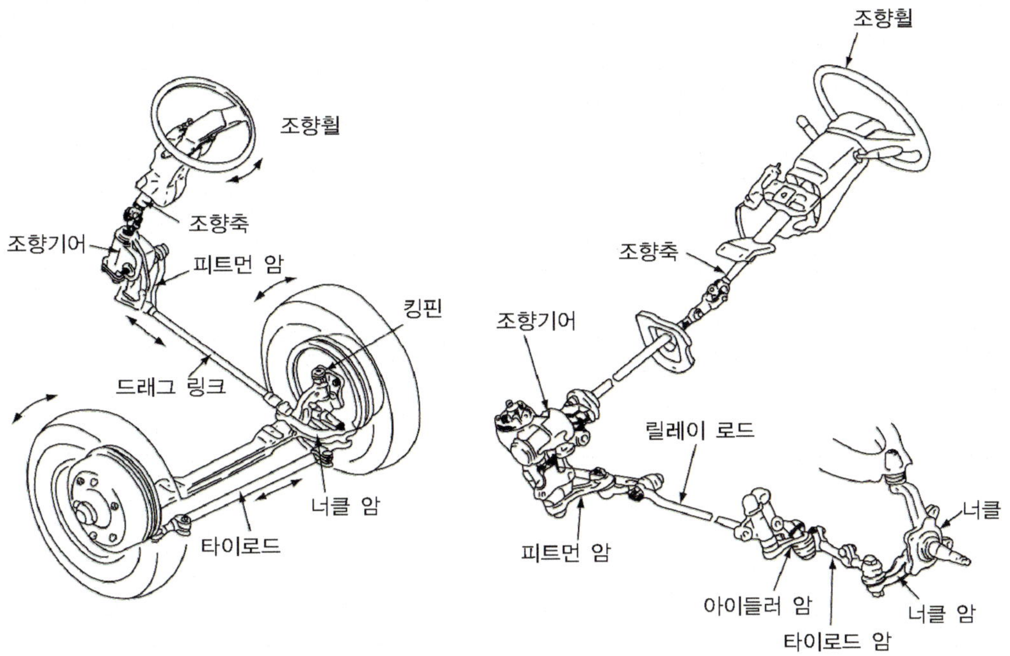

(a) 일체차축식 (b) 독립식

그림 5-2 일체차축식과 독립식 조향장치의 구조

조향장치가 갖추어야 할 요건은 다음과 같다.

- 조향조작이 주행 중에 발생하는 노면의 충격으로부터 큰 영향을 받지 않아야 한다.
- 조작이 용이하고 방향전환이 원활하게 이루어져야 한다.
- 회전반경이 작아 좁은 도로에서도 방향전환이 용이하여야 한다.
- 조향장치가 작동할 때 섀시와 차체에 무리한 힘이 작용하지 않아야 한다.
- 고속주행에서도 조향휠이 안정되어야 한다.
- 조향휠의 회전과 바퀴 선회의 차가 크지 않아야 한다.
- 수명이 길고 정비하기 쉬워야 한다.

5-2 조향장치의 원리

조향장치는 운전석 앞의 조향휠(steering wheel)을 돌려 중간의 기어장치로 힘을 증가시키고 링크기구를 통해 앞바퀴의 타이로드와 바퀴에 장착된 너클 암(knuckle arm)을 좌우로 움직이면서 운전자의 의지대로 자동차의 진행방향을 바꾸는 장치이다. 초창기 조향장치인 Ackerman 방식은 앞바퀴의 방향을 전환시킬 때 평행하게 방향을 바꾸기 때문에 어느 한쪽 바퀴가 미끄러지면서 선회하게 되어 타이어의 마모가 심했다. 또한 앞의 좌우 바퀴의 궤적은 주어진 곡선을 따라 선회할 수 없고 서로 교차하게 된다. 이것은 좌우 바퀴의 조향각도가 똑같기 때문에 후차축 중심선에 있는 앞의 좌우 바퀴의 선회중심이 다르기 때문이다. 이러한 문제점을 해결하기 위해 Jantaud는 앞바퀴축의 중심선과 뒷바퀴 축의 중심선이 방향을 바꾸려고 하는 지역의 한 위치에서 만나도록 기구학적인 고안을 했다. 이것이 현재 자동차에 널리 적용되고 있는 Ackerman-Jantaud 방식이다. 일반적으로 그림 5-3에서 킹핀의 위치 1, 2와 뒷차축의 중심점 3을 연결하는 직선위에 너클 암과 타이로드(tie rod)의 연결부위가 오도록 너클 암의 장착각도 θ를 설계한다.

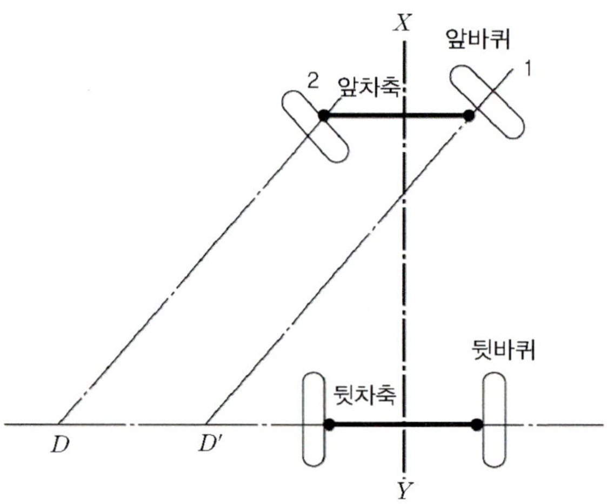

(a) Ackerman 방식

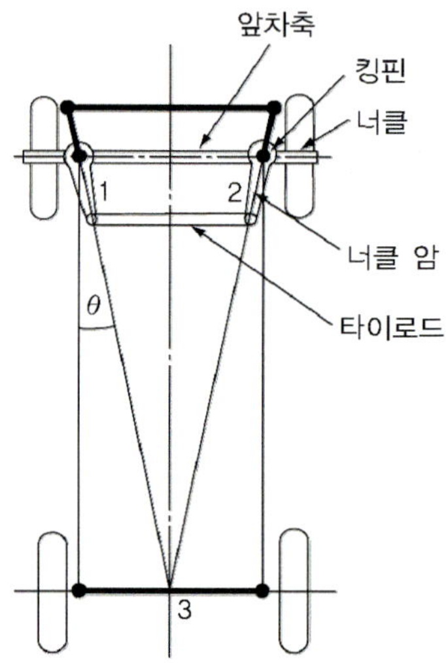

(b) Ackerman-Jantaud 방식

그림 5-3 Ackerman 방식과 Ackerman-Jantaud 조향방식

자동차가 좌측으로 굽어진 굴곡로를 주행할 때 어느 한 바퀴도 미끄러지지 않으려면 그림 5-4처럼 4개의 바퀴는 선회중심인 D를 중심으로 동심원을 그리면서 선회하여야 한다. 그림 5-4에서 앞바퀴의 중심이 선회중심과 이루는 각 α, β를 조향각(steering angle)이라 할 때 항상 $\beta > \alpha$가 성립하여 내측바퀴의 조향각이 외측바퀴보다 큰 값을 갖게 된다.

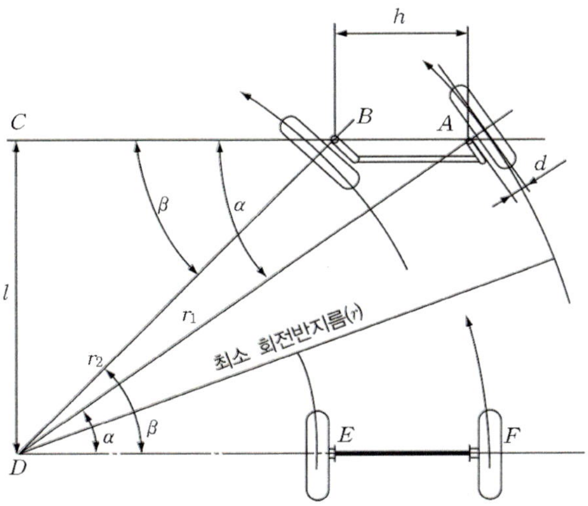

그림 5-4 Ackerman-Jantaud 방식의 선회 구조

한편 각 바퀴가 그리는 궤적 중에서 선회중심에서 그리는 바퀴의 반경을 선회 반지름(turning radius)이라고 한다. 그림 5-4와 같이 모든 바퀴가 동일한 선회중심을 기준으로 동심원을 그리는 조향방식이 Ackerman-Jantaud 방식(Ackerman-Jantaud type)이다. 그림에서 축거 l과 킹핀 사이의 거리 h 사이에는 다음과 같은 관계식이 성립한다.

$$\frac{h}{l} = \frac{\overline{AC} - \overline{BC}}{\overline{CD}} = \cot\alpha - \cot\beta \tag{5-1}$$

차량의 최소 회전반경(minimum turning radius)은 조향휠을 최대로 회전시킨 채 서행할 때 최외측 바퀴 즉, 앞바퀴 바깥쪽 바퀴의 중심선이 그리는 회전 반지름을 말한다. 위의 그림에서 바퀴의 접지 중심면과 킹핀의 축 사이의

거리를 d라고 할 때 최소 회전반경 $R_{\min}$은 다음의 식으로 구한다.

$$R_{\min} = \frac{l}{\sin\alpha} + d \tag{5-2}$$

일반적으로 최소 회전반경은 승용차의 경우 4.5~6m, 대형 트럭의 경우 7~10m 정도이다.

예제 5-1

어떤 자동차의 축거가 2.3m, 조향휠을 최대로 돌렸을 때 앞바퀴 바깥쪽 바퀴의 조향각도가 33°라고 할 때 이 자동차의 최소 회전반경을 구하여라. 단, 바퀴의 중심면과 킹핀 축 사이의 거리는 12cm이다.

풀이

최소 회전반경은

$$R_{\min} = \frac{l}{\sin\alpha} + d = \frac{2.3}{\sin 33^\circ} + 0.12 = 4.34\,\text{m}$$

5-3 조향장치의 구성

전술한 바와 같이 조향장치는 조향휠(steering wheel)과 조향축(steering column) 등의 조작기구, 운전자의 조작력을 배가시키고 조작력의 방향을 바꾸어주는 기어장치, 그리고 조향 기어로부터 발생된 조작력을 앞바퀴에 전달하고 좌우 앞바퀴의 관계를 일정하게 유지하는 링크기구로 구성된다.

5-3-1 조향 조작기구

조향장치의 조작기구(그림 5-5)는 운전자가 행한 조향휠의 조작력을 조향 기어장치에 전달하는 역할을 한다. 조향 조작기구로는 크게 조향휠, 조향축과 조향컬럼으로 구성된다.

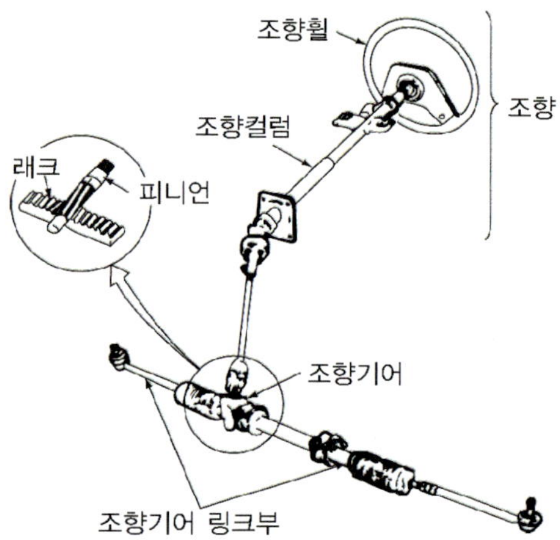

그림 5-5 조향 조작기구 구성

(1) 조향휠(steering wheel)

조향휠은 그림 5-6과 같이 허브(hub), 스포크(spoke) 및 림(rim)으로 구성된다. 림과 스포크는 내부에 철심이나 경합금의 소재가 들어 있고 외부는 합성수지나 경질고무로 성형한다.

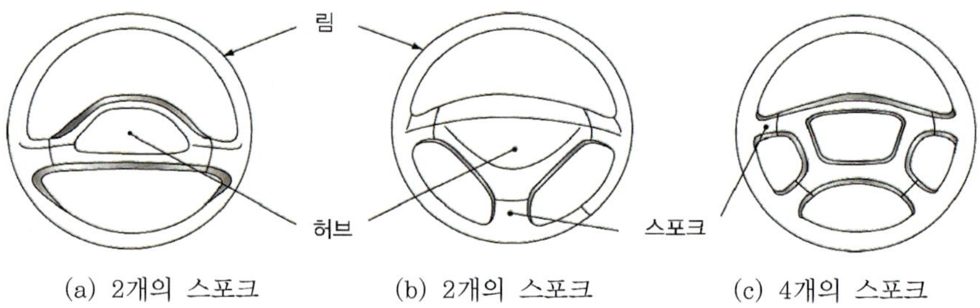

그림 5-6 조향휠의 종류

또한 조향휠은 그림 5-7처럼 자동차에서 충돌이 일어났을 때 운전자의 가슴이 충격을 받지 않도록 조향휠의 허브 부분은 부드러운 탄성체인 패드식으로 만든다. 또한 조향휠과 일체로 만들어진 얇은 철판제 벨로우즈가 삽입되어 자동차가 충격을 받았을 때 이 부분이 좌굴변형이 되면서 에너지를 흡수하는 방식도 있다.

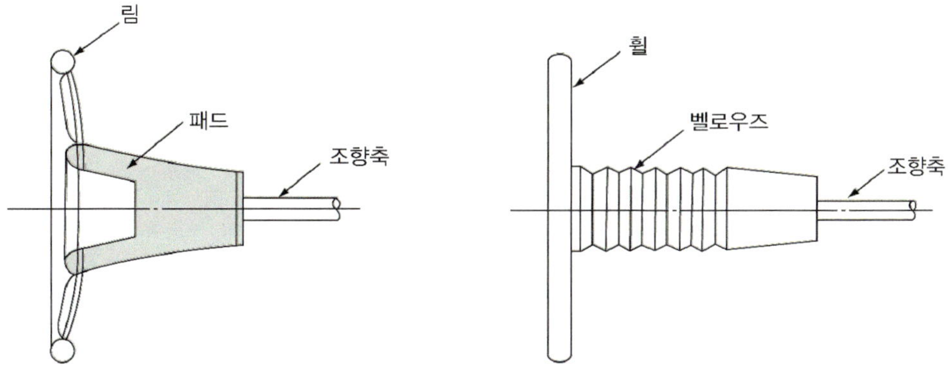

그림 5-7 안전용 조향휠의 예

최근에는 에어백(air bag) 시스템이 교통사고 발생 시 운전자의 안전을 보호할 목적으로 허브에 장착되어 있다. 또한 그림 5-8과 같이 운전자의 체형에 따라 경사각을 조절할 수 있는 틸트 조향휠(tilt steering wheel)이나 조향축 방향으로 이동하는 것이 가능한 텔리스코핑 조향휠(telescoping steering wheel)이 널리 사용되고 있다.

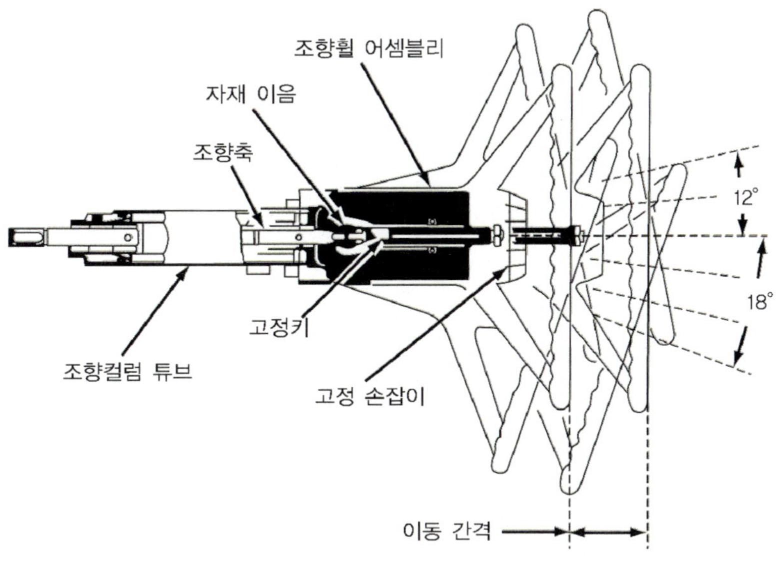

그림 5-8 틸트와 텔리스코핑 조향휠

(2) 조향축과 조향컬럼(steering shaft and steering column)

조향축은 조향휠과 기어장치를 연결하는 축으로 조향컬럼 안에 내장되어 있다. 미국에서는 운전자 보호를 위해 충돌사고 시 연방자동차 안전기준(FMVSS)을 만족시키는 충격흡수장치가 의무적으로 설치되어야 한다. 이 방식은 조향축과 조향컬럼을 윗부분과 아랫부분으로 분할하고 벨로우즈를 설치하여 전방으로부터의 1차 충격과 운전자가 조향휠에 부딪히는 2차 충격으로부터 운전자를 보호한다. 이것은 사고로 인한 충격이 발생하였을 때 조향축의 후방돌출을 억제하고 조향축이 축방향으로 벨로우즈의 압축을 통해 변형되는 방식으로 충격흡수 조향축(collapsible steering post)이라고 한다.

충격흡수식으로는 스틸 볼식, 메시식, 벨로우즈식 등이 있다. 일반적으로 조향축과 조향컬럼은 20~30°경사지게 장착되어 있다.

5-3-2 조향 기어장치

조향 기어장치는 조향휠의 운동방향을 바꾸고 조향력을 증대시켜 앞바퀴에 전달한다. 조향을 위한 충분한 조작력을 얻으려면 기어장치에서 감속을 해야 한다. 이 감속비가 조향기어비(steering gear ratio)로 조향휠이 움직인 회전각과 피트먼 암(pitman arm)이 움직인 회전각의 비로 정의된다.

$$\text{조향기어비} = \frac{\text{조향휠이 움직인 회전각}}{\text{피트먼 암이 움직인 회전각}} \tag{5-3}$$

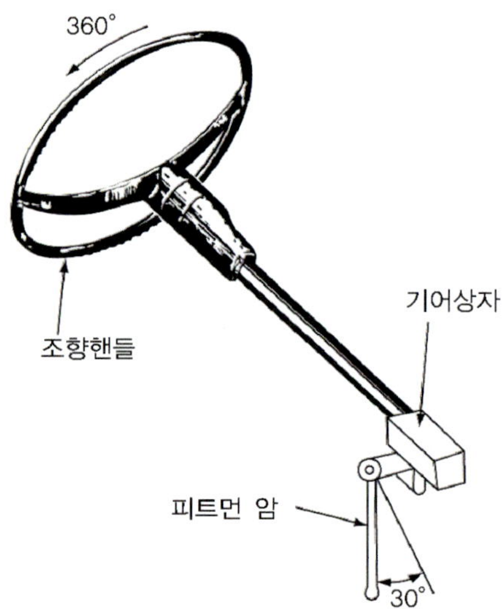

그림 5-9 조향기어비의 개념

일반적으로 조향기어비는 소형차에서 15~20, 중형차는 18~23, 대형차는 20~30 정도인데, 자동차의 중량이 클수록 조향기어비도 크게 하여 조향력의 증대를 도모한다. 그러나 조향기어비가 지나치게 크게 되면 조향휠의 조작은 가볍게 되나 조향휠을 큰 각도로 회전시켜야 한다. 또한 노면의 반력을 감지하기가 어렵게 되며 복원성이 저하되기가 쉽다.

조향기어를 분류하면 래크-피니언형(rack and pinion type), 볼-너트형(recirculating ball and screw type), 웜-핀형(worm and pin type), 웜-섹터형(worm and sector type), 웜-롤러형(worm and roller type)으로 구분된다. 최근에 볼-너트형이 조향효율과

강도의 신뢰성이 높아 중·대형차에 가장 널리 사용된다. 또한 래크-피니언형은 경량으로 저렴하며 조향 응답성이 좋아 소형차에 적용되고 있다.

예제 5-2

조향휠이 1.5회전을 할 때 피트먼 암이 30°회전한 경우 조향기어비(감속비)를 구하여라.

풀이

조향휠의 1.5회전을 회전각으로 표시하면 $360° + 180° = 540°$

따라서 조향기어비

$$\text{조향기어비} = \frac{\text{조향휠이 움직인 회전각}}{\text{피트먼 암이 움직인회전각}} = \frac{540°}{30°} = 18$$

(1) 래크-피니언형

래크-피니언형은 그림 5-10(a)처럼 조향축 끝에 피니언을 설치하고 타이로드에 해당하는 부분에 래크기어를 부착시켜 피니언과 맞물리는 구조로 되어 있다. 이 방식은 피니언의 회전운동을 래크의 좌우방향의 직선운동으로 바꾸어 타이로드를 통해 조향바퀴의 방향을 변경한다. 래크-피니언형은 링크기구가 적어 킥백(kick back: 노면의 상태에 따라 조향휠에 진동이나 회전이 전달되는 현상)이 심해 노면의 상태를 잘 파악할 수 있어 스포츠카에 사용되고 있으며 또한 소형차에도 적용되고 있다.

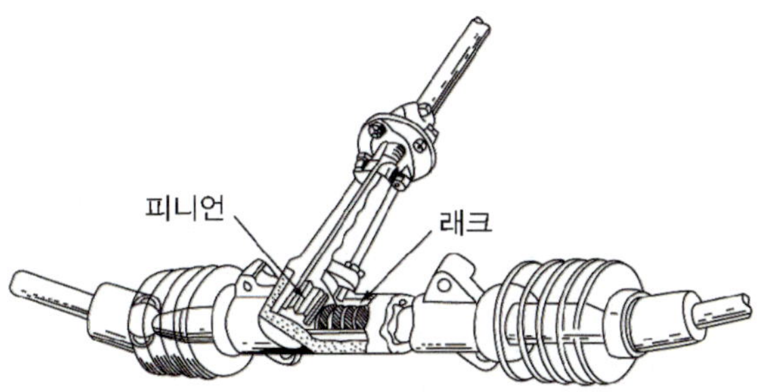

(a) 래크-피니언 형식

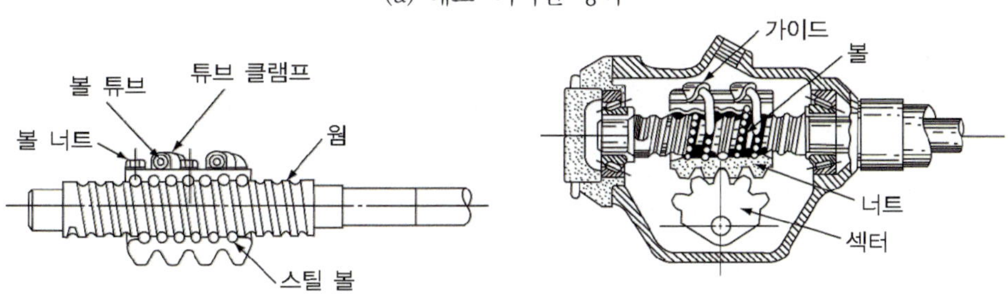

(b) 볼-너트 형식

그림 5-10 조향기어의 종류

(2) 볼-너트형

볼-너트형(그림 5-10(b))은 웜기어와 너트 사이에 여러 개의 볼을 넣어 조향축에 있는 웜기어의 회전을 구름접촉으로 볼 너트에 전달하고 다시 볼 너트와 맞물리고 있는 섹터축(sector shaft 또는 pitman shaft)을 회전시켜 앞바퀴가 회전되는 구조이다. 이 형식은 너트의 움직임이 구름접촉이므로 마찰저항이 작아 조작이 가볍고 마모도 작으며 큰 하중에도 견딜 수 있다. 또한 킥백도 적어서 대형차량에 적합하나 구조가 복잡하다. 보통 볼은 2개의 조로 나누어져 조향휠이 회전하면 함께 구르면서 나사홈 내부를 이동한다. 이후 볼은 너트 끝에서 외부로 나와 안내 튜브(guide tube)를 통해 다시 나사홈으로 되돌아간다. 너트는 래크형이고 섹터측은 피니언형으로 한다.

(3) 웜-섹터형

그림 5-11(a)와 같이 조향축 끝부분의 웜과 부채꼴 형상의 섹터(기어)가 물려 있는 방식이다. 섹터축에는 피트먼 암이 고정되어 있어 웜이 회전하면 피트먼 암이 작동하면서 드래그링크를 앞뒤로 움직이게 된다. 이 방식은 구조가 간단하나 조향휠의 조작력이 크게 걸려 대형차에는 적절하지 않다.

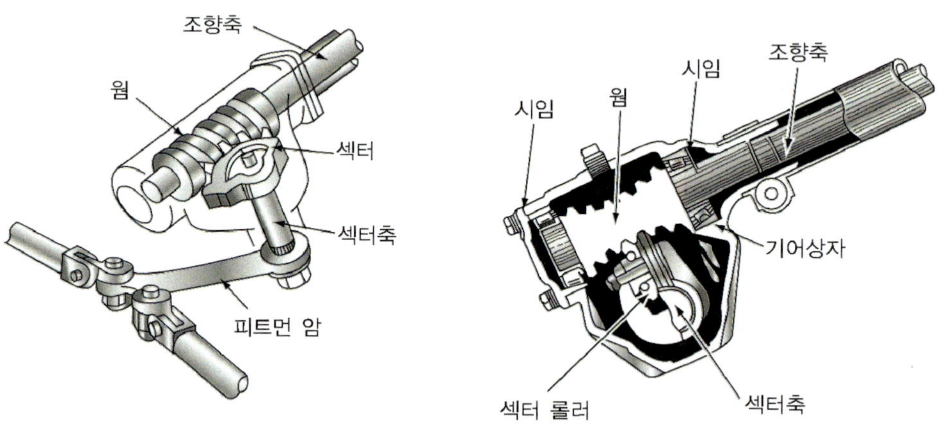

(a) 웜-섹터형 (b) 웜-롤러형

그림 5-11 웜-섹터형과 웜-롤러형

(4) 웜-롤러형

웜-롤러형은 웜-섹터형의 섹터 대신에 산의 수가 1~3개의 롤러를 설치하고 미끄럼마찰을 구름마찰로 바꿈으로써 마찰을 저감한 방식이다.

5-3-3 조향 링크기구

링크기구는 기어의 움직임을 앞바퀴에 전달하고 좌우 바퀴의 조향각이 일정한 관계를 유지하도록 하는 역할을 한다. 피트먼 암(pitman arm), 드래그 링크(drag link), 타이로드(tie rod), 너클 암(knuckle arm)으로 구성된다. 링크기구는 현가장치의 종류 즉, 일체차축식 또는 독립식에 따라 약간 다른 구조를 갖고 있다.

(1) 일체차축식 링크기구

일체차축식 링크기구는 그림 5-12와 같이 좌우 너클 암의 끝을 한 개의 타이로드에 연결한 구조로 한 쪽의 바퀴에 조향력을 작용시키면 나머지 바퀴도 조향이 되는 링크방식이다. 링크기구는 피트먼 암, 드래그 링크, 너클 암, 타이로드 등으로 구성된다.

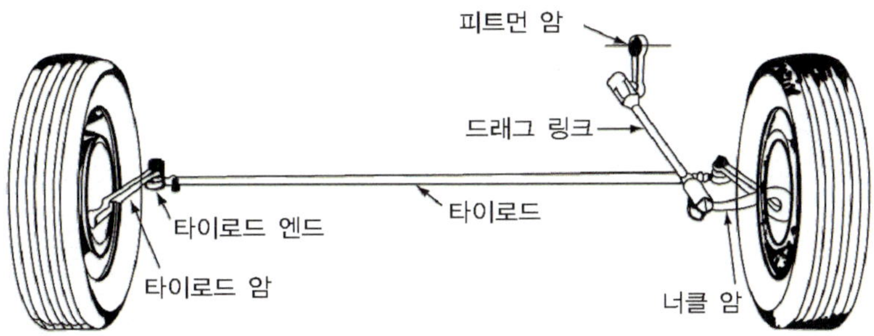

(a) 일체차축식 링크기구

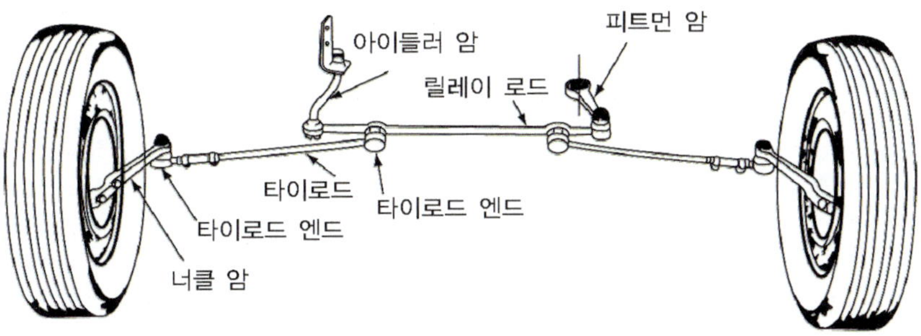

(b) 독립식 링크기구

그림 5-12 일체차축식과 독립식 링크기구

각각의 기능은 다음과 같다.

① 피트먼 암

조향기어장치의 작동을 드래그 링크에 전달하는데 한쪽 끝은 기어기구의 섹터축의 톱니바퀴에 연결되고 다른 한쪽은 볼 조인트(ball joint)로 드래그 링크에 결합된다.

② 드래그 링크

피트먼 암의 작동을 너클 암에 전달하는 작용을 하는데 노면에서 요철에 의한 충격이 조향기어에 전달되지 않도록 스프링이 들어 있다.

③ 너클 암

좌우 바퀴에 있는 링크기구로 드래그 링크, 조향너클, 타이로드 끝부분과 연결된다.

④ 타이로드

좌우 너클 암을 동시에 작동시키는 기구로 차축의 후방에 설치하여 주행 중에 장애물과 충돌하는 것을 피하도록 한다. 타이로드 양끝의 볼 조인트 부위와 중앙의 강관부는 나사로 결합되어 있어 결합길이를 조절하면 앞바퀴 정렬인 토인을 조정하는 것이 가능하다.

(2) 독립식 링크기구

독립식 현가장치는 좌우 바퀴가 서로 독립적으로 상하운동을 한다. 독립식 현가장치에 양쪽 너클 암을 일체차축식과 같은 일체식 타이로드로 연결할 경우 바퀴의 상하운동에 따라 토인이 수시로 변하게 되어 곤란하므로 타이로드가 좌우로 분리된 분할식 타이로드를 사용한다.

독립식 링크기구로는 크게 대칭 링크식과 래크-피니언 링크식으로 구분된다. 대칭 링크식은 그림 5-13과 같이 아이들러 암(idler arm)과 피트먼 암을 좌우 서로 평행하게 설치하고 그 양끝을 릴레이 로드(relay rod)로 연결시킨 구조로 되어 있다.

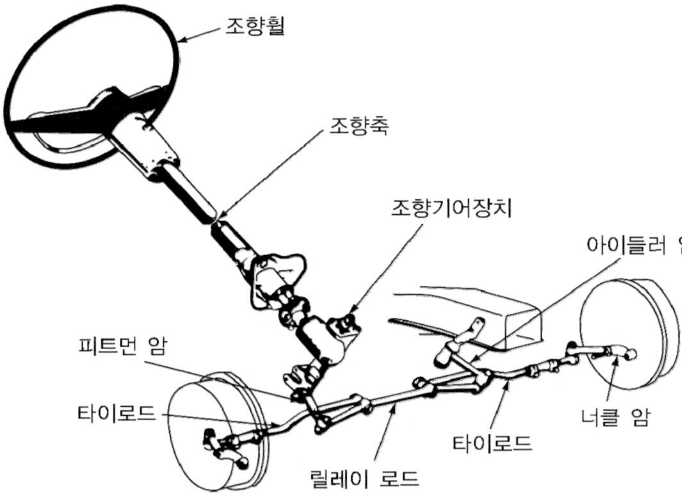

그림 5-13 대칭 링크식 독립식 링크기구

각각의 암(아이들러 암과 피트먼 암)의 끝이나 릴레이 로드의 중간 부분을 타이로드에 연결하고 피트먼 암을 움직여 바퀴에 조향작용을 하도록 한다.

한편 래크-피니언 링크식은 그림 5-14와 같이 래크의 끝이나 중간부분에 타이로드를 좌우로 연결하고 래크의 이동에 의해 좌우 바퀴에 조향을 하도록 만드는 링크기구로 승용차에 널리 사용되고 있다.

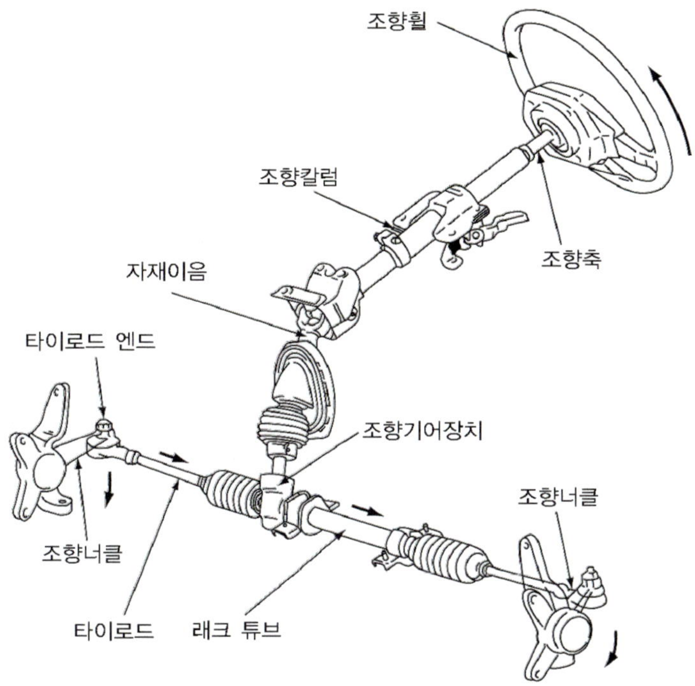

그림 5-14 래크-피니언식 독립식 링크기구

위의 래크-피니언 링크식은 래크가 대칭 링크식의 릴레이 로드 역할을 하고 있어 피트먼 암이나 아이들러 암이 필요하지 않다.

5-4 동력조향장치

버스나 트럭과 같은 대형차, 광폭 타이어나 저압 타이어를 장착한 자동차 또는 FF 자동차에서는 앞바퀴에 많은 하중이 걸리거나 타이어의 접지저항이 증가하여 조향 조작을 하는데 많은 힘을 필요로 한다. 동력조향장치(power steering mechanism)는 조향장치의 중간에 엔진에 의해 발생된 유압을 이용하는 배력장치를 설치하여 운전자가 조향휠의 조작력을 경쾌하게 할 수 있도록 보조해 주는 장치로 다음의 장점을 갖고 있다.

- 조향휠의 조작력을 작게 할 수 있어 조향기어의 선택이 자유롭다.

- 노면으로부터의 충격에 의한 조향휠의 킥백(kick back)을 방지할 수 있다.
- 앞바퀴의 시미운동을 감소시키는 효과가 있다.

한편 동력조향장치의 단점으로는 구조가 복잡해지고 고장 시 정비가 어려우며 가격이 비싸다. 또한 오일펌프를 구동시키려면 엔진의 동력 일부가 소비되어야 하므로 동력손실이 존재한다.

5-4-1 동력조향장치의 구성

동력장치는 그림 5-15와 같이 크게 유압부, 작동부, 제어부로 구성된다.

(1) 유압부

유압부는 동력조향장치의 특징인 배력작용이 가능하도록 유압을 발생하는 부분이다. 유압부는 엔진에 의해 작동되면서 유압을 발생시키는 오일펌프, 과도한 유압발생을 방지하는 압력조정 밸브(pressure relief valve) 및 유량을 조절하는 유량제어밸브(flow control valve) 등으로 구성되어 있다.

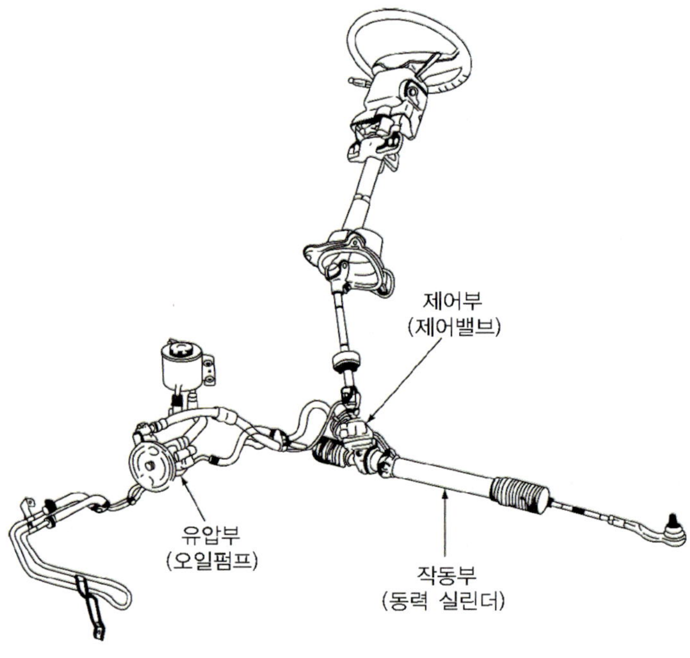

그림 5-15 동력조향장치의 구성

(2) 작동부

작동부는 오일펌프에서 발생된 유압을 앞바퀴의 조향력으로 바꾸는 부분으로 동력 실린더(power cylinder)가 주요 구성품이다. 오일에 의해 동력 실린더 내의 동력 피스톤이 움직이면 타이로드가 움직이게 되어 조향이 손쉽게 이루어진다. 동력조향장치에서는 제어밸브 내의 밸브스풀을 좌우로 움직이는 힘만 발생되면 조향이 가능하게 된다.

(3) 제어부

제어부는 조향휠의 조작으로 유로를 개폐하여 유압이나 오일의 방향을 제어하는 부분인데, 제어밸브는 유로를 변환하여 동력 실린더의 작동방향과 배력작용을 제어한다. 또한 유압계통에 문제가 발생할 경우 조향조작이 가능하도록 안전밸브가 설치된다. 그림 5-16과 같이 제어밸브의 밸브바디 내부 둘레에는 3개의 홈(groove)과 오일펌프에서 전달된 오일을 동력 실린더의 피스톤 양쪽 공간에 유입하기 위한 오일 통로가 설치되어 있다. 제어밸브 내의 밸브스풀(valve spool)의 움직임에 따라 밸브 내부의 오일 통로를 개폐한다.

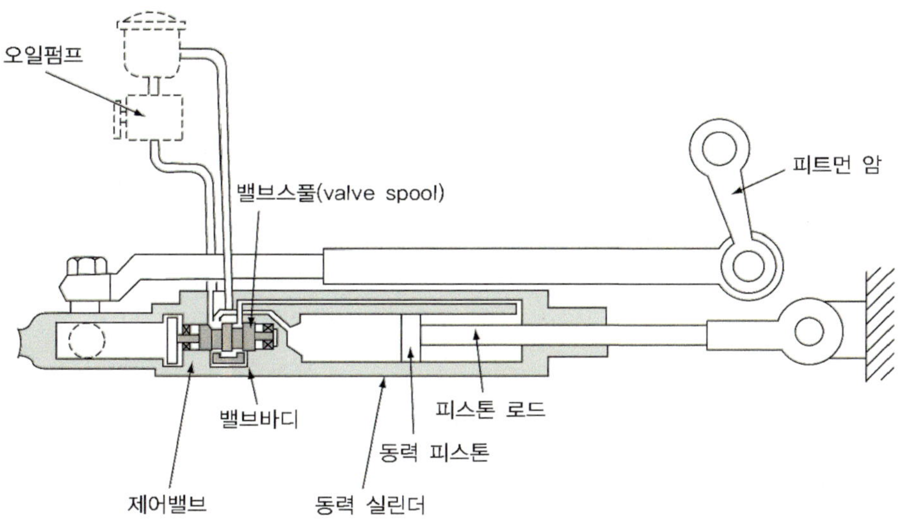

그림 5-16 동력조향장치의 제어밸브 구조

5-4-2 동력조향장치의 종류

동력조향장치의 종류로는 동력 실린더와 제어밸브의 모양이나 배치와 조향기어장치의 형식에 따라 크게 링키지형(linkage type), 일체형(integral type) 및 전자제어형(electronically controlled type)으로 구분된다.

(1) 링키지형

링키지형 동력조향장치는 동력 실린더가 조향 링크기구의 도중에 설치된 방식으로 제어밸브의 장착위치에 따라 조합형(combined type)과 분리형(separator type)으로 나뉜다. 조합형은 동력 실린더와 제어밸브가 일체로 조립된 방식으로 설치장소가 비교적 넓은 대형 트럭이나 버스 등에 사용된다.

분리형은 제어밸브와 동력 실린더가 분리되어 설치되며 설치장소가 좁은 승용차나 소형 트럭에 많이 적용된다.

(2) 일체형

일체형 동력조향장치는 동력 실린더와 제어밸브가 조향기어장치 내에 같이 조립되어 일체로 만들어진 방식이다. 외형을 작게 할 수 있고 장착과 배관을 단순한 형태로 할 수 있어 승용차와 대형차에 널리 사용된다.

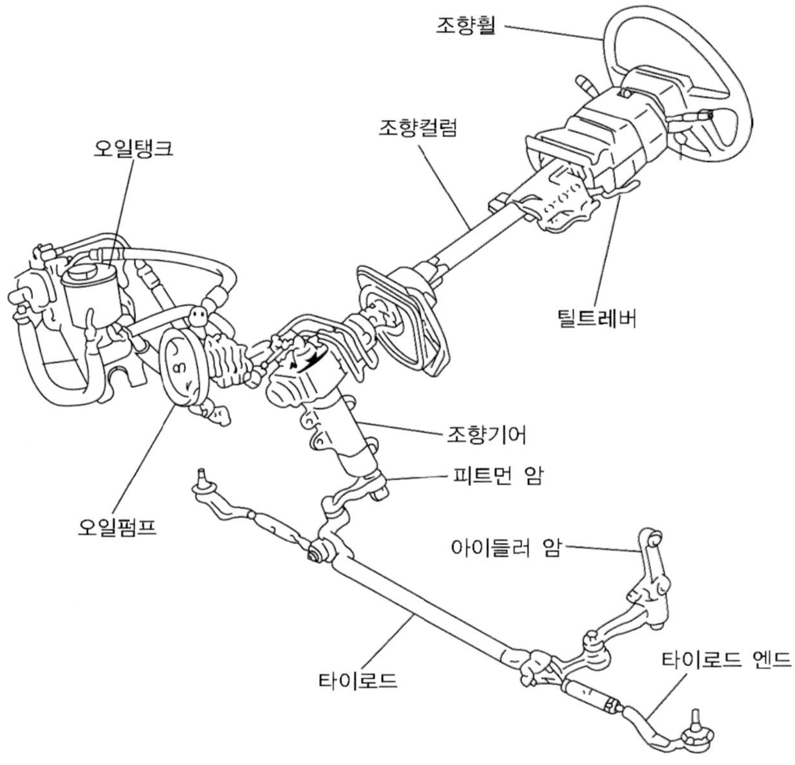

그림 5-17 일체형 동력조향장치의 구조

(3) 전자제어형

전자제어형 동력제어장치는 컴퓨터에 의해 제어되는 솔레노이드 밸브(solenoid valve)를 통해 자동차의 속도에 대응하도록 유압을 변화시키는 방식이다. 이 방식은 저속주행에서는 조향휠의 조작력을 크게 하고 중속주행 이상에서는 약간 작게 하여 적절한 조작력을 갖도록 함으로써 안정성을 높이는 차속 감응형 동력조향장치이다. 기존의 동력조향장치에 차속을 검지할 수 있는 센서와 배력 제어기구를 설치하는데 자동차의 속도에 따라 동력 실린더의 배력을 가변할 수 있도록 오일의 유량이나 유압을 변화시키는 방법으로 제어한다.

5-4-3 동력조향장치의 원리

동력조향장치의 원리에 대해 살펴보자. 운전자가 조향휠을 돌렸을 때 동력조향장치의 오일펌프에서 유압이 발생하고, 이를 제어밸브에서 유로를 조절하여 동력 실린더의 어느 한쪽에 유압을 가하고 반대쪽은 오일을 오일저장 탱크로 배출하는 배력작용을 수행한다. 그림 5-18은 랙-피니언 방식의 동력조향장치의 작동부와 제어부로 로터리 밸브를 제어밸브로 채택하고 있다.

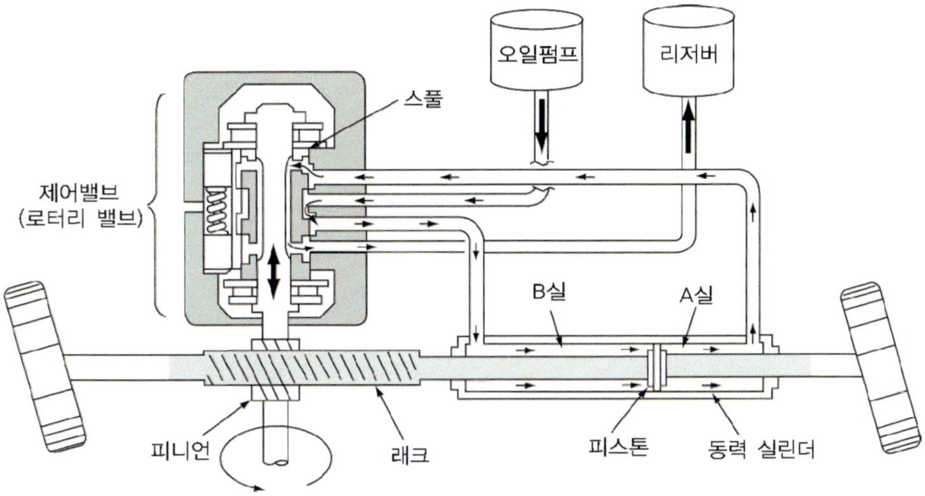

그림 5-18 동력조향장치의 작동원리

운전자가 좌측으로 선회하고자 할 때 조향휠을 좌측으로 돌리면 조향축과 연결된 피니언도 좌측으로 회전하면서 피니언에 맞물린 래크는 우측으로 이동된다. 한편 동력조향장치의 작동을 살펴보면 오일펌프에서 발생된 유압은 로터리 밸브 내로 작용하고 로터리 밸브 구성품인 스풀(spool)의 움직임을 통해 유로를 조정한다. 이에 따라 동력 피스톤의 B실로 오일이 유입되고 A실로부터 오일저장 탱크로 오일이 유출된다. 이때 동력 피스톤에서의 오일의 배력작용은 래크의 좌우 움직임을 지원하면서 운전자의 조향휠 조작을 가볍게 한다. 동력 실린더의 좌우 양축은 타이로드에 연결되어 있는데 왼쪽의 동력 실린더에 유압이 작용할 경우 앞바퀴는 좌측으로 선회하고 우측의 동력 실린더에 가해진 유압은 앞바퀴가 우측으로 선회하게 된다.

그림 5-19는 차속을 자동적으로 검지하여 차속에 따라 오일 유량을 통해 조향력을 조정하는 차속 감응형 동력조향장치(speed-sensitive variable-assist power steering system)이다. 이 장치에서는 우선 차속센서(vehicle speed sensor)에 의해 자동차의 속도를 검지하여 컴퓨터에 입력한다. 컴퓨터는 이를 분석하여 주행 중인 자동차에 적절한 보조동력이 발생하도록 솔레노이드 밸브에 출력신호를 보낸다. 결국 컴퓨터의 신호에 따라 솔레노

이드 밸브는 전자가변 오리피스(electronic variable orifice)와 동일하게 작동한다. 즉, 저속에서는 유량의 증가로 보조동력을 크게 증가시키고 중·고속에서는 유량의 감소를 통해 보조동력을 적절하게 발생하도록 한다. 이에 따라 주어진 자동차의 조건에 맞는 최적의 조향력이 발생한다. 대략적으로 차속이 30km/h 이하에서는 솔레노이드 밸브를 통한 오일량이 최대가 되도록 하여 운전자가 작은 조작력으로도 주차가 가능하도록 한다. 한편 차량의 속도에 따라 유압이 자동적으로 조절되는 동력조향방식도 있다.

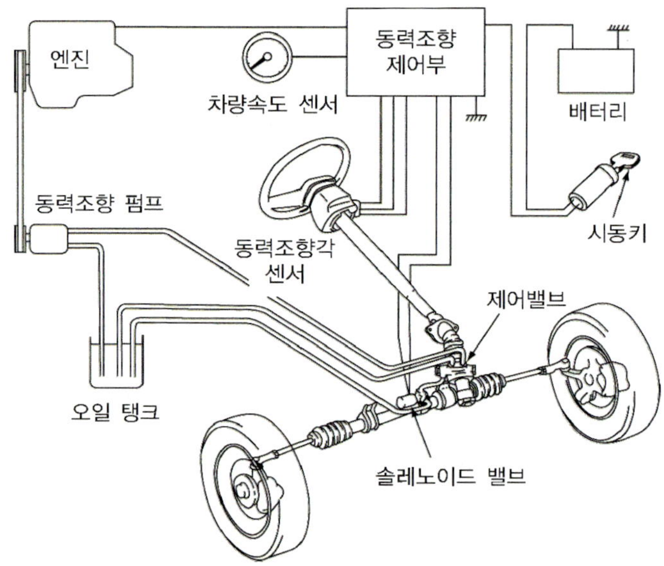

그림 5-19 차속 감응형 동력조향장치

5-5 조향장치의 진동과 조향특성

자동차가 일정속도로 주행할 경우 조향계통에 진동이 발생되어 운전자에게 불쾌감을 유발한다. 또한 조향시스템의 설계에 따라 선회반경에 따라 조향특성도 변화한다.

5-5-1 조향장치의 진동

자동차가 주행 중에 일정 속도에 도달하면 앞바퀴의 킹핀축 둘레에 좌우방향의 횡진동이 발생하거나 앞바퀴를 포함한 앞차축이 차량 전후축의 둘레로 상하회전진동이 일어날 수 있다. 이와 같이 킹핀축 둘레의 횡진동을 플러터(flutter)라 하고 앞바퀴를 포함하여 차축둘레로 발생되는 진동을 트램프(tramp)라고 한다. 앞바퀴의 진동이 심하면 조향링크를 통해 조향휠에 전달되고 결국 자동차 전체를 진동시켜 불쾌감을 유발한다. 이와 같이 바퀴와 차축을 포함한 조향계의 진동을 시미(shimmy)라고 하는데 보통 저속시미와 고속시미로 구분된다.

(1) 저속시미

저속시미는 트램프에 의한 진동은 없고 주로 플러터에 의해 발생되는 조향장치의 진동이다. 자동차의 속도가 20~30km/h의 저속으로 주행할 때 진동수 5~6Hz 정도로 발생한다. 조향 링크기구는 진동에 대해 어느 정도의 저항력이 있다. 저속시미가 발생하려면 노면의 요철을 넘거나 기타 다른 요인으로 인해 진동이 유발되어야 한다. 저속시미가 발생하면 조향휠의 흔들림이 매우 심하여 조종이 곤란해지는 경우도 있다.

(2) 고속시미

고속시미는 조향장치의 플러터 진동과 트램프 진동이 결합되어 발생하며 자동차의 속도가 50~60km/h에서 진동수 10~12Hz 정도로 발생한다. 고속시미는 일체차축식 현가장치에서 잘 발생되는데 이를 방지하기 위해서는 독립식 현가장치를 채택하는 것이 유리하다.

5-5-2 조향특성

자동차가 일정 반경을 그리며 선회할 때 곡선운동을 계속하려면 그림 5-20과 같이 바깥쪽으로 작용하는 원심력과 평형을 이루는 구심력이 필요하다. 이 구심력은 도로면에 옆경사(cant)가 있는 경우를 제외하고 타이어가 바깥쪽으로 미끄러지는 횡슬립(side slip)에 의해 행해진다. 횡슬립은 타이어의 중심선과 바퀴의 진행방향이 일치하지 않을 때 발생하는데 이는 원심력에 의해 차체도 바깥쪽으로 밀리지만 타이어는 노면과의 마찰로 인해 접촉면이 움직이지 않기 때문이다. 자동차의 선회 시 원의 바깥쪽으로 향하는 원심력에 대응하여 바퀴는 지면과 접촉하는 부위가 변형되면서 발생하는 탄성복원력이 구심력으로서 안쪽 방향으로 작용한다. 이러한 탄성복원력 중에서 자동차의 진행방향과 수직방향의 분력을 선회구심력(cornering force)이라고 한다.

일반적으로는 원심력에 대응하는 탄성복원력을 선회구심력이라고도 한다. 보통 탄성복원력은 타이어의 중심보다 뒤쪽에 작용한다. 또한 선회구심력도 타이어의 접지중심에서 t만큼 뒤로 이동되어 작용하는데 이 거리를 뉴매틱 트레일(pneumatic trail)이라고 한다. 따라서 선회구심력은 타이어의 중심을 지나는 수직선의 둘레로 모멘트를 발생시키게 된다. 이 토크는 횡슬립각을 감소시키려는 방향 즉, 타이어를 차의 진행방향과 일치시키려고 하는 방향으로 작용하므로 복원 토크라고 한다. 복원 토크는 $(t \cdot F_c)$의 크기를 갖게 된다.

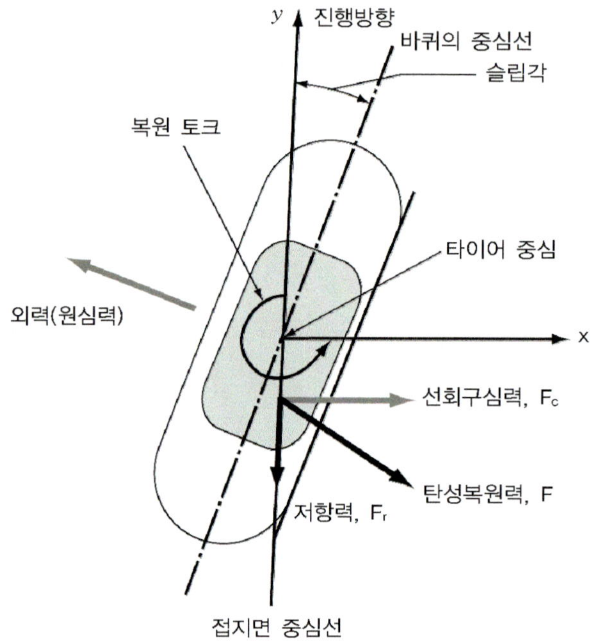

그림 5-20 선회 시 바퀴에 작용하는 힘

한편 바퀴의 진행방향과 바퀴의 중심선이 만드는 각을 슬립각(slip angle)이라고 하는데 이는 자동차가 선회할 때 발생하는 원심력이나 바람에 의한 횡력이 작용할 때 발생한다. 선회구심력은 타이어의 구조, 형상, 재질, 내압, 하중 등에 따라 변하는데 특히, 큰 영향을 미치는 내압이나 하중이 결정되면 슬립각의 함수로 표시된다. 선회구심력은 접지하중의 1/2이 될 때까지 슬립각에 비례하여 증가하나 그 이상의 슬립각이 되면 선회구심력은 거의 증가하지 않고 포화상태가 된다. 보통 자동차의 운전 시 횡슬립각은 5~6°이하이고 이 영역 내에서는 선회구심력이 슬립각에 따라 직선적으로 증가한다. 복원 토크는 슬립각 4~6°부근에서 최대가 되고 그 후에는 급격히 감소하게 된다.

자동차가 조향휠의 회전각도를 일정하게 유지하면서 일정한 속도로 선회할 때 서서히 가속할 경우 자동차가 그리는 반경이 변화하게 된다. 이때 선회반경은 자동차의 무게중심의 위치와 전후 바퀴의 선회구심력에 따라 다른 특성을 보인다.

(1) 뉴트럴 스티어링(neutral steering)

조향각을 일정하게 하면서 자동차가 선회할 때 반경이 일정한 원주상을 주행하는 경우의 조향장치 특성이다. 앞바퀴와 뒷바퀴의 선회구심력이 동일할 때 발생한다.

(2) 언더 스티어링(under steering)

언더 스티어링은 조향각을 일정하게 하면서 자동차가 선회할 때 일정한 원주상을 바깥쪽으로 벗어나서 주행하는 경우의 조향장치 특성이다.

보통 뒷바퀴의 선회구심력이 앞바퀴보다 클 경우 발생하며 무게중심이 앞에 쏠린 자동차는 이 특성을 나타낸다.

(3) 오버 스티어링(over steering)

오버 스티어링(그림 5-21)은 조향각을 일정하게 하면서 자동차가 선회할 때 언더 스티어링과 반대로 안쪽으로 말려 들어가는 경우의 조향장치 특성이다. 언더 스티어링과 반대로 앞바퀴의 선회구심력이 뒷바퀴의 선회구심력보다 클 경우 발생하며 무게중심이 뒤쪽에 있으면 오버 스티어링 특성을 보인다.

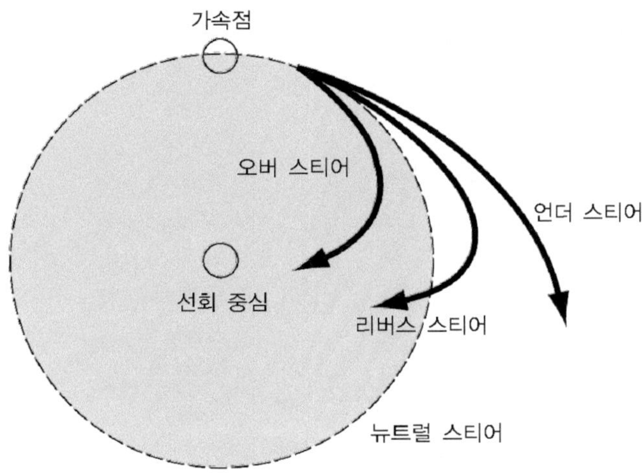

그림 5-21 조향특성에 따른 바퀴의 궤적

(4) 리버스 스티어링(reverse steering)

리버스 스티어링은 조향각을 일정하게 하면서 자동차가 선회할 때 처음에는 언더 스티어링으로 밖으로 나가려 하지만 도중에 갑자기 안쪽으로 말려드는 경우 또는 그 역으로도 가능한 조향장치 특성이다.

일반적으로 승용차는 완만한 언더 스티어링 특성을 갖도록 설정한다. 이것은 운전자가 조향휠을 조정할 때 자신의 예상보다 곡선로를 완만하게 선회하더라도 이를 수정하기가 쉽기 때문이다. 언더 스티어링은 뒷바퀴의 선회구심력을 크게 하면 되는데 선회구심력을 크게 하려면 타이어의 압력을 높이면 된다. 또한 자동차의 무게중심이 앞으로 쏠릴수록 언더 스티어링 경향을 갖게 된다. 오버 스티어링 자동차는 경주용이나 스포츠카에 적용되는데 고속으로 곡선로를 선회할 때 고도의 숙련자가 아닐 경우 자동차를 운전하는 것이 상당히 어렵게 된다.

5-6 4륜 조향장치

4륜 조향(4WS, 4 wheel steering)은 앞과 뒤의 모든 바퀴를 조향하는 것으로 일반적인 2륜 조향에 비해 다음과 같은 장점이 있다.

- 고속주행 시 작은 조향을 할 때 요잉(yawing)을 감소시켜 조종안정성을 향상시킬 수 있다.
- 고속주행으로 선회 시 선회원과 차체의 방향을 일치시켜 조종안정성을 향상시킬 수 있다.
- 저속주행에서 큰 조향을 할 때 선회반경을 작게 할 수 있다.

4륜 조향은 그림 5-22와 같이 뒷바퀴가 앞바퀴와 같은 방향으로 움직이는 동일위상 조향(그림 5-22(a))과 반대방향으로 움직이는 반대위상 조향(그림 5-22(b))으로 구분된다. 동일위상 조향은 고속주행이나 선회주행 시의 조종안정성이 좋다. 이것은 앞바퀴와 뒷바퀴가 같은 방향으로 움직이게 되어 앞・뒷바퀴의 횡력(cornering force)이 일찍 작용하고 요잉 모멘트(yawing moment)가 발생하기 전에 차량 전체를 횡방향으로 이동시키는 힘이 작용하기 때문이다. 따라서 응답성이 좋고 차체의 롤링이 작게 되어 안정된 조향이 가능하게 된다.

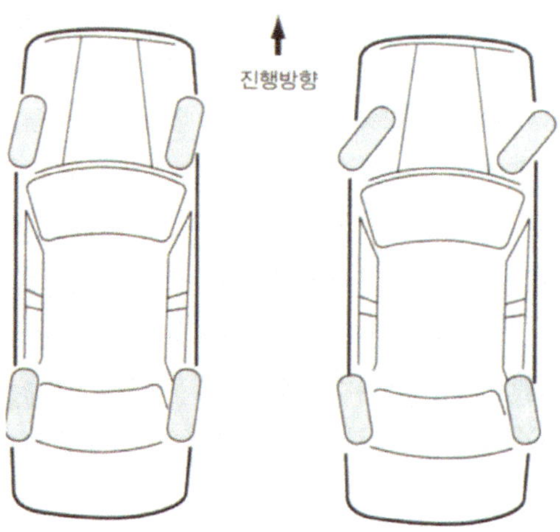

(a) 동일위상 조향 (b) 반대위상 조향

그림 5-22 4륜 조향장치

한편 저속주행에서는 반대위상 조향이 적용될 경우 주차하거나 차를 차고에 입고시킬 때 선회반경을 작게 할 수 있어 조종성을 향상시킬 수 있다.

5-7 휠과 타이어

자동차가 주행할 때 바퀴(차륜)로 불리는 휠(wheel)과 타이어(tire)는 자동차 하중의 부담, 구름저항의 유지, 구동력과 제동력의 전달, 조향성과 안정성 확보 등의 관점에서 매우 중요한 역할을 담당한다. 휠은 타이어와 함께 자동차의 거의 모든 중량을 지지하고 구동력과 제동력 및 선회 시 원심력, 횡력 등을 견디면서 주행하는데 중량이 가벼워야 한다. 타이어는 노면의 충격을 흡수하여 완화해주는 역할을 하고 구동력을 전달하기 위해 노면과 접촉하여 마찰력을 발생한다. 이를 통해 가속과 선회 및 제동이 필요할 때 차량이 미끄러짐이 없이 안정된 주행성능이 발휘되도록 한다.

5-7-1 휠(wheel)

휠은 휠의 외주부분으로 타이어가 끼워지는 림(rim) 부분, 휠을 허브에 장착하는 휠 디스크(wheel disc) 부분으로 구성되며 타이어는 림 베이스(rim base)에 장착된다. 휠의 재질로는 연강판으로 만든 강판제 휠(steel wheel)이 사용된다. 그러나 최근 알루미늄이나 마그네슘 등 경합금으로 만든 경합금제 휠(light alloy wheel)이 가속, 승차감, 연료소비율에 유리하고 미관상으로도 좋기 때문에 그 사용량이 증가하고 있다.

그림 5-23과 같이 휠은 구조에 따라 크게 디스크 휠(disc wheel), 스포크 휠(spoke wheel), 스파이더 휠(spider wheel)로 구분된다.

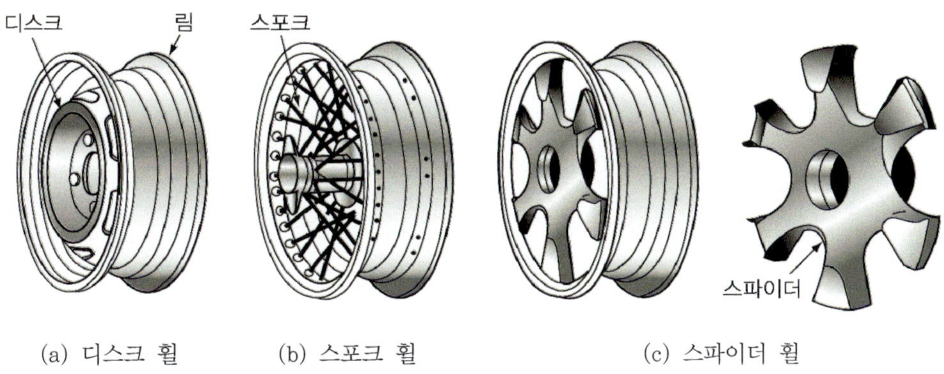

그림 5-23 구조에 따른 휠의 분류

(1) 디스크 휠

림과 디스크의 재료로 연강판을 사용하여 성형한 후 용접으로 결합한 방식이다. 대량생산에 적합하고 저렴한 가격으로 생산할 수 있어 대부분의 자동차에 사용된다.

(2) 스포크 휠

림과 허브 및 이들을 연결하는 강선의 스포크로 구성된다. 가볍고 충격 흡수가 우수하며, 브레이크 드럼의 냉각성능이 우수하고 또한 외관이 아름다워 오토바이나 스포츠카에 주로 사용된다.

(3) 스파이더 휠

방사상의 링 지지대인 스파이더가 장착된 방식으로 브레이크 드럼의 냉각성능이 우수하고 큰 지름의 타이어에도 사용될 수 있다. 주로 대형차에 사용된다.

5-7-2 타이어(tire)

타이어는 휠의 림에 끼워져 휠과 일체로 회전하면서 노면으로부터의 충격을 흡수한다. 또한 노면과의 접촉을 통해 마찰력을 발생하여 자동차의 구동력과 제동력이 타이어를 통해 작용된다. 타이어의 기능으로는 자동차의 하중을 지지하고 구동력과 제동력을 노면에 전달한다. 또한 타이어는 노면의 충격을 완화시키고 차량의 방향을 변화시키거나 유지하도록 작용한다.

1. 타이어의 기본 구조

타이어는 레이온(rayon)과 나일론(nylon) 등의 섬유에 양질의 고무를 입힌 플라이(ply) 코드(cord)를 여러 층 겹치고 황을 가한 후 틀 속에서 성형하여 만들어진다. 타이어의 외주는 크게 트레드(tread), 숄더(shoulder), 사이드(side), 비드(bead)로 구성되는데 승용차와 버스 및 트럭의 타이어 구조는 그림 5-24와 같이 타이어 단면이 조금 다르다.

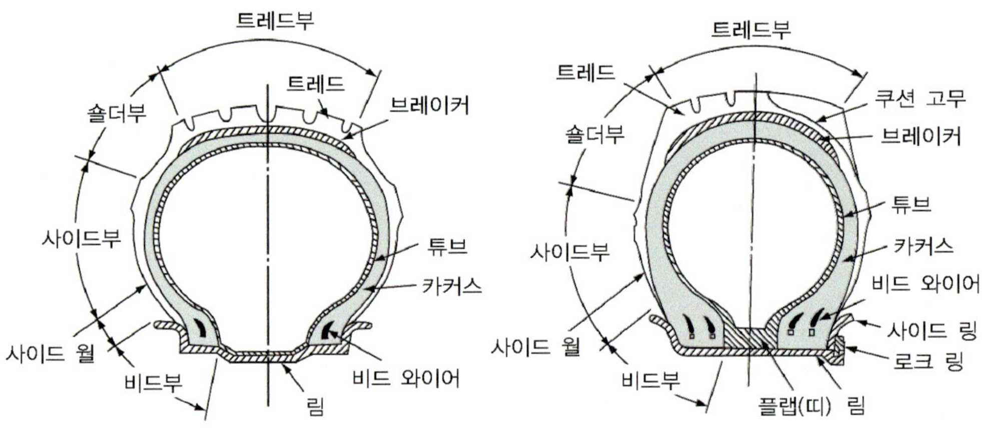

(a) 승용차용 타이어의 단면　　(b) 트럭, 버스용 타이어의 단면

그림 5-24 타이어의 구조

타이어의 골격은 고무로 피복된 섬유층인 플라이(ply)를 겹쳐 놓은 카커스(carcass)로 구성되어 있고 도로와 직접 접촉되는 부위는 두꺼운 고무층인 트레드가 장착되어 카커스를 보호한다. 타이어의 측면부위인 사이드부는 외부 이물질의 충격과 침입을 방지하기 위해 얇은 고무층으로 보호한다. 또한 아래 부위인 비드부(bead section)의 내부에는 강한 고탄 소강선인 비드 와이어(bead wire)가 삽입되어 있다.

(1) 트레드

트레드는 경질의 내마모성이 우수한 고무를 사용하여 노면으로부터의 외상이나 마모로부터 카커스를 보호하기 위해 장착된다. 또한 트레드는 노면과의 접촉을 통해 구동력, 제동력, 선회 시의 횡력(선회구심력) 등을 발생하는 데 중요한 역할을 하며 보통 트레드에 새겨진 무늬인 트레드 패턴(tread pattern)의 모양이 큰 영향을 미친다. 트레드부에는 특수 커터기로 홈을 파거나 금속편과 금형을 이용하여 여러 가지 무늬를 새겨 넣는다. 이러한 무늬는 타이어와 노면과의 접지력을 향상시키고 비오는 날 주행 시 노면의 수막을 끊어 접지력을 크게 향상시킨다.

(2) 카커스

카커스는 타이어의 뼈대 부분으로 폴리에스텔, 나일론 또는 레이온 등의 코드를 서로 엇비스듬하게 여러 층 겹쳐 내열성을 갖춘 고무로 접착시킨 구조이다. 타이어의 강도는 사용된 코드의 인장강도와 코드의 층수(플라이 수)에 따라 결정되며 이렇게 만들어진 타이어는 전후좌우 어느 방향에서도 충분한 강도를 확보할 수 있다. 일반적으로 타이어의 플라이 수는 타이어가 감당하는 부하능력을 표시하는 척도로 사용되는데 승용차의 저압 타이어의 플라이 수는 4~6매, 트럭이나 버스는 8~16매로 구성된다.

(3) 브레이커

브레이커부(breaker strip)는 트레드와 카커스 사이에 위치하여 트레드와 카커스의 강성의 차이로 인해 발생되는 국부적인 변형이나 충격을 흡수한다. 또한 브레이커는 트레드가 받은 외상이 카커스에 미치지 않도록 하기 위해 여러 겹의 코드층을 내열성의 고무로 싼 구조로 되어 있다. 트레드부 바로 밑부분에 고무 코드 2~4매를 교대로 비스듬하게 포갠 형태로 못이나 유리조각 등의 침입을 막는다. 브레이커는 벨트라고도 한다.

(4) 숄더

숄더는 트레드의 측면에 해당하는 부위로 두꺼운 고무층으로 되어 있으며 카커스를 보호하고 주행 중 타이어 내부에서 발생되는 열을 방산시키는 역할을 한다.

(5) 비드

비드는 카커스 섬유층의 말단 부위를 고정시켜 타이어의 압력을 유지하고 타이어를 림에 고정시키는 역할을 한다. 승용차에는 강한 고탄소강선을 1줄, 트럭이나 버스에서는 2줄의 비드 와이어를 사용하여 팽창을 방지하고 타이어가 림에서 빠지지 않도록 한다.

2. 타이어의 종류

(1) 레이디얼 타이어(radial tire)

레이디얼 타이어는 카커스 코드가 타이어의 원주방향과 직각인 방사상으로 배열되어 반지름 방향의 장력을 지지할 수 있는 구조이다. 그러나 원주방향의 힘을 부담하는 것이 어려우므로 그림 5-25와 같이 10~20°경사지도록 강철이나 레이온, 폴리에스테르로 된 브레이커를 트레드와 카커스 사이에 위치시켜 원주방향의 장력을 견디도록 하고 있다.

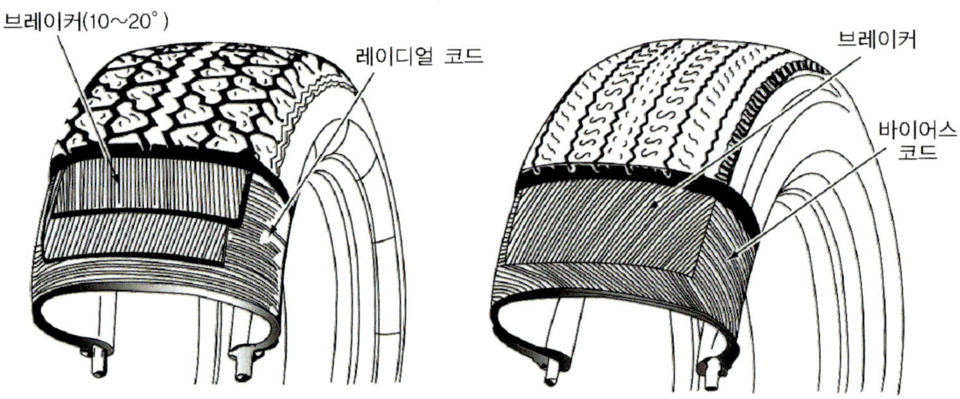

그림 5-25 레이디얼 타이어와 바이어스 타이어의 구조

레이디얼 타이어는 트레드부의 강성이 크고 수축이 거의 없어 내마모성이 우수하다. 또한 구름저항이 작고 타이어의 발열이 적으며 조종안정성이 우수한 특성을 갖고 있는데 초기에는 스포티한 자동차에 장착되었다. 최근 레이디얼 타이어는 자동차의 고출력화와 함께 고속용 타이어로 널리 사용된다.

(2) 바이어스 타이어(bias tire)

바이어스 타이어는 카커스 코드를 경사지게 포갠 구조로 되어 있는데 타이어 원주방향에 대해 대략 45°비스듬한 각도로 교차시키고 편평 타이어에서는 더 작은 각도로 포개진다. 카커스 코드는 타이어 회전방향과 단면방향의 2개의 힘을 모두 받게 되고, 주행 중에는 타이어의 카커스 코드의 각도가 상대적으로 변형을 많이 함으로써 유연성이 높고 승차감이 좋다. 그러나 트레드면이 수축되기 쉽고 내마모성이 약한 단점이 있다. 최근에는 미국에서 개발된 벨티드 바이어스 타이어(belted bias tire)가 사용되고 있다. 이 타이어는 브레이커보다 강도가 훨씬 높은 유리섬유를 사용함으로써 승차감을 손상시키지 않고 레이디얼 타이어와 동일한 정도의 강도를 갖게 하여 고속안정성이 확보된 타이어이다. 또한 내마모성, 연비 및 조종안정성도 바이어스 타이어보다 우수하다고 알려져 있다.

(3) 스노우 타이어(snow tire)

스노우 타이어는 그림 5-26과 같이 눈길에서 체인을 장착하지 않고 주행할 수 있도록 만든 타이어로서 트레드 패턴에 눈이 잘 끼이지 않게 하여 눈길에서 방향성과 견인력을 잃지 않고 주행할 수 있다. 보통 눈길에서의 접지력을 높이기 위해 스노우 타이어는 트레드부 폭을 10~20% 넓게 한다. 홈의 깊이는 승용차의 경우 50~70%, 트럭과 버스는 10~40% 정도 깊게 만든다.

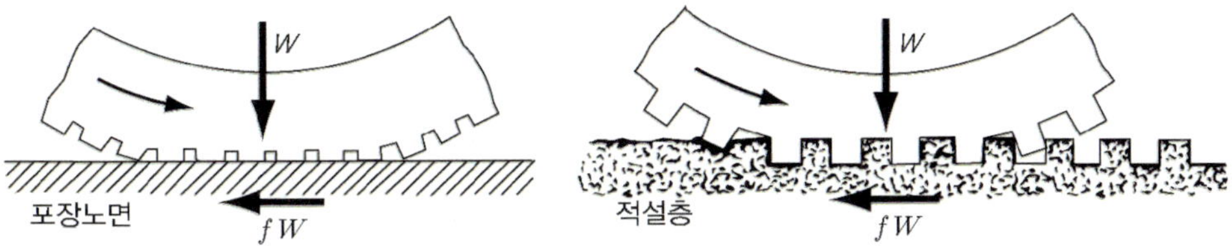

(a) 일반 타이어 (b) 스노우 타이어

그림 5-26 일반 타이어와 스노우 타이어의 점착력

스노우 타이어는 눈길에서의 주행 시에는 도움이 되나 얼음 위 또는 빙결된 눈 위에서는 체인보다 성능이 떨어진다. 따라서 특수 합금제의 금속편을 트레드에 심은 스파이크 타이어(spike tire)가 사용된다. 스파이크의 형상에 따라 핀 끝의 단면이 좁게 되어 있는 핀 형식과 링 형식으로 구분된다. 스파이크의 선단부는 텅스텐 카바이트 분말을 소결시킨 합금으로 만들어진다. 그러나 스파이크 타이어는 도로를 파손하면서 분진이 발생하는데 미국이나 유럽에서는 사용을 금지시키고 있고 국내에서도 이에 동조하는 분위기이다.

최근 스파이크 타이어의 대안으로 스터드리스 타이어(studless tire)가 사용된다. 이것은 얼음 위 또는 동결된 노면에서의 점착력을 향상시키기 위해 저온에서도 경화가 덜 되는 고무를 사용한다. 이에 따라 얼음 위에서도 고무가 부드럽게 작용하여 접지면적이 증가하므로 얼음노면과 타이어 사이의 마찰이 증가한다. 또한 스터드리스 타이어는 점착력과 배수성을 향상시키기 위해 깊은 홈을 판 타이어의 구조로 되어 있다.

(4) 튜브리스 타이어(tubeless tire)

타이어가 압정, 못, 노면의 충격 등으로 내부의 튜브가 손상될 경우, 급격한 공기의 유출로 인해 자동차의 조종이 어렵게 되어 위험한 상황에 처한다. 이를 방지하기 위해 1947년 미국의 Goodrich사가 개발한 튜브리스 타이어가 사용되는데 이것은 타이어 내부에서 튜브를 제거한 타이어이다. 튜브리스 타이어는 내부에 공기를 투과시키지 않는 고무를 이너 라이너(inner liner)에 의해 붙인 것으로 타이어가 손상을 입어도 급속한 공기의 유출을 방지할 수 있고 튜브가 없어 중량도 경감되므로 최근 대부분 사용되고 있다.

(5) 레이싱 타이어(racing tire)

레이싱 타이어는 경주용 자동차에 장착되는 타이어로 다음의 구조적인 특징을 갖는다.

- 고속주행에 견디기 위해서는 경량화가 필요하며 이를 위해 가볍게 제작된다.
- 트레드 고무의 두께는 스탠딩 웨이브 및 발열을 방지하기 위해 경주거리에 필요한 최소한으로 만드는데 보통 일반 타이어의 1/2~1/3 정도의 값을 갖는다.
- 튜브리스 타이어의 경우 경량화를 위해 이너 라이너(inner liner)가 없고 일반 타이어에 비해 펑크가 났을 경우 공기압의 저하가 빠르다.
- 경량화를 위해 타이어 옆면을 보호하는 고무층이 없다.
- 고속시의 조종안정성을 확보하기 위해 초편평(30~50%)으로 한다.
- 바이어스 타이어와 레이디얼 타이어의 구조를 갖고 있으나 일반적인 레이디얼 타이어와는 약간 차이가 있다.

(6) 고성능 타이어(high performance tire)

고성능 타이어는 조종안정성과 고속성능을 향상시키기 위해 타이어와 노면과의 점착력을 높인 타이어이다. 보통 트레드 패턴에서 홈의 면적을 작게 하고 블록을 크게 한 구조이다. 이에 따라 고성능 타이어는 연비나 승차감 및 내마모성 등은 일반 타이어에 비해 떨어진다.

(7) 재생 타이어

재생 타이어는 카커스나 비드에 상처가 없고 트레드만 마모한 타이어를 새로운 트레드 고무를 가황하여 재사용되도록 만든 타이어이다. 택시나 트럭 등의 뒷바퀴용으로 많이 사용된다. 재생 타이어는 재생하려고 하는 타이어에 대한 충분한 검사가 선행되어야 한다. 다음과 같은 타이어는 재생 타이어로 사용될 수 없다.

- 카커스부에 열상이나 관통상이 있는 것
- 비드 와이어가 절손 또는 손상을 입었거나 너무 늘어난 것
- 플라이의 분리가 있는 것
- 내면 코드에 끌림이 있는 것
- 노화와 변형이 심한 것
- 마모가 카커스까지 도달한 것

3. 타이어의 분류와 규격

(1) 타이어의 분류

자동차에 장착되는 타이어는 제품의 호환성을 고려해서 각 나라가 공통된 규격을 정하여 제조한다. 국내에서는 KS 규격에 의해 용도, 자동차 성능, 사용조건 등을 고려하여 승용차용 타이어, 경트럭용 타이어, 소형 트럭용 타이어, 트럭 및 버스용 타이어로 구분한다. 각국의 규격으로 미국은 TRA(Tire and Rim Association) 규격이 사용되고 있고 유럽에서는 ETRTO(European Tire and Rim Technical Organization) 규격이 사용된다.

승용차용 타이어는 KS 규격에 따르면 편평률의 차이로 구분된다. 바이어스 타이어는 1종(편평률 0.96), 2종(편평률 0.8), 3종(편평률 0.82), 78 시리즈(편평률 0.78), T 형식(응급용) 등으로 구분된다. 레이디얼 타이어는 편평비에 따라 82 시리즈, 70 시리즈, 60 시리즈 등으로 구분된다.

한편 타이어는 내부의 공기압에 따라 고압 타이어, 저압 타이어, 초저압 타이어로 구분된다. 고압 타이어는 공기 상용압력이 5~8bar 정도로 타이어 지름에 배해 단면적이 작은 편이고 주로 대형 트럭이나 버스에 사용된다. 저압 타이어는 내부 공기압이 3~5bar 정도로 지름이 작고 단면적 및 접지면적은 크며 소형 트럭이나 승용차, 버스 등에 사용된다. 한편 초저압 타이어는 내부 압력이 2~2.5bar 정도로 승용차에 주로 사용되고 있다.

(2) 타이어의 규격

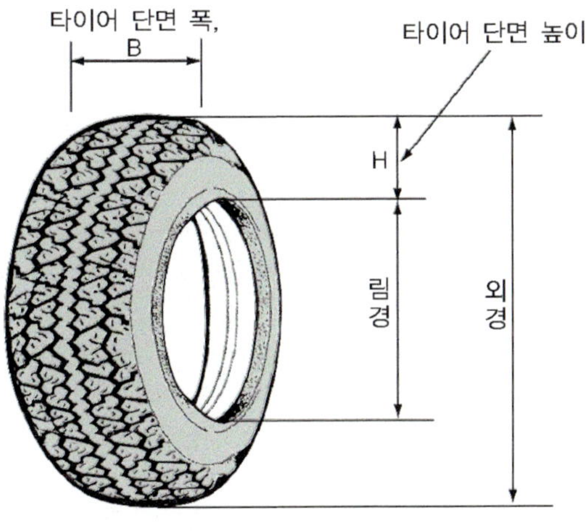

그림 5-27 타이어의 치수 표시

승용차용 고속 타이어에는 허용 최대속도에 따라 기호가 들어간다. 바이어스 타이어에서 S는 180km/h, H는 210km/h, V는 240km/h, W는 270km/h를 의미한다. 레이디얼 타이어에서는 속도에 따라 각각 SR과 HR 기호를 타이어 폭의 끝과 림의 지름 사이에 넣는다.

또한 플라이 레이팅(PR)은 타이어의 강도를 나타내는 지수로 실제 플라이 수와는 관계가 없다. 면코드에서 플라이 수의 강도에 상당하는 값으로 5PR이면 목면코드 5 플라이의 세기와 같다는 것을 의미한다. 한편 편평비(aspect ratio)는 그림 5-27에서 타이어의 단면높이 H를 타이어의 단면폭 B로 나눈값인 H/B의 백분율로 표시된다.

승용차에서 타이어의 규격은 다음 3가지 형식이 사용되고 있다.

① 타이어의 폭(inch) - 림의 지름(inch) - 플라이 레이팅(PR)

예 6.00 S 12 - 4PR: 타이어의 폭이 6인치, 속도는 S급, 림의 직경은 12인치, 면코드 4 플라이 수의 강도를 갖는 타이어

② 타이어의 폭(mm) - 편평비 - 림의 지름(인치) - 플라이 레이팅(PR)

예 185 / 70HR - 13: 타이어 폭이 185mm(끝자리가 5로 끝남), 편평비가 0.7, 허용 최대속도가 210km/h, 림의 지름이 13인치인 레이디얼 타이어

③ 타이어의 부하능력 - 편평비 - 림의 지름(인치) - 플라이 레이팅

예 Z78 - 13 - 4PR: 부하능력이 Z(Y-Z-A-B-C … 순서로 부하능력 증가), 림의 지름이 13인치, 면코드 4 플라이 수의 강도에 상당한 값을 갖는 타이어

4. 트레드 패턴(tread pattern)

타이어의 성능은 트레드에 새겨진 무늬(pattern) 형상의 영향을 받는다. 트레드 패턴은 주행조건에 따라 타이어와 노면 사이의 접지성(road holding)을 향상시키는 데 중요한 역할을 한다. 또한 트레드 패턴은 제동력과 구동력의 전달, 조종성과 안정성 확보, 미끄럼 방지, 방열과 소음 감소 및 승차감 향상에도 기여를 한다. 트레드 패턴은 그림 5-28과 같이 여러 가지로 분류된다.

(1) 리브 패턴(rib pattern)

타이어의 원주 방향에 따라 여러 홈을 만든 형식으로 구름저항이 작고 횡(가로)방향에 대한 저항이 커서 조종성 및 안정성이 높으며 승차감도 좋다. 포장도로를 고속으로 주행하는 데 적합하므로 주로 승용차에 널리 적용되는 형식으로 트럭, 버스에도 사용된다.

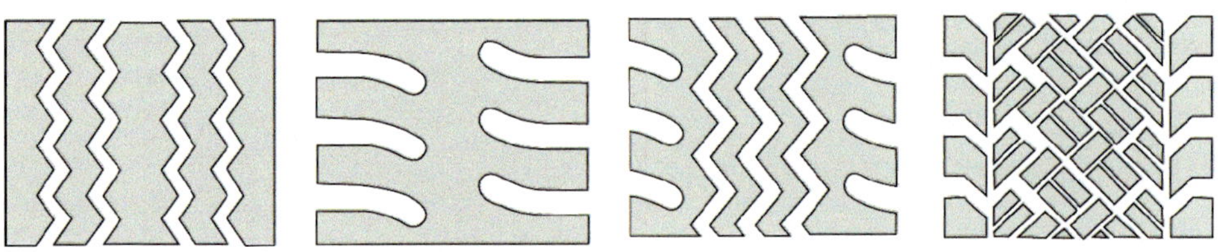

(a) 리브 패턴 (b) 러그 패턴 (b) 리브-러그 패턴 (b) 블록 패턴

그림 5-28 타이어 패턴의 종류

(2) 러그 패턴(lug pattern)

타이어의 원주방향에 직각에 가까운 홈을 만든 형식으로 구동력과 제동력을 확실하게 노면에 전달하나 소음이 크고 고속용으로 적합하지 않다. 현재 트럭이나 버스, 건설 현장의 차량에 널리 적용된다.

(3) 리브-러그 패턴(rib-lug pattern)

트레드 중앙에는 리브형식을 채택하고 양옆 부위는 러그 형식으로 구성되는데 양쪽의 장점을 이용한 패턴이다. 비포장도로와 같은 험로는 물론 일반 포장도로에서도 적합하므로 고속용 버스나 소형 트럭에 사용된다.

(4) 블록 패턴(block pattern)

트레드가 하나하나의 사각형, 육각형, 마름모형 등의 독립된 블록으로 구성된 형식이다. 구동력과 제동력이 우수하고 눈 또는 진흙 위에서 조종성과 안정성도 양호하여 거친 도로나 사막용 또는 건설차량용으로 널리 사용된다.

5. 타이어 로테이션(tire rotation)

타이어의 마모는 앞바퀴 정렬, 노면상태, 운전습관 등 여러 가지 영향을 받는다. 타이어는 정기적으로 점검하고 대략 8,000~10,000km 주행할 때마다 위치를 바꾸어 장착(tire rotation)한다.

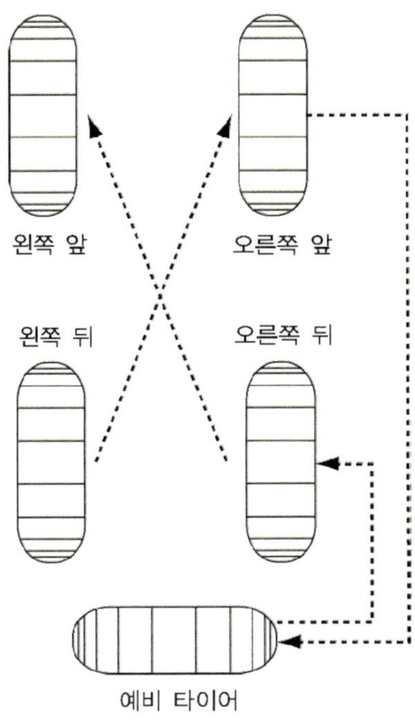

그림 5-29 타이어 로테이션

6. 타이어의 특성

타이어가 평형(balance)이 잡혀있지 않을 경우, 진동이 발행하고 타이어를 비롯하여 현가장치의 부품을 마모시킨다. 특히 고속주행에서는 안정성에 큰 문제를 야기한다.

(1) 중량 불균형

① 정적 불균형(static unbalance)

바퀴의 일부에 그림 5-30과 같이 무게 m이 달려 있을 경우 바퀴는 m이 회전 중심축의 바로 밑에 위치할 때 정지하게 된다. 이때 타이어는 정적 불균형 상태에 있다고 말한다. 바퀴가 이런 상태에서 고속회전을 할 경우 무게 m이 내려올 때에는 바퀴의 일부분이 노면에 충격을 가하고 m이 올라갈 때에는 바퀴를 들어올린다. 이로 인해 바퀴가 상하로 진동하며 조향휠의 진동인 시미가 일어난다. 정적 불균형 상태를 방지하려면 무게 m의 반대쪽인 B점에 적당한 균형추(balance weight)를 붙이면 바퀴의 균형이 이루어져 어느 위치에서나 바퀴가 정지된다.

② 동적 불균형(dynamic unbalance)

바퀴가 정적 균형을 이루고 있다고 해도 회전 시 진동이 발생하는 경우가 있는데 이럴 경우 동적 불균형이 형성되어 있는 경우가 많다. 그림 5-30에서 B와 C부분이 무겁지만 정적균형이 잡혀 있다. 바퀴가 회전하면 축과 직각방향으로 원심력이 발생하여 바퀴를 옆으로 이동시키려는 모멘트가 발생한다. 이러한 모멘트는 바퀴가 반 바퀴 회전할 때마다 방향이 변하면서 바퀴가 좌우방향의 진동을 발생시키는 데 이것이 시미 진동이다. 이를 방지하려면 a점과 b점에 적당한 무게의 균형추를 설치해야 한다.

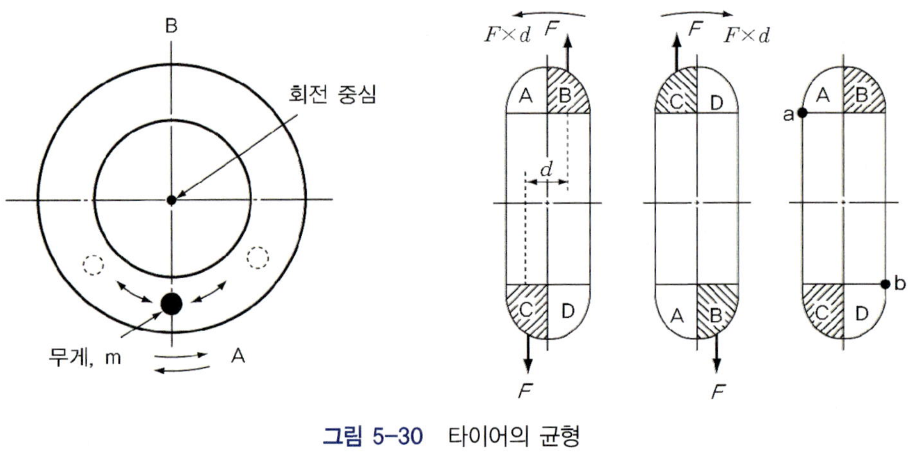

그림 5-30 타이어의 균형

(2) 플랫 스팟(flat spot)

타이어가 장시간의 주행 후 열이 많이 발생된 상태에서 오랫동안 주차한 다음 다시 주행을 할 때 타이어의 회전 시 수 초에서 수 분간 덜거덕 거리는 소리를 내며 진동이 발생하는 경우가 있는데 이를 플랫 스팟이라고 한다. 이것은 주행으로 따뜻해진 타이어 코드가 접지부분에서 압축력을 받으면서 굴곡된 코드의 장력이 이완된 그대로 고정되어 타이어의 일부에 평평한 부분이 만들어지기 때문이다. 플랫 스팟은 나일론 코드를 사용한 타이어, 바이어스 타이어, 공기압이 부족한 타이어의 장시간 주차, 적재상태에서 장시간 주차, 가을에서 봄에 이르기까지 추운 시기 및 온도차가 격심한 환경조건 등에서 쉽게 발생한다. 이 현상은 주행에 의해 타이어의 온도가 다시 상승하면 자연적으로 사라진다.

7. 주행 중 발생하는 타이어 관련 이상현상

(1) 스탠딩 웨이브(standing wave)

타이어는 하중을 받으면 노면과의 접촉부가 변형되고 하중이 제거되면 타이어의 내압에 의해 원래 형상으로 복원된다. 자동차에 장착된 타이어는 차량이 주행하는 경우 이런 변형과 복원되는 과정이 반복된다. 한편 자동차가 고속으로 주행하게 되면 타이어 접지부의 선단이 노면에 심하게 부딪쳐 충격을 주고 그 충격파가 그림 5-31과 같이 접지부 후면으로 전달되어 접지부 후방의 타이어 외형이 원래의 형태로 복원되지 않는다. 또한 트레드부에 작용하는 원심력은 회전속도가 증가할수록 상승하므로 복원력 또한 과도하게 크게 되어 진동 파형이 형성되고 이 파형이 타이어의 원주상으로 전달된다. 이러한 파형의 속도와 타이어의 회전속도가 일치하게 되면 파형은 움직이지 않고 물결치는 형태로 정지상태가 되는데 이러한 현상을 스탠딩 웨이브라고 한다.

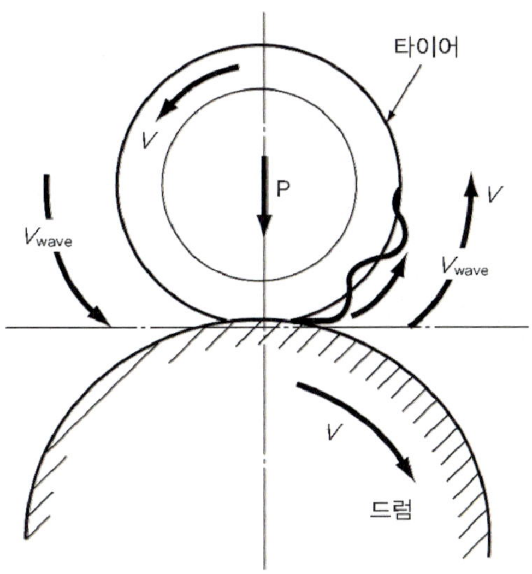

그림 5-31 스탠딩 웨이브 현상

스탠딩 웨이브가 발생하면 파형의 진폭이 점점 증가하므로 구름저항이 급증하고 타이어 내부에서 많은 열과 원심력의 증가에 따라 트레드와 카커스의 밀착력이 약해져서 결국은 파손하게 된다.

스탠딩 웨이브를 방지하려면 트레드 강성이 높은 레이디얼 타이어를 사용하거나 타이어의 단면폭이 큰 편평 타이어를 사용하고 공기압을 표준치보다 0.2~0.3bar 정도 높게 설정한다. 일반적으로 고속주행 시 안정성을 확보하려면 타이어의 압력을 표준치보다 10~15% 정도 더 높게 설정한다.

(2) 하이드로플레이닝(hydroplaning)

자동차가 물이 고여 있는 웅덩이를 저속으로 주행하는 경우 타이어가 물을 밀어내므로 문제가 발생하지 않는다. 그러나 고속으로 물에 젖은 노면이나 물웅덩이를 주행하는 경우 그림 5-32처럼 타이어와 노면 사이로 물이 파고들게 된다. 이처럼 타이어가 물이 만든 수막(water film) 위를 활주하면서 타이어와 노면 사이에 마찰이 거의 사라지는 현상을 하이드로플레이닝이라고 한다. 이런 현상은 타이어 접지부의 전면에서 고속으로 유입되는 유체의 양력에 의한 것으로 추정된다.

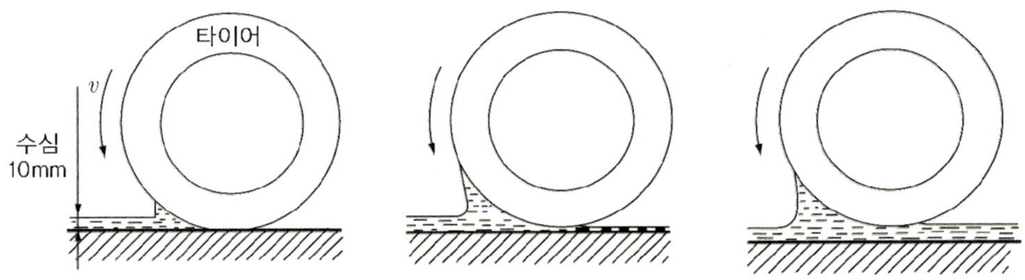

그림 5-32 하이드로플레이닝 현상

하이드로플레이닝이 발생하면 자동차가 물 위에 부상한 상태이므로 구동바퀴는 공전하면서 회전속도가 증가한다. 또한 구동바퀴가 아닌 타이어는 점차로 회전이 감소하고 자동차는 관성력만으로 활주하게 되면서 타이어는 본래의 기능을 상실하게 된다. 이 상태에서는 타이어와 노면 사이의 접착력이 극히 작게 되어 구동력, 제동력, 조향력, 횡력 등이 제대로 작용하지 않게 되어 차량은 제어가 불가능하게 되므로 위험에 처하게 된다. 하이드로플레이닝을 방지하려면 마모가 작은 타이어를 사용하고 타이어의 공기압을 높이며 배수효과가 좋은 타이어를 사용하여야 한다. 그러나 도로가 노면에 젖어 있거나 물웅덩이 부분을 지나갈 때 가장 좋은 운전방법은 속도를 낮추는 것이다. 실험에 따르면 최소 수막두께는 대략 2.5~10mm로 알려져 있다.

8. 타이어의 마모

타이어는 노면과의 사이에서 마찰력이 발생되고 이로 인해 노면과 접촉하는 트레드 부위가 점차 마모한다. 마모를 원인별로 살펴보면 앞바퀴 정렬(토인, 토아웃)에 의한 횡력, 곡선로 선회 시 횡력, 구동과 제동 시의 종력, 하중, 속도, 도로상태에 따른 마모와 트레드의 고무재질, 타이어 코드의 종류, 트레드 패턴 등 타이어 고유의 특성에 의한 마모 요인으로 구분된다.

그림 5-33(a)에서와 같이 트레드의 중앙을 중심으로 양옆이 마모가 일어나면 공기압이 부족하거나 적재량이 과다한 것이 원인이며 트레드 중앙부분의 마모(그림 5-33(b))는 과다한 공기압이 원인으로 볼 수 있다. 한편 트레드의 바깥쪽이 안쪽보다 심한 마모(그림 5-33(c))는 토인이나 캠버각이 과대하거나 잦은 코너링으로 하중이 이동하였을 때 또는 너클 암의 구부러짐 등으로 인해 발생된다. 트레드 안쪽의 마모(그림 5-33(d))가 심하게 되면 토인이 작거나 (-) 캠버에 의해 바퀴의 아래쪽이 벌어지는 것이 원인이다.

그림 5-33(e)와 같이 트레드가 파형으로 마모가 발생하면 휠 밸런스 불량이나 휠 베어링의 마모, 앞바퀴 정렬의 불량인 것으로 본다. 마지막으로 트레드가 국부적으로 접시모양을 띠면서 마모(그림 5-33(f))가 발생하면 급제동과 급발진, 급선회에 의한 원인, 바퀴 베어링의 마모, 적절하지 않은 앞바퀴 정렬 또는 휠 밸런스의 불량, 타이로드 말단 형상 변위, 브레이크 드럼의 편심 등이 원인으로 작용한 것이다.

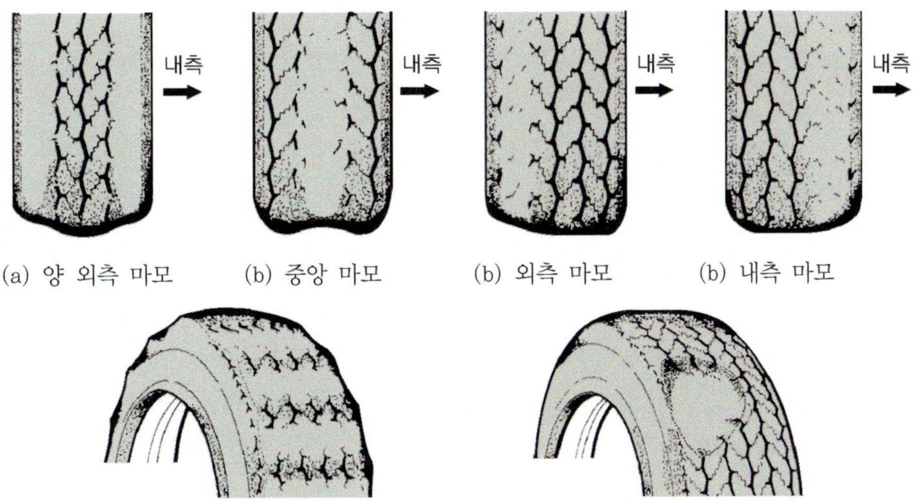

(a) 양 외측 마모 (b) 중앙 마모 (b) 외측 마모 (b) 내측 마모

(e) 파형 마모 (f) 접시 모양 마모

그림 5-33 타이어의 마모 형상

타이어 제조업체나 보험사가 타이어로 인한 사고로부터 면책되는 기준이 되는 타이어의 수명은 편의상 물리적, 화학적으로 구분해서 정한다. 물리적 수명은 타이어의 트레드가 마모되어 트레드 마모 지시기(TWI: Tread Wear Indicator)가 노출된 경우를 말하고 화학적 수명은 일반적으로 국산타이어의 경우 제조일로부터 3년이 지난 경우를 말한다.

5-8 앞바퀴 정렬

운전자가 조향조작을 하면 자동차의 앞바퀴는 조향너클과 함께 킹핀 또는 볼 조인트를 중심으로 좌우로 방향을 바꾸도록 되어 있다. 자동차가 주행 시 항상 올바른 방향을 유지하기를 원할 때 또는 조향휠의 조작이나 외부의 힘에 의해 차의 진행방향이 잘못되었을 경우 즉시 직진상태로 되돌아가는 복원력이 요구된다. 또한 운전자는 조향휠의 조작을 아주 가볍게 해야 하고 타이어의 마모도 줄여야 한다. 이와 같은 여러 가지 조건을 만족시키려면 앞바퀴 정렬(front wheel alignment)이 적절하게 설정되어 있어야 한다.

앞바퀴 정렬은 크게 캠버(camber), 킹핀 경사각(king pin leaning angle), 캐스터(caster), 토인(toe-in) 4가지 요소로 구성된다. 일반적으로 직진주행 시 차량이 약간 옆으로 이동하거나 좌우회전 시에 차체가 불안하고 급제동 시 한쪽으로 쏠리는 현상, 바퀴의 편마모 등은 앞바퀴 정렬이 잘못되어 있을 때 발생한다. 도로에 설치된 과속 방지턱이나 비포장도로를 과격하게 지나가거나 바퀴의 큰 충격, 조향장치의 교환, 부품의 노화 등이 앞바퀴 정렬을 변형시키는 원인으로 작용한다. 보통 타이어를 교체할 때 즉, 대략 2년에 한번 정도 앞바퀴 정렬을 점검하는 것이 안전운행과 타이어의 수명을 위해 권장된다. 앞바퀴 정렬이 불량하게 되면 주행안정성이나 승차감이 떨어지고 조향 조작력이 증가하며 타이어의 이상마모가 발생한다. 일반적으로 캠버나 캐스터는 큰 충격을 받지 않는다면 잘 변형되지 않는다.

5-8-1 캠버

(1) 정의

캠버는 자동차를 앞에서 보았을 때 앞바퀴의 중심선과 노면에 대한 수직선이 만드는 각도를 말한다. 그림 5-34처럼 바퀴의 윗부분이 바깥쪽으로 벌어진 것을 정의 캠버(positive camber), 바퀴 윗부분이 안쪽으로 기울어진 것을 부의 캠버(negative camber), 바퀴의 중심선이 수직인 상태를 0의 캠버(zero camber)라고 하다. 캠버의 각도는 보통 0~1.5°정도로 설정한다.

킹핀 중심선의 연장선이 노면과 교차하는 점과 타이어의 접지 중심과의 거리를 킹핀 옵셋(kingpin offset) 또는 스크러브 반경(scrub radius)이라고 한다. 보통 5~30mm 정도 타이어의 안쪽에 형성된다. 일반적으로 이것이 작을수록 조향 시 타이어를 크게 회전시키지 않아도 되므로 바퀴를 선회시키기 위한 모멘트가 작게 되어 운전자의 조향휠 조작력이 작게 된다. 또한 주행 시 노면의 요철에 의해 타이어에 작용하는 전후방향의 힘으로 인한 충격력이 조향휠에 전달되는 것도 줄일 수 있다. 이처럼 킹핀 옵셋을 작게 하려면 캠버를 주거나 뒤에 설명할 킹핀 경사각을 두면 된다.

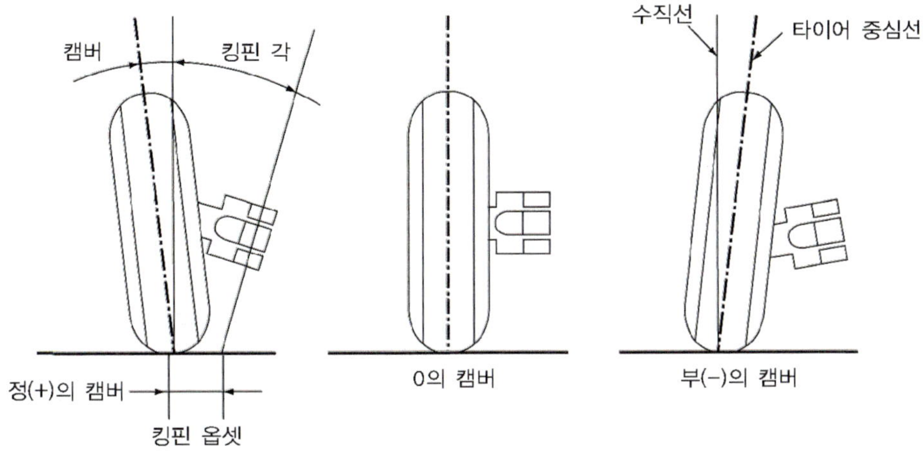

그림 5-34 캠버의 정의와 킹핀 옵셋

(2) 설치목적

캠버를 설치하는 목적은 다음과 같다.

- 앞바퀴가 하중에 의해 아래로 벌어지는 것을 방지한다.
- 수직방향의 하중에 의해 차축이 휘는 것을 방지한다.
- 주행 중에 바퀴가 이탈하는 것을 방지한다.
- 킹핀 옵셋을 작게 하여 조향휠의 조작력을 작게 한다.
- 바퀴가 노면에 대해 직각이 되도록 한다.

보통 조립할 때 조향너클이 규정 캠버로 조립되므로 캠버는 따로 조정할 필요가 없다.

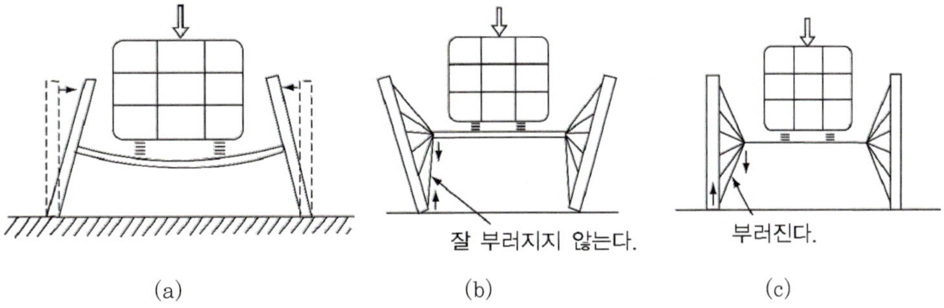

그림 5-35 캠버의 설치 효과

5-8-2 킹핀 경사각(또는 조향축 경사각)

(1) 정의

자동차를 앞에서 보았을 때 킹핀 윗부분이 안쪽으로 비스듬하게 기울어져 장착된다. 킹핀 경사각은 킹핀 중심선이 노면에 대한 수직선과 이루는 각도로서 보통 5~10°정도로 설정한다. 한편 킹핀을 사용하지 않는 볼 조인트(ball joint) 타입에서는 위쪽과 아래쪽 볼 조인트의 중심을 연결하는 직선과 이루는 각도를 킹핀 경사각이라고 한다.

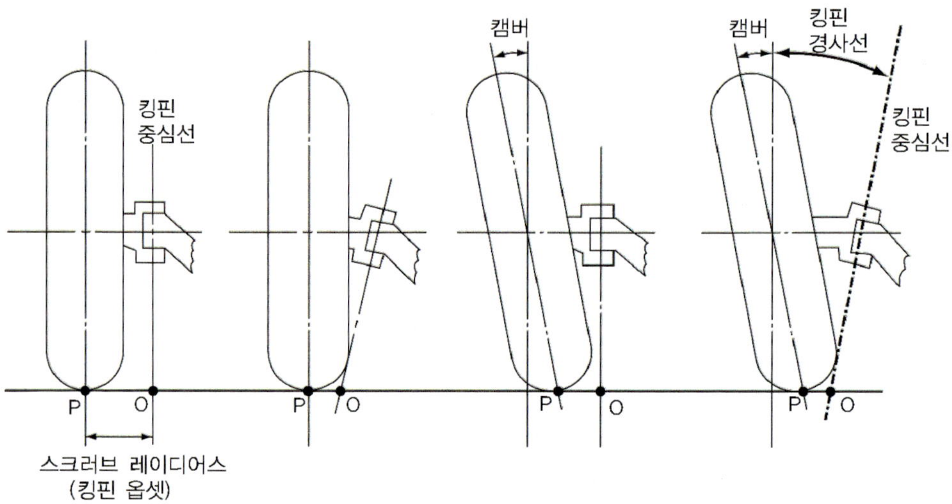

그림 5-36 킹핀 경사각의 정의

킹핀 경사각이 있으면 선회를 위해 조향휠을 돌릴 때 기하학적으로 접근 시 바퀴의 접지부분은 지면으로 들어가게 된다. 그러나 실제로는 그렇게 될 수 없으므로 그만큼 차체가 들어올려진다. 따라서 조향휠의 조작력을 제거하면 올려진 차체의 중량만큼이 복원을 위해 사용되므로 조향휠의 복원력이 작용하게 되고 이에 따라 앞바퀴의 직진성이 확보된다.

(2) 설치목적

- 캠버와 함께 조향휠의 조작력을 작게 한다.
- 앞바퀴에 복원성을 주어 자동차가 직진성을 갖도록 한다.

5-8-3 캐스터

(1) 정의

앞바퀴를 옆에서 보았을 때 킹핀(또는 상하 볼 조인트 중심선)은 일반적으로 윗부분이 후방으로 기울어져 장착되어 있다. 캐스터는 킹핀의 경사각이 노면에 수직인 선과 이루는 각도이다. 캐스터각은 보통 0~3°정도로 설정한다. 킹핀의 윗부분이 자동차의 후방으로 기울어져 있으면 정의 캐스터(positive caster), 킹핀의 중심선이 수직선과 일치하면 0 캐스터(zero caster), 킹핀의 윗부분이 전방으로 기울어져 있으면 부의 캐스터(negative caster)라고 한다. 정의 캐스터일 경우에는 직진으로 주행할 때 바퀴를 앞에서 잡아당기는 효과를 얻게 되어 직진성이 확보되고 시미현상이 감소된다.

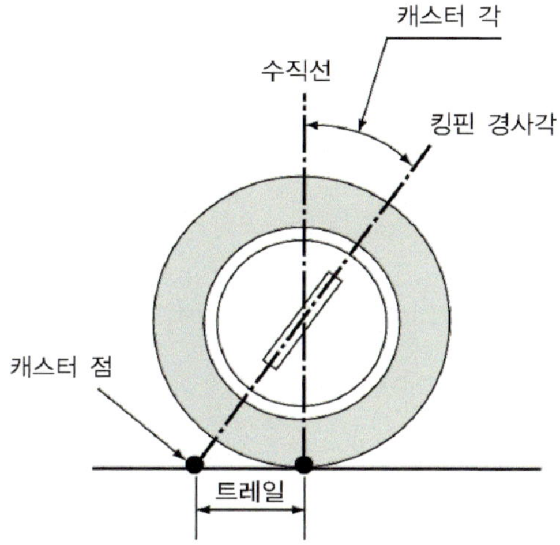

그림 5-37 캐스터 각

킹핀축의 연장선과 노면의 교점을 캐스터점, 캐스터점과 타이어 접지면의 중심 사이의 거리를 캐스터 트레일(caster trail) 또는 트레일이라고 한다. 캐스터는 앞바퀴에 자동적으로 직진성을 주는 성질(캐스터 효과)을 부여한다. 이것은 캐스터가 설정된 상태에서 왼쪽으로 선회할 때 오른쪽 바퀴의 스핀들은 높아지게 되고 왼쪽바퀴는 스핀들이 낮아지게 되어 바퀴가 지면으로 들어가게 되는데 이는 차체의 높이가 높아지는 것과 같다. 이런 차체의 운동은 조향휠의 조작력에 의해 이루어지므로 조향휠의 조작력을 제거하면 바퀴는 직진상태로 복원된다. 캐스터를 크게 하면 직진성과 조향장치의 작동 후 복원력이 우수하게 되나 조향휠의 조작력이 크게 된다. 또한 정의 캐스터에서는 선회 시 원심력과 함께 선회곡선의 안쪽 차체는 올라가고 바깥쪽 차체는 내려감에 따라 차체를 더욱 바깥쪽으로 기울도록 작용하여 불안정한 요소로 작용한다. 반대로 부의 캐스터일 경우 직진성을 향상시킬 수는 없으나 선회 시 안정성을 확보할 수 있다.

(2) 설치목적

- 주행 시 자동차가 직진성을 갖도록 한다.
- 선회 시 킹핀 경사각과 함께 바퀴가 원상태로 돌아가도록 하는 복원력이 작용한다.

5-8-4 토인

(1) 정의

앞바퀴를 위에서 살펴보면 앞쪽 좌우 바퀴의 중심선간의 거리가 뒤쪽 바퀴보다 좁게 설정되어 있다. 이것을 토인이라 하고 반대로 앞쪽이 넓게 되어 있는 것을 토아웃이라 한다. 그림 5-38에서 (B-A)의 값이 (+)일 경우 토인, (-)이면 토아웃이라고 한다. 앞바퀴에 캠버를 설정하면 바퀴는 원뿔과 같은 형상이 되어 밖으로 뛰쳐나가려 한다. 토인을 주게 되면 타이어가 캠버로 인한 토아웃하려는 경향을 제거하여 차량이 직진하는 성질을 갖도록 한다. 또한 토인은 바퀴의 진행방향과 바퀴 중심선의 방향이 불일치하여 발생하는 횡슬립(side slip)을 방지해준다.

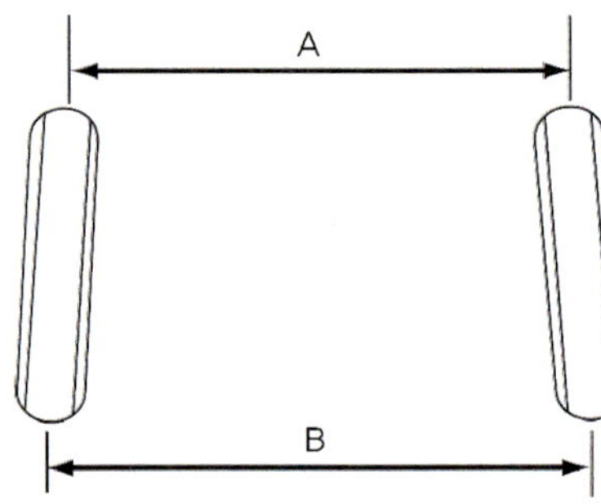

그림 5-38 토인의 정의

일반 자동차에서는 토인을 대략 2~8 mm 정도 설정한다. 토인은 타이로드에 의해 조정할 수 있으나 비교적 틀어지기가 쉬우므로 늘 주의를 기울여야 한다. 또한 토인은 타이어의 이상 마모의 주요 원인으로 작용하는데 토인이 불량할 경우 트레드의 한쪽만 새털모양의 편마모가 일어난다.

(2) 설치목적

- 캠버나 조향 링크기구의 마모에 의해 발생하는 토아웃 현상을 제거하여 직진성을 갖도록 한다.
- 선회 시 발생하는 횡슬립과 캠버에 의해 발생하는 타이어의 측면부의 편마모를 방지한다.

기타 자동차의 주행 시 안정성을 영향을 미치는 바퀴의 정렬에 대해 살펴보자. 뒷바퀴 정렬은 제동 시 뒷바퀴가 토아웃되는 것을 방지하기 위해 토인은 일반적으로 -2~3mm, 캠버는 0°±30′정도로 설정한다. 주로 독립현가식 자동차에 적용한다.

셋백(setback)은 5-39와 같이 차량 좌우의 휠베이스(wheelbase) 거리의 차이(축거)로서 한쪽 바퀴가 다른 바퀴보다 앞 또는 뒤로 위치한 것을 의미한다. 보통 셋백은 공장에서 조립 시 오차에 의해 발생하거나 충격으로 캐스터의 변동에 의해 발생할 수 있다. 보통 셋백이 19mm 이상이면 차량이 옆으로 쏠리는 문제가 발생한다.

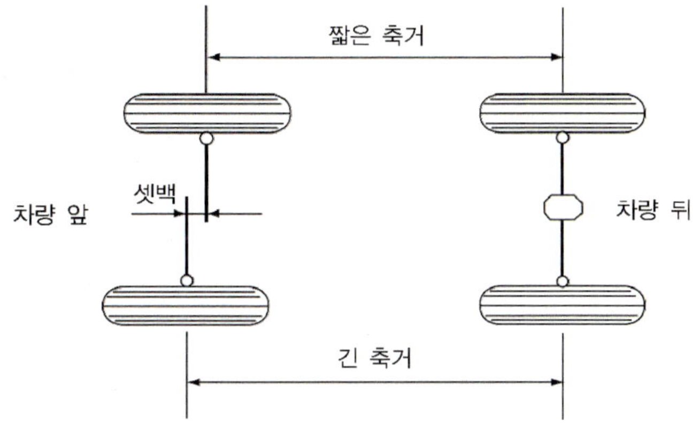

그림 5-39 셋백(setback)의 정의

차량의 주행방향은 차량의 길이 방향의 기하학적 중심선(geometric centerline)과 추력선(thrust line)에 의해 결정된다. 앞바퀴와 뒷바퀴 중간점을 연결한 선이 기하학적 중심선이고 추력선은 뒷바퀴 차축의 중심에서 차량의 길이방향으로 차축에 수직인 선을 말한다. 뒷바퀴 구동 자동차에서 차량은 추력선의 방향으로 진행하게 된다. 이 두 선이 일치하지 않을 경우 그 사이의 각을 추력각(thrust angle)이라고 하는데 주로 섀시의 손상이나 뒷차축의 위치지정이 올바르지 않아 발생한다. 추력각이 크게 되면 차량이 심하게 한쪽으로 쏠릴 수 있다.

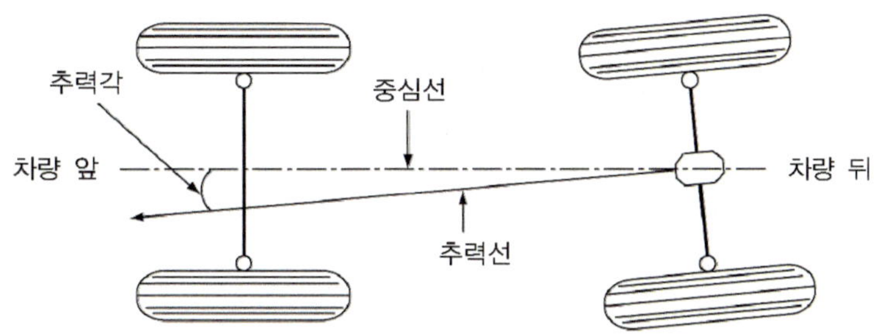

그림 5-40 추력각(thrust angle)의 정의

고속주행 중에 조향휠이 한쪽으로 쏠리는 현상이 발생하면 운전자는 위험에 처할 수 있다. 이러한 조향휠 쏠림의 원인으로는 좌우 타이어 공기압의 불균형, 앞바퀴 정렬 불량, 현가장치 스프링의 불량, 충격으로 휜 차축, 쇽 업소버 불량, 휠 허브 베어링의 마모, 좌우 상이한 축거, 브레이크 조정 불량 등이 고려될 수 있다.

CHAPTER 05 연습문제

5-1 운전자가 자동차의 진행방향을 바꾸기 위해 조향장치를 사용한다. 조향장치를 구성하는 3개의 주요 구성부위를 나열하고 각각의 역할을 간단하게 설명하여라.

5-2 조향장치가 갖추어야 할 조건을 기술하여라.

5-3 Ackerman-Jantaud 방식의 조향장치에 대한 물음에 답하여라.

(1) 그림 5-41의 (a)~(e)에 적절한 명칭을 써넣어라.

(2) Ackerman-Jantaud 방식이 Ackerman 방식과 다른 점은 무엇인지 설명하여라.

(3) 그림 5-29에서 너클 암의 장착각도 'θ'는 어떻게 결정되는지 설명하여라.

(4) 초창기 조향방식인 Ackerman 방식에서 타이어의 마모가 심한 이유는 무엇인지 설명하여라.

(5) 자동차가 곡선로를 주행할 때 어느 한 바퀴도 미끄러지지 않으려면 어떤 조건을 만족해야 하는지 기술하여라.

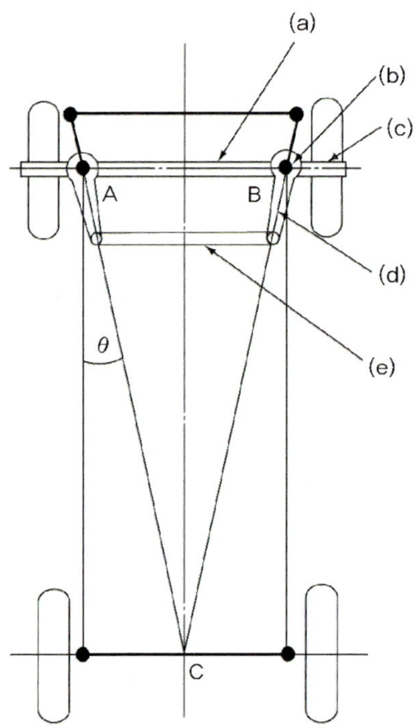

그림 5-41 Ackerman-Jantaud 방식

5-4 다음 물음에 답하여라.

(1) 자동차의 최소 회전반경(minimum turning radius)을 설명하여라.

(2) 자동차의 축거를 l, 자동차 바퀴의 접지 중심면과 킹핀축 사이의 거리를 d, 선회 시 바깥쪽 앞바퀴의 조향각(뒷바퀴 축의 연장선과 이루는 각도)을 α 라고 할 때 최소 회전반경 R_{min}을 상기 변수의 식으로 표시하여라.

(3) 승용차의 최소 회전반경의 범위는 대략 어느 정도인가?

(4) 축거와 전륜 윤거가 각각 2.5m, 1.7m이고 최소 회전반경이 5.15m인 자동차가 저속으로 선회하고 있다. 앞바퀴의 접지면 중심과 킹핀과의 거리가 15cm라고 할 때, 이 자동차의 앞바퀴 외측바퀴의 조향각을 구하여라.

5-5 틸트 조향휠(tilt steering wheel)과 텔리스코핑 조향휠(telescoping steering wheel)의 용도에 대해 설명하여라.

5-6 조향장치의 기어구성 부분에 대한 물음에 답하여라.

(1) 조향기어비(steering gear ratio)를 정의하여라.

(2) 조향휠을 1회전하였을 경우 피트먼 암이 20°움직였다. 이때 조향기어비를 구하여라.

(3) 트럭이나 버스와 같이 자동차의 중량이 클 경우 조향력을 증대시키기 위해서 조향기어비는 어떻게 설계하여야 하는가?

(4) 조향기어 중에서 래크-피니언형의 특징을 기술하여라.

(5) 볼-너트 조향기어의 장점을 설명하여라.

5-7 독립식 대칭 링크기구를 사용하는 자동차에서 운전자가 조작하는 조향휠의 동작이 바퀴까지 전달되는 과정을 조향관련 부품과 관련시켜 순서대로 나열하여라.

5-8 동력조향장치(power steering mechanism)에 대한 물음에 답하여라.

(1) 동력조향장치란 무엇인지 설명하여라.

(2) 동력조향장치의 구성부를 3가지로 나누고 각각의 역할을 간단하게 설명하여라.

(3) 동력조향장치를 채택했을 때의 장점과 단점을 기술하여라.

5-9 자동차의 조향특성에 대한 다음의 물음에 답하여라.

(1) 그림 5-42의 (A), (B), (C)는 어떤 힘인지 구분하여라.

(2) 자동차가 선회할 때 구심력의 역할을 수행하는 것은 무엇인가?

(3) 탄성복원력과 선회구심력과의 관계를 기술하여라.

(4) 뉴매틱 트레일(pneumatic trail)에 대해 설명하여라.

(5) 자동차가 선회할 때 발생된 횡슬립을 감소시키려는 복원모멘트는 어떻게 발생하는지 설명하여라.

(6) 뒷바퀴의 선회구심력이 앞바퀴보다 크거나 또는 무게중심이 앞에 쏠린 차량에서 발생하는 조향특성은?

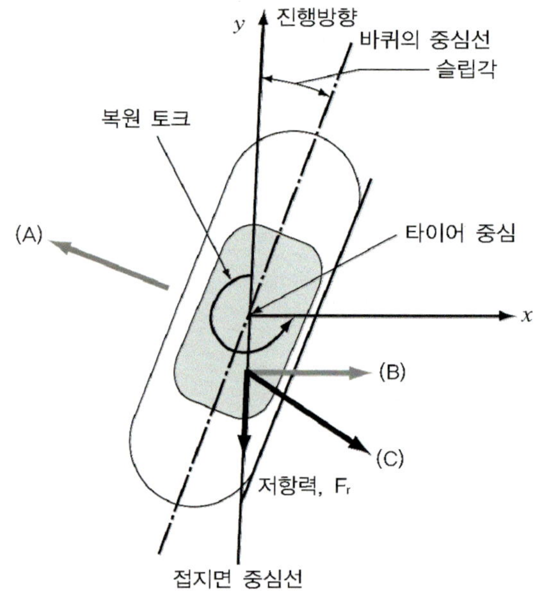

그림 5-42 바퀴에 작용하는 힘

5-10 자동차의 휠과 타이어에 대한 물음에 답하여라.

(1) 휠과 타이어의 역할에 대해 설명하여라.

(2) 다음 그림 5-43은 승용차용 타이어의 단면을 보여주고 있다. (A)~(E)까지의 명칭을 써 넣어라.

(3) 최근 자동차용 타이어로 많이 사용되고 있는 레이디얼 타이어의 장점에 대하여 설명하여라.

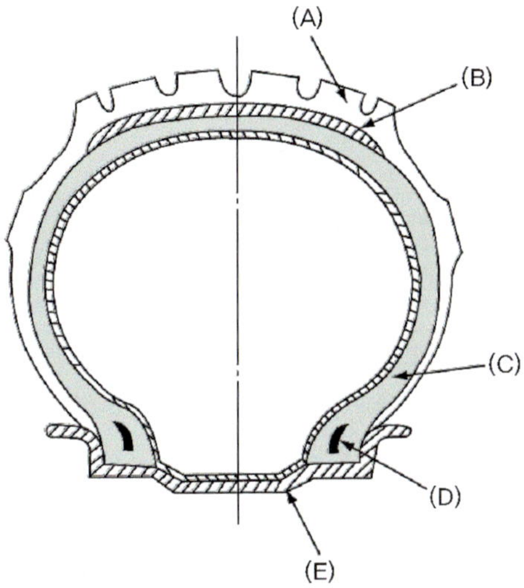

그림 5-43 타이어의 단면

(4) 영업용 택시나 트럭에는 경비 절감을 위해 재생타이어가 많이 사용되고 있다. 재생타이어로 사용할 수 있는 기본 요건은 무엇인가?

(5) 타이어의 규격인 '185 / 65 HR – 13'은 무엇을 의미하는지 설명하여라.

(6) 타이어의 규격인 '185 / 65 HR – 13'에서 타이어의 직경을 구하여라.

5-11 타이어에 대한 다음 물음에 답하여라.

(1) 타이어가 정적 불균형일 경우 나타나는 주된 현상을 설명하여라.

(2) 타이어에서 플랫 스팟은 무엇인지 설명하여라.

5-12 자동차가 고속으로 주행할 때 타이어에 발생하는 스탠딩 웨이브(standing wave)에 대한 물음에 답하여라.

(1) 스탠딩 웨이브가 발생했을 때 나타나는 현상을 설명하여라.

(2) 스탠딩 웨이브를 방지하기 위한 방안에 대해 설명하여라.

5-13 **하이드로플레이닝에 대한 물음에 답하여라.**

(1) 하이드로플레이닝은 무엇인지 설명하여라.
(2) 하이드로플레이닝이 발생하였을 때 차량은 어떤 상태에 이르게 되는가?
(3) 하이드로플레이닝을 방지하기 위한 대책에 대해 설명하여라.

5-14 **타이어의 마모에 대한 물음에 답하여라.**

(1) 타이어 트레드의 중앙부분에 심한 마모가 발생하면 무엇이 주원인으로 작용하고 있는가?
(2) 타이어의 공기압이 부족하거나 적재량이 과다할 경우 타이어의 마모는 어떻게 진행되는가?
(3) 운전자가 급제동이나 급발진을 습관적으로 할 경우 타이어의 마모에 미치는 영향을 설명하여라.
(4) 타이어 트레드의 바깥쪽이 안쪽보다 심하게 마모되었다면 문제점이 무엇인가?
(5) 바퀴의 아래쪽이 벌어지는 (-) 캠버일 때 타이어의 마모에 미치는 영향에 대해 설명하여라.

5-15 **앞바퀴 정렬(front wheel alignment)에 대한 물음에 답하여라.**

(1) 앞바퀴 정렬(캠버, 캐스터, 킹핀 경사각, 토인)을 간단하게 정의하여라.
(2) 앞바퀴 정렬이 불량할 때 일반적으로 나타나는 현상을 기술하여라.
(3) 캠버를 두는 목적에 대해 설명하여라.
(4) 일반적으로 주행 중인 자동차는 정(+)의 캠버를 둔다. 정의 캠버가 무엇인지 설명하여라.
(5) 킹핀 경사각을 두는 목적에 대해 기술하여라.
(6) 토인을 두는 목적에 대해 기술하여라.
(7) 조향장치 구성부품 중에서 토인을 조정하는 것은 무엇인가?

5-16 **자동차가 고속으로 주행할 때 타이어가 한쪽으로 쏠리는 현상이 발생하면 운전자는 위험에 처하게 된다. 이런 타이어 쏠림현상의 원인들을 나열하여라.**

5-17 **자동차가 왼쪽으로 굽어진 곡선로를 주행하고 있다. 좌측바퀴가 860rpm, 우측바퀴가 940rpm으로 미끄러지는 것 없이 선회하고 있을 때 왼쪽바퀴의 선회반경을 구하여라. 단, 자동차의 윤거는 1.8m이다.**

5-18 **반지름이 30cm인 조향휠의 접선방향으로 150N의 힘이 작용하고 있다. 조향기어비가 20, 전달효율이 95%일 때 섹터축에 걸리는 토크를 계산하여라.**

CHAPTER 06

제동장치

6-1 제동장치의 개요
6-2 제동장치의 구성
6-3 제동장치의 종류
6-4 제동 이론
6-5 앤티락 브레이크 시스템(ABS)
6-6 회생제동

6장에서는 운전자가 자동차를 감속시키거나 정지시킬 때 사용하는 제동장치의 개요, 구성, 제동장치의 종류 및 제동이론에 대해서 전반적으로 다룬다.

파스칼의 원리를 이용한 유압식 제동장치의 원리에 대해 설명하고 제동장치를 구성하는 요소들의 기능에 대해 자세하게 학습한다.

또한 드럼 브레이크와 디스크 브레이크의 장점과 단점을 비교·분석하고, 드럼식의 자기배력작용에 대해 설명한다. 또한 브레이크의 장시간 사용으로 인해 발생하는 페이드 현상이나 베이퍼 락 현상을 방지하는 방법에 대해 기술한다.

이 장에서는 빗길이나 눈길에서 효과적으로 작동하는 앤티락 브레이크 시스템의 원리와 그 효과에 대해서도 설명하고 에너지의 효율적인 활용을 위한 회생제동의 원리와 그 활용에 대해 다룬다.

6-1 제동장치의 개요

제동장치는 주행 중인 자동차를 감속 또는 정지시키거나 주차상태를 유지하기 위해 사용되는 핵심적인 장치이다. 보통 속도를 갖고 있는 자동차의 운동에너지는 제동장치의 마찰력을 이용하여 열에너지 형태로 대기 중으로 방출된다. 일반적으로 대부분의 자동차에는 마찰식 브레이크가 가장 널리 사용된다.

제동장치는 다음과 같은 기능을 충실하게 수행하여야 한다.

- 자동차의 속도를 0으로 정지시켜야 한다.
- 자동차의 속도를 줄이는 감속작용과 긴 경사로를 내려갈 때 연속적인 제동작용이 가능해야 한다.
- 평지나 경사로에서 주차할 때 자동차를 오랫동안 고정시켜야 한다.

제동장치로는 운전자의 조작력(브레이크 페달을 밟는 힘)을 링크기구와 유압을 통해 증대시켜 각 바퀴에 전달하고 그 힘으로 마찰력을 발생시켜 제동작용을 수행하는 유압식이 널리 사용된다. 엔진기술의 발달과 도로상태의 향상에 따라 엔진의 고출력이 구현되고 이에 따라 고속주행하는 자동차가 증가하면서 제동장치에 대한 요구조건이 더욱 강화되고 있다. 제동장치가 갖추어야 할 조건은 다음과 같다.

- 제동력이 확실하고 효과가 커야 한다.
- 신뢰성과 내구성을 갖추어야 한다.
- 조작이 간단하여야 한다.
- 브레이크 페달에 가해지는 힘의 크기에 따라 제동력이 변해야 한다.
- 점검이나 조정이 쉬워야 한다.

최근 국내에서는 급제동 시 바퀴의 잠김(locking) 현상을 방지하고 차량의 자세를 올바로 유지하도록 하여 자동차와 운전자의 안정성을 크게 향상시킨 전자제어식 ABS(Anti-lock Brake System)가 2012년부터 의무적으로 장착되도록 법제화하고 있다. 또한 높은 단계의 자율주행(레벨4 이상)을 이루기 위해서는 각종 돌발상황을 제동장치에서 스스로 해결해야 하므로 ABS와 함께 정밀한 전자식 제동장치가 필수적이다.

6-2 제동장치의 구성

제동장치는 크게 기계식 브레이크(mechanical brake)와 유압식 브레이크(hydraulic brake)로 구분된다. 최근에는 주차 브레이크에 기계식 브레이크가 적용되는 것을 제외하고는 대부분 유압식 브레이크가 주종을 이루고 있다. 유압식 브레이크는 파스칼의 원리(Pascal's principle)를 이용한 제동장치로 제동력이 모든 바퀴에 균일하게 손실없이 전달된다. 또한 페달을 밟는 조작력이 작아도 되는 이점이 있다. 그러나 유압 계통에 누설이 발생하면 제동기능이 작동되지 않는 단점이 있다.

일반적으로 널리 사용되고 있는 유압식 제동장치는 그림 6-1과 같이 브레이크 페달(brake pedal), 마스터 실린더(master cylinder), 브레이크 배력장치(brake booster), 바퀴에 장착된 휠 실린더(wheel cylinder), 브레이크 호스와 파이프(brake hose and pipe), 브레이크 본체로서 드럼 브레이크 슈(brake shoe)와 드럼(drum), 디스크 브레이크(disk brake), 마찰 패드(pad) 등으로 구성된다.

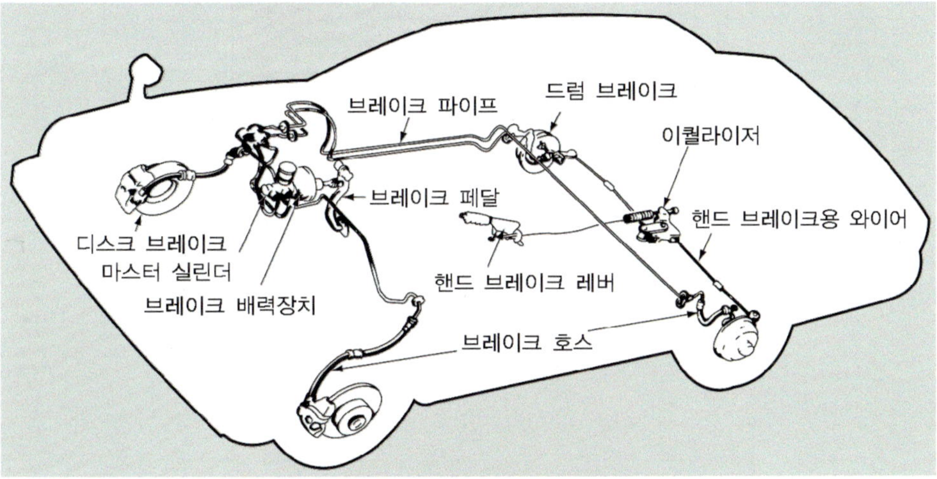

그림 6-1 유압식 제동장치의 구성

6-2-1 마스터 실린더

마스터 실린더는 운전자가 브레이크 페달을 밟았을 때 제동기구를 작동시킬 수 있도록 유압을 발생하는 장치이다. 마스터 실린더의 내부 구조는 피스톤, 피스톤 컵(piston cup), 복원 스프링(return spring), 체크 밸브(check valve) 등으로 구성되어 있다. 최근에는

그림 6-2처럼 앞바퀴나 뒷바퀴의 어느 한쪽 유압전달계통에 누설이 발생해도 나머지 한쪽이 안전하게 작동되도록 고안된 탠덤 마스터 실린더(tandem master cylinder)가 사용되고 있다.

탠덤 마스터 실린더는 2개의 마스터 실린더를 직렬로 조합하여 배치한 것으로 앞바퀴와 뒷바퀴는 독립적으로 제동작용을 수행한다. 탠덤 마스터 실린더에서 브레이크 유압전달계통에 누설이 발생할 경우 자동차 전체의 제동효과는 떨어지지만 안전을 위한 최소한의 브레이크 장치의 작동이 확보될 수 있다.

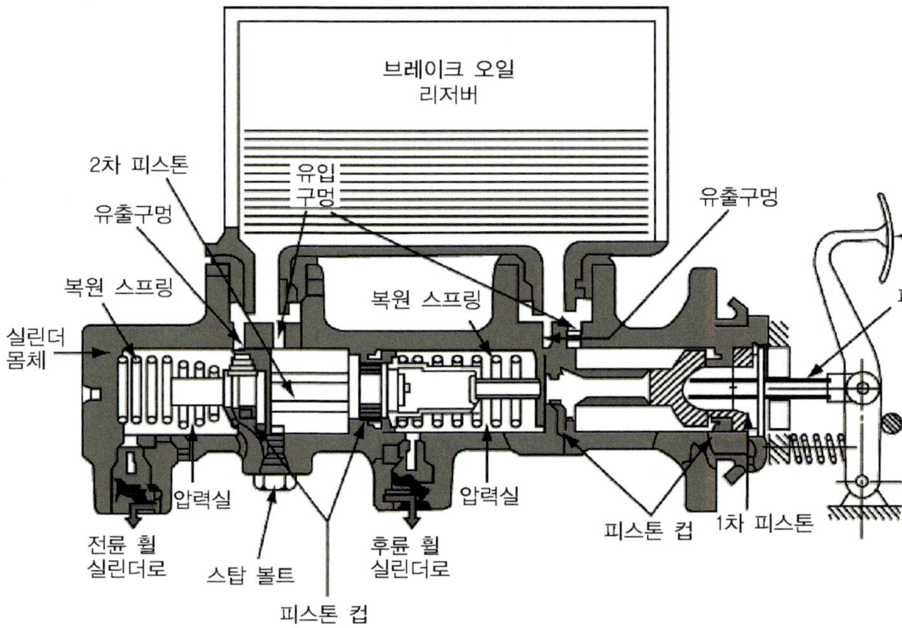

그림 6-2 탠덤 마스터 실린더의 구조

운전자가 브레이크 페달을 밟으면 피스톤은 피스톤 컵의 밀봉작용으로 압력실이 밀폐되면서 유압이 발생한다. 이때 복원 스프링은 압축되고 체크 밸브는 오일이 마스터 실린더에서 휠 실린더로만 흐르도록 작용한다. 한편 운전자가 브레이크 페달을 놓으면 압축된 복원 스프링에 의해 피스톤이 원상태로 되돌아가게 된다. 또한 휠 실린더의 유압과 복원 스프링의 힘이 평형이 이루어질 때까지 오일이 마스터 실린더로 되돌아오도록 체크 밸브가 작동한다.

이와 같이 복원 스프링의 복원력과 휠 실린더 사이의 힘이 평형을 이루면서 유압계통에는 어느 정도의 압력이 항상 남아 있다. 이것을 잔압(residual pressure)이라고 하며 보통 0.6~0.8bar 정도의 크기를 갖는다. 이러한 잔압에 의해 브레이크 장치의 반응속도가 떨어지지 않고 유압계통에 기포가 발생하는 베이퍼 락(vapor lock)을 방지할 수 있다.

예제 6-1

운전자가 그림 6-3과 같이 브레이크 페달을 150N의 힘으로 밟는다. A점이 고정(pivoting)되어 있다고 하고 피스톤의 면적이 5cm²이라고 한다. 푸시로드에 작용하는 힘과 마스터 실린더에서 발생되는 유압을 계산하여라.

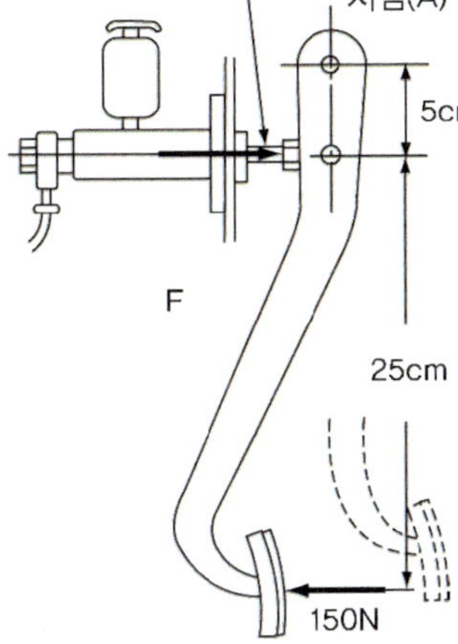

그림 6-3 브레이크 조작력과 유압 발생

풀 이

A 지점을 중심으로 페달이 움직이므로 모멘트 평형식을 적용

$(5\,cm)(F_p) = (30\,cm)(150) \quad \therefore\ F_p = 900\,\mathrm{N}$

한편 피스톤은 푸시로드에 작용하는 힘을 직접 받게 되므로 피스톤에 발생되는 유압

$$P = \frac{F_p}{A} = \frac{(900\,\mathrm{N})}{(5\times10^{-4}\,m^2)} = 1{,}800\,\mathrm{kPa}$$

6-2-2 휠 실린더

휠 실린더는 마스터 실린더에서 발생된 유압으로 실제 바퀴에서 제동을 수행하는 브레이크 슈를 드럼에 압착(드럼 브레이크)하거나 마찰 패드(또는 브레이크 라이닝)를 디스크에 압착(디스크 브레이크)하도록 하여 실제 제동작용을 수행한다. 운전자가 브레이크 페달을 놓으면 유압이 떨어지고 브레이크 슈에 장착된 복원 스프링의 복원력에 의해 피스톤은 원상태로 되돌아가면서 제동작용은 해제된다.

휠 실린더 몸체의 중앙에는 마스터 실린더와 연결되는 오일 구멍과 유압전달계통(라인)에서 발생한 공기를 배출하도록 블리더 스크류(breather screw)가 설치된다. 휠 실린더에는 단동식과 복동식으로 분류되는데 최근에는 복동식이 널리 사용된다.

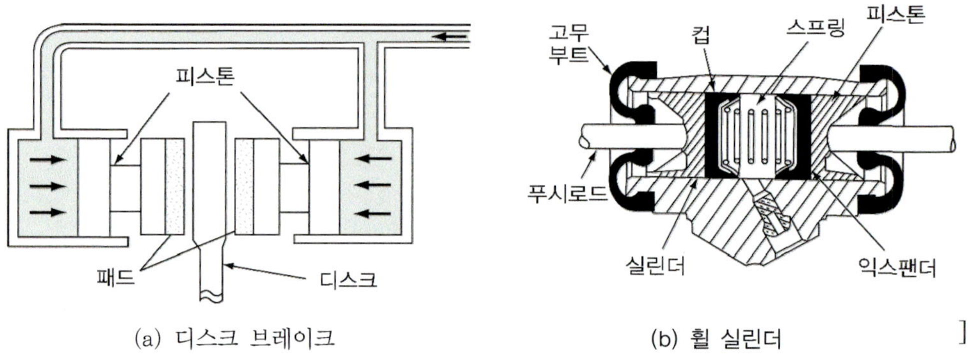

그림 6-4 디스크 브레이크와 휠 실린더

6-2-3 배력장치

유압식 브레이크에서는 마스터 실린더와 휠 실린더의 단면적을 조절하여 운전자가 브레이크 페달을 밟는 조작력을 경감시킬 수 있다. 그러나 트럭이나 버스와 같이 차량이 대형화되거나 엔진의 고출력화로 유압식 제동장치로는 조작력을 작게 하는데 한계가 있다. 이때 조작력을 증폭시키기 위해 활용하는 것이 그림 6-5와 같은 배력장치이다.

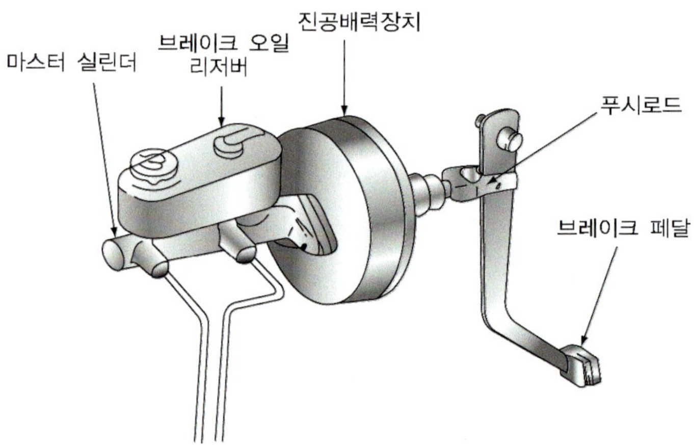

그림 6-5 진공 배력장치

배력장치(servo system)로는 우선 엔진 흡기계통의 부압을 이용하는 진공 배력장치가 사용되는데, 대형 디젤 자동차에는 자체 압축기에서 만들어진 압축공기를 이용하는 압축공기식 배력장치가 있다. 두 방식 모두 제동력을 증가시키는 원리는 마스터 실린더와 별도로 파워 피스톤(power piston)을 두고, 부압인 진공과 대기압과의 차압을 이용하거나(진공식) 압축공기를 이용하여(압축공기식) 마스터 실린더에서 발생된 유압을 파워 피스톤에서 더욱 증가시키는 방법을 활용한다.

유압식 브레이크에서 배력장치(servo system 또는 booster)는 진공과 압축공기를 사용하여 휠 실린더에 작용하는 유압을 더욱 증가시키도록 설정하여 작은 조작력으로 큰 제동력을 얻는 제동장치이다. 그림 6-6은 엔진의 흡기 계통에서 발생되는 부압을 이용한 진공식 배력장치로 하이드로백(hydro-vacuum 또는 hydro-master)이라고 불려진다. 진공식 배력장치에는 배력장치가 마스터 실린더와 일체로 구성된 일체형과 배력장치가 마스터 실린더와 별도로 구성된 분리형이 있다.

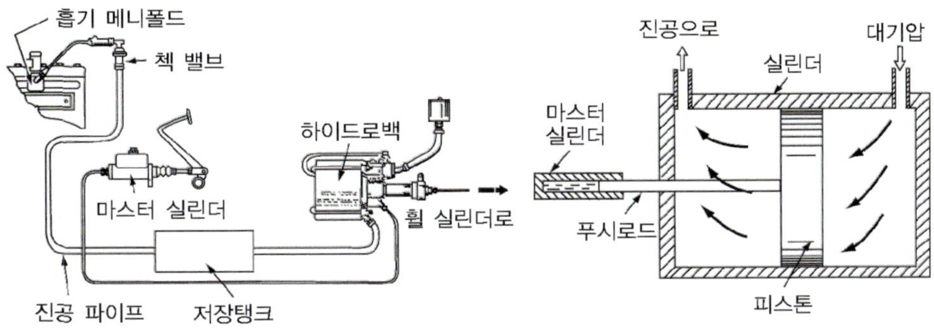

(a) 진공 배력 제동장치 (b) 진공 배력장치의 원리

그림 6-6 유압식 진공 배력 제동장치의 구조와 원리

그림 6-7은 분리형 하이드로백의 작동방식을 보여준다.

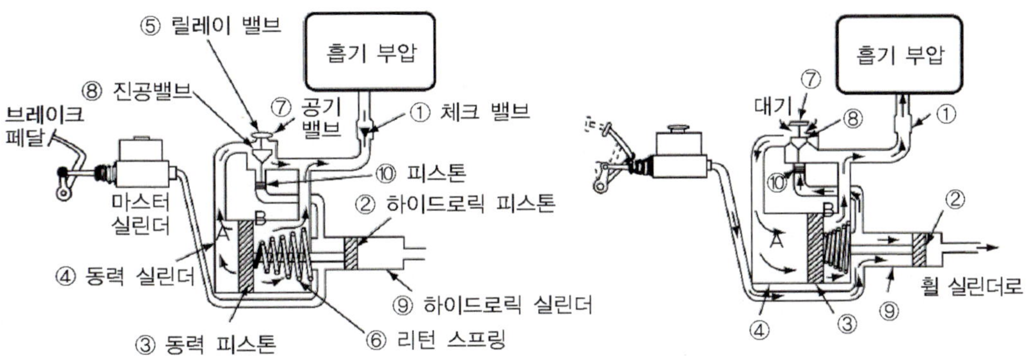

(a) 미작동 시 (b) 작동 시

그림 6-7 진공 배력장치 브레이크의 작동

진공 배력장치의 작동과정은 브레이크를 밟으면 마스터 실린더에서 유압이 발생하여 하이드로릭 실린더(hydraulic cylinder)에 작용한다. 이때 엔진의 흡기계통의 부압과 대기압과의 압력차가 동력 실린더(power cylinder)의 양쪽에 작용함으로써 배력작용이 이루어진다. 이런 작용으로 하이드로릭 실린더에 더욱 증가된 유압이 작용하고 이것이 최종적으로 휠 실린더에 전달된다.

한편 공기압축식 배력장치는 엔진에 의해 구동되는 압축기로 공기를 압축하고 이 압축된 공기압과 대기압과의 압력차가 하이드로 에어 팩(hydro air pak)에 작용한다. 이처럼 공기압축식 배력장치도 마스터 실린더에서 발생된 유압을 더욱 증가시키는 원리를 이용한다. 구조는 위에서 설명한 분리형 진공식 배력장치와 유사하며 하이드로 에어 팩이 동력 실린더와 하이드로릭 실린더가 하는 역할을 대신한다.

6-2-4 브레이크 호스와 파이프

브레이크 호스는 파이프 및 바퀴와 연결되는 부위에 사용된다. 보통 70~150bar의 고압을 견디고 압력에 의한 체적팽창이 작아야 한다. 재질로는 견사 등의 직물층과 내유성을 가진 고무가 사용되는데 연결부에는 금속제의 피팅(fitting)이 사용된다. 파이프 역시 고압에 견뎌야 하고 배관 시 어느 정도의 굴곡성을 갖추어야 하며 내구성 확보를 위해 방청작용도 우수해야 하므로 강파이프(steel pipe) 재질이 사용된다.

6-2-5 브레이크 본체

브레이크 본체는 마스터 실린더에서 발생된 유압이 휠 실린더에 전달되어 브레이크 라이닝(마찰 패드)과 바퀴 사이의 마찰로 제동작용이 직접 일어나는 장치이다. 구조상으로 드럼 브레이크와 디스크 브레이크로 구분된다.

(1) 드럼 브레이크

드럼 브레이크(drum brake)는 그림 6-8과 같이 바퀴와 일체로 회전하는 브레이크 드럼(brake drum), 드럼 내부에 설치된 휠 실린더, 2개의 브레이크 슈(brake shoe), 백 플레이트(back plate) 등으로 구성된다. 드럼 브레이크에서 운전자가 브레이크 페달을 밟으면 브레이크 슈는 휠 실린더의 작용에 의해 확장된다. 그러면 슈의 외부에 부착된 브레이크 라이닝(brake lining)이 바퀴와 함께 회전하는 드럼의 내면에 압착되고, 이때 발생되는 마찰력에 의해 제동작용이 이루어진다. 브레이크 슈의 재질로는 대형차에서 주철이나 가단주철이 사용되고 소형차에서는 강판이 사용된다. 또한 브레이크 드럼의 재질로는 특수 주철, 강판, 알루미늄 합금 등이 사용된다. 브레이크 라이닝 재질의 요구조건으로는 마찰계수가 크고 내마모성이 커야 하며, 온도변화나 물 등의 침입에 의해서 마찰계수가 떨어지지 않고 방열성이 좋아야 한다. 라이닝은 주로 석면(asbestos)을 합성수지, 고무 등과 섞은 후 고온·고압하에서 성형하여 다듬질한 재질이 널리 사용된다. 메탈릭 라이닝(metallic lining)은 분말소결합금으로 열전도성이 좋고 고온에서도 마찰계수가 일정하나 가격이 비싼 문제가 있다. 한편 스포츠카에는 메탈릭 라이닝의 소결 대신에 유기질의 결합제를 사용하여 열경화시킨 세미 메탈릭 라이닝(semi-metallic lining)이 적용된다. 브레이크 라이닝은 고온이 되면 마찰계수가 작게 되어 제동작용이 크게 떨어지게 되는데 이것을 페이드(fade) 현상이라고 한다. 드럼 브레이크에서는 고속주행 시에 페이드가 발생하여 안정성이 떨어지는 단점이 있다.

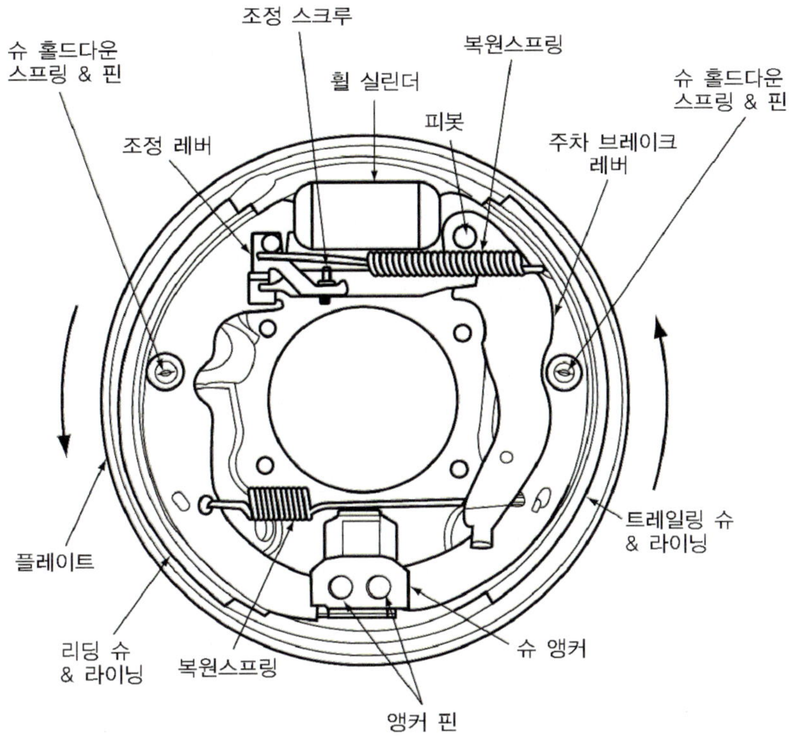

그림 6-8 드럼 브레이크의 구조

드럼 브레이크는 크게 내부 확장식(internal expansion type)과 외부 수축식(external contract type)으로 구분된다. 내부 확장식은 풋 브레이크(foot brake)에 많이 사용되고, 외부 수축식은 핸드 브레이크의 센터 브레이크에 널리 적용된다. 드럼 브레이크는 마찰면적을 크게 하여 제동력을 증가시킬 수 있기 때문에 대형차와 승용차의 뒷바퀴에 많이 적용된다.

그림 6-9는 드럼 브레이크에서 제동작용이 발생하고 있을 때 왼쪽과 오른쪽 브레이크 슈에 작용하는 마찰력이 다른 것을 보여주고 있다.

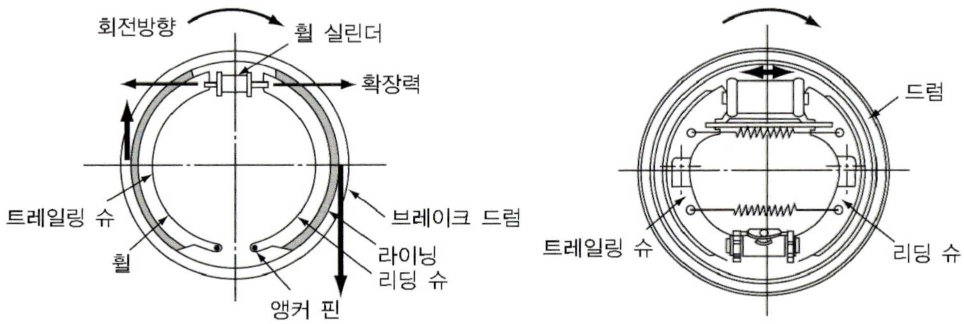

그림 6-9 드럼 브레이크의 구조와 제동작용

브레이크가 작동할 때 오른쪽 슈는 마찰력에 의해 드럼과 함께 회전하려는 경향이 강하게 되고 슈를 드럼에 밀어붙이는 힘이 증가하므로 큰 제동력이 발생한다. 이러한 작용을 자기배력작용(self-energizing action 또는 self-servo action)이라고 하는데 이때 오른쪽 슈를 리딩 슈(leading shoe)라고 한다. 한편 왼쪽의 슈는 마찰에 의해 드럼에서 떨어지려는 힘이 작용하여 제동력이 약해지는데 이를 트레일링 슈(trailing shoe)라고 한다. 드럼 브레이크에서 양쪽의 슈는 전진과 후진을 막론하고 리딩 슈의 역할이 바람직하나 브레이크 슈와 휠 실린더의 설치의 차이에 따라 그림 6-10과 같이 구분된다.

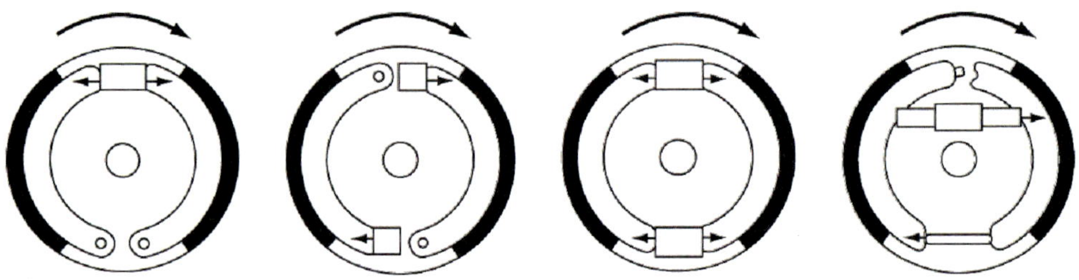

(a) 리딩 트레일링 슈 (b) 투 리딩 슈 (c) 듀얼 투 리딩 슈 (d) 듀오 서보

그림 6-10 드럼 브레이크의 종류와 작동 원리

① 리딩 트레일링 슈 방식(leading-trailing shoe type)

이 방식은 드럼 브레이크의 가장 일반적인 형식인데 구조가 간단하여 승용차의 뒷바퀴용으로 가장 널리 사용된다. 자동차가 후진할 경우 리딩 슈와 트레일링 슈의 역할이 변하지만 제동력의 차이는 없다. 그러나 라이닝의 마모가 불균일하게 되어 효율이 떨어지는 단점이 있다.

② 투 리딩 슈 방식(two leading shoe type)

이 방식은 트레일링 슈를 없애고 모두 제동력이 증가하는 리딩 슈를 채택하는데 2개의 휠 실린더가 필요하다. 그러나 후진 시에는 모두 트레일링 슈가 되므로 제동력이 크게 떨어진다. 주로 FR 승용차나 대형차의 앞바퀴에 적용된다.

③ 듀얼 투 리딩 슈 방식(dual two leading shoe 2type)

이 방식은 전진과 후진의 구분 없이 모두 자기배력작용을 갖도록 하는데 리딩 슈 방식의 단점을 보완하고 있다. 주로 대형차의 뒷바퀴에 적용되는 방식이다.

④ 듀오 서보 방식(duo servo type)

이 방식은 전·후진 모두 서보작용을 이용하여 브레이크의 효율을 높인 것인데 듀얼 투 리딩 슈 방식과 달리 휠 실린더를 1개 사용한다. 마찰계수의 변화에 민감하고 불안정한 특성이 있어 현재는 거의 사용하지 않는다.

(2) 디스크 브레이크

디스크 브레이크(disc brake)는 바퀴와 함께 회전하는 브레이크 디스크(brake disc)의 양쪽에 설치된 마찰 패드(pad)를 디스크에 밀어붙여 제동력을 얻는 방식이다. 디스크 브레이크는 디스크, 캘리퍼, 마찰 패드로 구성된다. 디스크는 주철제로 만들고 패드는 석면을 주원료로 하고 금속가루를 첨가한 세미 메탈릭으로 제작한다. 마찰 패드 바깥쪽에 있는 하우징은 캘리퍼(caliper)라고 하는데 내부에는 오일 통로와 피스톤이 설치되어 있다. 운전자가 브레이크 페달을 밟으면 마스터 실린더의 유압을 받아 휠 실린더의 피스톤이 패드를 밀어 디스크에 압착한다. 캘리퍼는 그 반력으로 반대쪽 방향으로 움직이면서 반대쪽 패드를 디스크에 압착하여 제동력을 얻게 된다.

드럼 브레이크는 브레이크 라이닝과 드럼 사이의 마찰열이 주위로 잘 방출이 되지 않아 브레이크 페이드 현상이 발행하고 이에 따라 제동작용이 불량해지는 단점이 있다. 그러나 디스크 브레이크는 마찰 패드가 디스크의 일부분과 접촉하여 마찰력을 발생하고 디스크의 대부분이 대기 중에 노출되어 있으므로 방열성이 우수하다. 디스크 브레이크는 1930년경부터 사용되었으나 자기배력작용이 없어 한동안 사용이 제한되었다. 그러나 다시 기술개발을 통해 제동작용이 강화되고 신뢰성이 높게 되어 최근에는 부동 캘리퍼형 디스크 브레이크가 승용차 앞바퀴의 제동장치로 가장 널리 사용된다.

디스크 브레이크는 휠 실린더의 유지방법에 따라, 그림 6-12와 같이 디스크 부동형(disc floating type), 캘리퍼 부동형(caliper floating type), 디스크-캘리퍼 고정형(disc-caliper fixed type)으로 분류된다. 디스크 부동형은 디스크부에서 소음이 발생하므로 최근에는 거의 사용이 되지 않는다. 한편 캘리퍼 부동형은 실린더가 한쪽에만 있어 반대쪽의 패드는 실린더쪽 패드가 작동할 때 그 반작용으로 마찰력을 발생시켜 제동작용을 한다. 캘리퍼 부동형은 가격이 비싼 실린더 부품을 1개만 사용하므로 상당히 경제적이어서 최근 사용되는 디스크 브레이크는 대부분 이 형식을 채택하고 있다.

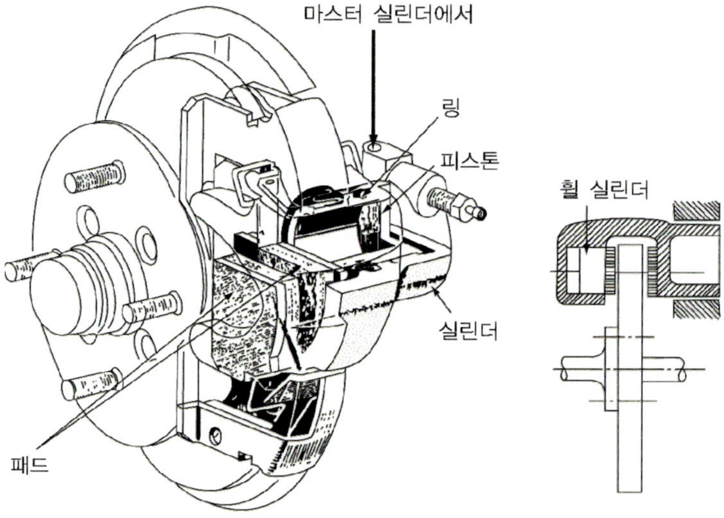

그림 6-11 디스크 브레이크의 구조와 작동

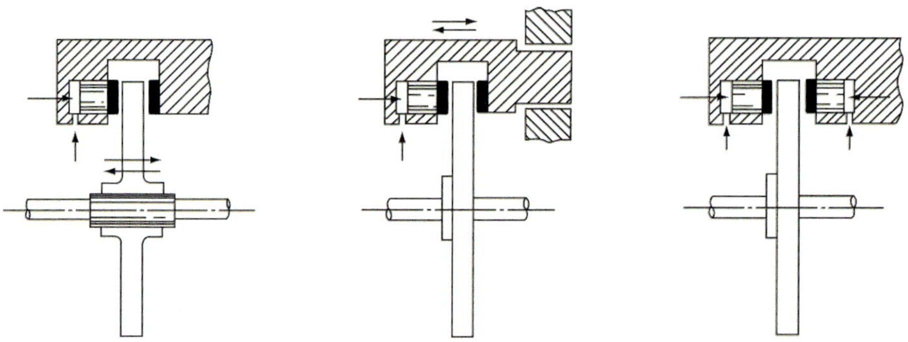

(a) 디스크 부동형 (b) 캘리퍼 부동형 (c) 디스크 캘리퍼 고정형

그림 6-12 디스크 브레이크의 종류

디스크-캘리퍼 고정형은 디스크 양쪽에 2개의 대형 실린더를 배치한 형식으로 움직이는 부분은 오직 피스톤이다. 강성이 높고 제동작용도 우수하나 가격이 비싸고 주차 브레이크를 조합하기가 어려운 것이 단점이다.

드럼 브레이크와 비교하여 디스크 브레이크의 장점과 단점은 다음과 같다.

① 장점

- 마찰 대상인 디스크가 대기에 직접 노출되어 있으므로 방열성이 우수하고 이에 따라 온도에 따른 브레이크 성능저하를 발생시키는 페이드 현상이 없다.
- 우수한 방열성으로 열변형이 적어 브레이크 페달을 밟는 거리(stroke)의 변화가 거의 없고 또한 제동력의 편차가 작다.

- 좌우 바퀴의 제동력이 안정되어 있어 편제동이 적고 자기배력작용이 없어 전후진 시 제동력의 변동이 없다.
- 물 또는 이물질이 침입하였을 때 일시적인 마찰계수의 저하는 있으나 디스크 회전에 따라 원심력에 의한 비산작용으로 제동력의 회복이 빠르다.
- 구조가 간단하고 제동기구의 점검과 정비가 용이하다.

② 단점

- 자기배력작용이 없어 드럼 브레이크의 휠 실린더의 유압보다 대략 2배 이상의 유압이 필요하고 휠 실린더보다 4~5배 정도 큰 면적이 요구된다.
- 진공 배력장치를 사용하여 제동장치 본체의 휠 실린더에 걸리는 유압을 더욱 증가시켜야 하므로 경제성 관점에서 불리하다.
- 마찰 패드는 높은 유압으로 디스크에 압착되어야 하므로 마찰 패드의 내마모성이 우수해야 한다. 또한 마찰 패드의 마모에 의한 교체주기가 드럼식의 라이닝보다 빈번하다.
- 드럼식에서는 브레이크 슈가 주차 브레이크용으로 사용될 수 있으나 디스크식에서는 별도로 설치하여야 한다.

6-3 제동장치의 종류

브레이크의 종류는 크게 상용 브레이크(service brake), 주차 브레이크(parking brake) 및 감속 브레이크(retarder)로 구분된다. 상용 브레이크는 발로 브레이크 페달을 밟아서 제동을 하는 풋 브레이크(foot brake) 형식으로 감속과 정지를 위한 제동작용을 한다. 주차 브레이크는 주차하거나 차량을 장기간 고정하는 기능을 수행하는데 주로 손으로 수동레버를 조작하므로 핸드 브레이크(hand brake)라고도 한다. 또한 상용 브레이크가 고장이 났을 때 비상용으로 사용할 수도 있으므로 비상 브레이크(emergency brake)라고도 한다.

감속 브레이크는 버스나 트럭의 대형화 및 고속주행의 요구에 따라 풋 브레이크나 주차 브레이크를 보조할 제3의 브레이크로서 사용되고 있다. 감속 브레이크는 긴 경사로를 내려갈 때 풋 브레이크와 겸용하여 사용하는데 풋 브레이크의 과도한 사용에 따른 베이퍼 락(vapor lock)이나 페이드 현상을 방지하는 역할을 한다.

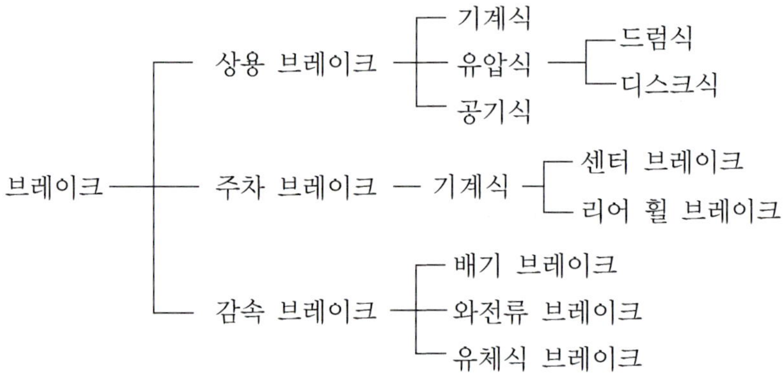

그림 6-13 브레이크의 분류

앞 절의 브레이크의 구성에서 브레이크 종류에 대하여 이미 설명하였다. 중복되는 부분은 생략하고 설명이 되지 않은 부분만 다루기로 하자.

6-3-1 상용 브레이크

대부분의 상용 브레이크는 운전자가 브레이크 페달을 밟을 경우 제동이 발생되는 풋 브레이크 형태이다. 상용 브레이크는 조작기구에 따라 로드나 와이어를 사용하는 기계식(mechanical type), 유압을 이용하는 유압식 및 공기식으로 구분된다. 최근 자동차에는 작은 조작력으로도 충분한 제동작용을 수행할 수 있는 유압식이 대부분을 차지하고 일부 전동식으로 보완하고 있다. 유압식 브레이크에 대해서는 6-2절에서 상세히 다루었으므로 이 절에서는 기계식과 공기식에 대해 간단히 설명하고자 한다.

(1) 기계식 브레이크

기계식 제동장치는 운전자가 제동장치 페달을 밟았을 때 조작력이 로드나 와이어를 통해 제동기구에 전달되어 제동기능을 수행하는 장치를 말한다. 보통 자전거나 모터사이클에 적용되거나 자동차의 주차 브레이크(parking brake)에도 활용된다. 그러나 유압식 브레이크가 사용된 이후 그 용도가 크게 감소하고 있다. 유압식에 비해 조작력이 커야 되고 모든 바퀴에서 균일한 제동력을 발생시키는 것이 어렵다.

(2) 유압식 브레이크

바퀴에 장착된 제동기구 본체의 구조에 따라 드럼 브레이크와 디스크 브레이크로 분류된다(6-2절 참조).

(3) 공기식 브레이크

공기식 브레이크는 바퀴의 제동력을 얻는 데 운전자의 조작력 크기를 이용하는 것 대신에

5~8bar 정도의 압축공기를 활용하는 동력 브레이크 방식이다. 동력 브레이크로는 공기식, 유압식 및 공기식과 유압식을 혼합한 복합형이 있다. 이중 공기식은 차량의 대형화와 고속화에 따라 대형 자동차에 가장 널리 사용되고 있는 동력 브레이크로 여러 장점이 있다. 공기 브레이크는 엔진에 의해 구동되는 소형 왕복형 압축기로 공기를 압축하여 이를 공기탱크에 저장해 놓는다. 운전자가 브레이크 페달을 밟으면 공기탱크에 저장된 압축공기가 앞뒤 바퀴의 퀵 릴리스 밸브(quick release valve, 뒷바퀴에는 relay valve)를 거쳐 각 바퀴에 있는 브레이크 체임버(brake chamber)에 공급된다. 브레이크 체임버에서 발생한 힘이 푸시로드(push rod)를 거쳐 슬랙 어저스트(slack adjuster)를 움직이면 슬랙 어저스터는 바퀴의 드럼에 설치된 캠을 돌리면서 브레이크 슈를 드럼에 압착시켜 제동작용이 이루어진다. 브레이크 페달에서 발을 떼면 퀵 릴리스 밸브로부터 압축공기가 배출되면서 제동작용이 멈추게 된다.

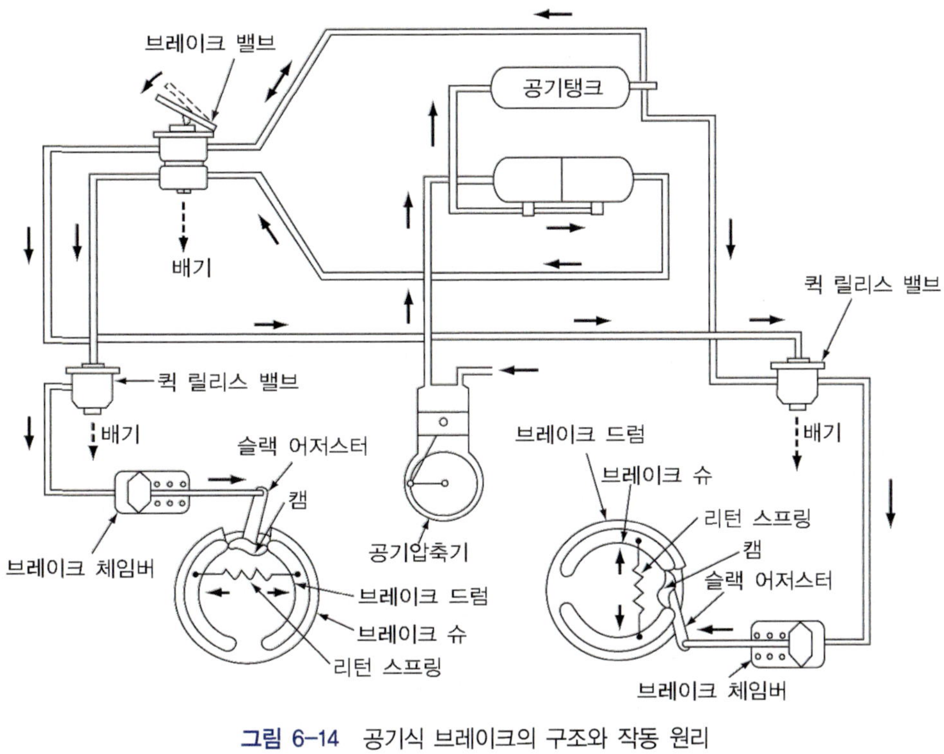

그림 6-14 공기식 브레이크의 구조와 작동 원리

유압식 브레이크와 비교하여 공기식 브레이크의 장점과 단점을 정리하면 다음과 같다.

① 장점

- 대형 차량에도 제한 없이 적용될 수 있다.
- 유압 브레이크는 유압라인에 약간의 누설이 있을 경우 브레이크 효과가 대폭적으로 떨어진다. 그러나 공기 브레이크에서는 공기의 누설이 있어도 현저한 성능 저하가 없어 안정성이 높다.

• 브레이크를 장시간 연속적으로 사용할 때 브레이크 오일이 비등하여 유압장치의 작동을 어렵게 하는 베이퍼 락(vapor lock) 현상이 없다.
• 유압 브레이크의 제동력은 페달을 밟는 힘에 비례하나 공기식에서는 제동력이 밟는 거리에 비례하여 발생하므로 운전자의 조작이 쉽다(압축 공기의 압력을 높이면 제동력이 높아진다.).
• 경음기, 윈드실드 와이퍼(windshield wiper), 공기 스프링 등 압축공기를 사용하는 기기와 함께 사용할 수 있다.

② 단점

• 엔진에 의해 압축기를 구동해야 하므로 엔진의 동력손실이 발생한다.
• 브레이크 시스템을 구성하는데 구조가 복잡하고 가격이 고가이다.

6-3-2 주차 브레이크

주차 브레이크(parking brake)는 정지상태의 차량을 움직이지 못하도록 고정하는 장치로 차량을 장기간 주차시킬 때 사용된다. 운전석 옆이나 앞에 설치된 레버를 당기면 케이블에 의해 뒷바퀴의 브레이크 슈를 드럼에 밀착시켜 제동상태를 유지한다. 핸드 브레이크(hand brake), 비상 브레이크(emergency brake), 사이드 브레이크(side brake)라고도 한다.

주차 브레이크는 추진축에 설치된 센터 브레이크식(center brake type)과 뒷바퀴의 드럼 브레이크를 활용한 휠 브레이크식(wheel brake type)으로 크게 구분된다. 두 방식 모두 로드나 와이어를 사용하는 기계식으로 되어 있다. 센터 브레이크식은 변속기 뒤쪽의 추진축에 외부 수축식의 밴드 브레이크를 사용한 방식이다. 휠 브레이크식은 현재 가장 널리 사용되고 있는 방식으로 그림 6-15와 같이 주차 브레이크용 레버를 당기면 뒷바퀴에 설치된 드럼식 브레이크에 로드나 와이어를 이용하여 제동력을 전달하는 방식이다.

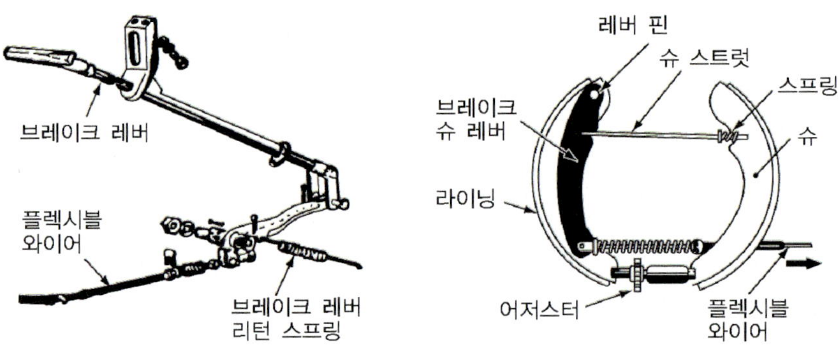

그림 6-15 주차 브레이크의 구조와 작동 원리

외국 차량의 주차 브레이크는 레버식 대신에 페달식(pedal type)으로 된 것도 많이 사용되고 있다. 최근에는 주행 중인 자동차가 일정시간 동안 정지할 경우 센서로 차량의 속도, 엔진회전속도, 브레이크의 작동 여부 등을 감지하여 모터의 구동에 의해 주차 브레이크를 작동시키는 전자식 파킹 브레이크(EPB: Electronic Parking Brake)의 장착이 증가하고 있다.

6-3-3 감속 브레이크

감속 브레이크(retarder 또는 third brake)는 제3의 브레이크로 풋 브레이크를 보조해 주는 기능을 수행한다. 감속 브레이크는 풋 브레이크를 장시간 사용할 때 발생할 수 있는 페이드 현상이나 베이퍼 락에 의한 제동장치의 기능상실을 방지하고 운전자의 피로를 경감시킬 목적으로 고안되었다. 감속 브레이크는 고속주행 시 초기제동이나 긴 경사로를 내려오면서 차량의 속도를 감속할 때 사용하는데 크게 엔진 브레이크, 배기 브레이크, 와전류식, 유체식 등으로 구분된다.

(1) 엔진 브레이크

엔진 브레이크는 클러치 페달이나 가속페달을 뗀 상태에서 저단 변속기 상태로 운전할 때 엔진의 회전저항으로 제동력이 발생되는 효과를 얻는 것을 말한다. 엔진 브레이크는 별도의 장치로서 설치되는 것이 아니다. 가속페달을 뗀 상태에서 차량은 관성으로 움직이고 이때 구동바퀴의 회전속도가 엔진보다 높게 되어 구동바퀴가 역으로 엔진을 돌리게 된다. 엔진이 구동바퀴에 의한 회전을 계속하려면 엔진 각 부분의 마찰 손실, 흡배기 행정에서의 펌핑손실, 압축행정의 압축력, 보조 기구의 구동 손실 등의 회전저항을 극복해야 한다. 엔진 브레이크는 저속기어가 물려 있을수록 회전저항이 커지므로 엔진 브레이크의 효과는 증가한다.

(2) 배기 브레이크

배기 브레이크(exhaust brake)는 배기매니폴드 근처에 배기 브레이크용 밸브를 설치하고 필요할 때마다 그 밸브를 닫음으로써 엔진을 압축기로 작동시켜 제동력을 얻는 장치이다. 일반적으로 배기 브레이크는 트럭이나 버스와 같은 대형 디젤엔진 차량에 적용된다. 배기 브레이크는 전기적인 신호에 의해 압축공기를 이용하여 밸브를 개폐하거나 수동 레버나 페달로 조작한다. 브레이크가 작동할 때에는 연료의 분사를 중지시켜 배기가스와 연료를 동시에 저감하도록 한다.

(3) 와전류식 브레이크

와전류식(eddy current type) 브레이크는 추진축과 함께 회전하는 로터 디스크와 배터리의 전류에 의해 여자되어 전자석이 되는 스테이터로 구성된다. 스테이터 코일에 전류가 공급되면 자장이 발생하고 이 과정에서 디스크가 회전하면 와전류가 흐르면서 자장과의 상호작용으로 제동력이 발생한다. 와전류에 의해 발생되는 열은 디스크에 설치된 냉각핀(cooling fin)을 통해 대기 중으로 방출된다.

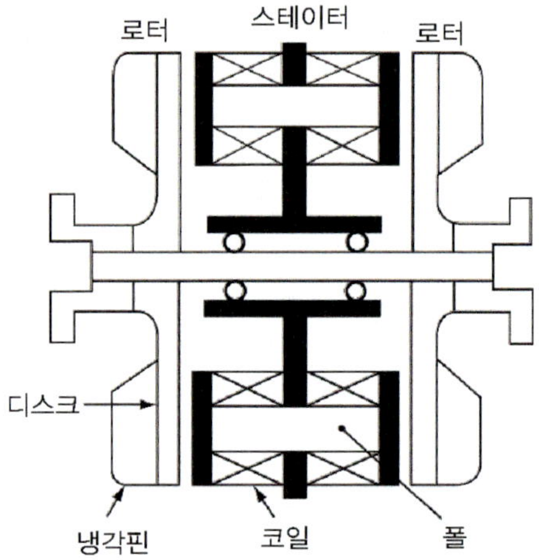

그림 6-16 와전류식 브레이크

이 방식은 추진축에 독립적으로 설치된다. 풋 브레이크나 엔진 브레이크와 동시에 사용할 수 있고 조작이 간단하며 작동 시 충격도 작다. 자동차의 주행 조건에 따라 제동력을 조정하는데 보통 전체 제동력을 1/4, 1/2, 3/4, 1의 4단계로 변환할 수 있는 제어장치가 설치된다.

(4) 유체식 브레이크

유체식 브레이크는 변속기에 주로 장착되며 토크 컨버터와 유사한 방식으로 작동한다. 하우징에는 로터와 스테이터가 있고 내부는 오일이나 물이 가득 차있는 구조로 되어 있다. 이 방식은 로터가 추진축의 회전으로 유체에 와류를 만들고 이때 발생하는 유체마찰저항을 이용하여 제동력을 얻는다. 제동력은 컨트롤 밸브로 유량을 제어함으로써 적절한 크기가 되도록 한다.

6-4 제동 이론

브레이크는 운전자의 안전을 확보하는 마지막 수단이므로 브레이크의 작동과 관련된 이론적인 지식을 습득할 필요가 있다. 이 절에서는 유압 브레이크에 적용되는 파스칼의 원리, 제동거리 계산, 기타 브레이크의 기능을 상실하도록 하는 페이드 현상과 베이퍼 락에 대해 고찰해 보기로 하자.

6-4-1 파스칼의 원리

파스칼의 원리(Pascal's principle)는 밀폐된 용기에 담겨진 액체에 압력을 가하면 가한 압력과 같은 크기의 압력이 용기 각 부위로 전달된다는 것으로 1653년 프랑스의 수학자 Pascal(Blaise Pascal)이 발견하였다. 이 원리를 이용하면 힘은 아무리 복잡한 모양을 한 파이프를 통해서라도 유체로 힘을 증가시켜 전달될 수 있다. 또한 그 전달이 상당히 원활하게 이루어지는 장점이 있어 각종 유압시스템에 널리 활용되고 있다.

그림 6-17에서 A 부분의 단면적은 A_a, B 부분의 단면적은 A_b라고 하자. A에 F_a의 힘이 작용한다고 할 때 B에 작용하는 힘을 구해보자.

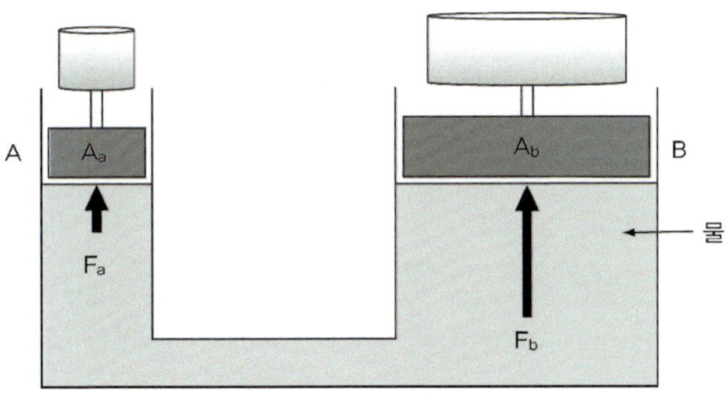

그림 6-17 파스칼의 원리

밀폐된 용기 내 물의 압력은 파스칼의 원리에 의하면 동일하므로 B에 작용하는 힘은

$$F_b = \left(\frac{A_b}{A_a}\right)(F_a) \tag{6-1}$$

로서 단면적의 비만큼 증폭된다. 파스칼의 원리는 유압식 브레이크 장치에서 운전자의 조작력을 경감시키는 데 유용하게 활용된다. 이와 같이 액체를 이용한 힘의 증폭과 전달의 원리는 기체와는 달리 액체가 비압축성이기 때문에 가능하다.

예제 6-2

앞의 그림 6-17에서 A와 B의 단면적이 각각 $2cm^2$, $10cm^2$이고 단면 A에 50N 의 힘이 작용하고 있다. 이때 B에 작용하는 힘을 구하여라.

풀 이

밀폐된 용기 내의 물의 압력은 파스칼의 원리에 의하면 동일하므로 B에 작용하는 힘 F_b

$$F_b = \left(\frac{A_b}{A_a}\right)(F_a) = \left(\frac{10}{2}\right)(50) = 250\,\text{N}$$

6-4-2 제동성능

자동차 제동장치의 제동성능은 운전자가 위험을 인식하고 제동장치를 조작하여 안전하게 정지시킬 수 있는 거리로 판단한다. 브레이크가 작동하면 타이어와 노면 사이에는 접촉 조건이나 각각의 성질에 의해 점착력(adhesive force)이 변하고 차량에 작용하는 제동력은 이 점착력에 영향을 받는다. 제동력이 점착력의 한계를 넘으면 바퀴가 회전하지 않고 락(lock) 즉, 잠기게 되고 타이어는 미끄러진다. 타이어가 미끄러지는 것을 정량화한 것이 슬립비(slip ratio) s로서 자동차의 속도가 v[m/s], 타이어의 유효반경이 R_t[m], 바퀴의 각속도가 ω[rad/s]라고 할 경우 다음의 식으로 정의된다.

$$s = \frac{v - R_t\,\omega}{v} \tag{6-2}$$

타이어와 노면 사이에 발생하는 마찰력은 자동차의 하중과 타이어와 노면 사이의 마찰계수에 따라 변한다. 한편 마찰계수 μ_b는 타이어와 노면 각각의 상태에 영향을 받을 뿐만 아니라 동일한 타이어와 노면의 조건하에서도 타이어와 노면 사이의 슬립비에 따라서 크게 변한다. 다음 그림 6-18은 슬립비와 마찰계수 사이의 관계를 보여준다.

그림 6-18과 같이 제동 시 브레이크 효과를 최대로 얻기 위해서는 바퀴를 완전히 잠기게 하는 것보다 슬립비가 0.2~0.3의 범위에 들어가도록 어느 정도의 구름상태를 유지할 필요가 있다. 타이어의 횡력인 선회구심력(cornering force)은 슬립비가 증가할수록 작아지는데 역시 안전한 운전을 위해서는 슬립비를 작게 유지하는 것이 필요하다. 차량총중량이 $W(=mg)$ 인 자동차가 v_o[m/s]의 속도로 주행하고 있을 때 제동력을 작동시켜 정지거리를 분석하면 그림 6-19와 같이 공주거리와 제동거리 2단계로 구분하여 생각할 수 있다.

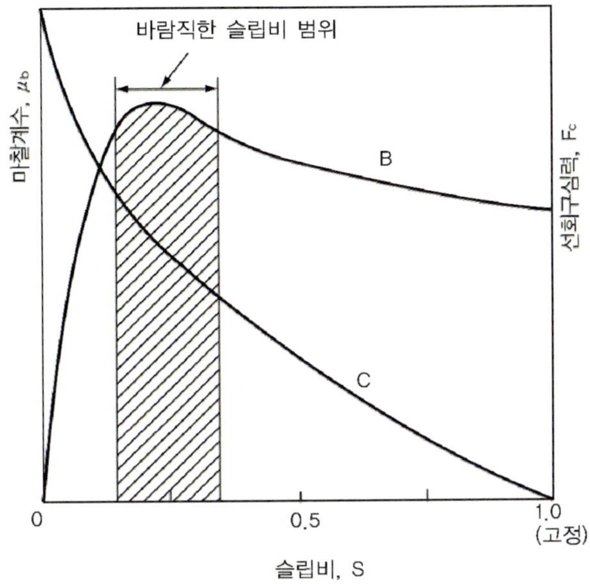

그림 6-18 슬립비와 마찰계수

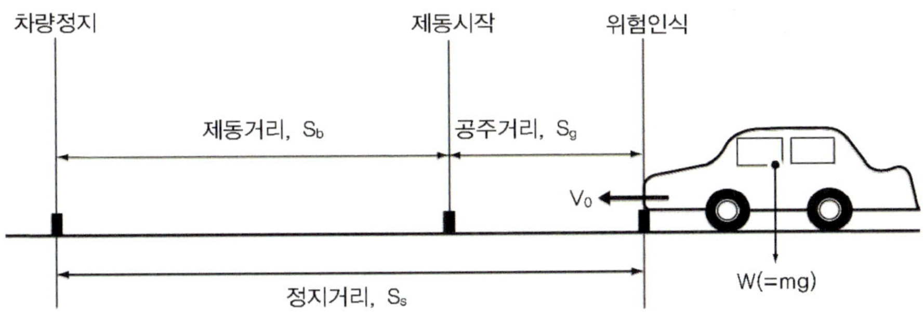

그림 6-19 자동차의 제동작용 시 정지거리의 구성

(1) 공주거리

운전자가 전방에서 발생한 위험을 인식하고 브레이크 페달을 밟아 제동작용이 일어나기 전까지 자동차는 계속 주행한다. 이때 소요된 시간을 공주시간(driver's perception reaction time, t_g[s]), 자동차가 이동한 거리를 공주거리(S_g[m])라고 한다. 공주시간은 운전자의 위험 인식 반응시간, 가속페달에서 브레이크 페달로 발을 옮기는 시간, 브레이크 페달의 조작력으로 브레이크 라이닝이 드럼에 닿는 시간의 합으로 구한다. 이 시간은 운전자의 운동신경에 의존하며 보통 0.6~1.0s 정도로 알려져 있다. 미국에서는 운전면허 시험의 판정기준이 $\frac{5}{8}$s(=0.625s)이다. 본 교재에서는 자동차의 속도가 시속[km/h]의 단위를 사용할 때는 기호로 V, 초속[m/s]의 단위일 때는 v를 사용한다. 공주거리는 차량의 속도 v에 공주시간을 곱한 값으로 다음 식에서 구한다.

$$S_g = v \cdot t_g \tag{6-3}$$

(2) 제동거리

브레이크의 제동기구가 실제로 작동하여 자동차가 감속되면서 정지할 때까지 걸리는 시간을 제동시간(brake system application time, t_b[s])이라고 하고, 이때 자동차가 이동한 거리를 제동거리(S_b[m])라고 한다. 자동차가 브레이크 작용으로 바퀴가 완전히 잠기게(lock) 되어 제동거리 S_b를 이동한 후 멈추었다고 하자. 이때 속도가 v인 자동차의 운동에너지의 크기는 자동차의 타이어와 노면 사이의 마찰력이 한 일과 같게 된다. 타이어와 노면과의 마찰계수를 μ_b라고 할 때 제동거리는 다음의 식에서 구한다.

$$\frac{1}{2}mv^2 = (\mu_b \cdot mg)(S_b) \qquad \therefore\ S_b = \frac{v^2}{2\mu_b g} \tag{6-4a}$$

한편 바퀴가 완전히 잠기지 않을 경우 차량이 완전히 정지하려면, 식(6-4a)에서 추진축과 변속기의 기어, 바퀴 등의 회전부분 상당질량(m')을 고려하여야 한다. 운동에너지에 회전부분 상당질량을 넣어서 계산하면 제동거리는 다음과 같이 계산된다.

$$S_b = \frac{(1+\beta)\,v^2}{2\mu_b g} \tag{6-4b}$$

식(6-4b)에서 $\beta = \dfrac{m'}{m}$으로 승용차에서는 대략 $\beta = 0.05$, 버스나 트럭에서는 $\beta = 0.07$의 값을 갖는다. 식(6-4)를 살펴보면 타이어와 노면 사이의 마찰계수 μ_b가 증가할수록 제동거리는 짧아지게 된다.

타이어와 노면 사이의 마찰계수 μ_b는 적절한 가정과 간단한 실험을 통해 구할 수 있다. 제동작용으로 바퀴와 노면 사이에 마찰력이 발생하면 처음 0.2~0.5s 사이에 자동차의 감속도는 급증하면서 최대 감속도에 도달한다. 이후 감속도는 일정하게 유지되다가 급감하면서 차량은 정지한다. 속도 v로 주행하는 자동차가 제동을 시작하여 일정한 감속도 운동으로 거리 L[m]을 이동하여 정지한다고 가정하자. 이때 감속도 a는 등가속도 운동의 식에서 다음과 같이 구할 수 있다.

$$a = \frac{v^2}{2L} \tag{6-5}$$

가속도 운동이므로 바퀴와 노면 사이의 마찰력과 관성력의 크기는 같고 마찰계수는 감속도를 안다면 다음의 식에서 구할 수 있다.

$$ma = \mu_b \cdot mg \qquad \therefore\ \mu_b = \frac{a}{g} \tag{6-6}$$

보통 포장도로에서 0.2~0.3의 슬립비일 경우 마찰계수 μ_b는 대략 0.5~0.7의 값을 갖는 것으로 알려져 있다.

최종적으로 정지거리 S_s는 위에서 구한 공주거리와 제동거리의 합으로 구한다.

$$S_s = S_g + S_b \tag{6-7}$$

예제 6-3

질량이 1,500kg인 자동차가 100km/h로 주행하고 있다. 운전자가 전방에 위험물을 발견하고 급제동을 하였을 때 정지거리를 구하여라. 단, 타이어와 노면 사이의 마찰계수는 0.5, 공주시간은 0.8s로 하고 바퀴는 완전히 잠겼다고 가정한다.

풀이

먼저 자동차의 속도를 초속으로 바꾸면

$$v = \left(100\frac{km}{h}\right)\left(\frac{1h}{3{,}600\,s}\right)\left(\frac{1{,}000\,m}{1\,km}\right) = 27.8\,\mathrm{m/s}$$

(1) 공주거리는 식(6-3)을 이용

$$S_g = v \cdot t_g = (27.8)(0.8) = 22.2\mathrm{m}$$

(2) 제동거리는 바퀴가 완전히 잠겼으므로 식(6-4a)을 이용

$$S_b = \frac{v^2}{2\,\mu_b g} = \frac{27.8^2}{(2)(0.5)(9.81)} = 78.7\mathrm{m}$$

∴ 정지거리 $S_s = S_g + S_b = 22.2 + 78.7 = 100.9\mathrm{m}$

6-4-3 제동력의 계산

(1) 브레이크 힘의 계산

드럼 브레이크와 디스크 브레이크의 제동기구에 걸리는 제동력을 계산해 보도록 하자. 그림 6-20의 드럼 브레이크는 리딩-트레일링 슈 방식으로 휠 실린더의 압력이 슈에 P의 힘으로 작용된다. 이때 슈에 가해지는 수직반력과 마찰력은 압착압력이 최대로 되는 위치인 MPL(Maximum Pressure Line)에 집중되어 작용한다고 가정한다.

그림 6-20에서 수직반력 N_1, N_2와 마찰력 F_1, F_2가 MPL에 작용할 경우 각각 슈의 앵커 핀에 모멘트 평형식을 적용하면 다음의 관계식이 유도된다.

$$\begin{aligned} hP + rF_1 - lN_1 &= 0 : \text{리딩 슈} \\ hP - rF_2 - lN_2 &= 0 : \text{트레일링 슈} \end{aligned} \tag{6-8}$$

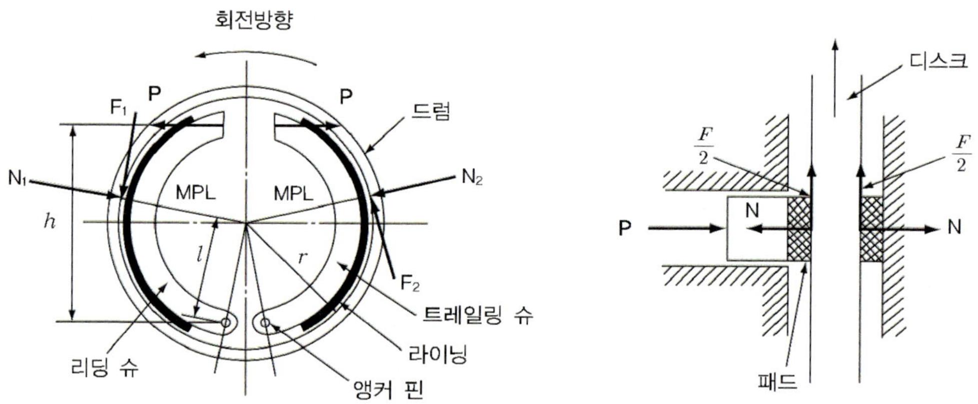

(a) 드럼 브레이크의 제동력 (b) 디스크 브레이크의 제동력

그림 6-20 드럼 브레이크와 디스크 브레이크의 제동력 계산

브레이크 슈에 부착된 라이닝과 드럼과의 마찰계수를 μ_s라고 할 경우, 마찰력과 수직반력 사이에는 $F_1 = \mu_s N_1$, $F_2 = \mu_s N_2$ 의 관계식이 성립한다. 이 식을 식(6-8)에 대입하여 정리하면 다음의 관계식이 성립한다.

$$F_1 = \frac{hP}{\dfrac{l}{\mu_s} - r} \ : \text{리딩 슈}$$

$$F_2 = \frac{hP}{\dfrac{l}{\mu_s} + r} \ : \text{트레일링 슈} \qquad (6\text{-}9)$$

브레이크의 효율성을 알아보기 위해 입력(휠 실린더 작용력) P 에 대한 출력(드럼 마찰력) F 의 비인 게인(gain)을 구하면 다음의 관계식이 얻어진다.

$$G_1 = \frac{h}{\dfrac{l}{\mu_s} - r} = \frac{\dfrac{h}{r}\mu_s}{\dfrac{l}{r} - \mu_s} \ : \text{리딩 슈}$$

$$G_2 = \frac{h}{\dfrac{l}{\mu_s} + r} = \frac{\dfrac{h}{r}\mu_s}{\dfrac{l}{r} + \mu_s} \ : \text{트레일링 슈} \qquad (6\text{-}10)$$

식(6-9)나 (6-10)을 살펴보면 리딩 슈에서 자기배력작용이 일어나는 것을 알 수 있다.

이번에는 디스크 브레이크에서의 제동력을 계산해 보자. 마찰 패드와 디스크 사이의 마찰계수 μ_p, 수직반력 N과 휠 실린더에 의해 작용하는 압착력 P는 같기 때문에 다음의 관계식이 성립한다.

$$F = 2\mu_p P \tag{6-11}$$

식(6-11)을 입력과 출력의 비인 게인의 관점에서 표시하면 다음과 같다.

$$G = \frac{F}{P} = \frac{2\mu_p P}{P} = 2\mu_p \tag{6-12}$$

즉, 디스크 브레이크에서는 게인이 마찰계수와 비례하게 되어 자기배력작용이 없다는 것을 간접적으로 알 수 있다.

(2) 제동 시의 중심이동

바퀴가 잠기는 것은 제동기구에 걸리는 제동력이 타이어와 노면 사이의 점착력에 의해 발생하는 마찰력보다 클 때 발생한다. 앞바퀴와 뒷바퀴에 걸리는 수직반력은 정지상태일 때와 가(감)속도를 받을 때 차이가 있다. 자동차의 총중량이 W, 정지상태일 때 앞바퀴와 뒷바퀴에 걸리는 하중이 각각 W_f, W_r이고 앞바퀴와 뒷바퀴가 받는 수직반력이 각각 N_f, N_r이라고 하자.

자동차가 정지상태일 때나 등속운동을 할 경우 $W_f = N_f$, $W_r = N_r$ 이 성립한다. 제동으로 감속도 크기 a를 갖는 운동을 할 경우, 수직반력은 각 바퀴가 받는 하중과 다른 분포를 갖게 된다. 앞바퀴와 뒷바퀴가 노면에 접촉하는 부분을 중심으로 모멘트 평형을 취하면 다음의 식이 유도된다.

$$\begin{aligned} N_f &= W_f + \frac{h}{l}(ma) \\ N_r &= W_r - \frac{h}{l}(ma) \end{aligned} \tag{6-13}$$

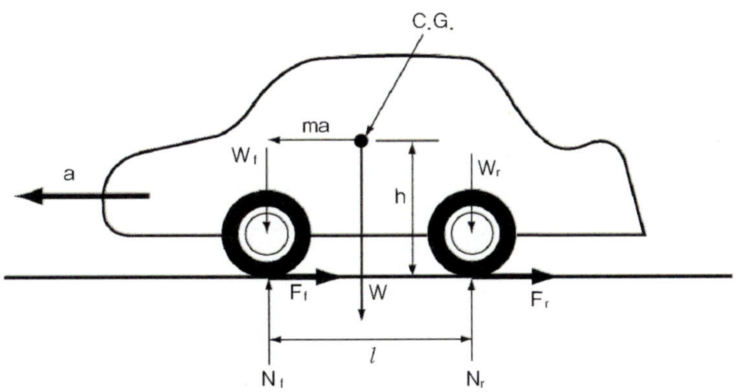

그림 6-21 자동차 제동 시의 중심이동

식(6-13)에서 정지상태일 때 앞바퀴와 뒷바퀴에 걸리는 하중이 $W_f = W_r$ 로 동일하다고 가정하자. 제동작용으로 감속도가 무게중심에 작용할 때 앞바퀴에는 더 많은 하중이 작용한다. 이에 따라 차량의 앞부분에서 노즈 다운(nose down) 현상이 일어난다는 것을 알 수 있다.

6-4-4 페이드 현상과 베이퍼 락

제동장치가 작동하면 자동차의 운동에너지는 마찰에 의해 열로 방출되고 제동기구의 마찰부위 온도는 600~700℃ 이상으로 급상승한다. 이때 브레이크 슈와 드럼은 고온이 되면서 변형되어 접촉부위가 불균일하게 되고 마찰력이 저하된다. 또한 온도상승에 따라 마찰계수도 작게 되어 브레이크 페달의 조작력을 크게 해야 제동이 제대로 이루어진다. 이와 같이 드럼 브레이크에서 연속적인 제동작용으로 드럼과 라이닝 사이의 마찰부위의 온도가 급상승하게 되고 이에 따라 제동효과가 급격히 떨어지는 현상을 페이드(fade) 현상이라고 한다. 페이드 현상을 방지하려면 드럼이나 브레이크 라이닝의 방열성이 우수하고 열용량이 커야 되며 온도상승에 따른 마찰계수의 저하와 열팽창이 작은 재질로 만들어야 한다. 드럼이나 슈의 방열성이 좋고 자기 배력작용이 없는 드럼 브레이크는 페이드를 방지하는 데 효과적이다.

대관령이나 한계령과 같이 경사가 급하고 긴 경사로를 내려갈 때 풋 브레이크를 장기간 연속적으로 사용하게 되면 브레이크 본체의 작동부위 온도가 마찰열로 급상승한다. 유압식 브레이크에서는 이러한 마찰열로 브레이크 주변 오일의 온도가 비등점 이상이 되고 브레이크 오일라인에 기포가 다량으로 발생한다. 브레이크 오일라인에 발생된 기포는 유압장치의 압력전달 작용이나 송유작용을 크게 방해하면서 제동효과를 급격히 떨어뜨리는데, 이런 현상을 베이퍼 락(vapor lock)이라고 한다. 긴 내리막길에서 주로 발생하는 베이퍼 락은 풋 브레이크 대신에 엔진 브레이크 등 보조 브레이크 기구를 사용하거나 비등점이 높은 브레이크 오일을 사용해야 방지될 수 있다. 또한 마스터 실린더나 휠 실린더에 유입된 공기가 있으면 제거하여야 하며 장기간 사용으로 브레이크 오일의 점도가 떨어지지 않도록 정기적으로 점검하여야 한다.

6-5 앤티락 브레이크 시스템(ABS)

ABS는 처음 항공기에 적용된 기술로 1980년대 중반부터 자동차에 적용되기 시작했고 현재 일반 자동차에 의무적으로 장착되고 있다. 전방에 위험한 상황이 발생하여 급제동을 하게 되면 바퀴의 회전은 멈추게 되나 자동차의 관성으로 바퀴가 미끄러지게(skid) 된다.

또한 바퀴가 잠기면 조향휠 또한 잠기게 되어 자동차의 조종이 어렵게 된다. 이에 따라 각 바퀴에 걸리는 제동력이 불균일하게 되어 차량의 자세를 올바르게 잡을 수 없게 된다. ABS에서는 바퀴회전 센서가 바퀴의 회전속도를 검출하고 전자제어부의 분석과 명령으로 유압장치가 작동하여 회전하는 디스크를 잡았다 풀어주는 펌핑(pumping) 작용을 초당 10여회 이상 발생하도록 한다. 이와 같이 ABS는 바퀴가 완전히 잠기는 것을 방지하여 자동차가 진행방향에서 크게 이탈하지 않고 조종 안정성을 확보할 수 있으며 제동거리를 단축하도록 지원한다.

주행 중에 브레이크가 작동되면 차량은 하중이동이 발생하는데 앞바퀴에는 하중이 증가하고 뒷바퀴의 하중은 감소하게 된다. 이때 4바퀴에 동일한 크기의 제동력이 작용하면 하중이 작은 뒷바퀴가 먼저 잠기게 된다. 뒷바퀴가 잠기게 될 경우 횡방향의 점착력이 떨어지게 되어 차량이 중심을 잃고 돌아가면서(spin) 전복의 위험에 처한다. 한편 앞바퀴가 잠기면 조향능력이 상실되는 위험성이 따르게 된다. 또한 ABS는 각 바퀴에 분배되는 제동 유압을 조절하여 슬립비를 최대 마찰력이 확보될 수 있는 20~30% 범위에 들도록 유도한다. 이를 통해 충돌방지를 위한 제동거리가 확보되도록 지원한다. 특히 ABS는 빗길이나 빙판길에서 효과가 크다. 차량의 한쪽 바퀴가 마찰계수가 작은 도로에 빠진다고 해도 ABS가 작동되면 차량이 한쪽으로 쏠리거나 돌아가는 현상을 방지할 수 있다.

전자식 ABS는 다음과 같은 요소들(그림 6-22)로 구성되어 있다.

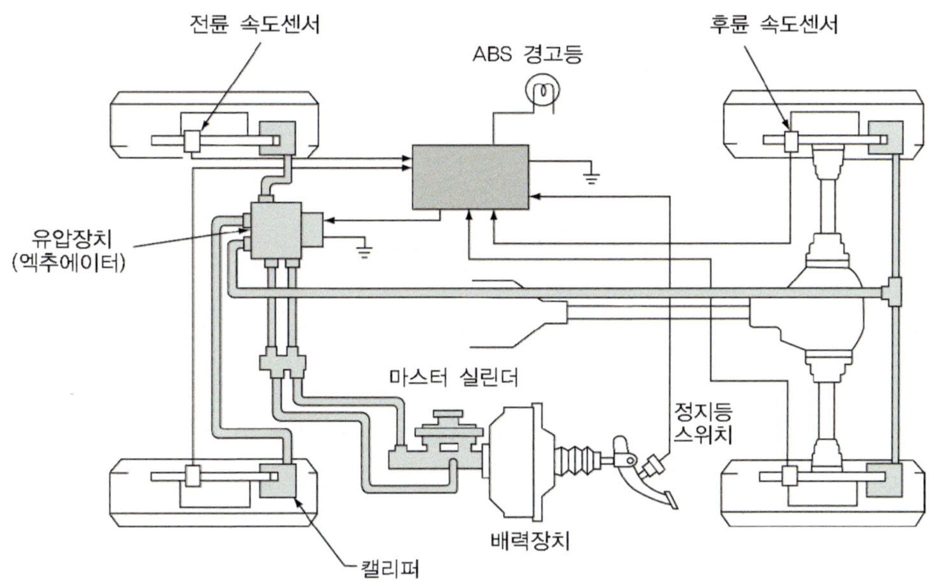

그림 6-22 ABS 시스템 구성도

(1) 센서

앞뒤 각 바퀴에는 바퀴속도 센서(wheel speed sensor)가 설치된다. 이 센서는 바퀴의 회전속도를 검출하고 차속과 슬립비를 계산하는 자료로 사용하면서 바퀴의 잠김 상태에 대한 정보를 제공한다.

(2) 엑추에이터

엑추에이터는 마스터 실린더와 휠 실린더 중간에 설치된다. 엑추에이터는 각 휠 실린더로 가는 유압을 조절하는 하이드로릭 장치(hydraulic unit)로서 각 바퀴에 전달되는 유압을 변화시켜 제동력을 제어한다.

(3) 전자제어부(ECU)

전자제어부는 바퀴속도 센서에서 나오는 신호를 분석하여 차속과 슬립비를 계산하고 바퀴의 운전상태를 파악한다. 그리고 전자제어부는 하이드로릭 장치에 적절한 신호를 보내어 그림 6-23과 같이 자동차가 올바른 자세를 유지하도록 한다.

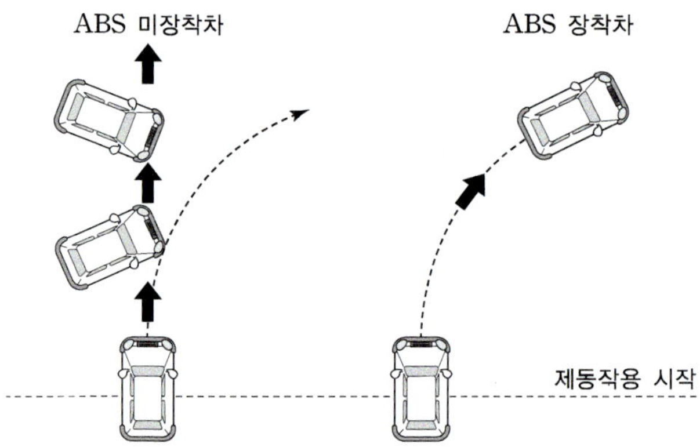

그림 6-23 급제동 시 ABS 장착 효과

일반적으로 숙달된 운전자는 눈이나 비가 내린 도로에서 급정거를 할 때 브레이크를 한 번에 세게 밟지 않고 여러 번 밟아 차량이 옆으로 미끄러지거나 조종성능이 떨어지는 것을 방지한다. 최근에는 트랙션 컨트롤 시스템(TCS: Traction Control System)이 적용된 차량이 증가하고 있다. 이것은 진흙이나 빗길, 눈길 등 미끄러지기 쉬운 노면에서 바퀴에 슬립이 있을 경우 엔진의 토크(구동력)를 제어하여 슬립을 제어함으로써 가속성과 선회안정성을 확보해주는 슬립제어(slip control) 기능을 수행한다. 또한 조향휠의 조작량과 가속페달의 밟는 양 및 비구동바퀴의 좌우측 속도차를 감지하여 구동력을 제어함으로써 안정된 선회를 가능하게 하는 트레이스 컨트롤(trace control) 기능도 갖고 있다.

한편 차량운동제어(VDC: Vehicle Dynamic Control) 시스템은 스핀이나 언더스티어 등의 상황이 발생할 경우 이를 감지해 자동적으로 좌우 바퀴를 제동시켜 자동차가 안정된 자세를 유지하도록 한다. 각종 센서들은 구동바퀴의 속도, 제동압력, 조향핸들의 각도 및 차체의 기울어진 정도 등을 파악하여 그 정보를 차량운동제어 ECU에 보내면, ECU는 차량의 ABS 및 TCS와 연동하여 각 바퀴에 적절한 제동력을 작동시켜 주행 중인 자동차의 자세를 안정화시킨다. 이 시스템은 보통 ABS와 TCS의 기존 시스템에 요 모멘트 센서, 횡가속도 센서, 비틀림 센서, 마스터 실린더 압력 센서를 추가한다. 차량운동제어 시스템은 요 모멘트 제어, 횡가속도 제어, 자동 감속제어, ABS 제어, TCS 제어 등에 의해 자동차의 스핀을 방지하고 오버 스티어링을 제어하며 굴곡로 주행 시 요잉 발생을 억제하고 제동 시에 조종안정성의 향상을 도모한다. 책에 따라서 차량자세제어(ESP: Electronic Stability Program)라고 말하기도 한다.

6-6 회생제동

회생제동(regenerative braking)은 모터를 활용하는 하이브리드 차량을 포함한 전기자동차에 적합한 시스템으로 차량이 제동할 때 마찰 및 열에너지로 소비되는 에너지를 전기 및 화학에너지로 전환하여 재사용(ultra capacitor와 같은 에너지 저장장치에 일시 축적한 후 발진, 가속, 등판 시에 재사용)하는 기술을 말한다. 일반적으로 엔진 출력의 30%가 차량 제동 과정에서 손실되는데, 회생제동이 적용되었을 경우 기존 연비에 비해 대략 33% 저감된다는 연구 결과가 나오고 있다. 모터를 구동하기 위한 배터리가 전기자동차의 핵심 에너지원이지만 외부 전기로 충전하지 않는 한 배터리는 차량의 회생제동 및 엔진동력을 이용하여 충전해야 한다. 회생제동 기술은 차량의 에너지 효율과 연비를 향상시키기 위해 필수적인 기술로 부상하고 있는데, 초기에는 전기자동차의 짧은 주행거리를 보완하기 위해 개발되었으나 최근에는 전기자동차, 하이브리드 자동차 및 수소 연료전지자동차에 적용되고 있다. 이에 따라 대학과 자동차회사에서는 온실가스 저감과 연비향상을 위해 회생제동에 대한 연구와 이를 실차에 적용하려는 시도가 활발하게 진행되고 있다.

회생제동 기술을 연구하기 위해서는 실험적인 방법과 해석적인 방법이 사용된다. 실험적인 방법은 정확한 실차 데이터를 획득할 수 있는 장점이 있지만, 많은 초기 비용이 들어가고 실험기간이 긴 단점이 있다. 해석적인 방법은 해석 프로그램을 사용하여 짧은 시간에 결과를 얻을 수 있고 실제 차량에서 실험하기 어려운 다양한 조건을 적용하여 시뮬레이션하는 장점이 있지만 실제 활용하는 조건의 영향을 모두 반영하기 어려운 단점이 있다.

회생제동장치는 자동차 연비개선의 핵심적인 기술로서 특히 가・감속을 반복하는 도심주행모드에서 차량의 연비를 향상시키는 데 널리 활용될 수 있다. 제동 시 마찰로 소모되는 차량의 운동에너지를 다시 회수하기 위해 운전자가 제동장치를 작동시키면 반대방향의 토크를 걸어 전기모터를 발전기로 활용하면서 이때 발생하는 전력을 배터리 또는 울트라 캐패시터(ultra capacitor)에 저장한다. 이렇게 저장된 전력은 발진, 가속, 등판 시에 유효하게 사용되면서 연비저감과 배기가스 저감 목적을 달성할 수 있다. 국내 하이브리드 자동차의 경우 도심 주행에서는 회생제동에 의한 개선효과가 전체 연비개선효과의 30~40%를 차지한다고 알려져 있다. 일반적으로 회생제동의 에너지 회수율은 2차전지의 용량, 사용 모터의 종류, 차량의 무게 그리고 운전자의 운전 성향, 주변 지형조건(고도, 도로상태 등)을 포함한 다양한 조건에 따라 차이가 있지만, 최대 60~70% 정도의 에너지를 회수할 수 있다고 알려져 있다. 즉 고속도로 주행보다는 신호 대기가 빈번한 도심주행 시 그리고 긴 내리막길 주행 시, 아울러서 차량의 크기가 크고 무거운 차량의 경우 회생제동이 더 효과적인 것으로 나타난다.

이러한 회생제동은 재가속시 오히려 효율을 저하시킬 수 있기 때문에 회생제동의 개입 정도(회생제동 감도)를 스스로 파악하여 자동으로 조절하는 기능이 추가로 설정되어 있어야 한다. 최근 자율주행 자동차의 기술이 나날이 발전하고 있고 완전 자율주행의 시대가 조만간 이루어질 것으로 전망된다. 이와 같이 브레이크 페달이 없이 가속 페달만을 이용하여, 차량의 출발, 가속 및 회생제동 사이를 반복하면서 차량의 주행상황에 맞춰 주행하는 One Pedal-Driving 시스템은 첨단 자율주행의 핵심요소기술이 될 것으로 예상된다.

회생제동 기술은 크게 회생제동 제어프로그램과 회생제동 하드웨어 모듈로 구분된다. 회생제동 기술에서는 차량의 구동을 위해 장착된 전기모터를 발전기로 사용하여 주행방향과 반대방향의 토크를 인가하며 손실되는 운동에너지를 전기에너지로 회수해야 한다. 이를 위해 우선 회생제동 제어프로그램은 차량의 주행상태 및 운전자의 제동의지에 따라 차량의 안정성을 고려하여 능동적인 제동력 분배가 이루어지도록 제어한다. 또한 회생제동의 크기는 전기모터나 2차전지의 보호를 위하여 모터의 성능이나 2차전지의 충전 상태, 온도에 따라 제한되어야 한다. 회생제동 하드웨어 모듈은 기존의 유압방식의 마찰제동 기능과 회생제동 구현 기능을 가지고 있어야 한다. 이는 회생제동만으로는 운전자에 의해 요구되는 제동력을 보장할 수 없기 때문이다. 즉 회생제동 하드웨어 모듈은 운전자의 제동의지와 주행상태에 대응하는 회생 제동량에 대하여 적절한 마찰제동 수단을 갖추도록 설계되어야 한다.

회생제동 시스템은 지금까지 전통적인 유압식 제동(CBS: Conventional Brake System)과 전기유압식 제동(EHB: Electro-Hydraulic Brake)의 단계를 거쳐, 완전한 전동식제동시스템(Brake-By-Wire)이라 할 수 있는 전기기계식 제동(EMB: Electro-Mechanical Brake)시스템으로 통합되면서 발전하고 있다. EMB시스템의 경우 전기모터로 유압을 발생시켜 이를 활용하는 EHB로부터 더욱 발전하여 유압장치를 완전히 제거한 미래의 첨단 제동시스템이다. 기술적 완성도가 높은 EMB의 적용은 제동에너지의 회수뿐만 아니라 차량의 안정성 향상을 위하여 ABS, TCS, ESP 등의 기술과 시스템적 통합을 원활하게 이루어지도록 지원한다. 결국 제동시스템은 기존의 마찰식 유압제동장치 대신에 타이어의 휠 내에 모터를 내장시켜 능동적으로 제어하는 인휠 모터(In-wheel motor)를 사용한 전기기계식 제동시스템으로 발전할 것으로 전망되는데 향후 궁극적으로 EMB와 ESP의 시스템적 통합을 통한 안전한 차량주행과 연비개선을 위하여 효율적인 회생제동 시스템에 대한 체계적 기술개발이 요구된다.

CHAPTER 06 연습문제

6-1 제동장치가 수행해야 할 기능에 대해 설명하여라.

6-2 제동장치가 갖추어야 할 조건을 나열해 보아라.

6-3 일반적으로 널리 적용되고 있는 유압식 제동장치는 어떤 구성요소들로 이루어져 있는가?

6-4 마스터 실린더에 대한 물음에 답하여라.

(1) 마스터 실린더가 수행하는 역할을 설명하여라.

(2) 탠덤 마스터 실린더(tandem master cylinder)는 무엇인지 기술하여라.

(3) 브레이크 유압계통에는 브레이크가 작동하지 않는 경우에도 항상 0.6~0.8bar 정도의 잔압이 남아 있다. 이와 같은 잔압의 효과는 무엇인가?

6-5 마스터 실린더의 직경이 5cm, 마스터 실린더의 피스톤에 연결된 푸시로드에 작용하는 힘이 2,000N일 때 마스터 실린더에서 발생한 유압을 계산하여라.

6-6 [그림 6-24]에서 브레이크 페달에 300N의 힘이 작용하고 있다. 마스터 실린더에 작용하는 힘을 구하여라.

6-7 최근 차량의 대형화와 엔진의 고출력화로 제동장치의 브레이크 조작력을 작게 하는 데에는 한계가 있다. 승용차에서 운전자의 브레이크 조작력을 줄이기 위해 널리 적용되고 있는 진공 배력장치(일명 하이드로백)의 원리에 대하여 설명하여라.

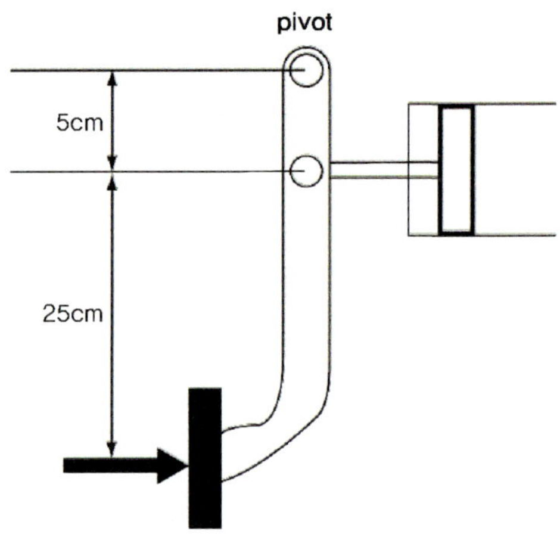

그림 6-24 브레이크력

6-8 드럼 브레이크에 대한 물음에 답하여라.

(1) 중소형 승용차의 뒷바퀴 제동장치로 널리 쓰이고 있는 드럼 브레이크에서 드럼(drum)은 어떤 재질로 만들어지는가?

(2) 고속주행 시 드럼 브레이크에서 주로 발생하는 페이드(fade) 현상은 제동장치의 안정성을 떨어뜨린다고 한다. 페이드 현상에 대해 설명하여라.

(3) 자기배력작용(self-energizing action)에 대하여 설명하여라.

(4) 그림 6-25의 회전방향을 고려하여 (a)와 (b)에 적절한 명칭을 써 넣어라.

(5) 유압식 브레이크에서 브레이크 라인 계통에 삽입(발생)된 공기는 어디에서 제거하는가?

(6) 운전자가 제동을 위해 브레이크 페달을 밟았다. 브레이크 드럼의 직경이 500mm, 드럼에 수직으로 작용하는 힘이 3.5kN, 드럼과 라이닝 사이의 마찰계수가 0.35이다. 드럼 브레이크에 작용하는 제동 토크를 구하여라.

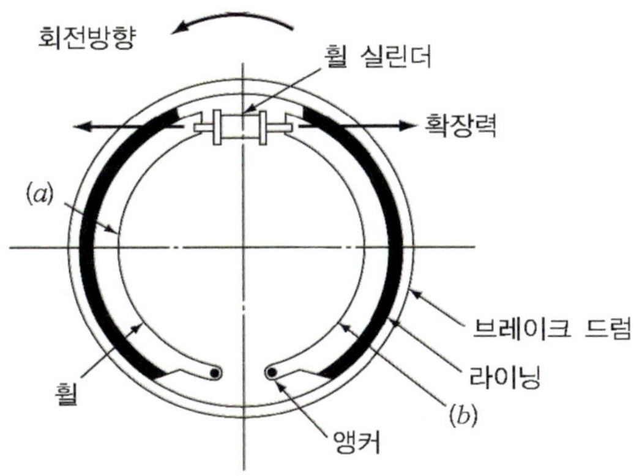

그림 6-25 드럼 브레이크

6-9 디스크 브레이크에 대한 물음에 답하여라.

(1) 디스크 브레이크를 구성하는 3가지 주요 구성부품을 나열하여라.

(2) 캘리퍼 내부에 위치한 휠 실린더의 기능에 대하여 설명하여라.

(3) 드럼 브레이크와 비교하여 디스크 브레이크의 장점을 나열하여라.

6-10 대표적인 주차 브레이크(parking brake) 2종류를 구분하여 설명하여라.

6-11 제동이론에 대한 다음 문제에 답하여라.

(1) 파스칼의 원리(Pascal's principle)란 무엇인가?

(2) 그림 6-17에서 A와 B부분의 단면적이 각각 $5cm^2$, $25cm^2$이다. A부분에 작용하는 힘이 300N이라고 할 경우 B부분에 작용하는 힘의 크기를 파스칼의 원리를 이용하여 구하여라.

6-12 **운전자가 브레이크 페달을 밟아 브레이크 드럼에 수직으로 2,000N의 힘이 작용하고 있다. 브레이크 드럼과 라이닝 사이의 마찰계수가 0.25, 브레이크 드럼의 반경이 35cm일 때 제동 토크를 구하여라.**

6-13 **제동성능에 대한 다음 문제에 답하여라.**

(1) 타이어에 작용하는 제동력이 타이어와 노면 사이의 점착력(adhesive force)보다 클 경우 어떤 현상이 발생하는가?

(2) 어떤 자동차가 20m/s의 속도로 주행하고 있다. 유효반경이 30cm인 타이어가 500rpm으로 회전하고 있을 때 슬립비(slip ratio)를 구하여라.

(3) 슬립비 1은 어떤 상태인지 설명하여라.

(4) 제동성능이 만족스럽기를 원한다면 슬립비는 어느 범위에 속하는 것이 바람직한지 그림으로 설명하여라.

6-14 **질량이 2,000kg인 자동차가 80km/h로 자동차 전용도로를 주행하고 있다. 다음 문제에 답하여라.**

(1) 시속 80km/h로 달리다가 제동을 시작하여 40m를 이동한 후 멈추었다. 이때 가속도를 구하여라. 단, 제동작용은 등가속도 운동이라고 가정한다.

(2) 마찰력과 관성력의 관계를 이용하여 마찰계수 μ_b를 구하여라.

(3) 운전자의 공주시간이 0.8초라고 할 때 공주거리를 구하여라.

(4) 바퀴가 완전히 잠겼을 경우 운동에너지와 타이어와 노면 사이의 마찰력이 한 일을 이용하여 제동거리와 정지거리를 구하여라.

(5) 바퀴가 완전히 잠기지 않았을 경우 회전부분 상당질량비 $\beta = 0.05$ 이라고 할 때 제동거리와 정지거리를 구하여라.

6-15 드럼 브레이크에서 제동력이 가해지면 수직반력과 마찰력은 MPL(Maximum Pressure Line)에 집중되어 작용한다고 가정한다. 그림 6-26에서 $h = 25\,\mathrm{cm}$, $l = 8.5\,\mathrm{cm}$, $r = 15\,\mathrm{cm}$, 브레이크 슈에 부착된 라이닝과 드럼과의 마찰계수는 0.3이다. 내경이 3cm인 휠 실린더에 전달된 브레이크 오일의 압력은 1.5MPa이라고 할 때 리딩 슈와 트레일링 슈에서의 제동력(마찰력)을 각각 구하여라.(드럼 브레이크의 자기배력작용 확인)

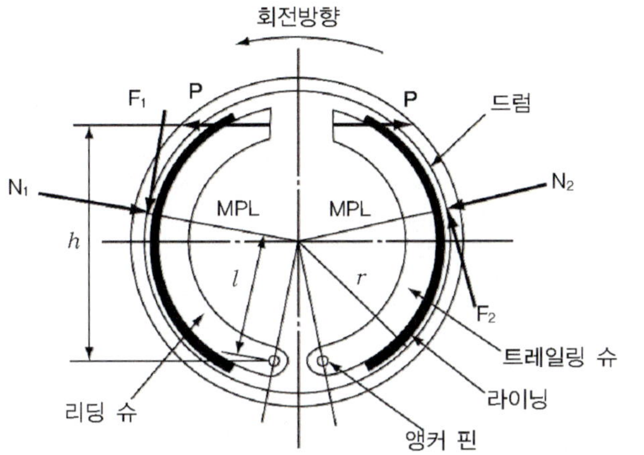

그림 6-26 드럼 브레이크의 제동력

6-16 드럼 브레이크에서 페이드 현상을 방지하기 위한 방안을 설명하여라.

6-17 유압 브레이크 장치에서 발생되는 베이퍼 락(vapor lock)에 대한 물음에 답하여라.

(1) 베이퍼 락 현상이 발생하는 메커니즘을 설명하여라.
(2) 베이퍼 락을 방지하기 위한 방안을 기술하여라.

6-18 ABS에 대한 다음 문제에 답하여라.

(1) ABS가 사용되는 가장 큰 목적은 무엇인지 설명하여라.
(2) 일반적으로 앞바퀴와 뒷바퀴가 각각 잠겨 버릴 때 어떤 위험성이 발생하는가?
(3) ABS에서 제동 유압을 통하여 궁극적으로 제어하려는 것은 무엇인가?
(4) 전자식 ABS의 주요 구성요소를 나열해 보아라.
(5) 차량운동제어(VDC 또는 ESP)는 무엇인지 설명하여라.

6-18 회생제어와 관련된 다음 문제에 답하여라.

(1) 회생제동이 무엇인지 설명하여라.
(2) 미래의 제동장치로 부상하고 있는 전기기계식 제동(EMB: Eletro Mechanical Brake)시스템에 대하여 설명하여라.

CHAPTER 07

자동차 성능

7장에서는 자동차 주행 시 타이어와 차량에 작용하는 여러 가지 힘을 분석하고 엔진에서 구동바퀴까지 동력이 전달되는 과정과 이를 효율적으로 전달하는 방법에 대해 설명한다.

자동차가 주행할 때 차의 진행을 방해하는 주행저항의 구성요소로 구름저항, 공기저항, 가속저항, 구배저항을 구분하여 기술한다. 또한 각 저항 요소들은 이론식으로 정량화하여 동력성능을 계산하는 데 활용하도록 설명한다. 자동차의 최고속도와 등판능력을 이용하여 변속기의 적절한 변속 단수와 변속비가 결정되는 방법을 학습한다.

주행성능선도는 자동차의 동력성능을 분석하는 데 필수적인 도구로 이 장에서는 이것을 올바로 해석하는 방법을 설명한다. 7장에서는 실차 시험을 수행할 수 있는 주행시험장의 구조와 기능에 대해 서술한다.

자동차의 동력성능은 엔진에서 발생하는 동력과 그 동력을 바퀴에 전달하는 데 필요한 여러 성능을 말하는데 최고속도, 등판능력, 연비, 가속성능 등이 이에 해당한다. 이러한 동력성능 이외에도 자동차의 성능에는 제동성능, 타행성능, 선회성능, 진동과 소음과 같은 승차감 등이 있다.

7-1 타이어에 작용하는 힘

자동차가 주행할 때 작용하는 힘은 크게 구동력, 제동력 및 주행저항이 있다. 또한 차량이 선회할 때에는 선회구심력(cornering force)이 작용한다. 구동력이 F[N], 자동차의 진행을 방해하려는 힘의 합인 전주행저항이 R[N]이라고 할 때 자동차가 원활하게 주행하기 위해서는 $F > R$의 조건이 성립해야 한다.

(1) 구동력과 제동력

타이어가 구동바퀴로 작동할 때 타이어와 노면 사이에는 마찰력이 작용한다. 눈길이나 빙판길과 같이 마찰력이 극히 작을 경우 자동차는 제대로 출발하지 못하고 타이어가 미끄러지는 현상이 목격된다. 그림 7-1과 같이 구동력(driving force)과 제동력(braking force)은 타이어와 노면 사이의 마찰력(friction force)에 의해 발생한다. 마찰력이 자동차의 진행방향과 같은 방향으로 작용하면 구동력, 반대방향으로 작용하면 제동력이 된다.

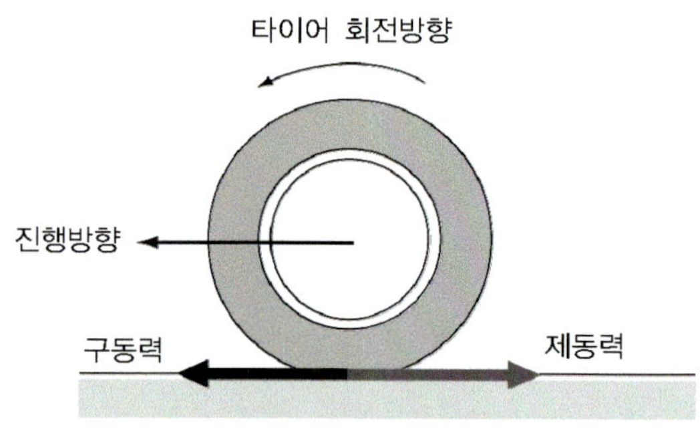

그림 7-1 구동력과 제동력

구동바퀴에 작용하는 마찰력을 특히 점착력(adhesive force)이라고 한다. 차량 총질량 중에서 구동바퀴에 걸리는 질량을 m_f[kg], 구동바퀴와 노면 사이의 마찰계수를 μ_f, 중력가속도를 g[m/s^2]라고 할 때 점착력 A[N]는 다음의 식에서 구해진다.

$$A = \mu_f \ m_f \, g \quad (7\text{-}1)$$

구동력과 제동력의 크기는 타이어와 노면의 접지상태에 따라 변화한다. 타이어가 노면 위를 구르고 있을 때는 크고 미끄러지고 있을 경우에는 작게 된다. 자동차가 제대로 주행하려면 점착력, 구동력, 전주행저항 사이에는 다음 관계식이 성립하여야 한다.

$$A > F > R \quad (7\text{-}2)$$

일반적으로 구동바퀴가 지지하는 차량의 질량비율은 승용차의 경우 0.6, 버스나 트럭은 0.7 정도인 것으로 알려져 있다.

(2) 선회구심력

자동차가 곡선로를 주행할 때 타이어에는 원심력이 작용하고 타이어 중심면과 접지면 중심이 어긋나면서 변형이 일어난다. 이때 타이어는 원래의 형태로 복원하려는 선회반경 내측으로의 반력이 작용한다. 이를 선회구심력(cornering force)이라고 하며 자동차는 이로 인해 선회운동이 이루어진다. 일반적으로 선회구심력은 타이어에 걸리는 하중이 클수록 증가하게 된다.

7-2 주행저항의 종류

자동차가 노면 위를 주행하고 있을 때 여러 가지 요인이 자동차의 진행을 방해하려는 힘으로 작용하는데 이들의 합을 전주행저항(total running resistance) 또는 간략하게 주행저항이라고 한다. 전주행저항은 구름저항, 공기저항, 구배(등판)저항, 가속저항으로 구성된다.

7-2-1 구름저항, R_r

구름저항(rolling resistance)은 자동차가 구르면서 주행할 때 발생되는 모든 저항을 말하며 타이어나 노면의 변형, 노면의 요철, 바퀴 베어링 부위의 마찰 등으로 인해 발생한다. 구름저항의 크기는 속도가 크지 않은 범위에서 속도와 무관하게 차량의 하중에 비례한다. 바퀴에 걸리는 차량의 질량을 m[kg], 중력가속도를 g[m/s^2], 구름저항 계수를 μ_r이라고 할 때 구름저항 R_r[N]은 다음과 같이 표시된다.(차량의 중량 $W = mg$)

$$R_r = \mu_r \ mg \quad (7\text{-}3a)$$

한편 자동차가 경사로(등판각도 θ)를 주행할 때 수직반력은 $mg\ \cos\theta$ 이므로 구름저항은 다음과 같이 표시된다.

$$R_r = \mu_r\ mg\ \cos\theta \tag{7-3b}$$

표준상태의 타이어 압력상태에서 구름저항 계수의 값은 도로 조건에 따라 표 7-1과 같이 실험적으로 구해져 있다.

표 7-1 노면상태에 따른 구름저항 계수

도로면의 상태	구름저항 계수, μ_r
양호하고 평탄한 아스팔트 도로	0.010
양호하고 평탄한 콘크리트 도로	0.011
일반 아스팔트 및 콘크리트 도로	0.015
양호한 나무로 된 포장도로	0.015
양호한 비포장도로	0.040
자갈을 깐 도로	0.125
모래길	0.165
험한 사막이나 점토질의 자연로	0.250

구름저항 계수는 노면에 눈이 내렸을 때 다음의 식과 같이 적설량 $S\,[\mathrm{cm}]$ 에 따라 직선적으로 증가한다.

$$\mu_r = 0.034 + 0.0026\ S \tag{7-4}$$

실제로 구름저항은 자동차의 속도가 빨라지면 이의 영향을 받는 것으로 알려져 있다. 일반적으로 자동차의 속도가 100km/h 이하일 때 구름저항은 차량의 속도증가에 따라 완만하게 증가한다. 속도가 더욱 빨라지면 스탠딩 웨이브의 발생으로 인해 구름저항은 급속하게 증가한다. 이를 근사적으로 수식화하면 다음과 같다.

$$R_r = (\mu_r + \mu_r'\ V)\, mg \tag{7-3c}$$

위의 식에서 μ_r'은 노면조건에 의해 정해지는 계수이다. 그림 7-2는 식(7-3c)에 의해 표시된 자동차의 주행속도에 따른 공기저항의 변화를 보여주고 있다.

한편 타이어와 관련된 실험에 의거하면 타이어의 내압이 증가할수록, 타이어에 걸리는 하중이 감소할수록, 그리고 자동차의 속도가 낮아질수록 구름저항 계수는 감소하는 것으로 알려져 있다.

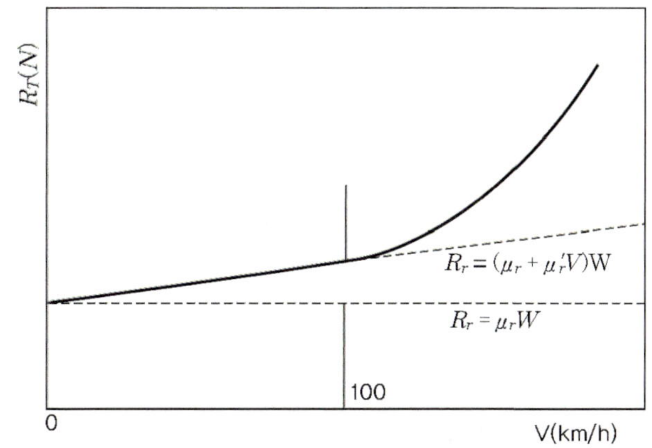

그림 7-2 주행속도에 대한 구름저항의 변화

예제 7-1

질량이 1,500kg인 자동차가 구름저항 계수 $\mu_r = 0.015$ 인 평탄한 도로를 100 km/h의 속도로 주행하고 있다. 이때 타이어와 노면 사이에 작용하는 구름저항을 구하여라.

풀 이

구름저항을 구하는 식(7-3)을 이용

$$R_r = \mu_r W = \mu_r \cdot mg = (0.015)(1{,}500 \times 9.81)$$
$$= 220.7 \text{ N}$$

7-2-2 공기저항, R_a

자동차가 공기 가운데를 주행할 때 진행방향과 반대되는 방향으로 공기의 저항력을 받게 되는데 이를 공기저항(air resistance)이라고 한다. 보통 바람의 방향은 일정하지 않으므로 자동차에 작용하는 공기의 힘은 복잡한 양상을 띠게 된다. 공기의 힘은 크게 공기저항, 횡력(side force), 양력(lift force)과 롤링 모멘트(rolling moment), 피칭 모멘트(pitching moment), 요잉 모멘트(yawing moment) 등으로 구분된다. 이러한 힘과 모멘트는 자동차의 안정성과 조정성에 큰 영향을 미치게 되므로 상세한 분석이 선행되어야 한다. 다양한 공기의 힘 중에서 공기저항은 자동차의 주행에 가장 큰 영향을 주는 요소로 자동차의 동력성능과도 밀접한 연관을 갖고 있다.

공기저항은 크게 다음과 같은 요인들로 구성된다.

- 자동차의 전면과 후면 사이의 압력차로 발생되는 형상(압력)저항
- 자동차의 차체 표면에 흐르는 공기유동으로 인해 발생되는 마찰저항(차체 하단에 돌출된 엔진, 동력전달장치, 배기장치, 현가장치 등과 차체 외부에 장착된 사이드 미러, 펜더 등의 요철 저항)
- 엔진과 배기계통의 냉각과 내부 환기 등 자동차 내부로 유입되는 공기에 의해 발생되는 환기저항
- 자동차가 고속으로 주행할 때 양력으로 인해 발생되는 유도저항

일반적으로 자동차에 걸리는 공기저항을 분석해 보면 형상저항이 대략 60%, 마찰저항과 환기저항의 합이 30% 정도로 대부분을 차지한다. 따라서 자동차의 외부 형상의 설계가 상당히 중요함을 알 수 있다. 자동차의 공기저항은 고속이 될수록 전주행저항 중에서 차지하는 비율이 비약적으로 증가한다. 보통 자동차회사에서는 자동차의 형상을 공기역학적으로 분석할 때 풍동시험(wind tunnel test) 결과를 널리 활용한다.

자동차에 걸리는 공기저항을 정량적으로 공식화해 보기로 하자. 먼저 공기저항은 공기의 밀도와 자동차의 전면부 투영면적에 비례하고, 또한 자동차 속도의 제곱승에 비례하는 것으로 조사되어 있다. 공기의 밀도 ρ[kg/m^3], 공기에 대한 자동차의 속도 v[m/s], 자동차의 전면부 투영면적을 A[m^2]라고 할 경우 자동차에 걸리는 공기저항 R_a[N]는

$$R_a = C_D\left(\frac{1}{2}\rho v^2\right)(A) \tag{7-5a}$$

의 식으로 표시된다. 식(7-5a)에서 C_D는 무차원수로 공기저항 계수 또는 항력계수(drag coefficient)라고 하며, 주로 자동차의 외부 형상에 따라 크게 변한다. 일반적으로 공기에 대한 자동차의 속도 v는 공기의 유속이 상당히 빠른 경우를 제외하고는 자동차의 속도를 그대로 사용한다.

한편 자동차의 속도는 일반적으로 초속보다는 시속이 많이 사용된다. 따라서 공기저항 역시 시속의 관점에서 표시하는 것이 편리하다. 온도가 15℃, 1기압인 표준상태에서 공기의 밀도는 1.225kg/m^{3}이므로

$$\begin{aligned} R_a = C_D\left(\frac{1}{2}\rho v^2\right)(A) &= \left(\frac{1}{2}\times 1.225\times\frac{1}{3.6^2}\times C_D\right)A\,V^2 \\ &= \mu_a A\,V^2 \end{aligned} \tag{7-5b}$$

의 식이 유도된다. 위의 식에서 μ_a 는 $\left[\dfrac{N}{(m^2)\,(\mathrm{km/h})^2}\right]$ 의 차원을 갖는 값으로 다음의 표 7-2에 항력계수 C_D와 함께 자동차 형상에 따른 값을 표시하였다. 한편 식(7-5b)에서 V는 공기에 대한 자동차의 시간당 속도[km/h]로 무풍상태에서는 자동차의 속도를 말한

다. 보통 공기의 속도가 그다지 크지 않으므로 일반적으로는 자동차의 속도로 놓고 계산하는 경우가 많다. 자동차 전면부 투영면적은 계산의 편의상 [전폭 × 전고 × 0.9] 또는 [앞바퀴 트레드 × 전고]의 식으로 계산한다.

표 7-2 자동차 형상에 따른 공기저항 계수

자동차 형상	C_D	$\mu_a\left[\frac{\mathrm{N}}{(\mathrm{m}^2)(\mathrm{km/h})^2}\right]$
유선형 물체	0.040~0.045	0.0019~0.0021
스포츠카	0.200~0.400	0.0095~0.0189
승용차	0.300~0.500	0.0142~0.0236
트럭	0.400~0.600	0.0189~0.0284
버스	0.500~0.800	0.0236~0.0378
2륜차	0.600~0.900	0.0284~0.0425

예제 4-1

전폭이 1.83m, 전고가 1.48m 인 중형 승용차가 무풍상태에서 80km/h의 속도로 주행하고 있다. 이 승용차의 공기저항을 구하여라. 단, 승용차의 저항계수 $\mu_a = 0.015\,\mathrm{N/m^2 \cdot (km/h)^2}$이라고 한다.

풀 이

식(7-5b)를 이용하면 무풍상태에서 자동차의 주행저항

$$R_a = \mu_a A\ V^2 = (0.015)(1.83 \times 1.48 \times 0.9)(80^2) = 234.0\ \mathrm{N}$$

7-2-3 가속저항, R_i

정속주행 중인 자동차를 가속할 때 자동차는 자체의 관성(직진관성저항)을 극복해야 하고 또한 엔진을 비롯하여 동력전달장치의 회전 관성(회전관성저항)을 극복해야 한다. 이 두 가지 관성저항의 합을 가속저항(acceleration resistance 또는 inertia resistance)이라고 한다. 한편 주행저항을 극복하고 가속할 때 자동차의 엔진에서 발생하는 출력 중에서 주행저항을 초과하여 여유가 있는 힘(동력)을 가속성능이라고 한다.

보통 회전관성저항은 회전관성저항만큼의 질량(중량)이 증가한 것($\Delta W = \Delta m\,g$)으로 하여 직진관성저항과 함께 계산한다. 차량의 회전부분인 엔진, 동력전달장치, 구동차축, 바퀴 등이 회전관성저항에 영향을 미친다. 이런 회전부분의 가속에 의한 저항부분을 자동차의 질량으로 환산한 값이 회전부분 상당질량(equivalent mass of rotating parts)이 된다. 자동차의 질량이 m[kg], 자동차의 가속도가 a[m/s^2], 회전부분 상당질량이 Δm이라

고 할 때, 가속저항 R_i[N]는 다음의 수식으로 계산된다.

$$R_i = ma + \Delta m\, a = m\, a\left(1 + \frac{\Delta m}{m}\right) = m\, a\,(1 + \phi) \qquad (7-6)$$

식(7-6)에서 $\phi = \dfrac{\Delta m}{m}$ 으로 자동차에 따라 고유한 값을 갖고 변속단수에 따라서도 변한다. 보통 승용차의 경우 1단기어에서 $\phi = 0.70 \sim 0.90$, 최고속기어에서 $\phi = 0.08 \sim 0.11$ 정도인 것으로 알려져 있다. 다음의 표 7-3은 4단 변속기 차량의 각 변속단수에서 구한 ϕ 의 값을 표시하고 있다.

표 7-3 승용차에서 대략적인 회전부분 상당질량비

구 분	변속단수	ϕ값
$\phi = \dfrac{\Delta m}{m}$	1단 2단 3단 4단	0.70 0.55 0.20 0.10

예제 7-3

질량 m =1,850kg인 승용차가 0.50m/s^{2}으로 가속을 받아 100km/h로 주행하고 있다. 이때 가속저항을 구하여라. 단, 회전부분 상당질량 $\Delta m = 0.1$ m 이다.

풀 이

가속저항에 대한 식(7-6)을 이용하자.

자동차의 가속저항

$$R_i = m\, a\left(1 + \frac{\Delta m}{m}\right) = m\, a\,(1 + \phi) = (1{,}850\,\mathrm{kg})\,(0.5\,\mathrm{m/s^2})\,(1 + 0.1)$$
$$= 1017.5\ \mathrm{N}$$

7-2-4 구배저항, R_g

질량 m인 자동차가 일정속도로 경사로를 올라갈 때 중력의 작용으로 진행방향과 반대방향인 경사면 아래로 평행분력만큼의 힘이 작용한다. 이와 같이 등판을 방해하는 힘을 구배저항(gradient resistance) 또는 등판저항(hill-climbing resistance)이라고 말한다. 자동차의 질량이 m[kg], 경사각도가 θ라고 할 때 구배저항 R_g[N]는

$$R_g = mg\sin\theta \tag{7-7}$$

의 식으로 표시된다.

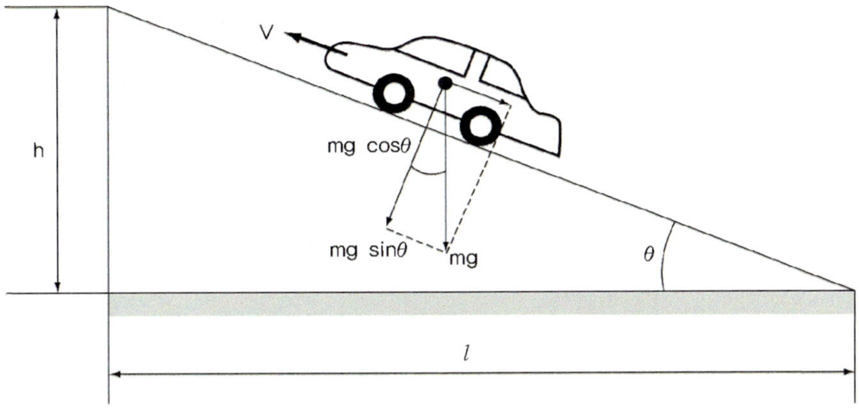

그림 7-3 구배저항

자동차가 경사로를 등판할 때 구름저항은 수직반력(N)에 비례하게 되므로, 식(7-3)의 구름저항은 등판각도에 의해 변하여

$$R_r = \mu_r N = \mu_r \cdot mg\cos\theta \tag{7-3b}$$

로 표시된다. 그러나 등판각도 θ가 그다지 크지 않을 때에는 $\cos\theta \fallingdotseq 1$ 이 되므로 편의상 식(7-3a)가 그대로 적용된다. 또한 경사로의 기울기는 $\sin\theta$보다는 다음의 식과 같이 기울기를 백분율로 나타낸 값인 S[%]의 식이 널리 사용된다.

$$S = \frac{h}{l} \times 100 \tag{7-8}$$

예제 7-4

질량이 1,800kg인 자동차가 경사각도가 25°인 경사로를 올라가고 있다. 이 자동차가 받는 구배저항을 구하여라.

풀 이

식(7-7)을 참조로 하면 구배저항

$$R_g = mg\sin\theta = (1{,}800)\,(9.81)\,(\sin 25°)$$
$$= 7{,}463\ \mathrm{N}$$

7-2-5 전주행저항, R

질량 m 인 자동차가 경사각도 θ인 경사로를 가속을 받으면서 올라가고 있다. 이 때 자동차가 받는 전주행저항 R[N]은 식(7-3), 식(7-5b), 식(7-6), 식(7-7)의 합으로

$$
\begin{aligned}
R &= R_r + R_a + R_i + R_g \\
&= \mu_r mg\cos\theta + \mu_a A V^2 + ma(1+\phi) + mg\sin\theta \\
&= mg\left[\mu_r\cos\theta + \frac{a}{g}(1+\phi) + \sin\theta\right] + \mu_a A V^2
\end{aligned}
\tag{7-9a}
$$

으로 표시된다. 전주행저항을 나타내는 식(7-9a)를 살펴보면, 전주행저항을 줄일 수 있는 두 가지 방안이 존재한다. 이는 자동차의 질량(중량)을 줄이거나, 또는 자동차의 차체를 유선형으로 설계하여 공기저항을 감소시키는 방안이다.

여러 가지 도로사정에 따라 전주행저항은 다음과 같이 간단하게 표시된다.

① 수평한 도로를 정속주행하고 있을 때의 전주행저항

$$
\begin{aligned}
R &= R_r + R_a \\
&= \mu_r mg + \mu_a A V^2
\end{aligned}
\tag{7-9b}
$$

② 경사로를 정속주행하고 있을 때의 전주행저항

$$
\begin{aligned}
R &= R_r + R_a + R_g \\
&= \mu_r mg\cos\theta + \mu_a A V^2 + mg\sin\theta
\end{aligned}
\tag{7-9c}
$$

그러나 일반적으로 경사로는 빠른 속도로 달릴 수 없으므로 공기저항을 무시해도 큰 오차가 없다. 따라서 전주행저항은

$$
\begin{aligned}
R &= R_r + R_g \\
&= \mu_r mg + mg\sin\theta
\end{aligned}
\tag{7-9d}
$$

으로 표시될 수 있다.

그림 7-4는 어느 특정한 승용차와 트럭이 평탄한 도로를 주행할 때 속도에 따른 구름저항과 공기저항의 비율을 대략적으로 도시한 것이다. 그림에서 자동차의 속도가 증가할수록 승용차와 트럭 모두 공기저항의 비율이 구름저항보다 크게 된다는 것을 알 수 있다. 상기 그림은 트럭의 속도가 대략적으로 60km/h, 승용차는 90km/h 정도를 넘게 되면 공기저항이 구름저항보다 크게 되는 것을 보여주고 있다.

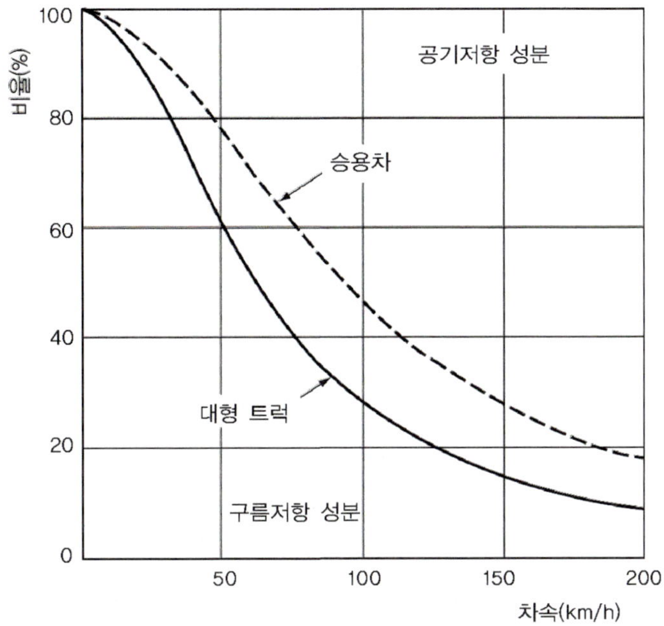

그림 7-4 구름저항과 공기저항의 비율

예제 7-5

질량이 1,500kg인 자동차가 27°로 경사진 등판로를 15km/h의 속도로 올라가고 있다. 자동차의 전면부 투영면적이 2.71m^2, 구름저항 계수 μ_r이 0.015, 공기저항 계수 μ_a가 0.0195라고 할 때 다음의 각 조건에서 전주행저항을 구하여라.

1) 공기저항을 포함했을 경우
2) 공기저항을 무시했을 경우

풀 이

1) 공기저항을 포함했을 경우의 전주행저항

$$R = \mu_r mg + \mu_a A V^2 + mg\sin\theta$$
$$= (0.015)(1{,}500)(9.81)(\cos 27°) + (0.0195)(2.71)(15)^2 + (1{,}500)(9.81)(\sin 27°)$$
$$= 6{,}913 \text{ N}$$

2) 공기저항을 무시했을 경우의 전주행저항

$$R = \mu_r mg + mg\sin\theta$$
$$= (0.015)(1{,}500)(9.81)(\cos 27°) + (1{,}500)(9.81)(\sin 27°)$$
$$= 6{,}901 \text{ N}$$

계산과정 1)과 2)에서 알 수 있듯이 자동차의 주행속도가 작을 때에는 공기저항을 무시해도 오차가 0.2% 내로 매우 작다는 것을 알 수 있다.

7-3 동력성능과 변속비 계산

동력성능이란 자동차의 엔진과 동력전달기구의 제원 및 성능에 따라 결정되는 최고속도, 가속성능, 등판성능 및 연료소비율 등을 종합한 성능을 말한다. 동력성능 중에서 최고속도가 크게 되도록 설계하면 연비는 향상되나 등판성능이나 가속성능이 떨어진다. 따라서 자동차는 개념설계 단계부터 동력성능의 목표치를 분명히 하고 이들 구성요소들 간에 조화를 통해 자동차 전체의 동력성능이 균형을 이루도록 설계해야 한다.

7-3-1 엔진 토크와 바퀴의 구동토크

엔진에서 바퀴까지 동력이 전달되는 과정을 살펴보자. 엔진에서 발생된 토크는 변속기의 변속단수에 따라 회전속도가 감속되면서 감속비만큼 증가한다. 또한 종감속기에서 회전속도가 감속되면서 토크는 다시 증가한다. 이것을 정량적으로 살펴보도록 하자. 그림 7-5는 FR 자동차에서 엔진의 동력이 구동바퀴인 뒷바퀴에 전달되는 경로를 보여주고 있다.

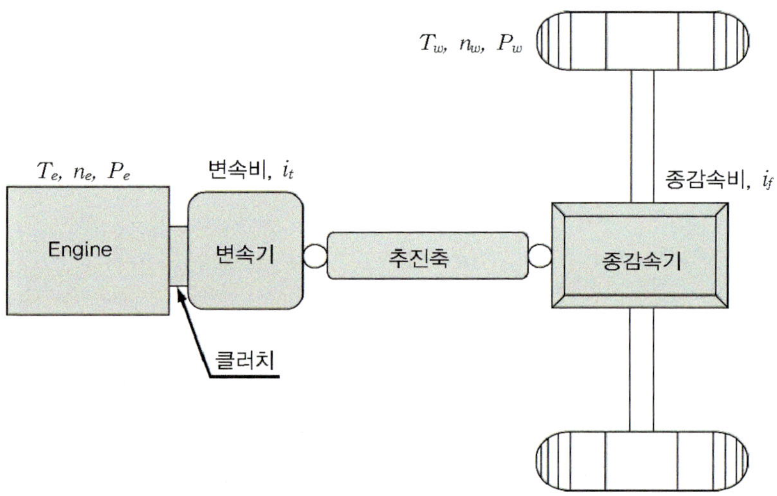

그림 7-5 자동차의 동력전달 과정

먼저 엔진에서 발생된 토크, 엔진의 회전속도, 출력을 각각 T_e, n_e, P_e, 구동바퀴의 차축에 걸리는 토크, 차축의 회전속도, 출력을 각각 T_w, n_w, P_w라고 하자. 변속기의 변속비를 i_t, 종감속기의 종감속비를 i_f, 총감속비 i_{tot}는 다음과 같이 표시된다.

$$변속비\ i_t = \frac{크랭크축의\ 회전속도,\ n_e}{추진축의\ 회전속도,\ n_p}$$

$$종감속비\ \ i_f = \frac{추진축의\ 회전속도,\ n_p}{구동축의\ 회전속도,\ n_w} \tag{7-10}$$

$$총감속비\ \ i_{tot} = \frac{크랭크축의\ 회전속도,\ n_e}{구동축의\ 회전속도,\ n_w} = i_t\, i_f$$

엔진에서 바퀴까지 동력전달손실이 없다고 가정할 때 엔진과 구동바퀴 사이의 관계식을 구해보자. 먼저 구동바퀴에서 슬립이 없을 경우 구동바퀴의 회전속도 n_w는

$$n_w = \frac{n_e}{i_t\ i_f} \tag{7-11}$$

로 표시된다. 바퀴의 회전속도는 엔진의 회전속도보다 총감속비만큼 작은 값을 갖게 된다. 또한 구동바퀴에 전달되는 토크 $T_w\,[\mathrm{N \cdot m}]$는

$$T_w = T_e\, i_t\ i_f \tag{7-12a}$$

로 구동바퀴의 토크는 총감속비만큼 증가한다.

한편 토크와 엔진출력 사이에는 $P = \frac{2\pi\, n\, T}{60}$ 의 관계식(식 (2-10))이 성립한다. 동력전달손실이 무시될 경우

$$P_e = P_w \tag{7-13}$$

가 된다. 그러나 실제 엔진에서 구동바퀴까지 동력이 전달될 때 클러치, 변속기, 유니버설 조인트, 종감속기 등에서 기계손실이 발생한다. 따라서 구동바퀴에서의 토크를 계산할 때에는 이러한 동력전달장치의 기계효율(동력전달효율)이 고려되어야 한다. 엔진에서 구동바퀴까지 동력전달 시 동력전달효율을 η_t라고 할 경우 구동바퀴에서의 구동토크는

$$T_w = T_e\, i_t\ i_f\ \eta_t \tag{7-12b}$$

의 식으로 표시된다. 구동바퀴의 토크는 변속기와 종감속기에서의 감속비 및 동력전달효율이 클수록 증가하는 것을 알 수 있다.

예제 7-6

중형 승용차가 엔진회전속도 3,000rpm, 토크 200N·m, 출력 63kW로 1단 변속비에서 운전되고 있다. 1단 변속비 5, 종감속비 4, 변속기의 동력전달효율 100%라고 할 때 다음을 구하여라.

1) 추진축의 엔진회전속도(n_p), 토크(T_p), 출력(P_p)

2) 추진축의 엔진회전속도(n_w), 토크(T_w), 출력(P_w)

풀이

1) 추진축의 회전속도는 엔진에 비해 변속비만큼 감소되고 토크는 변속비만큼 증가하며, 출력은 식에 의해 변화가 없으므로

$$n_p = \frac{n_e}{i_t} = \frac{3{,}000\text{rpm}}{5} = 600\text{rpm},$$

$$T_p = i_t T_e = (5)(200\text{N}\cdot\text{m}) = 1{,}000\text{N}\cdot\text{m},\ \text{P}_\text{p} = 63\text{kW}$$

2) 바퀴의 회전속도는 추진축에 비해 종감속비만큼 감소되고 토크는 종감속비만큼 증가하며, 출력은 변화가 없으므로

$$n_p = \frac{n_p}{i_f} = \frac{600\text{rpm}}{4} = 150\text{rpm},$$

$$T_w = i_f T_p = (4)(1{,}000\text{N}\cdot\text{m}) = 4{,}000\text{N}\cdot\text{m},\ \text{P}_\text{w} = 63\text{kW}$$

7-3-2 구동력과 엔진소요마력

일반적으로 어느 자동차 엔진의 힘이 좋다고 하면 가속성능이 우수하거나 자동차의 최고속도가 상당히 높게 나오는 것을 말한다. 이 절에서는 바퀴에 걸리는 구동력과 엔진 토크와의 관계식을 구해보고 여러 제원과 자동차 속도와의 관계식을 계산해 보도록 하자. 다음 그림 7-6은 타이어와 노면 사이에 작용하는 구동력과 바퀴에 전달된 구동토크와의 관계를 보여주고 있다.

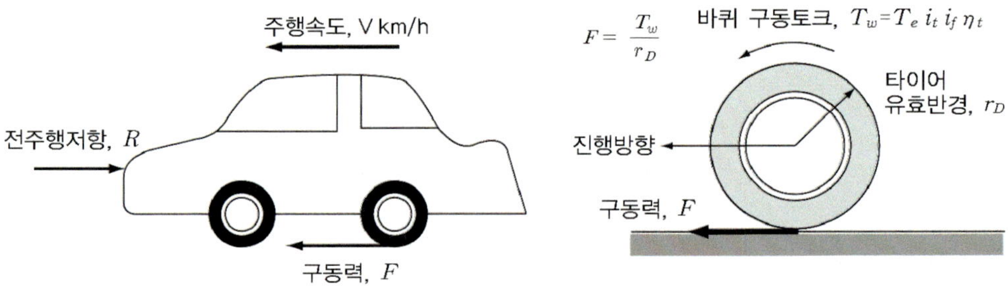

그림 7-6 구동력과 구동토크

타이어의 유효반경이 r_D라고 할 때 바퀴에 전달된 구동토크 T_w[N・m]와 구동력 F[N] 사이에는

$$F = \frac{T_w}{r_D} = \frac{T_e\, i_t\, i_f\, \eta_t}{r_D} \tag{7-14a}$$

의 관계식이 성립된다. 한편 자동변속기에서는 펌프 토크에 대한 터빈의 토크비 $t = 2 \sim 3$ 이므로 이를 포함하면 식(7-14a)는 다음의 식으로 표시된다.

$$F = \frac{T_w}{r_D} = \frac{T_e\, i_t\, i_f\, \eta_t}{r_D} \cdot t \tag{7-14b}$$

구동력은 엔진에서 발생하는 토크에 비례하고 변속비와 종감속비가 클수록 증가한다. 자동차가 주행하려면 주행저항(R)보다는 구동력(F)이 항상 큰 값을 가져야만 가속이나 경사로를 무리 없이 등판할 수 있다.

한편 구동바퀴에서 슬립이 없다고 가정할 때 엔진의 회전속도로 자동차의 주행속도를 계산해보자. 현재 엔진의 회전속도가 n_e, 바퀴의 유효반경이 r_D[m], 자동차의 속도가 v [m/s]라고 하면

$$v = \frac{2\pi\, r_D\, n_e}{60\, i_t\, i_f} \tag{7-15a}$$

의 관계식이 성립한다. 한편 자동차의 속도를 시속 V[km/h]로 표시하면 식(7-15a)는

$$V = \frac{2\pi\, r_D\ n_e\, 60}{1{,}000\, i_t\, i_f} \tag{7-15b}$$

으로 표시된다.

자동변속기에서는 식(7-15b)의 속도에서 속도비 e를 포함시킬 경우 다음의 식으로 표시된다.

$$V = \frac{2\pi\, r_D\ n_e\, 60}{1{,}000\, i_t\, i_f} \cdot e \tag{7-15c}$$

이번에는 자동차가 V[km/h]로 도로를 주행하고 있을 때 자동차의 진행을 방해하는 전주행저항이 R[N]이라고 하자. 이때 전주행저항을 극복하고 계속적으로 주행하기 위해 필요한 출력을 주행저항마력이라고 한다. 주행저항마력 P_R[kW]은 다음의 식으로 표시된다.

$$P_R = \frac{R \cdot V}{3{,}600} \tag{7-16}$$

한편 이러한 주행저항마력이 공급되기 위해 엔진에 요구되는 출력을 엔진소요마력이라고 한다. 동력전달효율을 고려하면 엔진소요마력 P_{de}[kW]는

$$P_{de} = \frac{P_R}{\eta_t} \qquad (7-17)$$

로 표시된다. 엔진에서 발생하는 출력은 엔진소요마력 P_{de} 이상이 되어야만 여유마력이 발생되어 등판이나 가속주행을 할 수 있다. 동일한 방법으로 엔진에서 필요로 하는 엔진소요토크 T_{de} [N・m]는

$$T_{de} = \frac{R \cdot r_D}{i_t \, i_f \, \eta_t} \qquad (7-18)$$

의 식으로부터 구한다.

예제 7-7

소형 승용차가 경사로 10°의 경사로를 10km/h로 등판할 때 계산된 전 주행저항이 6,500N이었다. 엔진에서 구동바퀴까지의 동력전달장치의 기계효율 $n_t = 0.95$ 라고 할 때 엔진소요마력을 구하여라.

풀 이

주행저항마력(P_R)을 계산하면

$$P_R = \frac{R \cdot V}{3,600} = \frac{(6,500\text{N})(10\text{km/h})}{3,600} = 18.1\,\text{kW}$$

동력전달효율을 고려하여 엔진소요마력(P_{de})은

$$P_{de} = \frac{P_R}{\eta_t} = \frac{18.1\text{kW}}{0.95} = 19.0\,\text{kW}$$

7-3-3 주행성능선도

주행성능선도(tractive performance diagram)는 자동차의 주행속도에 대해 가속성능을 제외한 전주행저항, 구동력, 엔진회전속도 등을 종합하여 하나의 그래프에 표시한 그림이다. 주행성능선도는 자동차의 동력성능을 분석할 경우 필수적으로 활용된다. 다음의 그림 7-7은 수동변속기와 자동변속기의 주행성능선도를 표시하고 있다. 주행성능선도의 원리는 수동변속기와 자동변속기 모두 동일하므로 그림 7-7(a)의 수동변속기만 다루어 보도록 하자. 먼저 그림에서 0%, 10%, 20%, …의 곡선은 백분율로 표시된 경사로에서의 전주행저항을 말한다. 이때 0%는 평지를 의미한다. 그림을 살펴보면 자동차의 속도 40km/h에서 2단 기어의 구동력은 대략 3.6kN, 3단 기어의 구동력은 약 2.5kN로 기어가 저속단일수록 토크증가의 원리에 의해 구동력이 큰 값을 갖는다. 또한 40km/h에서 평지에서의 전주행저항은 대략 0.3kN, 20% 경사로에서의 전주행저항은 3.0kN을 약간 넘게 된다. 이를 통해

경사로의 기울기가 심해질수록 동일 차속에서도 전주행저항이 커지는 것을 알 수 있다. 40km/h의 차속에서 5속에서의 엔진회전속도는 대략 1,000rpm, 2속에서는 2,500rpm으로 크게 상승하게 되며 1속에서는 4,000rpm 이상의 고회전으로 운전된다. 엔진이 고속으로 회전하면 마찰손실로 인하여 연비가 열악하게 변하게 된다.

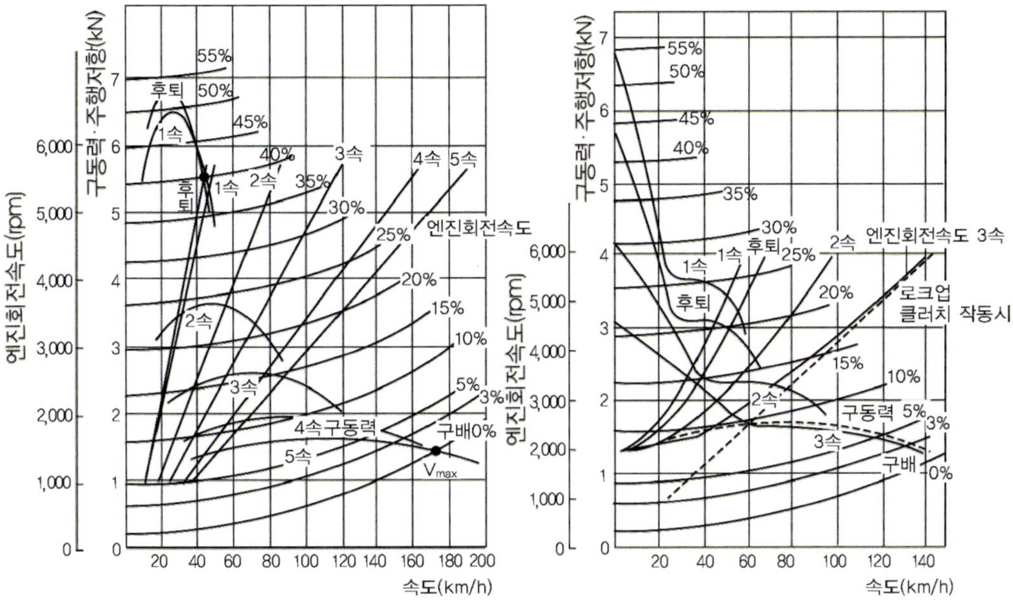

(a) 수동변속기

(b) 자동변속기

그림 7-7 수동변속기와 자동변속기에서의 주행성능선도

최대 구동력은 1단 기어에서 발생하며 1단 기어에서 운전할 수 있는 자동차 속도의 범위는 매우 한정되어 있다는 것을 알 수 있다. 또한 최고속 기어에서는 구동력은 작으나 자동차의 속도를 크게 할 수 있으며 넓은 속도 범위에서 운전된다는 것을 알 수 있다.

평지에서의 전주행저항과 최고속기어단인 5단에서의 구동력 곡선이 만나는 지점이 그 자동차의 최고속도가 된다. 위의 그림 7-7(a)에서 최고속도는 대략 170km/h 정도가 된다.

다음 그림 7-8은 구동력 곡선과 평탄로에서의 전주행저항만을 포함시킨 간략한 주행성능선도이다. 동일한 자동차의 속도 V_o에서 평탄한 도로에서의 전주행저항은 $\overline{AB}$이고 4단기어에서의 구동력은 $\overline{AC}$의 크기를 갖게 되어 $\overline{BC}$ 만큼의 여유구동력이 가속이나 등판에 활용될 수 있다. 한편 동일한 속도 V_o에서 3단으로 변속할 경우, 여유구동력은 $\overline{BD}$로 증가하게 되어 더 큰 가속성능이나 등판성능을 갖게 된다. 평탄로에서의 전주행저항과 최고속기어의 구동력이 만나는 지점이 자동차가 낼 수 있는 최대속도 V_{max}가 된다. 이때의 여유구동력은 0이 된다.

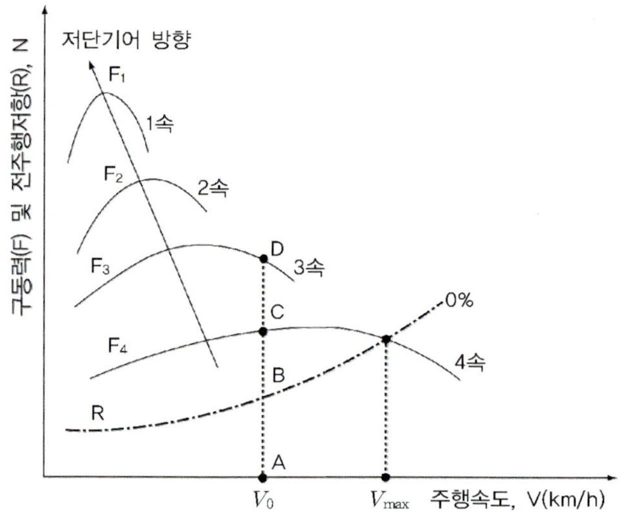

그림 7-8 주행성능선도와 여유구동력

7-3-4 변속비의 계산

3장에서 서술한 바와 같이 자동차의 변속단수는 많을수록 변속충격(shift shock)이 작게 되어 긍정적이다. 그러나 변속기의 구조가 복잡해지고 조작이 번거로우며 경제성이 떨어진다. 따라서 승용차의 경우 보통 전진 4~8단 변속기가 가장 널리 채택되고 있다.

일반적으로 자동차에서는 그 자동차의 최고속도 사양에 의해 최고속기어의 변속비, 등판능력을 고려하여 1단의 변속비가 각각 결정된다.

(1) 최고속도와 종감속비

일반적으로 자동차의 최고속도는 최대 적재상태로 무풍상태, 수평 건조포장 노면에서 그 자동차가 낼 수 있는 속도의 최대값으로 정한다. 그림 7-8의 주행성능선도에서 살펴보았듯이 최고속도는 평탄로에서의 전주행저항과 최고속단수의 구동력 곡선이 만나는 지점의 차속이다. 자동차의 엔진이 발생할 수 있는 최대 토크를 T_{emax}, 최고속기어의 변속비를 i_{tt}라고 할 때 전주행주행과 구동력과의 관계식인 식(7-14)를 이용하면 최고속도는

$$F_t = \frac{T_{emax}\, i_{tt}\, i_f\, \eta_t}{r_D} = \mu_r\, mg + \mu_a\, A\, V_{\max}^2$$

$$\therefore\ V_{\max} = \sqrt{\frac{\dfrac{T_{emax}\, i_{tt}\, i_f\, \eta_t}{r_D} - \mu_r\, mg}{\mu_a\, A}} \qquad (1)$$

의 식으로 구한다. 한편 최고속기어에서의 구동력 곡선과 평탄로에서의 주행저항의 교점이 형성되지 않는 경우에는 식(7-15)에 의해 최고속도를 구한다.

$$V_{\max} = \frac{2\pi\, r_D\;\; n_{emax}\, 60}{1{,}000\; i_{tt}\; i_f} \tag{2}$$

위의 식에서 n_{emax}는 엔진이 도달할 수 있는 최고 회전속도를 말한다. 일반적으로 위의 식(1)과 (2) 중에서 작은 값이 실제 차량의 최고속도가 된다.

자동차의 최고속도에 대한 사양은 초기 자동차의 설계단계에서 결정된다. 위의 식(1)과 (2)에서 미지수는 i_{tt}와 i_f이다. 편의상 최고속 기어를 직결로 볼 경우 $i_{tt} = 1$ 이 되는데, 이때 식(1)이나 (2)에서 종감속비 i_f가 계산될 수 있다. 즉, 최고속도의 식(1)을 사용할 경우 종감속비 i_f는

$$i_f = \frac{r_D\,(\mu_r\, mg + \mu_a A\;\, V_{\max}^2\,)}{T_{emax}\;\eta_t} \tag{7-19a}$$

로 표시되고 식(2)을 사용하게 되면

$$i_f = \frac{2\pi\, r_D\;\; n_{emax}\, 60}{1{,}000\;\, V_{\max}} \tag{7-19b}$$

이 된다.

(2) 등판성능과 1단 기어비

자동차는 구동력이 가장 큰 1단 기어로 최대로 기울어진 경사로를 올라갈 수 있다. 자동차의 설계단계에서 최대 등판각도가 결정되고 위에서 설명한 바와 같이 종감속비가 결정되면 식(7-9)에 의해 1단 변속비가 결정된다. 자동차의 최대 등판각도가 $\theta_{\max}$라고 할 경우 1단 기어의 변속비 i_{t1}은

$$\begin{aligned} F_1 &= \frac{T_{emax}\; i_{t1}\; i_f\; \eta_t}{r_D} = \mu_r\, mg\, \cos\theta_{\max} + \; mg\sin\theta_{\max} \\ i_{t1} &= \frac{r_D\; mg\,(\mu_r \cos\theta_{\max} + \sin\theta_{\max})}{T_{emax}\; i_f\; \eta_t} \end{aligned} \tag{7-20}$$

의 식에서 결정된다. 한편 중간 변속단은 거의 등비급수적으로 구성되도록 변속비를 결정한다. 실제 개발현장에서는 여러 조합의 변속비를 갖는 변속기를 3~4개 만들고, 섀시 동력계와 실차주행에서 동력성능을 시험하면서 최종 변속비를 결정하고 있다.

예제 7-8

다음과 같은 사양의 자동차용 4단 수동변속기를 개발할 경우 다음 각각의 물음에 답하여라.

차량 최고속도: 190km/h 엔진 최대 토크: 150N・m 엔진 최대 출력: 128kW 차량총질량: 1,350kg 전폭: 1.70m 전고: 1.40m 전장: 4.50m	최저 지상고: 0.14m 타이어 유효반경: 0.30m 구름저항계수: μ_r=0.012 공기저항계수: μ_a=0.020 최대등판각도: θmax=32° 동력전달장치기계효율: η_t=0.90

(1) 최고속도를 고려하여 4단의 변속비가 1.0일 경우 종감속비를 구하여라.

(2) 등판능력을 고려하여 1단의 변속비를 구하여라.

(3) 2단과 3단의 변속비를 구하여라.

(4) 이 차량이 변속비 4단으로 최고속도로 주행하고 있다. 이때 엔진의 회전속도를 계산하여라.

풀 이

(1) 종감속비는 다음의 식을 이용한다.

$$F_t = \frac{T_{emax} i_{tt} i_f \eta_t}{r_D} = \mu_r mg + \mu_a A V_{\max}^2$$

위의 식에 주어진 값을 대입하여 종감속비 i_f를 구하면

$$\frac{(150\text{Nm})(1.0)(i_f)(0.90)}{0.30} = (0.012)(1{,}350\text{kg})(9.81\text{m/s}^2) + \left[0.020\frac{\text{N}}{\text{m}^2(\text{km/h})}\right]$$
$$(0.9 \cdot 1.70\text{m} \cdot 1.40\text{m})(190\text{km/h})^2$$

$$\therefore i_f = 3.790$$

(2) 1단의 변속비는 다음의 식을 이용하여 구한다.

$$F_1 = \frac{T_{emax} i_{tt} i_f \eta_t}{r_D} = \mu_r mg\cos\theta_{\max} + mg\sin\theta_{\max}$$

위의 식에 주어진 값을 대입하여 1단의 변속비 i_{t1}를 구하면

$$\frac{(150\text{Nm})(i_{t1})(3.790)(0.90)}{0.30} = (0.012)(1{,}350\text{kg})(9.81\text{m/s}^2)\cos 32°$$
$$+ (1{,}350\text{kg})(9.81\text{m/s}^2)\sin 32°$$

$$\therefore i_{t1} = 4.194$$

(3) 변속단의 비를 r이라고 하면

$$r^3 = 4.194 \rightarrow r = 1.613$$

각 변속단의 변속비는 등비급수적으로 정해지므로

$$\therefore i_4 = 1.0,\ i_{t3} = 1.613,\ i_{t2} = 2.601,\ i_{t1} = 4.194$$

(4) 차량의 최고속도와 엔진의 최고 회전속도의 식을 이용하면

$$V_{\max} = \frac{2\pi r_D n_{emax} 60}{1{,}000 i_{tt} i_f}$$

$$190 = \frac{2\pi(0.30\text{m})(n_{emax})(60)}{1{,}000(1.0)(3.790)}$$

$$\therefore n_{emax} = 6{,}367\text{rpm}$$

7-3-5 동력성능 향상

동력성능의 향상이란 주로 최고속도, 등판성능, 가속성능, 연비를 개선하는 것을 말한다. 재현성이 있는 동력성능은 주행시험장이나 롤러(roller)를 이용하여 동력을 흡수하고 주행조건을 컴퓨터로 프로그램할 수 있는 섀시 동력계(chassis dynamometer)를 이용하여 구한다. 실제 동력성능을 측정하고 동력성능을 향상시킬 수 있는 방법에 대해 간단히 살펴보기로 하자.

(1) 최고속도

최고속도는 수평한 노면을 최고속 기어로 주행할 때 도달할 수 있는 최대값으로 정의된다. 폭이 6m 이상인 직선 평탄로 200m를 측정구간으로 하고 이것을 2등분하여 100m 마다 통과하는 시간을 평균하여 최고속도를 구한다. 최고속도를 올리기 위한 방안은 다음과 같다.

① 전주행저항의 축소

고속에서는 공기저항이 주행저항의 대부분을 차지하므로 차체를 유선형으로 설계하거나 차량 전면부 투영면적을 감소시켜 공기저항과 전주행저항을 줄인다.

② 고속영역의 큰 구동력

엔진의 토크가 고속영역에서 최대값이 발생되도록 한다.

③ 적절한 총감속비

총감속비를 조정하여 구동력 곡선의 유형과 높이를 변형하면 최고속도가 증가한다.

④ 구동바퀴의 유효반경 증대

(2) 등판성능

등판성능은 기울어진 경사로를 최저속 기어로 올라갈 수 있는 최대 구배로 1단의 변속비를 크게 설정하면 향상된다. 그러나 변속비를 극단적으로 크게 하면 자동차의 최대속도가 낮아지게 된다.

등판성능 시험은 급판로시험과 장판로시험으로 구분된다. 급판로시험은 일정한 기울기로 20m 이상의 측정 구간을 가진 도로에서 최저속기어로 변속하지 않고 측정구간을 통과하는

데 걸리는 시간을 측정하여 구한다. 장판로시험은 대략 7°의 기울기를 갖는 긴 경사로 10km를 선택한다. 이 시험구간에서 적절하게 변속하여 가장 짧은 시간에 비탈길을 오른 후 주행거리, 소요기간, 연료소비량을 km/ℓ, ℓ/h 등의 단위로 계측한다.

(3) 가속성능

가속성능은 식(7-6)에서 가속도를 향상시킬 수 있는 방법을 찾으면 된다. 가속도 $a=\dfrac{R_i}{m(1+\phi)}$ 이므로 이를 크게 하기 위해서는 다음과 같은 조치를 취한다.

① 여유구동력 증대

이를 위해서는 주행저항을 감소시키고 엔진에서 발생하는 토크(구동력)를 크게 한다. 또한 총감속비를 크게 설정하고 구동바퀴의 유효반경을 작게 한다.

② 자동차의 질량 감소

보통 가속성능은 발진가속성능과 추월가속성능으로 분류된다. 발진가속성능은 500m의 평탄한 포장도로에서 자동차가 WOT상태로 변속기와 가속페달을 자유롭게 사용하여 급가속할 때, 200m 지점과 400m 지점을 통과하는데 필요한 시간으로 구한다. 거리기준으로 미국은 1/4 마일(mile), 국내와 일본에서는 200m, 400m 등이 발진가속성능 표시법으로 사용되고 있다. 또 다른 가속성능으로 정지상태에서 자동차가 일정한 속도에 이르는 시간을 측정하는 표시법도 널리 사용되고 있다. 미국에서는 60mi/h, 국내와 일본에서는 60, 100km/h의 속도에 이르는 시간을 측정한다. 추월가속성능은 일정한 초속도에서 일정한 변속 기어로 일정한 속도까지 이르는 시간을 측정하여 구한다. 보통 40 → 60km/h, 40 → 80km/h, 40 → 100km/h를 추월가속성능의 표시법으로 사용한다.

(4) 연료소비율

연료소비율 f [g/kW・h]는 단위시간당(h) 단위출력당(kW) 소비되는 연료의 양(g)으로 정의되며, 일반적으로 최대 토크가 발생하는 엔진회전속도 근처에서 최소값을 갖는다. 보통 자동차의 연비를 표시하는 방법은 여러 가지가 있다. 국내에서는 연료 1L 당 주행할 수 있는 거리[km/ℓ]를 많이 사용하고 미국에서는 갤런(gallon) 당 주행할 수 있는 거리(mile)인 mpg가 널리 통용되고 있다. 유럽에서는 주행거리 100km당 연료소비량(L)으로 표시하는 등 지역마다 다른 연비 표시법이 사용되고 있다.

보통 연비는 평탄한 직선도로 500~2,000m의 거리를 일정한 변속단수에서 일정속도로 왕복주행하면서 소비되는 연료량을 측정하여 구한다. 보통 고부하에서는 농후한 혼합기에서 운전되고 저부하에서는 유효압축비가 감소하므로 연비는 열악하게 된다. 또한 엔진이 고속일 경우에는 마찰손실이 증가하게 되고 저속에서는 열손실이 증가함과 동시에 연소효율이 떨어지기 때문에 연비는 악화된다. 위에서 측정한 동력시험은 전문 드라이버의 운전 감각의 양부 즉, 필링시험(feeling test)을 통해 정해진 체크 리스트(check list)를 종합적으로 표시함으로써 최종적으로 합격여부가 결정된다.

7-4 주행시험장

주행시험장(proving ground)은 새로운 자동차를 개발할 때 자동차가 설계안대로 제작이 되었는지를 확인하고 자동차의 최고속도, 가속성능, 등판성능, 연비와 같은 동력성능과 제동성능, 타행성능, 조종성능 등 종합적인 자동차 실차상태에서의 시험이 가능한 시험장을 말한다. 주행시험장은 자동차의 주행에서 발생되는 각종 도로조건을 설정하여 시험하는데 고속주회로를 중심으로 내구시험로, 직선로, 특성시험로, 특수시험로 등이 설치된다. 최근에는 시속 200km/h 이상까지 주행이 가능한 고속주회로(高速周回路)를 갖추고 있고 1주거리가 10km 이상인 대형 주행시험장이 사용되고 있다. 또한 10% 이상의 경사각도를 준 장판로를 설치하여 언덕에서의 엔진 및 변속기의 성능시험이 수행될 수 있도록 설계되어 있다.

그림 7-9 주행시험장(현대기아자동차 남양연구소에 위치함)

(1) 일반시험로

① 직선로

직선로에서는 고속에서의 연속주행이 가능하도록 경사가 주어져 있다. 이 시험로에서는 주행저항 측정, 가속성능, 연료소비율 측정, 브레이크 시험, 실내소음수준 측정,

윈드 노이즈(wind noise), 속도계 보정 등의 시험이 행해진다. 최근 자동차의 성능향상에 따라 직선구간은 최소 2km 이상이 되어야만 최고속도를 측정할 수 있는 시험 요구조건이 만족된다.

② 범용시험로

도로폭이 50m, 길이가 1km 정도의 시험로로서 회전활강(slalom) 성능, 타이어 안전시험, 전복 안정성, 브레이크 시스템 결함 시험, 조향계통의 안정성 시험, 시계성 등의 평가가 수행된다.

(2) 내구시험로

내구시험로는 단기간에 차량의 강성, 강도, 피로내구, 부식, 시간에 따른 기능의 변화 등에 대한 성능시험이 가능하도록 가혹한 조건으로 만들어진다.

① Belgian 도로

Belgian 도로는 자동차와 각종 부품의 강성, 강도 및 피로 내구력을 시험하고 평가하는 시험로로서 운전자가 접하는 모든 노면상황이 포함되어 있어야 한다.

그림 7-10 프루빙 그라운드의 인공악로

② block로 및 pot hole로

block로 및 pot hole로는 Belgian로에서 적용할 수 없는 가장 가혹한 조건만을 부하로 걸 수 있는 내구시험로이다. block로는 콘크리트 위에 block을 돌출시켜 건설되는데 험로에서의 비정상적 돌기물을 지날 때 차량이 받는 충격하중을 검토하도록 만들어진다. pot hole로는 가혹한 구부림이나 비틀림 부하를 연속적으로 가할 수 있도록 설계된다.

③ cross-country로

내구시험로 중에서 실제 도로조건을 그대로 살린 부분으로 아스팔트로, 일반 비포장로, 자갈길, 비포장 험로 등이 유기적으로 조합되어 있다. 시간에 따른 차량의 변화, 장거리 주행 시 문제점 등 상기 내구시험에서 밝혀지지 않는 문제점을 평가하는데 활용된다.

(3) 특성시험로

자동차가 가진 여러 가지 특성 중에서 진동, 소음, 등판능력, 승차감, 조종성 등에 대한 특성을 조사하기 위해 설치된 시험로로 콘크리트나 아스팔트로 구성되어 있다.

① ride & handling로

길이 2km, 폭 5m 정도의 콘크리트 포장도로이다. 여러 가지 피치(pitch)의 빨래판길, 다리의 이음부 모형로, 좌우방향 10° 캠버로, 장파형로, 철도, 건널목, 요철로 등의 노면으로 구성된다.

② steering pad

직경 100m 정도의 아스팔트로로서 조타력, 최소회전반경 측정, 정상원 선회, 선회 시 시계성 등의 평가가 이루어진다.

③ 소음발생로

일반 아스팔트, 보도 블록, 야간 반사장치(cat's-eyes), 부스러기(chipping) 등 4가지 노면으로 구성된다. 타이어의 소음을 발생시켜 타이어나 차체의 특성을 평가한다. 기타 특성시험로로 모형로와 등판로가 있는데 등판능력, 주차 브레이크 시험 등이 행하여진다.

(4) 특수시험로

자동차의 주행 시에 발생하는 특수한 조건을 인위적으로 조성하여 자동차가 실제 상황에서 원활한 대응을 할 수 있도록 만든 시험로이다. 폭우를 상사한 수밀 시험로, 먼지 터널, 염수부식로, 수심 1.5m 정도의 하천로, 뻘길 등이 설치되어 있는데 각종 밀폐성, 부식성, 시계확인 등의 시험과 평가가 수행된다.

CHAPTER 07 연습문제

7-1 동력성능에 대한 물음에 답하여라.

(1) 동력성능은 무엇인지 정의하여라.

(2) 동력성능을 평가하는데 사용되는 대표적인 성능인자들을 기술하여라.

7-2 자동차에 작용하는 힘에 대한 다음 문제에 답하여라.

(1) 자동차가 주행할 때 차량에 가해지는 힘을 나열해 보아라.

(2) 자동차 타이어에 작용하는 구동력(driving force)과 제동력(braking force)을 구분해 보아라.

(3) 자동차가 무리 없이 주행하려면 점착력(A), 구동력(F), 전주행저항(R) 사이에는 어떤 관계식이 성립하여야 하는가?

7-3 자동차에 작용하는 힘에 대한 다음 문제에 답하여라.

(1) 자동차의 전주행저항(total running resistance)을 정의하여라.

(2) 전주행저항을 구성하는 저항의 종류를 나열해 보아라.

7-4 구름저항(rolling resistance)에 대한 다음 문제에 답하여라.

(1) 구름저항이란 무엇인지 설명하여라.

(2) 자동차의 질량 m, 구름저항 계수 μ_r, 중력가속도 g, 등판각도 θ라고 할 때 구름저항 R_r[N]을 수식으로 표시하여라.

(3) 그림 7-2를 참조할 경우 구름저항은 시속 100km/h 이하에서는 차량의 속도에 따라 완만하게 증가한다. 그러나 차속이 더욱 증가하다가 어느 지점에서 급격히 증가하게 되는데 그 이유는 무엇인가?

(4) 질량 1,750kg인 자동차가 등판각도 10°인 일반 아스팔트 언덕길을 20km/h로 주행하고 있다. 이 자동차에 걸리는 구름저항을 구하여라. 단, 구름저항 계수 $\mu_r = 0.015$이다.

(5) 타이어의 압력이 증가할 경우 구름저항은 어떻게 변하는가?

7-5 공기저항(air resistance)에 대한 다음 물음에 답하여라.

(1) 공기저항이란 무엇인지 설명하여라.

(2) 공기저항을 구성하는 요인들과 이들이 차지하는 비중을 대략적으로 표시하여라.

(3) 자동차의 주행속도가 V[km/h], 자동차 전면부 투영면적이 A[m^2], 공기저항 계수가 $\mu_a\left[\frac{N}{(m^2)(\mathrm{km/h})^2}\right]$라고 할 때 공기저항 $R_a[N]$를 수식으로 표시하여라.

(4) 앞바퀴의 트레드가 1.90m, 전고가 2.50m인 트럭이 고속도로에서 100km/h로 주행하고 있다. 공기저항 계수 $\mu_a = 0.020\,\mathrm{N/m^2} \cdot (\mathrm{km/h})^2$이라고 할 경우 이 트럭이 받는 공기저항을 구하여라.

7-6 가속저항(acceleration resistance)에 대한 문제에 답하여라.

(1) 가속저항을 구성하는 2가지 요소를 기술하여라.

(2) 자동차의 질량 m[kg], 자동차의 가속도 a[m/s^2], 회전부분 상당질량 Δm을 이용하여 가속저항 R_i[N]을 수식화하여라.

(3) 질량이 1,500kg인 승용차가 평탄한 도로를 60km/h로 달리고 있다. 전방에 속도가 느린 화물차가 있어 가속페달을 밟은 10초 후에 최종속도가 90km/h로 되면서 화물차를 추월하였다. 이때 승용차의 가속저항을 구하여라. 단, 승용차는 4단으로 주행하고 있고 회전부분 상당질량비 ϕ는 0.10이라고 한다.

7-7 질량이 m인 자동차가 30km/h의 속도로 경사로를 올라가고 있다. 다음 물음에 답하여라.

(1) 구배저항(gradient resistance)이 무엇인지 설명하여라.

(2) 등판각도를 θ라고 할 때 구배저항 R_g[N]을 수식화하여라.

(3) 자동차의 질량 $m = 1{,}700\ kg$인 자동차가 30%의 등판길을 올라가고 있을 때 구배저항을 구하여라.

7-8 전주행저항에 관련된 다음 문제에 답하여라.

(1) 자동차에 걸리는 전주행저항(구름, 공기, 가속, 구배저항)을 질량이 포함된 항과 그렇지 않은 항으로 분리하여 수식으로 표시하여라.

(2) 위 문제 1)에서 수식화한 식을 참고로 하여 주행저항을 줄이기 위한 방안을 설명하여라.

(3) 자동차가 등판각도가 θ인 경사로를 저속으로 정속주행하고 있을 경우의 전주행저항을 식으로 표시해 보아라.

(4) 어떤 자동차가 수평한 평탄로를 정속주행하고 있을 경우의 전주행저항을 표시해 보아라.

7-9 **승용차가 1단 변속비 $i_1 = 3.78$, 종감속비 $i_f = 3.50$ 에서 20km/h로 정속주행하고 있다. 이때 엔진의 회전속도와 토크는 각각 2,500rpm, 80N·m라고 할 경우 다음 물음에 답하여라. 단, 동력전달손실은 없다고 가정한다.**

(1) 추진축과 바퀴의 회전속도를 구하여라.

(2) 바퀴에 전달되는 구동토크와 구동력을 각각 구하여라. 바퀴의 유효반경은 30cm이다.

(3) 엔진의 출력(P_e)과 바퀴에 걸리는 출력(P_w)을 kW와 ps의 단위로 각각 구하여라.

7-10 **질량 $m = 2{,}000\text{kg}$, 타이어 유효반경 35cm인 자동차가 최고속단에서 엔진 최고회전속도 7,000rpm으로 바퀴의 슬립이 전혀 없는 상태로 정속주행하고 있다. 최고속단의 변속비 $i_{tt} = 0.95$, 종감속비 $i_t = 3.55$ 라고 할 때 이 차의 최고속도를 구하여라.**

7-11 **전주행저항과 관련된 다음 문제에 답하여라.**

(1) 승용차가 평탄한 아스팔트 포장도로를 100km/h로 주행하고 있을 때 다음의 제원에 대하여 전주행저항을 구하여라. GVW=1,400kg, 전폭=1.70m, 전고=1.40m, 구름저항계수 μ_r=0.015, 공기저항 계수 μ_a=0.018이다.

(2) 이 승용차의 동력전달장치의 효율 η_t=0.90일 경우 엔진소요마력을 kW, ps의 단위로 각각 표시하여라.

7-12 **자동차의 전면부 투영면적 $A = 5\text{m}^2$, 비포장도로의 구름저항 계수 $\mu_r = 0.035$, 공기저항 계수 $\mu_a = 0.023$, 동력전달장치의 기계효율 $\eta_t = 0.9$ 일 경우 다음 물음에 답하여라.**

(1) 차량총중량(GVW)이 5,000kg인 트럭이 구배 10%인 비포장도로를 20km/h로 올라갈 때 전주행저항을 구하여라.

(2) 엔진의 소요마력을 kW 및 ps 단위로 표시하여라.

(3) 구동바퀴의 유효지름 0.60, 총감속비 16일 경우 엔진에서 필요한 토크를 N·m 단위로 표시하여라.

7-13 **다음과 같은 사양의 차량용 4단 수동변속기를 개발할 때 물음에 답하여라.**

차량 최고속도: 200km/h 엔진 최대 토크: 170N·m 엔진 최대 출력: 135kW 차량총질량: 1,750kg 전폭: 1.55m 전고: 1.34m 전장: 4.80m	최저 지상고: 0.15m 타이어 유효반경: 0.30m 구름저항계수: μ_r=0.012 공기저항계수: μ_a=0.020 최대등판각도: θmax=35° 동력전달장치 기계효율: η_t=0.85

(1) 4단의 변속비가 1.0일 경우 최고속도를 이용하여 종감속비를 구하여라.

(2) 등판능력을 고려하여 1단의 변속비를 구하여라.

(3) 2단과 3단의 변속비를 구하여라.

(4) 이 차량이 4단기어에서 최고 속도로 운전되고 있다. 이때 엔진의 회전속도는 얼마인지 계산하여라.

7-14 변속단수의 결정에 대한 다음 물음에 답하여라.

(1) 최근 승용차의 경우 변속단수가 4~6단, 고급차의 경우 6~10단으로 올라가는 경향이 있다. 최고 변속단수가 많아질 경우 발생하는 문제점을 기술하여라.

(2) 변속기의 변속비를 결정하는 방법을 간단하게 설명하여라.

7-15 다음 그림 7-11은 최고단기어가 3단인 수동변속기를 장착한 자동차의 주행성능선도이다. 다음 물음에 답하여라.

(1) 이 자동차가 최대로 등판할 수 있는 경사로의 등판각도는 얼마인지 계산하여라.

(2) 이 자동차가 낼 수 있는 최고속도를 그림을 보고 구하여라.

(3) 자동차가 60km/h로 정속주행할 경우 2단과 3단 변속비에서의 엔진회전속도를 구하여라.

(4) 3단기어에서 80km/h로 주행할 경우 구동력을 구하여라.

(5) 이 자동차가 3단기어로 80km/h로 20%의 등판로를 올라가고 있다. 계속적으로 등판하는데 문제는 없는지 검증하여라.

(6) 이 자동차가 3단기어에서 100km/h로 평지를 주행하고 있다. 여유구동력을 구하여라.

(7) 어느 변속단 간에 변속이 일어날 때 변속충격(shift shock)이 가장 큰지 그림을 보고 설명하여라.

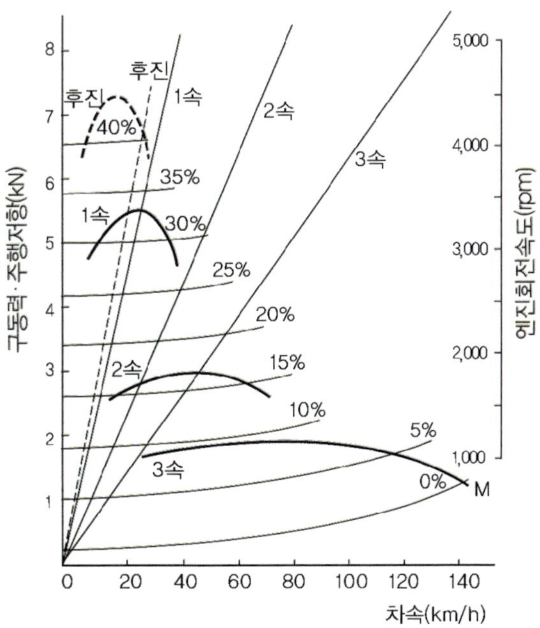

그림 7-11 자동차의 주행성능선도

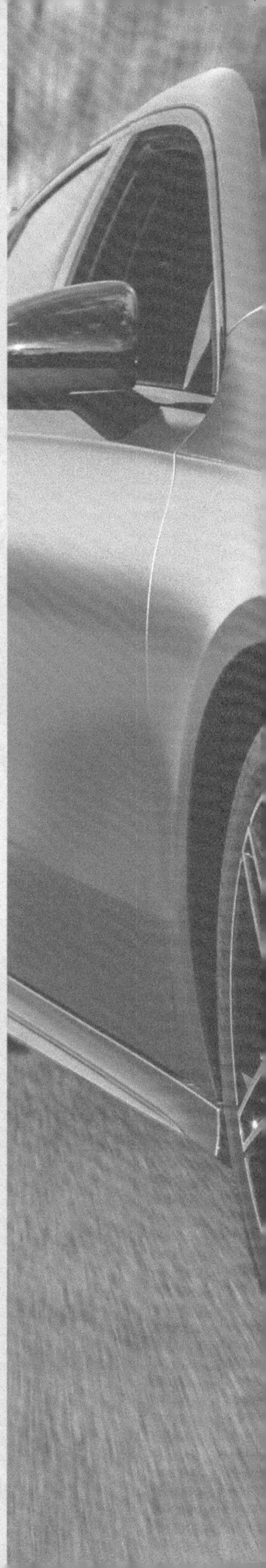

CHAPTER 08

자동차의 전기전자장치

8장에서는 자동차의 각종 전기전자장치의 구조와 기능을 다루고 전기장치와 전장품에 전기에너지를 공급하는 배터리의 구조와 기능에 대하여 설명한다.

이 장에서는 엔진을 시동시키기 위해 필요한 시동장치의 구성과 각각의 기능에 대하여 서술한다. 자동차를 운전할 때 각종 전기전자장치에 필요한 전력은 발전기에서 생산된 전력과 배터리의 에너지를 사용한다. 전력 소모가 된 배터리는 발전기의 원리를 이용하여 충전하여야 하는데 이 장에서는 배터리의 충전장치의 구성과 기능에 대하여 학습한다.

가솔린엔진에서는 혼합기를 압축한 후 점화장치를 통해 혼합기를 연소시켜 동력을 얻는다. 8장에서는 점화장치의 구성과 여러 가지 점화방식 및 피에조 엑추에이터에 대하여 설명한다.

8-1 자동차 전기전자장치의 개요

자동차의 전기장치는 크게 엔진을 직접 구동시키는 데 필요한 전기장치와 엔진을 제외한 자동차 각 부분에 설치된 배터리, 등화장치, 각종 계기류, 냉난방장치 등의 전장품으로 구성된다. 현재 운송용 자동차의 주동력원인 내연기관은 자력시동이 불가능하다. 따라서 한 번의 폭발행정 이후에야 비로소 내연기관은 스스로 동력을 발생시킬 수 있기 때문에 초기시동은 외부장치의 도움을 받아 시동을 걸어야 한다. 내연기관의 시동을 지원하는 전기장치로는 배터리, 배터리에서 공급된 전기에너지를 이용하여 정지상태의 엔진을 강제적으로 회전시키는 시동장치, 그리고 가솔린엔진의 경우 적절한 시점(압축행정 말)에 혼합기에 점화를 발생시키는 점화장치가 있다. 자동차의 전기장치는 자동차의 기능 향상, 성능 향상, 안정성과 편리성을 높이는 데 널리 이용되고 있다.

현재 대부분의 자동차에는 전자제어시스템이 장착되고 있다. 8장의 마지막 절에서는 차량의 정밀제어와 신속제어에 필요한 센서, ECU, 엑추에이터의 종류와 기능에 대해 설명하고 주어진 운전조건에 맞도록 최적의 전자제어 연료분사 방법과 종류에 대해 다루고 있다.

8-2 배터리

육상용 자동차에서는 동력발생과 편의장치 활용을 위해 시동장치, 점화장치, 조명장치(램프) 및 기타 전장품을 구동하는 전원으로 배터리가 사용되어 왔다. 자동차의 시동이 걸려 있을 때는 배터리의 전원 대신에 충전장치로부터 나온 전력이 각종 전기장치와 전장품, 계기류에 공급한다. 이때 배터리는 전원공급장치로서의 역할을 정지하고, 충전장치에 의하여 적절하게 충전된다.

전지는 1차전지와 2차전지로 분류된다. 1차전지는 건전지처럼 화학작용에 의해 스스로 전기를 발생시킨다. 그러나 방전이 되면 재충전이 불가능하다. 한편 2차전지는 서로 다른 금속으로 구성된 전극(양극, 음극)과 전해액으로 구성되는데 음극과 양극을 도체로 연결하면 전지의 화학적 에너지로부터 전기적 에너지가 발생한다. 또한 반대방향으로 전기를 통하게 할 경우 전기적 에너지가 화학적 에너지로 되돌아간다. 자동차용 배터리는 2차전지에 속하는데 배터리로서 갖추어야 할 조건은 다음과 같다.

- 전해액의 누설이 일어나지 않아야 한다.

- 충전과 검사를 하는 데 편리한 구조이다.
- 전기적 절연이 완전하도록 되어 있다.
- 진동에 잘 견딜 수 있다.
- 용량이 충분히 커야 한다.

8-2-1 배터리의 구조

최근 가장 널리 사용되는 배터리는 작용물질이 납인 배터리(납축전지)로 1859년 프랑스의 Plante(Gaston Plante)에 의해 발명되었다. 납배터리는 묽은 황산 속에 납을 넣은 후 전류를 통하여 충전(charge)과 방전(discharge)을 반복하는 형식으로 현재 대부분의 자동차에 적용되고 있다. 방전은 배터리에서 외부로 전류가 흘러나가는 것을 말하고 충전은 반대로 발전기에서 배터리로 전류가 흘러들어오는 것을 이른다. 배터리는 그림 8-1과 같이 크게 극판(plate), 격리판(separator), 매트(mat), 극판군(element), 전해액(electrolyte), 케이스(case) 등으로 구성되어 있다.

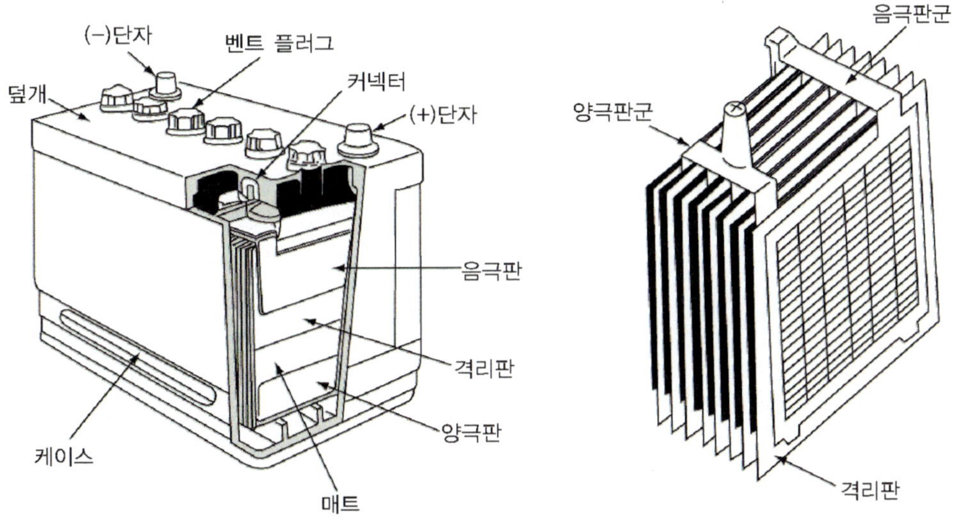

그림 8-1 배터리의 구조

(1) 극판

극판은 양극판(positive plate)과 음극판(negative plate)으로 구성된다. 각 극판은 납과 안티몬 합금제의 격자형 판에 납가루나 산화납을 묽은 황산을 입혀 전기화학적 처리를 한 것이다. 전류가 흘러 충전될수록 양극판은 암갈색의 이산화납(PbO_2), 음극판은 해면상의 회색 납(Pb)으로 변한다. 보통 극판은 전해액이 극판에 침투할 수 있도록 다공성으로 구성되며 극판의 두께는 2mm 정도의 것이 널리 사용된다.

(2) 격리판

양극판과 음극판이 서로 닿지 않도록 중간에 삽입하는 판으로 대략 2mm 정도의 두께를 갖는다. 전해액에 항상 담겨 있는 구조로 전해액이 통과할 수 있도록 다공성물질을 사용하여야 한다. 또한 전기적으로 절연성을 갖추어야 하고 산성인 전해액에 부식되지 않아야 한다. 재질로는 합성수지로 가공한 강화섬유와 미세한 구멍구조의 고무가 사용된다.

(3) 매트

극판에 도포한 물질은 진동과 충격으로 분리되기 쉬운 구조이다. 이를 방지하기 위해 유리섬유(glass mat)로 만든 매트가 극판에 도포된 작용물질을 누르도록 삽입된다.

(4) 극판군

양극판과 음극판을 여러 장 묶음구조로 조합한 후 이들을 용접시켜 하나의 극주로 만든 것이다. 이런 극판군은 1셀(cell)로 불리며 완전충전을 하면 대략 2.1V의 전압이 발생한다. 따라서 자동차용 배터리는 6개의 셀이 직렬로 연결되어 있어 대략 12V 전압의 크기를 갖게 된다.

(5) 전해액

배터리의 전해액으로는 무색, 무취, 높은 순도의 묽은 황산이 삽입된다. 배터리 내부에서 화학작용을 돕고 각 극판 사이에 전류가 흐르도록 유도하는 역할을 한다. 우리나라와 같은 온대지방에서의 전해액 비중은 배터리가 완전히 충전된 상태의 20℃ 온도에서 1.260을 표준값으로 정한다. 배터리가 방전할수록 전해액 속의 황산은 극판과 반응하여 황산납($PbSO_4$)이 되고 두 전극에 달라붙으면서 전해액의 비중은 떨어진다. 따라서 전해액의 비중을 측정하면 배터리의 충전상태를 알 수 있다. 한편 발전기로 배터리를 충전할 경우 양극판과 음극판에 만들어진 황산납이 분해되어 전해액 속으로 되돌아가므로 비중이 다시 높아진다. 이러한 충전과 방전 과정을 화학식으로 표시하면 다음과 같다.

$$\underset{(+극)}{PbO_2} + \underset{(전해액)}{2H_2SO_4} + \underset{(-극)}{Pb} \underset{충전}{\overset{방전}{\rightleftarrows}} \underset{(+극)}{PbSO_4 + 2H_2O} + \underset{(-극)}{PbSO_4} \tag{8-1}$$

(6) 케이스

케이스 내부에는 배터리의 몸체인 극판군과 전해액이 담기게 된다. 케이스의 재질은 충격에 강하고 산성에 강한 합성수지를 성형하여 만든다. 내부는 칸막이를 통해 각 셀을 분리하고 셀 커넥터(cell connector)를 통해 극판군을 직렬로 여러 개 연결하여 원하는 전압을 얻는다. 케이스 밑부분에는 엘리먼트 레스트(element rest)가 설치된다. 이 부품은 극판에 붙은 작용물질들이 진동과 충격으로 떨어져 축적되면서 발생할 수 있는 배터리의 단락을 방지한다.

8-2-2 배터리의 성능

전기적인 부하를 걸지 않아도 배터리에 축적된 화학적 에너지는 자연적으로 소실되는데 이를 자기방전이라고 한다. 자기방전의 원인은 작용물질들이 전극에서 탈락하여 배터리 내부와 하부에 퇴적되어 발생하는 단락, 내부의 불순물에 의한 것, 음극판과 황산과의 화학작용 등이 있다. 보통 하루에 방전하는 양은 배터리 용량의 0.3~1.5% 정도이다. 배터리에 부하를 걸어 방전시킬 경우 어느 한도에 이르면 전압이 급격히 저하되어 방전능력을 상실하고 보수하는 데 어려움을 겪는다. 이와 같이 배터리가 어느 정도를 넘어 방전하면 위험하게 되는 방전한도를 방전종지전압이라고 한다.

배터리의 용량은 보통 배터리가 방출하는 총전기량으로 표시하는데, 단위로는 암페어시(Ah: ampere hour)가 사용된다. 1Ah는 1암페어의 전류를 1시간 동안 사용할 수 있는 용량이다. 보통 자동차에 사용되는 배터리의 용량은 50~150Ah이다. 한편 용량이 비슷한 배터리도 방전전류의 크기에 따라 용량이 변한다. 따라서 배터리의 용량을 표시할 때에는 어떤 전류와 시간으로 방전시켰는지를 나타내는 방전율을 명시하여야 한다. 배터리의 방전율을 시험하는 방법으로 20시간율(또는 5시간율), 25암페어율, 냉간시동률 등이 있다.

- 20시간율(또는 5시간율): 일정 전류로 방전종지전압(1.75V)까지 20시간(5시간) 방전
- 25암페어율: 25A의 전류로 셀당 전압이 1.75V로 강하할 때까지 방전
- 냉간시동률: 300A의 전류로 셀당 전압이 1V로 강하할 때까지 방전

배터리의 용량은 극판의 크기, 극판의 수 및 전해액의 양에 비례한다. 일반적으로 자동차에는 자기방전이 적고 유지보수가 필요하지 않은 MF 배터리(Maintenance Free Battery)가 사용된다. 보통 배터리는 아무리 충전시켜도 비중이 1.220 이상 올라가지 않을 때에는 극판이 손상된 경우가 많으므로 교체하도록 한다. 또한 정지상태에서 헤드라이트를 킨 후 측정된 배터리의 전압이 9V 이하가 되면 교체하는 것이 좋다.

자기방전이나 사용 중의 방전에 의해 배터리를 충전하는 경우에는 해당 배터리 용량의 1/10~1/20의 충전전류로 2~3시간 동안 실시하는 정전류 충전이 많이 사용된다. 짧은 시간 내에 급속충전하는 방식은 배터리 용량의 1/2 정도의 충전전류로 30분~1시간 사이로 충전하는데 전해액의 온도가 45℃를 넘지 않도록 주의한다. 급속충전은 시간적 여유가 없거나 차량에 직접 적재된 상태에서 할 수 있어 편리하나 과대 전류가 흘러 배터리 수명을 단축하거나 극판의 손상이 발생할 수 있다. 한편 정전압 충전은 일정한 전압으로 배터리를 충전하는 방식이다. 초기에는 큰 전류를 흐르게 하고 점차로 충전량에 따라 전류를 낮추어 가는 방식인데 충전 말기에는 거의 전류가 흐르지 않는다. 이 충전방식은 수소가스가 거의 발생하지 않아 충전성능이 매우 우수한다. 단별 전류충전은 전류를 단계적으로 낮춰가면서 충전하는 방식으로, 충전효율을 높일 수 있고 온도상승이 완만한 상태로 충전이 이루어진다.

배터리가 과방전된 상태로 오랫동안 방치될 경우 두 극판에서 결정질의 황산납이 석출된

다. 그런데 단순한 방전에 의해 생성된 황산납과는 달리 이렇게 생성된 결정질의 황산납은 불환원성의 성질을 갖는다. 이와 같이 충전을 해도 극판이 원래의 납이나 산화납으로 돌아가지 못하는 현상을 설페이션(sulfation)이라고 한다. 설페이션은 배터리의 과방전, 배터리를 장기간 과방전된 상태로 방치, 전해액의 비중이 높거나 낮을 경우에 주로 발생한다. 또한 전해액이 부족하여 극판이 노출되어 있거나 전해액에 불순물이 혼입되는 경우 또는 불충분한 충전을 반복하는 경우에도 설페이션이 일어난다.

예제 8-1

배터리를 이용하여 5A의 전류를 14시간 연속적으로 사용하였더니 방전종지전압에 이르렀다. 이 배터리의 용량을 대략적으로 계산해 보아라.

풀 이

배터리의 용량 = 방전전류 크기(A) × 방전시간(h)

= (5A) (14h)

= 70Ah

8-3 시동장치

가솔린엔진과 디젤엔진은 자력시동이 불가능하다. 일단 외부에서 크랭크축을 강제적으로 일정 회전속도 이상으로 회전시키고 혼합기 또는 공기를 흡입하고 압축한 후 폭발시켜 동력이 발생한 이후에는 독자적으로 연속적인 구동이 가능하게 된다. 자동차에서는 최초의 폭발 행정이 일어나기 전까지 외부의 힘을 통해 엔진을 돌려주는 장치가 필요한데 이것이 그림 8-2와 같이 구성된 시동장치(starting system)이다.

자동차의 시동장치는 배터리의 전원을 이용하여 시동 전동기(starting motor)와 그 부속장치(링기어, 피니언기어)를 작동시키도록 구성된다. 시동 전동기의 구조는 발전기(generator)와 같지만 기능과 작용은 상반된다. 자동차의 시동을 걸 때 순간적인 시동 전동기의 출력은 1~1.5kW에 이른다. 시동 전동기로는 소형이면서 시동 토크가 큰 직류직권 전동기가 널리 사용된다. 한편 크랭크축에 연결된 링기어에 피니언기어를 물리는 방식으로는 피니언 이동식(pinion shift type), 관성식(inertia type), 전기자 이동식(amature shift type) 등이 있는데 여기에서는 가장 널리 사용되는 피니언 이동식에 대해서만 설명한다.

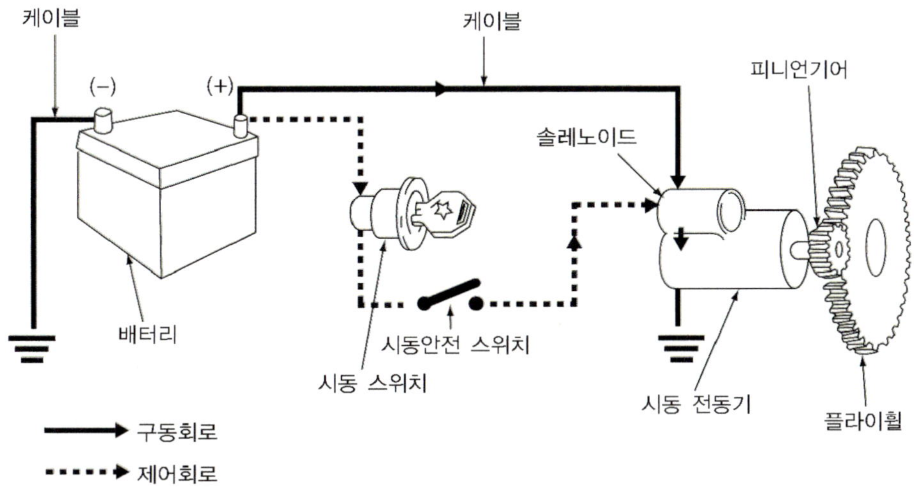

그림 8-2 시동장치의 구성

시동 전동기는 그림 8-3과 같이 내부적으로 크게 3가지 부품으로 구성되는데, 이는 배터리 전원의 힘으로 회전력을 발생시키는 전기자 코일(amature coil), 계자 코일(field coil), 브러시(brush)이다. 이렇게 발생된 회전력을 엔진측에 전달하는 피니언기어, 오버런닝 클러치(overrunning clutch)와 솔레노이드 스위치가 부가적으로 필요하다.

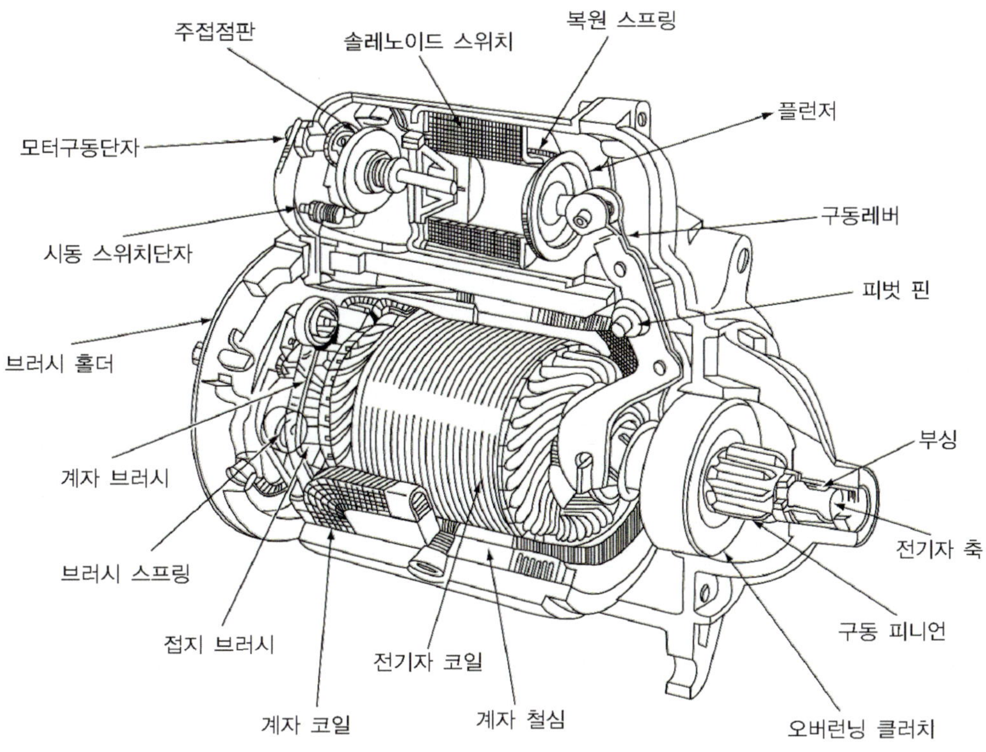

그림 8-3 시동 전동기의 구조

배터리에서 시동 전동기로 전원이 공급되면 계자 코일과 전기자 코일에 전류가 흐르면서 플레밍의 왼손법칙에 의해 시동 전동기의 전기자축에 회전력이 발생한다. 이 회전력이 중간에 오버런닝 클러치를 거쳐 전기자축에 나사 스플라인으로 연결된 피니언기어에 전달되고 피니언기어는 링기어와 맞물려 크랭크축을 회전시키게 된다. 한편 피니언과 링기어의 접속은 다음과 같은 방식으로 이루어진다. 시동 스위치 단자에 전류가 공급되면 윗부분의 솔레노이드 코일에 자력을 발생시켜 플런저를 움직인다. 이때 플런저는 다시 피니언 구동레버를 작동시켜 피니언기어를 밀어내면서 링기어와 접속시킨다.

오버런닝 클러치는 시동이 걸린 후 역으로 엔진에 의해 전동기의 축이 반대로 회전하는 것을 방지하는 구조로 되어 있다. 이에 따라 시동 전동기에서 발생한 회전력이 엔진으로는 전달되나 엔진의 회전력이 시동 전동기로는 전달되지 않는 구조이다. 엔진의 시동이 걸리면 회전속도가 상당히 높아지면서 전기자축을 고속으로 회전시키게 된다. 이때 원심력에 의해 시동 전동기가 파손될 수 있는데 오버런닝 클러치는 시동 후 피니언기어를 공전시킴으로써 이를 방지해주는 역할을 한다. 시동 전동기에 따라 전기자와 피니언기어 사이에 감속기어를 장착하여 시동 전동기의 회전력을 증가시키기도 한다.

8-4 충전장치

일반적으로 자동차는 시동 이외에 운행 시에도 점화, 조명장치, 카오디오 장치 등에서 많은 전기를 소모한다. 배터리는 전기장치에 전기적 에너지를 공급하는 장치이나 그 양이 한정된다. 배너리가 전원장치로 장기간 전원을 공급하면 점차 방전되어 작동불능 상태가 된다. 따라서 차량 주행 중에는 전기를 발생시키는 발전기(generator)가 배터리 대신 필요한 곳에 전원을 공급하고 부하량에 비해 남는 전력은 배터리를 충전시키는 데 사용한다. 일반적으로 충전장치(charging system)는 자동차의 주행 중에 전기적 부하에 알맞은 전력을 공급하는데, 배터리를 충전하는 발전기와 고속주행 시에 과충전을 방지하기 위해 발전기의 출력전압을 조절하는 전압조정기(regulator)로 구성된다.

발전기는 직류발전기(DC generator)와 교류발전기(AC generator 또는 alternator)로 구분된다. 자동차에는 아이들이나 저속 시에도 충분한 전력을 발생시키면서 소형으로 만들 수 있는 교류발전기가 주로 사용된다. 그림 8-4는 교류발전기의 내부구조를 표시하고 있다.

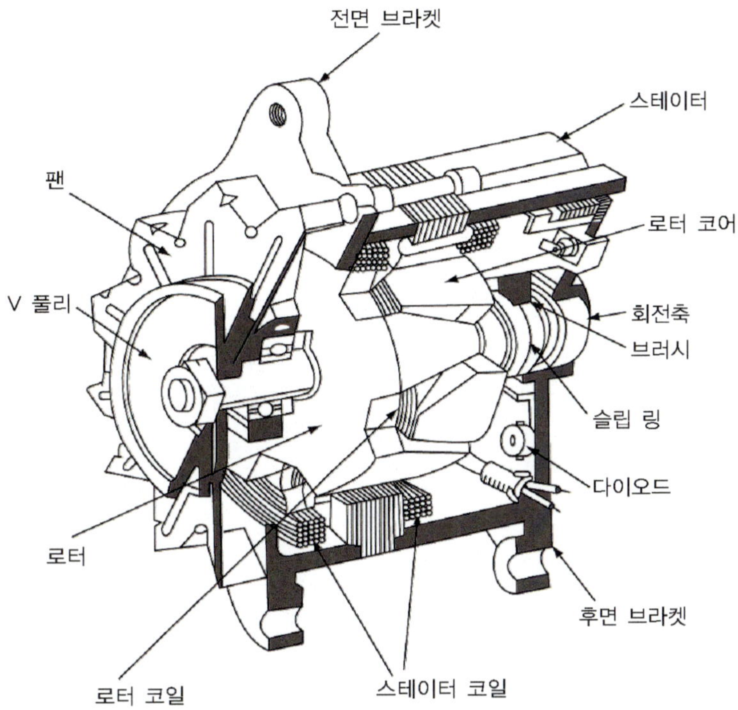

그림 8-4 교류 발전기의 내부 구조

자동차용 교류발전기는 크랭크축의 회전력에 의해 로터와 로터에 감겨진 로터코일(계자코일)이 회전하고 3조의 스테이터코일(stator coil)은 로터코일의 주위에 고정되어 3상 교류파형을 발생한다. 브러시는 슬립링과 항상 접촉하면서 로터코일에 2~4A 정도의 전류를 흐르게 함으로써 로터를 자화시키는 역할을 한다. 발전기에서 발생한 교류전기는 정류기(rectifier)인 실리콘 다이오드(silicon diode)에서 직류로 바뀌게 된다. 이때 다이오드의 온도가 150℃ 이상이면 정류작용을 원활하게 수행할 수 없으므로 발전기 풀리에 장착된 팬에 의해 냉각시키면서 규정온도 이하로 유지되도록 한다.

한편 교류발전기에서 발생한 전압은 로터의 회전속도에 따라서 변하고 로터를 회전시키는 엔진의 회전속도는 주행조건에 따라 수시로 변한다. 로터의 회전속도가 낮을 경우에는 문제가 없으나 높을 경우 배터리가 과충전되거나 전장품들을 파손시키게 된다. 이처럼 로터코일에 흐르는 전류와 발전기의 전압을 제어하는 부품으로서 자동차에서는 반도체식 IC 레귤레이터가 전압조정기로 사용된다.

8-5 점화장치

8-5-1 점화장치의 개요

육상용 자동차에는 주로 가솔린엔진과 디젤엔진이 주된 동력원으로 장착된다. 디젤엔진은 자연착화방식으로 연소가 진행되기 때문에 외부로부터의 점화장치가 필요하지 않으나 가솔린엔진은 혼합기의 압축 후에 연소를 시작하도록 하는 점화장치가 반드시 필요하다. 보통의 가솔린엔진에서는 개별 실린더당 1개의 점화플러그를 설치하는데 신뢰성이 높은 점화를 요구하는 항공기나 급속연소와 같은 연구분야에서는 복수의 점화플러그를 장착하기도 한다. 출력향상과 연비저감을 위해서는 신뢰성 있는 점화가 필수적이다. 이에 대응하여 과거의 기계식 점화방식 대신 최근에는 대부분 트랜지스터를 활용한 전자제어방식의 점화장치가 적용되고 있다.

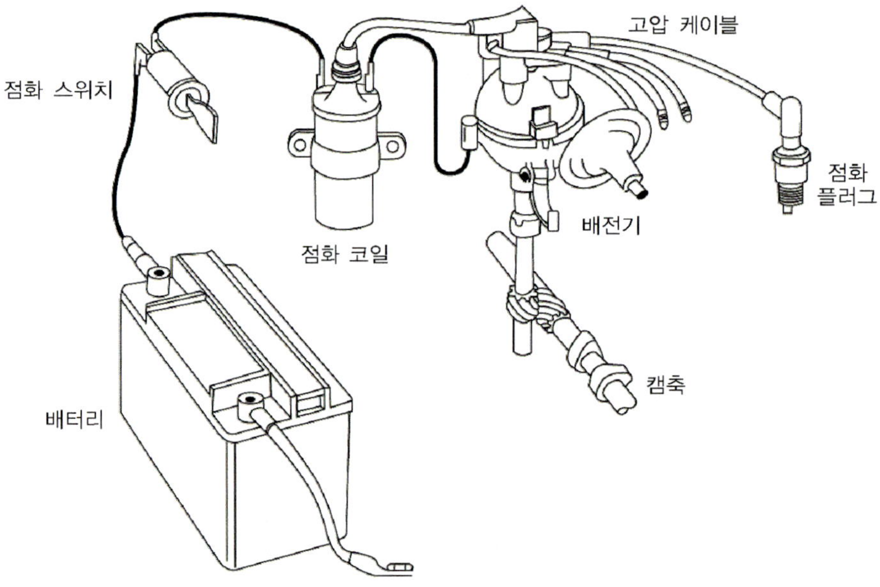

그림 8-5 점화장치의 구성

점화장치의 종류는 배터리 점화방식(battery ignition system)과 자석 점화방식(magneto ignition system)으로 대별되는데 현재 대부분의 가솔린엔진에서는 배터리 점화방식이 적용된다. 배터리 점화방식은 엔진의 회전속도와 관계없이 원하는 방전전압을 만들 수 있으므로 엔진의 시동성이 우수하고 넓은 범위의 점화시기를 활용할 수 있다는 장점이 있다. 자석식은 1차코일 위에 2차코일을 감은 전기자를 영구자석 내에서 회전시키면 자속의 방향이 변화됨에 따라 상호유도작용으로 2차코일에 고전압이 유도되는 현상을 이용한다. 자석식은 배터리가 필요하지 않기 때문에 항공기나 2륜차에 널리 적용되고 있다.

그림 8-5는 배터리 방식의 점화장치의 구성도이다. 점화장치는 기본적으로 배터리, 점화스위치, 점화코일, 배전기(DLI 점화시스템에는 없음), 고압케이블 및 점화플러그 등으로 구성된다.

최근 센서와 ECU(Electronic Control Unit, 엔진전자제어 컴퓨터)를 이용한 전자제어장치를 장착하여 배전기(distributor)가 없는 무배전식 점화장치인 DLI 시스템(DistributorLess Ignition System)이 널리 사용된다. 전자제어 점화시스템은 다음과 같은 순서로 작동된다. 우선 주어진 엔진의 운전상태(엔진회전속도, 부하, 냉각수 온도 등)에 최적인 점화시기를 미리 시험을 통해 결정하여 ECU에 저장해 둔다. 그리고 ECU는 자동차의 엔진 각 부위에 장착된 센서를 통해 현재 엔진의 운전상태를 파악하고 그 운전상태에 따라 메모리에 설정되어 있는 최적의 점화시기에 따라 혼합기를 점화시킨다. 이러한 전자제어방식의 DLI 시스템은 기계적인 배전장치가 없기 때문에 전압강하와 누전의 발생이 없다. 또한 로터와 외부전극 사이의 공기층에 의한 고전압 에너지의 손실이나 전파잡음이 없다. 그리고 각 실린더의 점화시기를 결정하는 데 배전기의 로터를 이용한 기계식 대신에 트랜지스터에 의한 완전 전자식으로 수행한다. 따라서 내구성과 신뢰성이 크고 실린더별로 점화시기제어가 가능한 것이 장점이다.

전자제어장치에 따라 전자배선 방식을 분류하면 크게 코일(coil) 분배방식과 다이오드(diode) 분배방식이 있는데 현재 자동차에는 코일 분배방식이 널리 적용되고 있다. 코일 분배방식은 그림 8-6에서와 같이 동시점화식과 독립점화식으로 구분된다.

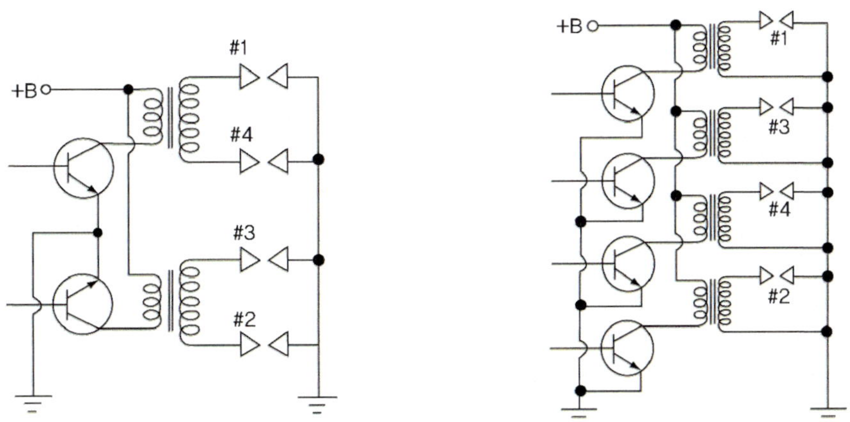

(a) 동시점화식 (b) 독립점화식

그림 8-6 DLI 점화시스템

동시점화식은 2개의 실린더에 1개의 점화코일을 설치하여 압축상사점과 흡기상사점 근처에서 동시에 점화시키는 방식이다. 독립점화식은 각 실린더별로 독립적인 점화코일을 두어 실린더마다 적절한 점화시기에 독립적으로 점화를 발생시키는 방식이다. 동시점화식에서 1번 실린더와 4번 실린더가 동시에 점화가 일어나면 1번 실린더가 압축상사점 근처일 경우에는 혼합기의 연소가 발생한다. 그러나 4번 실린더는 흡기상사점 근처이기 때문에 무효방전(ineffective discharge)이 된다. 동시점화식은 실린더 판별을 위한 별도의 센서가 필요하며 독립점화식에 비해 전극의 마모가 크다. 그러나 가격측면에서 유리하므로 많이 사용되고 있다.

독립점화식은 각 실린더별로 1개씩의 점화코일을 가지고 있고 ECU에서 독립적으로 점화시기를 조정하는 방식이다. 점화코일을 각 실린더에 설치하므로 고압케이블이 따로 필요하지 않아 배선은 단순하다. 반면에 동시점화식에 비해 점화코일의 수나 ECU 내의 구동회로가 증가하므로 가격경제면에서는 불리하다.

동시점화식을 기준으로 각 구성품들의 역할을 정리하면 다음과 같다.

(1) 점화코일(ignition coil)

점화장치에서 발생되는 고전압은 1차코일의 자기유도(self induction) 작용과 2차코일의 상호유도(mutual induction) 작용에 의해 만들어진다. 1차코일에서 자기유도 작용에 의해 발생되는 역기전력 $V_s[V]$는 코일의 고유특성인 인덕턴스 L과 전류의 시간변화율에 비례하는데 다음과 같은 식으로 표시된다.

$$V_s[V] = L\frac{di}{dt} \tag{8-2}$$

앞의 식에서 인덕턴스는 전류의 변화를 방해하는 저항과 같은 특성으로서 단위로는 헨리[H]를 사용한다.

한편 변압기의 원리를 이용하는 상호유도 작용은 1차코일과 2차코일의 권선수(N_1, N_2)에 의해 고전압으로 승압시키는 장치이다. 상호유도 작용에 의해 2차코일의 전압(V_2)은 1차코일의 전압(V_1), 권선수와 다음의 관계식이 성립한다.

$$\frac{V_2}{V_1} = \frac{N_2}{N_1} \tag{8-3}$$

보통 점화장치에서는 자기유도 작용과 상호유도 작용에 의해 12V의 배터리 전압이 15,000~20,000V의 고전압으로 변환된다. 동시점화식에서 2개의 코일은 하나의 케이스에 내장되어 엔진의 실린더헤드 부위에 장착된다. 각각의 점화코일에는 2개의 출력부가 설치된다. ECU의 신호에 따라 파워 트랜지스터(power transistor)의 스위칭 작용으로 1차전압이 단속되면 2차 고전압이 유도되어 2개 실린더의 점화플러그에 동시에 공급된다.

예제 8-2

인덕턴스가 50mH인 코일에 직류전류가 0.05초 동안 5A에서 3A로 감소되었다. 이 코일에서 유도되는 역기전력을 구하여라.

풀 이

식(8-2)를 이용하여 구하면 자기유도에 의해 발생되는 역기전력

$$V_s = L\frac{di}{dt} = (50 \times 10^{-3}\ H)\left[\frac{(5-3)A}{0.05\ s}\right] = 2\ V$$

(2) 파워 트랜지스터

그림 8-7은 4개 실린더 중에서 2개의 실린더의 점화플러그에 고압전류가 공급되는 과정을 표시한다. 트랜지스터의 베이스(base) 단자는 ECU 신호에 의해 점화시기를 결정하기 위해 사용되고 2개의 에미터(emitter) 단자는 접지시킨다. 컬렉터(collector) 단자는 2개의 실린더에 고전압을 송전하도록 점화코일에 신호를 보낸다. ECU에 의해 파워 트랜지스터의 베이스에 신호(signal)가 공급되면 1차코일에 전류가 흐른다. ECU의 계산으로 최적의 점화시기가 결정되면 베이스 전원이 차단되면서 2차코일에 고전압이 유도되어 2개의 점화플러그 중 압축행정인 실린더에서 유효점화가 발생한다.

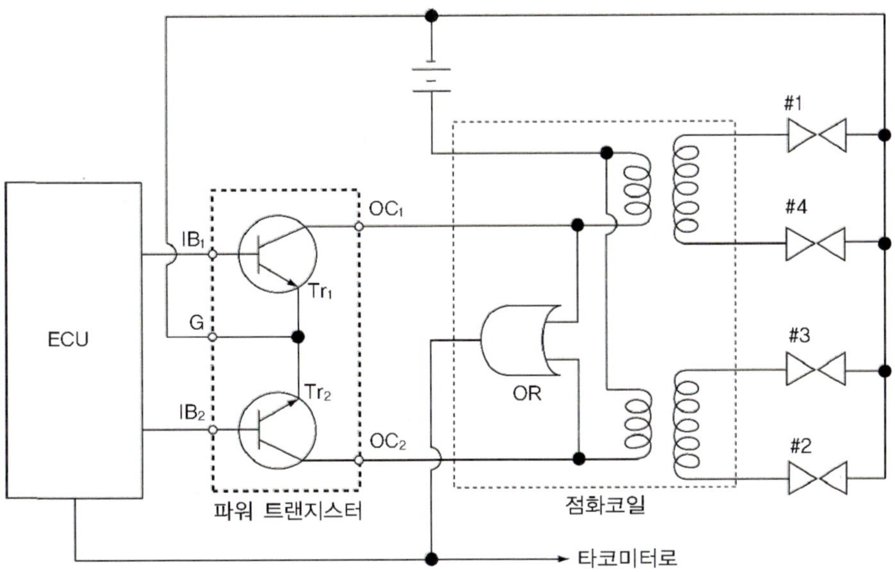

그림 8-7 파워 트랜지스터의 구성

(3) 크랭크위치 센서(CPS: Crank Position Sensor)와 홀 센서(hall sensor)

DLI 방식은 배전기가 존재하지 않기 때문에 크랭크각과 1번 실린더의 TDC를 감지하는 센서가 장착되어야 한다. 보통 크랭크위치 센서는 실린더블록에 장착되어 크랭크축의 각도를 감지하고, 1번 실린더 TDC를 검출하는 홀 센서는 캠축에 장착된다.

(4) 고압케이블(high tension cable)

고압케이블은 점화코일에서 발생한 고전압을 점화플러그에 전달하는 역할을 한다. 중심부의 도체를 고무로 잘 절연한 후 다시 고무 표면을 비닐로 피복하여 만든다.

(5) 점화플러그(spark plug)

점화플러그는 점화코일에서 발생된 고전압으로부터 스파크를 발생시켜 압축된 혼합기를 연소시키는 장치이다. 항상 고온・고압(2,000℃, 40기압 이상)의 가스에 노출되므로 기계적인 강도 및 열전도성이 우수해야 한다. 또한 확실한 점화발생을 위하여 전기절연성이 우수하여야 하므로 세라믹으로 된 절연체와 방전에 의한 소모가 작도록 니켈합금, 내열합금, 백금합금 등의 전극이 사용된다. 그림 8-8은 점화플러그의 구조를 보여주고 있다.

일반적으로 만족할만한 엔진성능을 얻기 위해서는 점화플러그의 중심전극이 350~ 700℃로 유지되어야 한다. 전극의 온도가 850℃ 이상이 되면 점화플러그가 열원으로 작용하여 조기점화(pre-ignition)가 발생된다. 이는 엔진의 내구성에 치명적인 타격을 가하게 되므로 피해야 한다. 또한 전극의 온도가 350℃ 이하이면 전극주변에 부착된 카본(연료성분)이 잘 타지 않아 절연이 불량하게 되어 실화(misfire)가 발생한다. 전극부위 자체에 부착된 카본 등을 연소시켜 전극이 깨끗하게 유지되게 하는 것을 자기청정작용이라고 한다. 자기청정작용이 유지되는 온도범위를 자기청정온도(self-cleaning temperature)라고 하며 그 범위는 400~800℃ 정도이다.

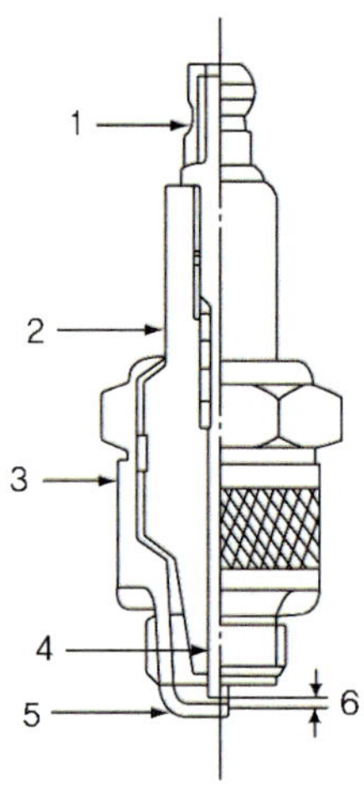

1. 단자(terminal)
2. 절연체
3. 플러그 본체
4. 중심전극
5. 접지전극
6. 플러그 간극(gap)

그림 8-8 점화플러그 구조

점화플러그의 간극은 보통 1.0~1.2mm 정도인데 이보다 너무 작으면 스파크가 약하고 너무 크게 되면 스파크 발생이 어려워 실화가 일어난다. 점화플러그는 고온의 가스에 노출되므로 고온의 중심전극으로부터 세라믹 단열재를 통해 실린더블록이나 대기 중으로 열을 전달시켜야 한다. 이 열발산 정도를 표시하는 점화플러그의 특성을 열가(heat range)라고 한다. 운전온도가 낮은 엔진은 중심전극에서부터 열유동 경로가 길게 되어 열발산이 잘 되지 않는 열형(hot type) 점화플러그를 사용한다. 한편 고출력엔진에서와 같이 고온작동 영역이 빈번한 경우에는 열발산이 잘되는 냉형(cold type) 점화플러그를 장착한다. 그림 8-9는 열형과 냉형 두 가지 형태의 점화플러그를 보여준다. 일반적으로 점화플러그 사양에서 숫자가 높을수록 냉형의 점화플러그를 지칭한다.

점화플러그에서 방전이 일어나기 위해서는 5~15kV 정도의 고전압이 요구된다. 일반적으로 전극의 간극이 크고 실린더의 압력이 높을수록 높은 전압이 요구된다.

점화플러그의 오손은 가솔린엔진의 연소에 직접적인 영향을 주고 이에 따라 자동차의 연비와 배출가스에도 큰 영향을 미친다. 따라서 주행거리가 5,000km가 지날 때마다 점화플러그를 점검하고 점검 시 플러그의 중심전극의 모서리가 둥글게 마모되어 있으면 교체하는 것이 좋다. 중심전극의 모서리가 둥글게 마모되면 요구전압이 높고 스파크가 잘 튀지 않게 되어 연소가 불안정하다. 또한 점화플러그의 절연체에 균열이 생기면 전극상태에 관계없이 교체하도록 한다.

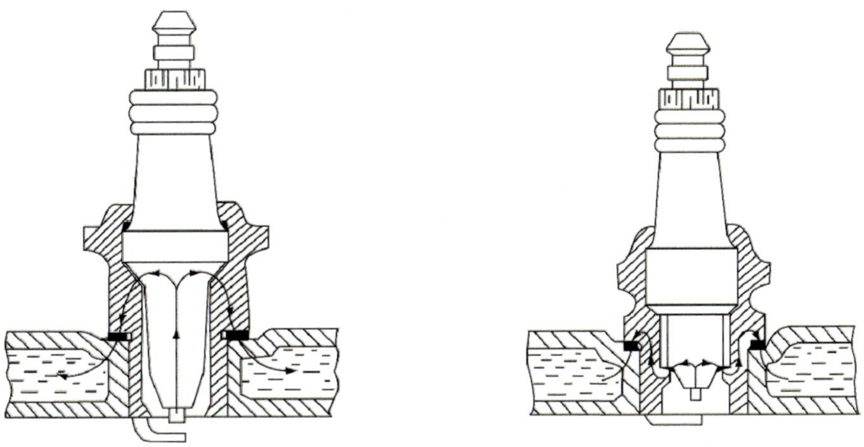

(a) 열형(hot) (b) 냉형(cold)

그림 8-9 점화플러그의 열가

8-5-2 점화시기

엔진의 출력은 혼합기의 연소에 의해 발생한 실린더 내의 압력에 비례한다. 따라서 출력향상을 위해서는 팽창행정의 초기에 순간적으로 전체 혼합기를 급속연소시키는 것이 바람직하다. 그러나 실제로는 점화가 일어나서 혼합기를 통해 화염이 본격적으로 전파하기까지는 시간이 걸린다. 이에 따라 팽창행정이 시작되기 전에 가능한 한 최대압력이 걸리도록 압축행정 상사점 이전에 점화를 시키고 있다. 일반적으로 혼합기가 점화된 후 엔진의 회전속도가 증가하면 점화시기는 진각하는 경향이 있으며 부하가 감소해도 역시 진각된다.

ECU는 엔진의 회전속도와 부하에 따라 이미 작성해 놓은 맵핑 데이터(mapping data)에서 최적의 점화시기를 불러내어 혼합기에 점화를 시킨다. 그러나 최적의 점화시기는 주변환경에 따라 변하게 되는데 이를 요약하면 다음과 같다.

(1) 엔진시동 시

크랭크각 신호를 이용하여 점화가 잘 일어날 수 있도록 상사점 이전의 일정한 각도로 점화시기를 고정시킨다.

(2) 정상운전 시

- 기본운전: 엔진의 회전속도와 부하에 따라 저장되어 있는 점화시기를 사용한다.
- 엔진온도 보정: 엔진이 워밍업(warming-up)이 되기 전에는 점화시기를 진각시킨다.
- 대기압 보정: 대기압력이 낮은 경우에도 점화시기를 진각시킨다.

디젤엔진에서는 연료를 분사함으로써 연소가 시작된다. 연료분사 후 연료가 착화되어 연소가 시작되기 전까지 지연시간이 존재한다. 따라서 디젤엔진에서도 가솔린엔진과 마찬가지로 연료분사시기를 상사점 이전에 시작하도록 설정한다.

8-5-3 점화순서

4사이클 가솔린엔진의 경우 균일한 회전토크를 얻기 위해서는 각 실린더의 폭발이 일정한 간격으로 일어나야 한다. 1사이클은 크랭크각으로 720℃A이므로 이를 실린더의 수로 나누면 폭발간격 θ가 된다.

$$\theta = \frac{720^\circ}{\text{실린더 수}} \tag{8-4}$$

가솔린엔진에서 실린더별 점화순서는 회전을 원활하게 하기 위해 다음과 같은 요소를 고려하여 결정한다.

- 연소가 등간격으로 이루어질 것

• 크랭크축(crank shaft)에 비틀림 진동을 일으키지 않을 것
• 혼합기가 각 실린더에 평균적으로 잘 분배되어 흡기간섭을 일으키지 않을 것
• 동일 베어링에 연속하여 하중이 걸리지 않도록 할 것. 이를 위해 인접한 실린더가 연속하여 폭발행정이 되지 않도록 할 것

위의 조건에 따라 다기통 엔진의 점화순서는 다음과 같다.

(1) 4기통 엔진

1-3-4-2(한국, 미국) 또는 1-2-4-3(영국)

(2) 직렬형 6기통 엔진

크랭크의 배치가 120°간격으로 3방향이며 가능한 점화순서는 1-2-3-6-5-4, 1-2-4-6-5-3, 1-5-3-6-2-4, 1-5-4-6-2-3인데, 위의 점화순서 조건에 적당한 것은 1-5-3-6-2-4 로서 널리 적용되고 있다.

(3) 직렬형 8기통 엔진

점화순서가 여러 가지가 나올 수 있으나 1-6-2-5-8-3-7-4 또는 1-6-2-4-8-3-7-5가 사용되고 있다. 직렬형에 대한 V6 형의 장점은 크랭크축이의 길이가 대략 절반정도이므로 비틀림 강성이 증가하여 저널베어링의 수를 절반으로 할 수 있다. 이것은 곧 마찰손실을 줄일 수 있으므로 동일 배기량의 직렬형에 비해 출력증가를 도모할 수 있다. 또한 짧은 크랭크축을 갖게 되므로 비틀림에 의한 공진을 발생하는 회전속도가 높아져 상용회전속도에서의 공진이 발생하지 않게 되므로 엔진 소음이 낮아진다. 그림 8-10은 직렬형 6기통 엔진에서의 크랭크의 배열을 보여주고 있다.

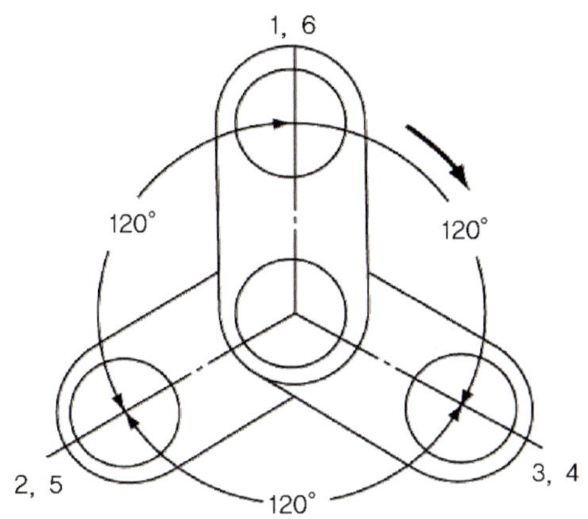

그림 8-10 직렬형 6기통

그림 8-11은 V6형 엔진의 배열을 보여주는데 점화순서는 일반적으로 1-2-3-4 -5-6의 순서대로 진행된다.

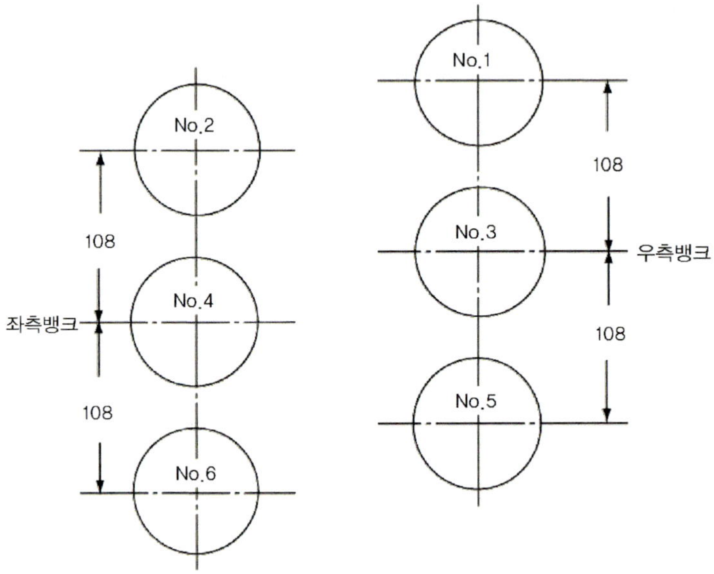

그림 8-11 직렬형 6기통

예제 8-3

3,000rpm으로 회전하고 있는 가솔린엔진이 점화 후 1/600초가 지나면 상사점 후 8°CA에서 최대압력이 발생한다. 점화시기를 구하여라.

풀 이

엔진이 3,000rpm으로 회전할 때 1초에 50회전이므로 1회전에 걸리는 시간 $\frac{1}{50}s$이다.

3,000rpm에서 $\frac{1}{600}s$ 초 동안 회전한 크랭크각도

$$\theta = \left(\frac{50}{600}\right)(360^\circ) = 30^\circ$$

∴ 점화시기 $= 30 - 8 = 22^\circ$ (상사점 전(前))

8-6 전자제어 연료분사

최근 대부분의 승용차에는 엔진, 변속기, 현가장치, 제동장치 등 거의 모든 부품에 걸쳐 전자제어시스템이 적용되고 있다. 엔진에서 연료공급 계통의 핵심적인 역할을 수행한 기화기는 유체공학적 원리(베르누이 방정식)를 이용하여 연료를 공급하는 기계장치로서 오랫동안 각광을 받았었다. 그러나 기화기는 엔진의 운전상태를 정밀하고 신속하게 제어하는 것이 어렵기 때문에 나날이 강화되는 배출가스 및 연비의 규제치를 만족시킬 수 없게 되었다. 또한 가・감속 응답성능이 떨어져 승차감에서도 불리하기 때문에 결국 사라지게 되었다. 자동차에 적용된 전자제어시스템과 관련된 기술의 상당 부분은 항공기에서 사용된 고급기술이 응용되고 있다.

엔진에서의 전자제어는 크게 점화와 연료분사에 관련된 인자들을 엔진의 운전상태에 맞도록 최적으로 제어하는 것이 상당부분이라고 할 수 있다. 이중에서 점화제어는 부하와 엔진회전속도에 따라 비교적 일정한 드웰각(dwell angle)과 점화시기만을 결정하는 것이므로 상대적으로 쉽게 취급된다. 그러나 연료분사제어는 외기 상태, 엔진의 운전상태, 운전 모드, 배터리의 상태 등 고려되어야 할 변수가 상당히 다양하므로 점화장치의 제어에 비해 상당히 복잡하다. 점화에 대한 전자제어는 전절에서 취급하였기 때문에 이 절에서는 연료분사에 대한 사항들을 주로 다루도록 하겠다.

8-6-1 엔진 전자제어의 발달

연료분사장치는 흡입공기량과 엔진의 운전상태를 센서를 통해 검출하고 엔진의 운전조건에 따라 최적의 연료분사 시기와 분사량을 결정하여 연료를 분사한다. 자동차에서 연료분사에 대한 전자제어는 제2차 세계대전 중 독일의 벤츠(Benz)에서 전투기에 기계제어 방식의 고압연료분사를 실린더 내로 분사한 것이 시초라고 할 수 있다. 자동차에는 1955년 벤츠사에서 보쉬(Bosch)사의 고압 직접분사 방식을 적용하였다. 한편 영국의 루커스에서는 1960년대에 오늘날 보급된 저압 흡기매니폴드에 분사하는 연료공급방식을 개발하여 경주용 자동차에 먼저 적용하였다. 이후 보쉬사에서도 저압 흡기매니폴드 연료분사 방식을 개발하여 승용차에 적용하였고 이 기술이 전 세계적으로 확산되어 지금에 이르게 되었다.

가솔린엔진용 전자제어방식은 1967년 독일의 보쉬사에서 공기량 측정방법에 따라 K-제트로닉, D-제트로닉, L-제트로닉을 연속적으로 발표하면서 본격적으로 시작되었다. D-제트로닉은 속도-밀도(speed-density) 방식으로 불리는데 엔진의 회전속도와 흡기시스템의 압력을 측정하여 공기량을 산정한다. 1972년에는 K-제트로닉이 발표되었다. 이것은

D-제트로닉이 속도-밀도를 이용하여 간접적으로 공기량을 산정하는 방식에 비해 기계적으로 흡입공기량을 측정하는 방식으로서 더욱 정밀하게 공연비를 제어할 수 있게 되었다. 그러나 K-제트로닉은 연료소비량이 많은 단점을 갖고 있었다. 한편 ECU 와 압력조절기를 도입하여 K-제트로닉을 보완한 KE-제트로닉이 개발되면서 가속성 향상과 연료소비율의 절감을 도모할 수 있었다. K-제트로닉이 나온 시기에 L-제트로닉이 발표되었다. 이 방식의 특징은 흡기시스템에 베인방식(vane type), 카르만-보텍스방식(karman vortex type)과 같은 체적유량형 대신에 열선(hot wire)이나 열막(hot film)을 이용한 질량유량형 전자식 공기량 센서를 장착하여 공기량을 측정했다는 것이다. Mono-제트로닉은 인젝터가 1개인 SPI(Single Point Injection) 방식을 이르는 말이며 오늘날 사용되는 모트로닉(Motronic)은 L-제트로닉의 연료분사장치에 점화장치를 통합하여 전자적으로 제어하는 방식이다. 이를 통해 보다 정밀하고 신속한 제어가 가능하게 되어 배출가스 저감이나 연료의 절감을 도모할 수 있게 되었다.

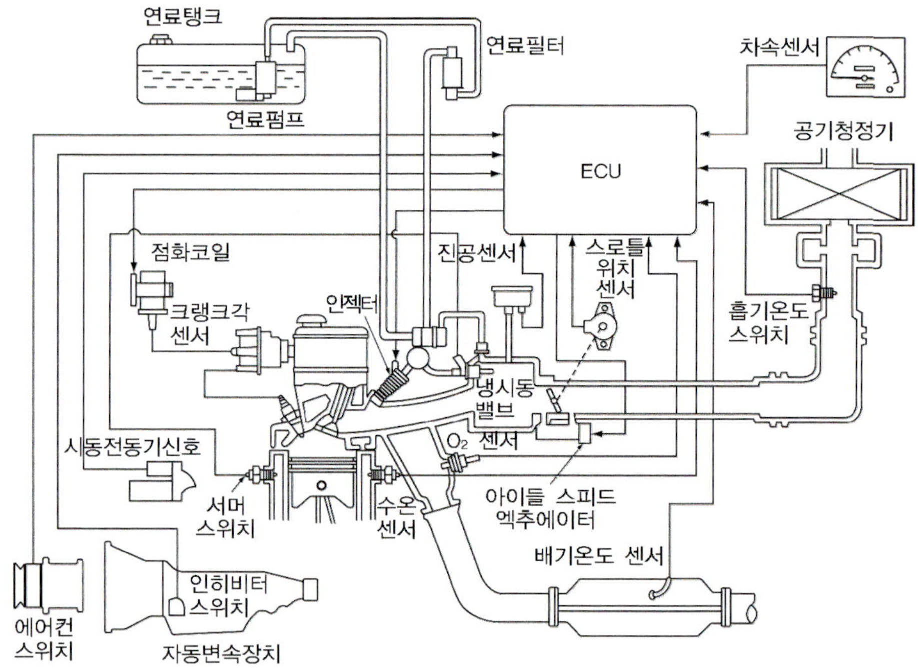

그림 8-12 모트로닉의 구성도

엔진에서의 전자제어는 엔진의 각 부위에 장착된 각종 센서의 신호를 ECU(Electronic Control Unit)로 보내고 ECU는 센서의 신호를 분석하여 현재 엔진의 운전상태를 정확하게 파악한다. 이를 기반으로 ECU는 최적의 점화시기, 연료분사량과 분사시기, 아이들 스피드 제어, 노킹 제어를 수행하기 위하여 엔진에 장착된 엑추에이터(점화 플러그, 인젝터, 아이들 스피드 엑추에이터 등)에 신호를 보내어 엔진을 최적의 상태로 운전한다. 이중에서 연료분사장치의 제어가 가장 복잡하면서 난해한데 전자제어 연료분사를 위해 필요한 구성부품들에 대하여 살펴보고자 한다. 물론 점화시기 제어, 아이들 스피드 제어, 노킹 제어 등에서도 사용되는 센서와 ECU는 노킹제어에 필요한 노크 센서를 제외하고는 전자제어 연료분사와 동일하다. 다른 부분의 상세한 제어방법에 대한 것은 전자제어에 대해 전문적으로 취급한 책을 참고하면 좋을 것이다. 그림 8-12는 모트로닉의 구성도를 보여주고 있다. 자동차에 적용되는 사양에 따라 미세한 차이는 있지만 전체적인 구성은 동일하다고 볼 수 있다.

8-6-2 전자제어시스템의 특징

자동차의 전자제어시스템의 장점을 요약하면 다음과 같다.

- 다기통 엔진에서 공연비와 점화시기가 정밀하고 신속하게 최적으로 제어되기 때문에 연비와 배출가스를 저감할 수 있다.
- 가속할 때 스로틀밸브의 개도에 따른 연료분사의 대응이 빠르고 감속 시 연료를 차단(HC 저감 가능)할 수 있다. 따라서 가·감속 응답성이 빠르고 운전성(driveability)이 좋다.
- 기화기의 벤츄리(venturi)와 같은 교축시스템이 없으므로 흡기저항이 적다. 이에 따라 체적효율이 증대되어 고출력 엔진을 구현할 수 있다.
- 정시분사이므로 흡기관측으로 역화(backfire)의 발생이 없다.
- 환경조건(기온, 냉각수온 및 대기압력)의 변화에 따른 적응성이 양호하며 특히 저온시 동성이 우수하다.
- 공회전운전(idle operation)에서 운전성(driveability)이 좋다.

한편 단점으로는 각종 전자파 노이즈에 의한 작동불량, 전자제어관련 부품으로 인한 원가 상승, 연료펌프의 소음, 연료완 내의 기포(vapor lock) 제거의 어려움 등이 있다.

8-6-3 전자제어 연료분사장치의 구성

엔진의 모든 회전영역에서 최적의 연료공급을 얻기 위해서는 스로틀밸브 개도, 냉각수 온도, 엔진회전속도, 부하 및 배출가스의 조건을 고려하여 최적의 연료분사 시기와 양을 결정해야 한다. 이를 위해 전자제어 연료분사 시스템은 ECU, 연료를 가압하여 인젝터로 압송하는 전자식 연료펌프, 엔진의 운전상태를 감지하여 ECU에 보내는 각종 센서(sensor), 연료를 분사하는 인젝터(injector), 통신시스템(CAN, CAN SD[1]), LIN, MOST, Ethernet 등) 등으로 구성된다.

---

1) CAN SD(Controller Area Network Flexible Data-Rate)는 권력트레인과 섀시 등에 적용되는 CAN 직렬버스를 더 확장한 버전으로 더 큰 대역폭을 지원하도록 하여 더 정확하고 실시간에 가까운 데이터 전송을 지원함

그림 8-13은 연료와 공기가 공급되는 흡기시스템의 구조를 보여주고 있다.

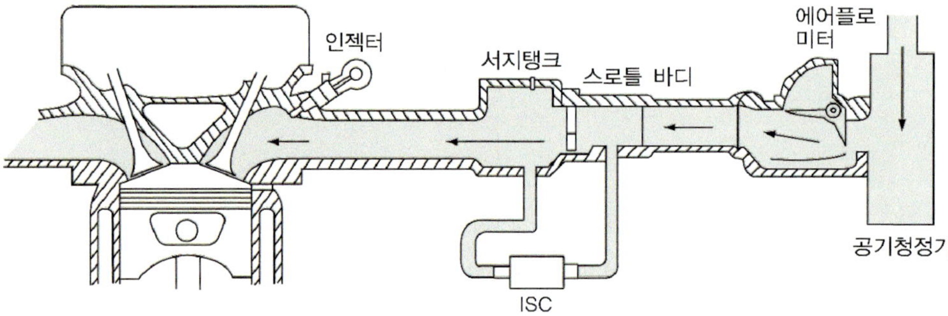

그림 8-13 흡기시스템 구조

1. 연료펌프(fuel pump)

연료펌프는 연료탱크에 담겨 있는 연료를 빨아올린 후 이를 가압하여 인젝터까지 압송한다. 전자식 연료펌프는 직류모터, 가압을 하는 펌프, 안전밸브, 잔압유지용 체크밸브, 흡입구 및 토출부로 구성된다. 연료펌프는 연료탱크의 외부에 장착하는 인라인 연료펌프(in-line fuel pump)와 연료탱크 내에 장착하는 인탱크 연료펌프(in-tank fuel pump)로 구분된다. 그림 8-14는 인탱크방식의 연료펌프를 보여주고 있다.

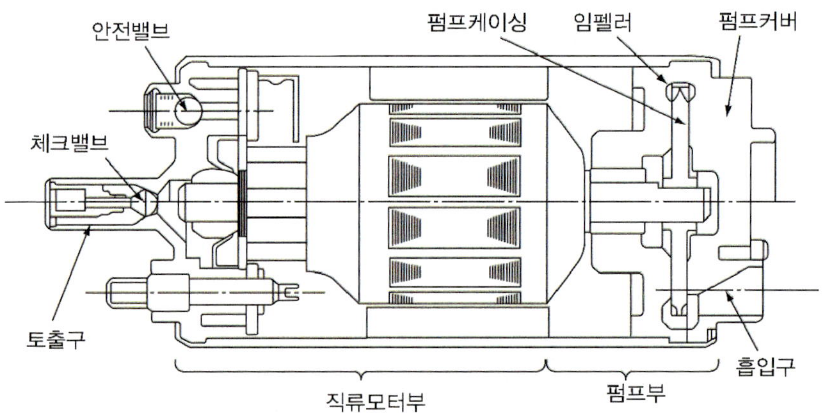

그림 8-14 인탱크 연료펌프의 구조

인라인 연료펌프는 연료라인계통 중 적절한 곳에 설치되는데 엔진으로부터의 열이 전달되지 않은 부위에 장착되어야 한다. 연료펌프가 엔진으로부터 열을 받게 되면 펌프 내의 가솔린이 비등하여 기포를 발생시키게 되는데 이 기포는 인젝터까지 연료를 원활하게 공급하는 것을 방해한다. 이것을 브레이크 장치의 베이퍼 락과 구분하여 연료의 베이퍼 락(vapor lock)이라고 한다. 인탱크 연료펌프는 펌프가 연료펌프 내의 작은 보조탱크에 설치되기 때문에 상기의 베이퍼 락 현상이나 연료의 누출 관점에서 장점을 갖고 있다. 또한 임펠러

방식이기 때문에 모터가 낮은 토크가 소요되는 고회전용으로 소형·경량화가 가능하고 토출 맥동이 작으며 연료배관을 간단하게 배치할 수 있으므로 최근에 널리 사용되고 있다.

2. 각종 센서

연료분사와 점화를 통합하여 제어하는 모트로닉에서는 여러 가지 센서가 사용되고 있는데 이에 대해 알아보도록 하자.

(1) 공기유량 센서(air flow sensor)

① 체적 공기유량 센서(volumetric air flow sensor)

베인식(vane type)은 흡기통로에 생기는 압력차에 의해 측정판(measuring plate)인 베인이 밀려서 열릴 때 이 위치를 포텐시오미터(potentiometer)로 감지하고 이때의 전기적인 신호를 분석하여 공기유량을 측정하는 방식이다. 질량유량을 구하기 위해서는 흡입구나 공기센서 내에 흡기온도 센서가 장착되어야 한다. 카르만보텍스 방식은 보텍스 발생체를 흡기 통로에 설치하면 보텍스 발생체 뒷면에 후류로서 보텍스(vortex)가 공기량에 비례하여 발생하게 된다는 원리를 이용한다. 이 방식은 카르만보텍스의 주파수와 유속과의 상관관계를 이용하고 여기에 흡기온도를 이용한 밀도보정을 통하여 공기량을 측정하는 방식이다. 카르만보텍스 방식이 그림 8-15에 표시되어 있다.

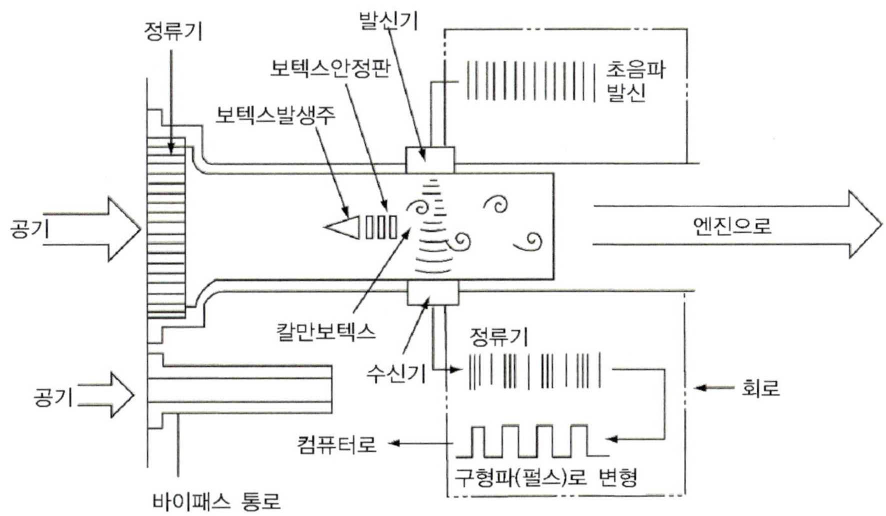

그림 8-15 카르만보텍스 방식

② 질량 공기유량 센서(mass air flow sensor)

공기의 흐름 속에 발열체를 위치시키면 공기 유량에 따라 빼앗기는 열량 차이가 발생한다. 이처럼 공기량에 따라 발열체가 냉각되는 원리를 이용한 것이 열선식(hot wire type)과 열막식(hot film type) 공기유량계이다. 보통 흡입공기의 온도와 백금으로

된 열선의 온도차가 일정하게 유지되도록 제어해야 되며 이에 따라 흡기온도를 측정하는 부위와 발열부위로 구성된다. 이 방식은 공기량을 출력하는데 공기의 밀도변화도 포함되기 때문에 별도로 온도와 압력에 대한 보정은 따로 수행하지 않는다. 열막은 열발생체가 열선이 아닌 열막으로 구성되어 있으며 열선식과는 달리 발열체인 열막이 직접 공기에 의해 힘을 받지 않도록 배치한다. 일반적으로 체적유량방식보다 질량유량방식이 선호되는데 그 이유는 다음과 같다.

- 질량식이므로 온도나 압력에 의한 보정이 불필요하다.
- 열선(열막)의 온도변화가 흡입공기량의 변화를 충분히 감지하기 때문에 과도 응답 성능이 우수하다.
- 넓은 범위의 공기유량을 측정할 수 있다.
- 공기량을 계측할 때 체적유량 방식에 비해 공기저항이 작다.

그러나 열선식의 단점으로는 공기나 블로바이가스 중에 포함된 먼지나 오일찌꺼기가 열선에 부착되면 계량오차가 발생하게 된다는 것이다. 이를 방지하기 위하여 엔진이 정지할 때 바로 열선에 전류를 흘려 부착물을 연소시켜 제거한다. 최근에는 내구성 문제로 인하여 열선식보다 열막식이 더 많이 적용된다. 그림 8-16은 열선식과 열막식의 공기유량 센서를 보여주고 있다.

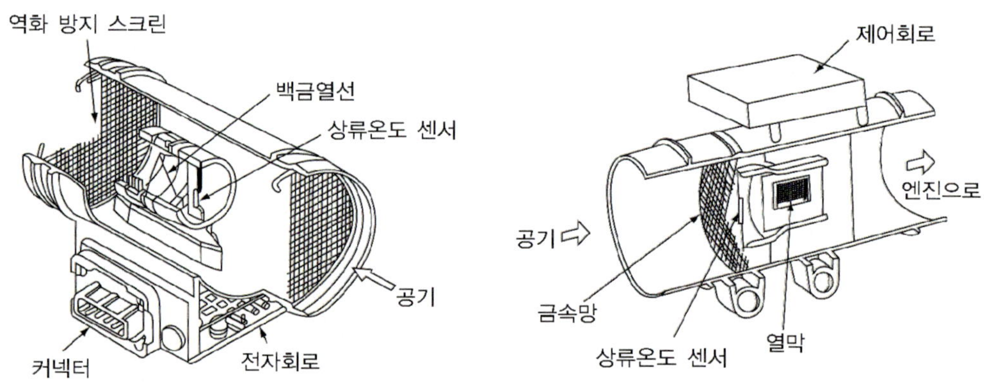

(a) 열선(hot wire)식　　(b) 열막(hot film)식

그림 8-16 열선(hot wire)식과 열막(hot film)식

(2) 크랭크위치 센서(CPS: Crank Position Sensor)

크랭크위치 센서는 엔진 사이클에서 크랭크 각도를 검출하여 점화시기와 연료분사를 제어할 때 이를 이용한다. 크랭크축에 그림 8-17과 같이 60개 돌기(2개의 돌기는 제거, 실제는 58개)의 각도 측정용 센서휠(sensor wheel)을 설치하고 크랭크위치 센서는 센서휠과 1±0.5mm 정도의 간극을 두고 설치하여 엔진의 회전속도와 크랭크 각도를 동시에 측정한다.

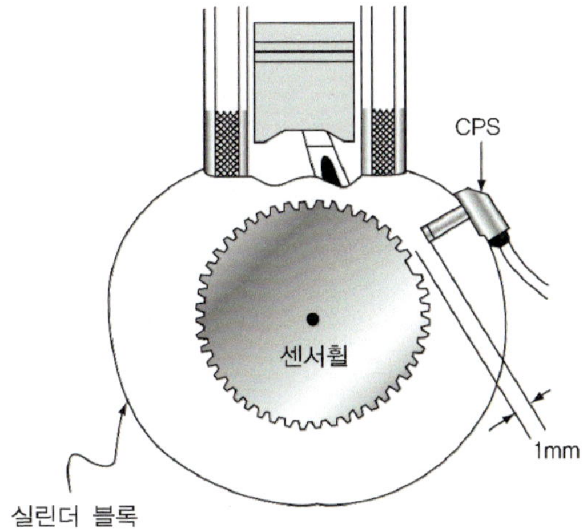

그림 8-17 크랭크 위치 센서

(3) 스로틀위치 센서(TPS: Throttle Position Sensor)

스로틀밸브의 개도를 측정하여 엔진의 운전모드(아이들, 부분부하, 전부하 모드)를 지시해 주는 센서이다. 그림 8-18과 같이 섭동자가 스로틀밸브 축에 직접 연결된 포텐시오미터(potentiometer) 형식이 가장 많이 사용된다.

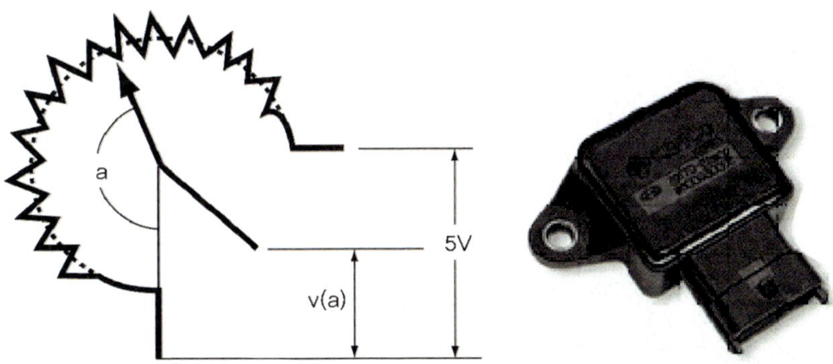

그림 8-18 포텐시오미터 방식의 스로틀 위치 센서

(4) 홀 센서(hall sensor 또는 phase sensor)

4행정 엔진은 1사이클당 2회전하기 때문에 TDC가 두 번 나타난다. 홀 센서는 그림 8-19와 같이 1번 실린더와 동기시켜 돌기부를 캠축에 설치함으로써 1번 실린더의 압축상사점 위치를 구분한다. 돌기와 홀 센서의 간극은 1mm 정도로 5V 디지털 신호가 발생되며 크랭크축 2회전에 한 번 감지된다.

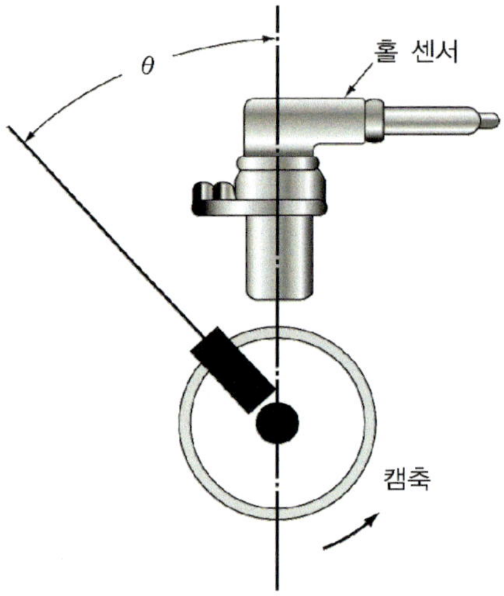

그림 8-19 홀 센서

(5) 냉각수온도 센서(water temperature sensor)

냉각수온도 센서로는 그림 8-20의 서미스터(thermistor) 형식이 가장 널리 사용되고 있다. 이것은 온도상승에 따라 저항이 역비례하여 감소하는 부의 저항 성질을 이용한 것이다. 냉각수의 온도에 따라 ECU는 정상상태의 연료분사량과 아이들 회전속도를 보정한다.

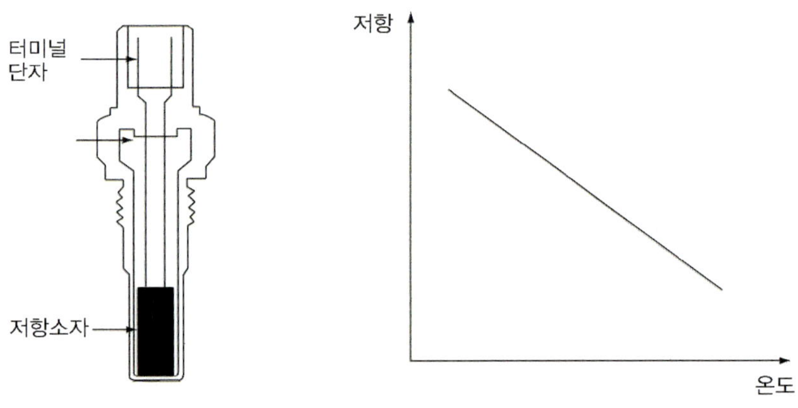

그림 8-20 냉각수온도 센서

(6) 대기압 센서와 흡기온도 센서

체적 공기유량 센서에서 연료량을 보정하기 위해서는 공기의 온도와 압력 상태를 알아야 한다. 이때 사용되는 센서들로 흡기온도 센서는 냉각수온도 센서와 같이 서미스터를 사용한다.

(7) 산소 센서(O_2 sensor)

가솔린엔진에서는 유해한 배출가스인 HC, CO 및 NO_x를 저감시키기 위해 산화와 환원작용을 겸하는 삼원촉매(TWC: three-way catalytic converter)가 사용된다. 그러나 3개의 배출가스의 정화효율이 모두 90% 이상이 되기 위해서는 운전되어야 하는 공연비 영역이 이론공연비 근방의 아주 좁은 제어윈도 범위 내에서 유지되도록 해야 한다. 최근 엄격한 배출가스 규제치를 만족시키려면 가속이나 최대출력이 요구되는 특수한 운전조건을 제외하고는 이론공연비 근처의 혼합기가 공급되도록 해야 한다. 산소 센서의 구조는 그림 8-21과 같은데 배출가스 중의 산소의 농도를 측정함으로써 공급된 혼합기의 공연비 상태를 감지한다. 산소 센서는 공급되는 공연비 정보를 ECU에 전달하면서 피드백제어(feedback control)를 하고 연소실에 이론공연비의 혼합기가 공급되도록 하는데 핵심적인 역할을 한다. 산소 센서는 책에 따라서 람다 센서(lambda sensor)라고도 한다.

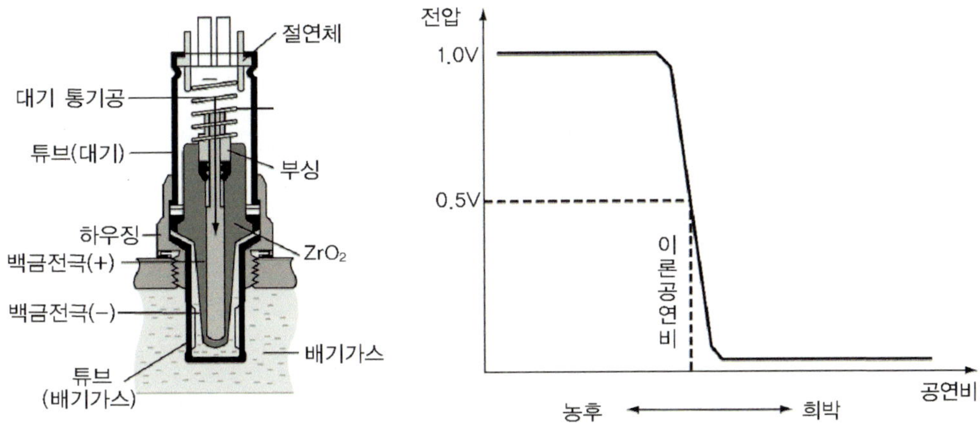

그림 8-21 산소 센서의 구조와 발생 기전력

산소 센서는 센서 안쪽은 공기, 바깥쪽은 배출가스에 접촉하도록 한다. 배출가스 중에 포함된 산소의 농도 차이에 따라 0.5V 이상의 기전력을 발생하면 농후한 혼합기, 0.5V 이하의 기전력은 희박한 혼합기가 공급된 것으로 판정한다. 산소센서는 배출가스 온도가 250℃ 이상에서 정상적으로 작동한다. 따라서 엔진이 워밍업되기 전에는 센서 내부에 장착한 히터를 이용하여 센서를 정상적인 작동온도로 신속하게 가열한다. 센서 종류로는 산화 지르코니아(ZrO_2)를 이용한 지르코니아 산소 센서(zirconia oxygen sensor)와 티타늄 산소 센서(titanium oxygen sensor)가 있는데 현재 지르코니아 산소 센서가 많이 사용된다.

(8) 노크 센서(knock sensor)

가솔린엔진의 이상연소인 노킹이 발생하여 장기간 지속될 경우 엔진은 내구성에 큰 손상을 받는다. 한편 노킹을 억제하기 위하여 점화시기를 지연시키면 출력(토크)이 떨어진다. 가솔린엔진의 점화시기는 가급적 최적의 점화시기인 MBT에 세팅을 하지만 운전조건에 따라 MBT 부근에서 노킹이 쉽게 발생하는 영역이 있다. 이러한 운전영역에서는 엔진 보호를 위해서 노크 발생영역에서 상당한 양만큼 점화시기를 지연(retard)시켜야 한다. 그러나 노크 센서를 엔진에 장착하여 노킹을 감지한 후 신속한 조치를 취하도록 할 경우 점화시기를 최대 출력이 나오는 점화시기까지 진각시킬 수 있어 출력과 연비를 향상시킬 수 있는 장점이 있다.

보통 노크 센서는 실린더블록에 설치한다. 노킹이 발생하였을 때 실린더블록의 진동(가속도)을 압전소자 방식(piezo-electric type)이나 코일을 이용한 전자유도 방식으로 감지한다. 최근에는 압전소자 방식이 널리 사용되고 있다.

그림 8-22 압전식 노크 센서

3. ECU

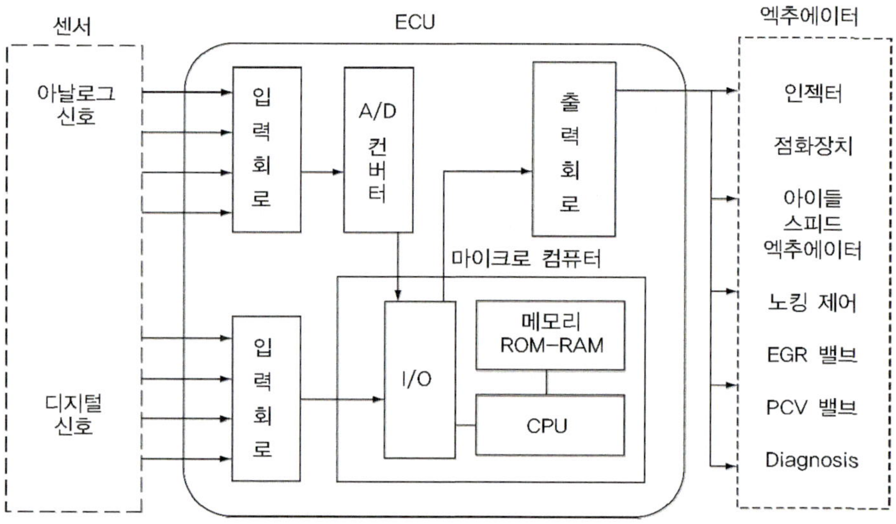

그림 8-23 ECU의 구조와 센서 및 엑추에이터

엔진전자제어에서 핵심적 역할을 하는 ECU는 전술한 각종 센서에서 나오는 신호들을 입력받아 엔진의 운전상태를 정확하게 파악한 후 최적의 점화와 공연비가 이루어지도록 제어한다. ECU는 엔진회전속도와 부하를 기본적으로 감지하고 흡입공기량에 맞는 최적의 연료분사량을 결정한다. 그리고 환경조건에 맞는 각종 보정을 통하여 최적의 연료분사량과 분사시기 및 점화시기를 결정하여 인젝터와 점화플러그를 작동시킨다. 또한 아이들 회전속도 제어나 EGR 제어도 다량의 정보가 실시간으로 처리되는 ECU를 통하여 실행된다. 그림 8-23은 ECU의 내부 구조를 보여주고 있다.

ECU는 흡기공기량 센서, 냉각수온도 센서 등의 아날로그 신호와 스로틀위치 센서, 차속센서와 같은 디지털 신호를 입력받아 마이크로프로세서에서 이를 연산처리하도록 한다. 이후 ECU는 출력회로를 통하여 명령을 내보내면서 각종 엑추에이터(인젝터, 점화플러그, 아이들 스피드 엑추에이터 등)를 피드백 제어를 함으로써 신속하고 정밀한 제어를 수행하는데 중추적인 역할을 한다.

4. 인젝터(injector)

인젝터는 ECU에 의해 계산된 연료분사량을 적절한 분사시기에 맞춰 분사하는 장치로서 엔진 전자제어의 대표적인 엑추에이터이다. 솔레노이드 코일에 배터리의 전압을 가하여 통전시키면 통전시간 동안 철심 코어(core)와 솔레노이드가 전자석이 되면서 노즐을 막고 있는 니들밸브를 잡아당긴다. 이때 노즐을 통해 가압(2~3bar)된 가솔린 연료가 분사된다.

인젝터에서 분사되는 연료의 양은 니들밸브가 열려 있는 시간과 연료라인계통에 가해져 있는 압력, 인젝터 니들밸브의 스트로크 및 분사구의 직경에 비례한다. 저압 매니폴드 분사방식의 인젝터는 흡기매니폴드의 끝단에 장착되어 흡기밸브의 뒷면을 향해 원추형(corn) 형상으로 연료를 분사한다. 인젝터는 노즐 홀(hole)의 수와 분무(spray) 수에 따라 2홀 4스프레이(2 hole 4 spray), 4홀 2스프레이(4 hole 2 spray) 또는 핀틀 방식으로 분류된다. 보통 분무각(spray angle)은 10~40°정도의 값을 갖는다. 분무각이 크면 일반적으로 연료의 크기가 작아져 미립화에 유리하기 때문에 연소효율이 향상되나 연료가 포트 벽면에 부착되는 단점이 있다. 그림 8-24에 인젝터의 구조가 표시되어 있다.

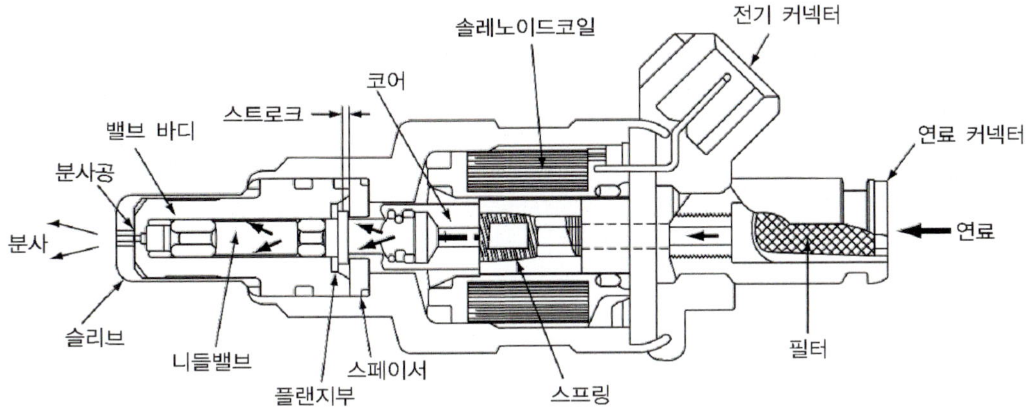

그림 8-24 인젝터의 구조

5. 통신시스템

자동차의 제어가 차량 각 부문에 걸쳐 점점 신속하고 고정밀도를 요구함에 따라 자체 전장품이 급증하게 되는 것을 피할 수 없게 되었다. 이에 따라 배선이 증가하고 배열이 복잡하게 되어 전장품의 고장진단이 어렵게 되는 문제점이 발생되었다. 통신시스템은 각종 스위치 신호와 엑추에이터 구동신호를 통신용 BUS를 통해 데이터를 송수신하고 근접한 ECU 제어를 통해 스위치나 엑추에이터를 조정한다. 자동차에 적용되는 전자제어시스템의 증가는 많은 직렬버스 시스템의 개발을 촉진하였다. CAN(Controller Area Network), LIN(Local Interconnect Network), MOST(Media Oriented Systems Transport), CAN FD(CAN Flexible Data-Rate), Ethernet 등의 통신시스템은 자동차 배선의 간소화, 경량화를 도모하고 전자제어를 정밀·신속하게 통합적으로 제어하기 위해 도입되고 있다. 이 시스템을 적용할 경우 전장품 커넥터의 수와 접속점의 감소로 시스템의 신뢰성이 크게 향상되고 설계변경에 대한 대응이 용이하게 되며 전장품 제어 계통의 고장진단을 통신용 BUS를 통해 스캐너로 쉽게 할 수 있다.

8-6-4 연료분사방법의 분류

1. 공기량 측정방법에 의한 분류

(1) 질량 공기유량 측정방식

전술한 열선이나 열막을 이용하여 공기량을 측정하는 방식이다. 현재 가장 널리 적용되고 있다.

(2) 속도-밀도방식

엔진회전속도와 흡기관의 압력을 측정하여 공기량을 추정하는 방식이다. 흡기관 압력과 흡입공기량의 관계가 단순하지 않기 때문에 과도응답성능이 떨어지며 EGR을 실시하는 경우 흡기관 압력이 변동되므로 이에 대한 보정을 해야 한다.

(3) 스로틀-속도방식

엔진회전속도와 스로틀밸브 개도로서 공기량을 추정하는 방식이다. 과도응답성능은 우수한 편이나 엔진회전속도나 스로틀밸브 개도와 공기량의 관계가 상당히 복잡하여 공기량의 정확한 추정이 어렵다.

2. 분사위치에 의한 분류

(1) 흡기매니폴드 분사방식

이 방식은 흡기매니폴드의 끝단에 인젝터를 설치하여 분사하는 방식으로 대부분의 가솔린 차량에 적용되고 있다. 인젝터의 수에 따라 SPI와 MPI 방식으로 구분되는데 이를 그림 8-25에 표시하였다.

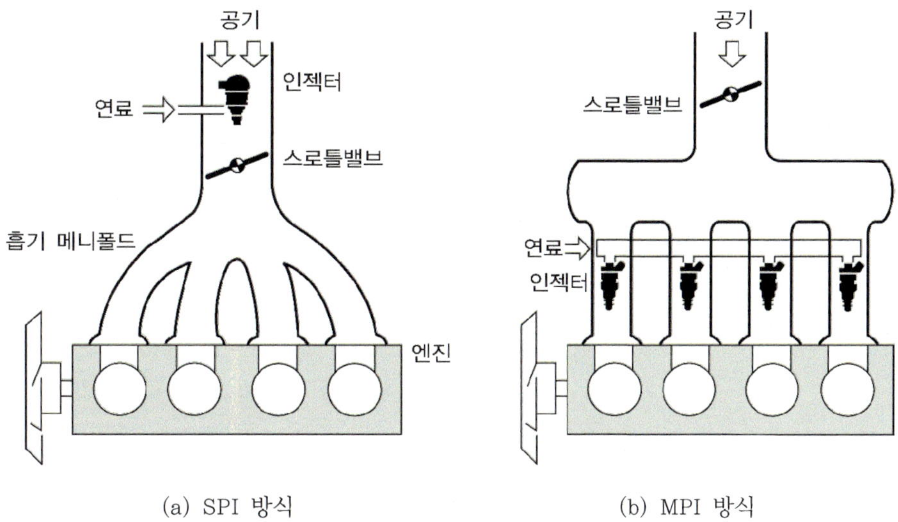

그림 8-25 SPI 방식과 MPI 방식의 비교

각각의 특징을 비교하면 다음과 같다.

① SPI(Single Point Injection)

SPI 방식은 복수의 실린더를 갖고 있는 엔진에 1개 또는 2개의 인젝터를 한 장소에 모아 장착하여 연료를 분사시키는 방식이다. 크랭크축 1회전에 2회 분사를 한다. MPI 방식에 비하여 구조가 간단하고 가격경쟁력을 갖고 있다. 그러나 인젝터에서 실린더까지의 거리가 멀어 가·감속 응답성능이 떨어지고 실린더별 제어가 불가능하기 때문에 정밀 제어가 어렵다.

② MPI(Multi-Point Injection)

MPI 방식은 각 실린더의 흡기매니폴드에 1개씩의 인젝터를 장착하여 흡기밸브를 향하여 분사하는 방식이다. MPI 방식은 가속 응답성능, 엔진 출력, 연료 경제성 및 배출가스 규제에 최적으로 대응할 수 있어 최근의 고출력 DOHC 엔진에 대부분 채택되고 있다. 그림 8-26은 MPI 시스템에서의 연료분사계통에 대한 구성을 표시하고 있다.

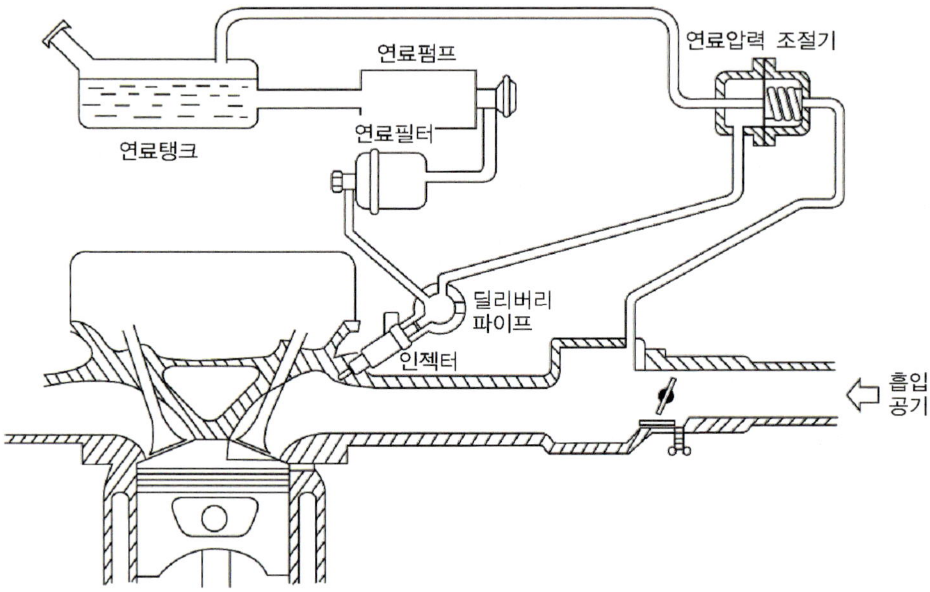

그림 8-26 MPI 시스템의 연료계 구성

MPI 분사방식은 전기통 동시분사 방식과 순차분사 방식으로 구분된다.

ⓐ Simultaneous Injection

- SSF: 1사이클 당 1회 동시에 분사한다.
- SDF: 1번과 4번 실린더가 TDC일 경우 모든 실린더에 동시에 연료를 분사하는 방식이다.

ⓑ SEFI(SEquential Fuel Injection)

1 → 3 → 4 → 2번 실린더의 순서로 흡기 밸브가 열리기 직전에 공기량에 맞는 최적의 연료를 분사시키는 방식으로 대부분의 승용차에 적용된다.

(2) 연소실 내 직접분사 방식

최근 지구 온난화의 주범으로 CO_2가 지목되고 있다. 선진국에서는 연비향상을 통해 온실가스를 줄이려고 가솔린엔진에서 연소실 내 직접분사 방식의 엔진이 장착되고 있다. 연소실 내 직접분사 방식의 핵심은 스월이나 텀블유동을 활용하여야 하고 고압의 연료펌프와 인젝터를 이용해야 한다는 점이다. 그림 8-27은 일반적인 저압 매니폴드 분사방식과 디젤엔진처럼 연소실 내로 고압 가솔린을 직접분사하는 방식을 비교하고 있다. 연소실 내 직접분사 방식에서는 흡기포트를 직립형으로 만들어 역텀블(reverse tumble)의 유동을 생성하고 고압 연료펌프와 고압 스월 인젝터 및 윗면이 볼록한 피스톤을 사용한다. 이런 방법을 통해 혼합기를 성층화하면서 강력한 유동을 만들어 공연비 50 정도에서도 운전되는 초희박 연소를 실현하고 있다. 분사압력이 대략 50~120bar 정도의 고압으로 Sauter 평균입경이 20μm

정도의 미립화된 연료입자를 분사함으로써 극도로 희박한 공연비에서도 연소가 크게 개선되는 것으로 알려져 있다.

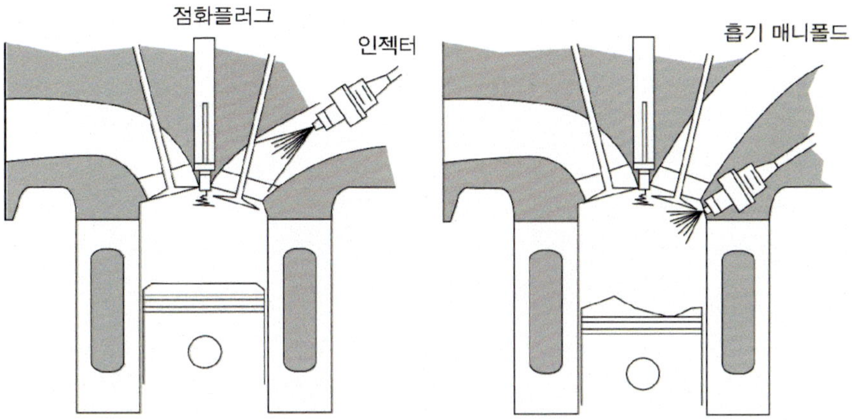

저압 매니폴드분사 엔진　　　연소실 내 가솔린 직접분사 엔진

그림 8-27 저압 매니폴드분사 방식과 직접분사 방식

일반적으로 연소실 내로 연료를 직접 분사하여 거둘 수 있는 효과는 다음과 같다.

① 체적효율 향상

흡기행정에서 실린더 내로 직접분사하면 연료가 기화되면서 혼합기로부터 잠열을 빼앗기 때문에 공기가 냉각되어 체적효율이 향상된다. 또한 흡기온도의 저하로 인하여 노킹이 억제되므로 압축비 상승이나 점화진각을 통해 출력을 향상시킬 수 있다.

② 응답성 향상

흡기매니폴드 분사방식은 인젝터로부터 연소실까지의 거리가 비교적 길다. 따라서 공급된 연료 중의 일부가 흡기포트나 흡기밸브에 부착되는 현상으로 인해 응답지연이 발생한다. 이런 현상은 정상운전보다 가·감속 운전 시에 특히 심하다. 가속 시에는 연료의 부족으로 인해 응답성이 저하되고 감속 시에는 벽면에 부착된 연료의 과다 유입으로 인하여 저하된다. 연소실 내로 직접분사하는 방식은 이러한 과도보정이 불필요하기 때문에 정확한 공연비의 제어가 가능하여 우수한 응답성을 갖는다.

③ 연비 향상

연소실 내 직접분사 방식은 전체적으로 희박한 공연비에서 연소가 일어나고 펌핑손실이 저감되며 연소온도가 낮기 때문에 열손실이 적게 되어 연비가 크게 향상된다. 전체적인 공연비가 40~50 정도로 초희박 공연비에서도 운전이 가능한데 이는 연소실 내로 직접분사하기 때문에 점화시기에 점화플러그 주변의 공연비를 농후하게 만드는 것이 가능하기 때문이다.

연소실 내 직접분사 방식은 고압의 연료분사펌프와 정교한 인젝터가 필요하다. 이것은 분사에서 연소과정까지의 시간이 짧고 연소실 내의 압력변동이 크게 되어 가능한 한 짧은 시간 동안 미립화된 연료를 분사시킨 후 연소시켜야 되기 때문이다. 흡기매니폴드 분사방식은 연료압력이 3bar 정도로 저압이다. 그러나 연소실 내 직접분사 방식은 50~120bar 정도로 고압의 분사압력을 만들 수 있는 연료펌프와 이러한 고압에 견딜 수 있는 인젝터가 필수적으로 요구된다. 일반적으로 핀틀형 인젝터에서는 노즐의 단면적과 핀틀의 스트로크가 일정할 경우 연료공급압력을 3bar에서 50bar로 증가시키면 동일 연료를 분사하는 시간이 25% 정도 단축되는 것으로 알려져 있다. 또한 분사압력이 고압이면 연료의 미립화가 비약적으로 촉진된다. 실린더 내 직접분사 방식도 고속・고부하에서는 출력공연비로 운전되도록 혼합기를 조절한다.

실린더 내 직접분사 방식에서는 극히 희박한 영역에서 운전되기 때문에 NOx가 많이 배출되며 연소실의 최대온도가 낮기 때문에 HC도 다량으로 배출되는 것이 문제이다. 일반적으로 NOx의 배출을 줄이기 위하여 EGR을 적용하고 있다. 또한 밸브중첩각을 크게 하여 잔류가스량을 증가시킴과 동시에 흡기를 가열하고 연료의 미립화를 촉진시킴으로써 NOx와 HC를 저감시키는 방법도 사용된다.

8-7 피에조 엑추에이터

전기적 신호를 통해 기계적 변위나 응력을 변환시키는 역할을 하는 액추에이터(actuator)는 사물인터넷(IoT) 시대로의 발전에 핵심요소 중 하나이다. 물리적 변화를 감지하여 전기적신호로 변환해 주는 센서(sensor)와는 다른 것으로 자동차 분야에서는 물리적 변환을 생성하는 방식에 따라 다양하게 개발 중이다.

압전효과(piezoelectric effect)는 1880년 Curie 형제에 의하여 실험적으로 발견되었다. 1920년대 초기에는 로셀염(potassium sodium tartrate)계통과 인산화(phosphorylation)수소가리 계통의 두 종류가 있었고, 1950년대에 분극 처리된 티탄산바륨($BaTiO_3$) 세라믹에서 압전효과가 있음이 발견되었다. 이들은 특정한 온도(상전이온도 또는 퀴리온도)이하에서 "물체내의 자발적 분극(spontaneous polarization)"이 존재하여, 외부의 전기장 없이도 잔류 분극(remanent polarization)이 존재한다. 이때 외부 전기장에 의해서 극성의 방향이 바뀌는 것이 강유전성이다. 압전효과는 이러한 강유전성 결정, 즉 강유전체(ferroelectrics) 중에 존재한다.

대표적인 강유전성 재료인 티탄산바륨 세라믹은 ABO_3로 표현되는 페로프스카이트(perovskite)형의 결정구조를 가지고 있는데, A 및 B를 여러 종류의 원소들로 치환하여 많은 다양한 압전 세라믹이 존재할 수 있다. 이러한 강유전체는 어떤 특정온도 이하에서 높은 대칭성(예, 입방정상)을 갖는 결정상태가 불안정해지면서 결정의 특정 방향으로 자발적인 전기 분극(전기쌍극자)이 발생하고 낮은 대칭성의 상태로 되며, 외부에서 교류 전기장을 걸어주면 이에 대응하여 전기 분극 벡터의 방향이 바뀌는 두 가지 기본 특성을 가지고 있다.

티탄산바륨 계통의 압전소자는 상전이온도가 130℃로 낮고 온도에 대한 압전특성이 민감하게 변하기 때문에, 현재에는 지르코산납($PbZrO_3$)과 티탄산납($PbTiO_3$)을 일정한 비율로 섞은 이성분계인 Pb(Zr, Ti)O_3(이하 PZT라 약칭)라는 세라믹 압전소자가 주로 사용되고 있다.

PZT 세라믹은 $PbZrO_3$와 $PbTiO_3$의 완전고용체이고 상전이온도가 350℃ 이상이기 때문에 압전특성의 온도 안전성이 뛰어나며 결정구조는 $BaTiO_3$와 동일하다. 또한 PZT 세라믹은 취성 재료이지만, 온도 변화에 의해 열팽창을 일으키며 압력을 가하면 작게 수축된다. 전기장을 인가할 때에도 마찬가지로 이런 현상들은 일어나게 된다. 다결정체인 압전 세라믹의 처음 상태에 있어서 각각의 결정체 내부는 일반적으로 분극방향이 다른 몇 개의 분극으로 나누어져 있다. 즉, 양이온과 음이온이 탄성적으로 연결되어 결정격자를 형성하지만, 이 상태에서 전체로의 분극은 상쇄되어 외부로는 나타나지 않는다. 이때 압전 세라믹에 전기장을 인가하면 결정내부의 분극방향은 전계방향에 따라 분극(양이온은 전기장 방향, 음이온은 역방향)되며, 동시에 결정체의 길이가 변형된다. 이후 전기장을 제거하면 처음 상태로 돌아오지 않고 전체가 거의 분극된 상태를 그대로 유지하게 된다. 분극 처리 후에는 역방향의 전기장을 가하여 결정체의 변형을 복원시킨다.

압전 세라믹에 적용 가능한 전압 범위는 최대 약 2kV/mm 범위이내이다. 그러나 실제 사용가능한 저전압을 유지하기 위해서 압전소자들은 평행하게 전기적으로 연결된 활성 세라믹 재료의 판 모양 웨이퍼들로 얇게 조립된다. 전체 이동 변위는 각 압전 세라믹들의 변위 합으로 구할 수 있는데, 별도의 이동 부품이 없어 고체사이의 부착-미끄럼 영향이 없는(no stick-slip effect) 특징이 있다. 그리고 이들 각 압전 세라믹들의 두께는 피에조 액추에이터에 인가되는 최대 전압을 결정한다. 일반적으로 저전압용인 경우 사용 가능한 세라믹 두께는 0.02~1mm범위이나, 1kV이상의 고전압 피에조 액추에이터는 두께가 0.4~1mm인 벌크 세라믹(bulk ceramic)으로 구성되어진다. 최대 전압 범위를 초과할 경우 피에조 세라믹은 분극성을 잃게 되어 궁극적으로 압전성질을 다시 갖지 못한다. 피에조 소자는 공명 주파수 주기의 대략 1/3 지점에서 공칭 변위에 도달할 수 있으며, 최소 상승시간을 위해서는 충분한 출력 전류와 상승시간을 가진 증폭기가 필요하다. 전기적으로 피에조 소자는 공명 주파수하에 잘 조작될 때 축전기처럼 작동하며 변위는 전하에 비례한다.

또한 피에조 소자는 상대적으로 다른 재료들보다 열적 안정성이 뛰어나 넓은 온도영역에서 작동한다. 피에조 효과를 나타내기 위하여 극성을 띠어야만 하며 최대 허용 구동 온도

이상으로 가열될 때에는 비극성화된다. 그리고 피에조 소자의 수명은 적절한 조건하에서 109cycle을 수행할 수 있으나 많은 변수들 즉, 비선형적 영향을 유발시키는 온도, 습도, 전압, 가속성, 부하, 구동 주파수 등의 영향으로 피에조 스택의 수명을 결정하는 일반적인 공식은 없다.

이러한 특징을 가지는 PZT 세라믹은 우수한 전기 분극성과 높은 상전이온도, 낮은 커패시터 제조온도, 우수한 압전성 등으로 인해, 각종 정밀 센서, 마이크로 액추에이터, 초음파 영상 탐지기 등에 사용한다. 특히 전기적 입력에 의해 기계적인 진동 혹은 변위를 발생시키는 "압전 마이크로 액추에이터"에 대한 적용은 비약적으로 발전하고 있다.

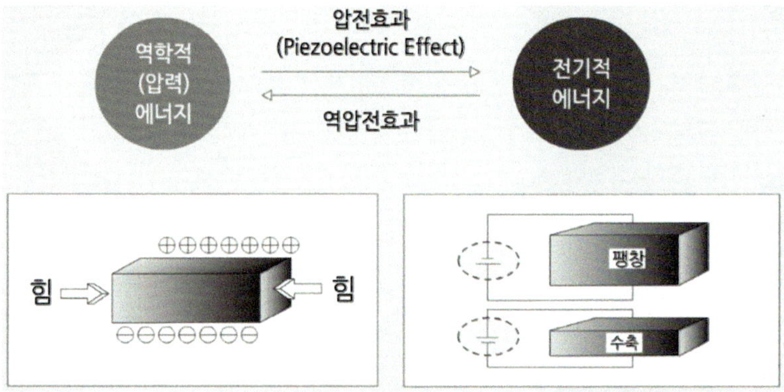

그림 8-28 압전 엑추에이터 구동 개념

8-7-1 가스/액체 분사용 피에조 인젝터

피에조 액추에이터의 대표적 응용분야인 가스/액체용 분사기(fuel injector)의 경우 먼저 PZT 세라믹 압전소자를 활용하여 연료를 분사하기 위해서는 다음 사항들이 반영되어야 한다. (다음) 미소 변위의 고정밀 제어가 가능하고 응답성이 빠르며, 상대적으로 큰 발생력에 의한 에너지 변환 효율이 높고 또한 전자적인 간섭이 없어야 한다.

주로 자동차에 사용하고 있는 고압 연료분사장치에는 솔레노이드 또는 압전 액추에이터에 의해 유압밸브를 작동시켜 분사하는 구동방식이 적용되고 있다. 정확한 분사시기와 구동 응답성을 위해 전자적으로 제어되며 현재 유압서보 구동방식 인젝터(hydraulic-servo driven injector)가 대부분 사용되고 있다. 유압서보 피에조 인젝터의 경우 피에조 세라믹 금속이 수십~수백개의 웨이퍼 적층으로 이루어진 피에조 스택(Piezo stack)은 충·방전을 통해 전류를 제어하며, 이를 통해 "수십 μm의 작은 변위"를 발생시켜 고압연료를 분사하는 구동방식을 가지고 있다(역압전효과). 즉, 축압된 고압의 연료는 입구 오리피스(inlet orifice)를 통과하여 압력 제어실로 유입되며, 출구 오리피스(outlet orifice)의 개폐에 따라 제어 피스톤에 연결된 인젝터 니들의 상하운동이 결정된다. 출구 오리피스의 상태는 바로 상단부에 위치한 구형 밸브에 의해 제어되는데, 이 밸브는 피에조 스택의 동작에 비례하게 된다. 피에조 스택의 작동에 의해 이 구형 밸브가 열리면 하단부에 위치한 제어실과 이 밸브 전후에 작용하는 연료 압력차에 의해 인젝터의 니들이 윗방향으로 움직이면서 고압의 연료는 분사된다. 이러한 서보 유압형 피에조 인젝터는 기존의 솔레노이드 액추에이터의 응답성을 향상시킬 수 있다는 장점이 있지만 여전히 내부에 복잡한 유압회로를 가지고 있다.

이를 극복하기 위한 직접니들구동방식 피에조 인젝터(DPI, direct needle-driven piezo injector)는 별도의 유압서보회로 없이 니들이 피에조 스택의 변위에 의하여 직접 활성화되도록 한 것이다. 따라서 유압회로와 이와 관련된 니들 구동을 위한 에너지소비량을 줄이고 다단 분사 유연성으로 분사횟수 7회 이상 가능하며, 분사장치 내 역류방지를 위한 압력저장기가 있어 분사장치와 압력 공급 간의 압력파를 피할 수 있는데 이로 인한 니들 거동과 분사량에 미치는 영향을 제거할 수 있는 특징이 있다. 이러한 DPI용 피에조 세라믹 액추에이터는 2,000bar 이상의 고압분사를 위해 분사장치의 니들 밸브를 직접 구동시켜 니들을 작동시키고, 니들 작동 증폭기는 분사량을 늘리기 위하여 간극을 완벽하게 조절하도록 설계해야 한다. DPI용 피에조 스택의 변위는 인가되는 전압의 크기에 영향을 받게 되며, 피에조 세라믹의 성질 및 단열 재질에 따라 최대 인가전압의 범위가 결정된다. 따라서 피에조 스택을 구성하는 PZT 세라믹 소자의 두께 및 단면적은 중요한 설계 인자이며 피에조 스택에 인가되는 전압의 크기를 반드시 고려해야 한다.

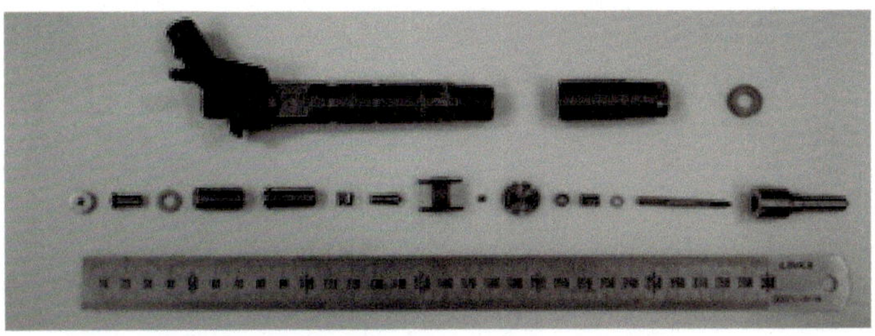

그림 8-29 직접니들구동방식 피에조 인젝터의 구성 부품

8-7-2 압전 모터(초음파 모터)

자동차용 전기모터는 대표적인 액추에이터로써 전기적 신호의 변화를 통해 직선 또는 회전운동과 물리적 구동을 생성하게 되며(역압전효과), 생성된 구동력의 적절한 배분을 위해 변속장치(특히 감속기능)가 요구된다. 이는 자석의 자기력 즉 자계와 함께 모터의 최적 활용(예, 중량 또는 부피 대비 출력 등)에 중요한 인자가 된다.

압전 모터는 초음파 영역(약 200kHz)의 주파수에 해당하는 압전체의 교류 진동을 활용한 것이다. 즉, 공진주파수의 AC전압을 압전체에 인가하여 초음파 영역의 압전소자 탄성진동에 의한 압전체의 표면 운동을 통하여 선형 또는 회전에너지를 발생하게 된다. 따라서 자계와 무관하고 별도의 감속장치 없이 저속에서 높은 효율과 토크를 발생시키는 압전 모터는 소형차의 창유리 개폐, 시트의 각도 및 위치 조정용 등으로 활용된다.

8-7-3 유압제어용 피에조 밸브

유압제어밸브는 기능에 따라 크게 방향제어, 압력제어, 유량제어로 구분할 수 있으며, 적용 시스템에 적합한 유압 회로 및 제어 밸브를 사용해야 한다. 제어밸브에 있어서 기존 솔레노이드 밸브는 솔레노이드 코일의 특성상 일정 지연시간이 필요하여 상대적으로 느린 응답성을 갖는다. 따라서 최근에는 적은 충전전류로 빠른 응답성과 선형성을 가지는 피에조 밸브가 다양한 분야에서 이용되고 있다(역압전효과).

8-7-4 자동차 경음기(Klaxon)

자동차에 사용되는 경음기는 크게 작동원리에 따라 공기식, 전기식, 전자식으로 구분된다. 전자식의 경우 운전자가 조향핸들(steering wheel)의 외부 표면부를 누르면, 내부에 설치된 압전 모듈을 통해 전류가 흐르게 되고(역압전효과) 일종의 스위치 역할을 하면서 궁극적으로 다이어프램이 진동하여 소리를 발생시키게 된다. 이와 유사한 개념인 피에조 부저(piezo buzzer)는 압전소자에 얇은 판을 부착하여 미세한 떨림으로 작은 소리를 발생시키는 것으로써 차량도어의 열림과 닫힘에 따라서 신호음을 발생시킨다.

8-7-5 타이어 내부 압전 모듈

자동차 부품 중에서 유일하게 노면과 접지되는 타이어는 차량의 전체 하중을 지지하며, 차량의 구동력과 제동력 전달 및 노면으로부터의 충격을 견딜 수 있어야 한다. 타이어 내부의 공기온도와 압력은 주행속도와 주행거리에 따라 증가한다. TPMS(tire pressure monitoring system)는 차량 정차 및 운행 중 타이어의 공기압 변화를 지속적으로 모니터링하는 시스템으로써 공기압 변화로 주행 안전성에 방해가 될 상황에 도달하면 운전자에게 경고해서 차량의 주행안정성을 확보하도록 한다. 이러한 압력변화와 함께 타이어가 노면과의 접촉에 의해 발생하는 구름저항에 의해 에너지 손실이 발생하는데, 이는 주로 타이어의 접지면이 노면과 마찰하면서 타이어의 형태가 변형됨에 따라 발생한다. 즉 타이어가 노면과 접촉 시에는 차량의 주행방향으로 찌그러지고, 반대방향으로 팽창하는 것을 반복하게 되는데, 이 과정에서 지속적으로 동력을 소모하게 되어 에너지 손실을 유발한다. 이러한 손실을 만회하기 위해 타이어 내부표면에 압전 모듈을 부착하여 주기적인 타이어 변형에 의한 접지면 응력 변화를 전기적 출력으로 변환(압전효과)하여 이를 활용하는 연구가 진행되고 있다.

CHAPTER 08 연습문제

8-1 자동차 전기장치의 종류를 나열해 보아라.

8-2 1차전지와 2차전지의 차이점에 대해 설명하여라.

8-3 납배터리에 대한 다음 문제에 답하여라.

(1) 납배터리를 구성하고 있는 부품들을 나열해 보아라.

(2) 납배터리의 전해액으로 사용되는 물질은 무엇인가?

(3) 납배터리가 방전될수록 내부의 전해액은 어떻게 변해 가는가?

(4) 납배터리의 충전과 방전과정을 화학식으로 표시하여라.

(5) 배터리의 몸체인 케이스의 밑부분에 설치되는 엘리먼트 레스트(element rest)의 용도는 무엇인가?

8-4 배터리의 성능에 대한 물음에 답하여라.

(1) 방전종지전압이 무엇인지 설명하여라.

(2) 배터리의 용량에 영향을 주는 인자를 나열하여라.

(3) 12V 배터리에 3ps의 시동모터가 연결되어 있다. 이 시동모터의 전류 소모량을 계산하여라.

(4) 설페이션(sulfation)이 무엇인지 설명하여라.

8-5 120Ah의 용량인 배터리가 상온에서 충전이 잘된 상태에 있다. 현재 배터리에 부하가 걸려 60A의 전류가 흐른다면 배터리는 얼마 동안 전류를 공급할 수 있는가?

8-6 시동장치에 대한 다음 문제에 답하여라.

(1) 자동차용 시동 전동기로 많이 채용되고 있는 전동기의 종류는 무엇인가?

(2) 시동 전동기에 설치된 오버런닝 클러치의 기능에 대해 설명하여라.

(3) 1ps 용량의 시동 전동기에서 잇수 7인 피니언 기어가 잇수가 63개인 링기어에 물려 2,000rpm으로 회전하고 있다. 링기어의 회전력을 구하여라.

8-7 **12V인 배터리로 시동전동기의 전류를 소모하는 시험을 수행하였더니 95A를 소모하는 것으로 나타났다. 이 시동 전동기의 구동 마력을 kW와 ps의 단위로 각각 나타내어라.**

8-8 **12V, 50Ah 용량인 배터리를 20시간율로 방전시킬 경우 몇 W의 부하를 걸어야 하는지 계산하여라.**

8-9 **충전장치(charging system)에 대한 물음에 답하여라.**

(1) 충전장치의 구성요소와 기능을 간단하게 기술하여라.

(2) 자동차에 널리 사용되고 있는 발전기는 어떤 종류인가?

8-10 **점화장치에 대한 다음 물음에 답하여라.**

(1) 배터리 방식의 점화장치 구성요소를 나열해 보아라.

(2) DLI 점화방식의 장점에 대하여 설명하여라.

(3) 전자제어 점화방식에서 파워 트랜지스터의 역할에 대해 설명하여라.

(4) 동시점화식과 독립점화식을 구분하여 설명하여라.

(5) 권선수가 200인 1차코일에 150V의 전압이 유도되었다. 2차코일의 권선수가 20,000일 경우 2차코일에 유도되는 전압을 구하여라.

8-11 **4사이클 6기통 엔진이 운전되고 있다. 실린더 간의 폭발간격을 크랭크축의 각도로 관점에서 계산하여라.**

8-12 **점화플러그에 대한 물음에 답하여라.**

(1) 자기청정온도(self-cleaning temperature)에 대하여 설명하고 이의 온도범위를 표시하여라.

(2) 점화플러그의 특성인 열가(heat range)는 무엇인가?

(3) 고출력 경주용 자동차에는 어떤 종류의 점화플러그가 사용되는가?

(4) 일반적인 점화플러그 간극은 얼마가 적절한가? 또한 적절한 간극보다 클 경우 어떤 문제점이 발생하는가?

(5) 4기통 엔진과 6기통 엔진의 폭발간격을 각각 구하여라.

8-13 **자동차의 전자제어시스템의 장점에 대하여 설명하여라.**

8-14 **전자제어 연료분사장치에 대한 물음에 답하여라.**

(1) 전자제어 연료분사장치에 필요한 구성요소를 나열하여라.

(2) 열선이나 열막식 질량공기 유량 센서가 체적유량 센서보다 유리한 점을 설명하여라.

(3) 엔진 전자제어에 사용되는 센서를 나열하여라.

(4) SPI와 MPI가 무엇인지 설명하여라.

(5) 연료분사 방식 중에서 SEFI는 무엇인지 설명하여라.

(6) 연소실 내 직접분사하는 방식의 장점에 대하여 기술하여라.

(7) 연소실 내 직접분사 방식에서 핵심적으로 고려해야 할 사항은 무엇인지 설명하여라.

(8) 연소실 내 직접분사 방식의 분사압력 범위와 부분부하에서 운전되는 공연비의 범위는 대략적으로 어느 정도인가?

(9) 연소실 내 직접분사 방식의 엔진에서 배출되는 배출가스의 문제점에 대해 설명하여라.

8-15 **20N · m의 시동 토크가 작용하여 500rpm으로 회전하는 시동 전동기로 엔진을 구동하고 있다. 이 시동 전동기의 출력을 구하여라.**

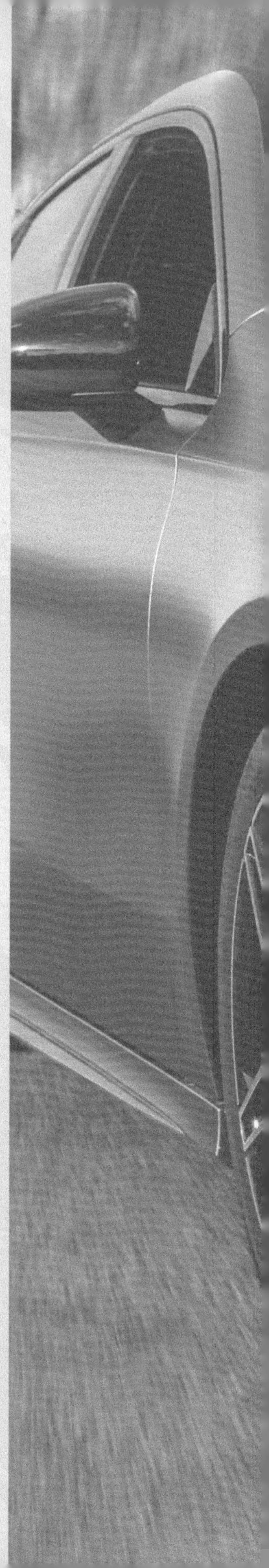

CHAPTER 09

자동차와 대기오염

9장에서는 자동차에서 배출되는 배출가스가 대기오염에 미치는 영향에 대해 전반적으로 다룬다. 엔진에서 혼합기를 연소시켜 동력을 얻은 후 배기시스템으로부터 배출되는 배출가스의 종류를 살펴보고 각 배출가스가 인체와 대기환경에 미치는 영향에 대해 서술한다.

또한 현재 미국과 유럽 등 선진국을 중심으로 진행되고 있는 배출가스의 법적 규제치를 소개하고 각종 배출가스를 저감시킬 수 있는 최신 기술에 대해 학습한다.

자동차 배출가스는 출력, 연비와 함께 그 자동차의 성능을 결정하는 중요한 인자로 인간이 활동하는 대기환경에 직접적인 영향을 미친다. 9장에서는 배출가스의 발생 메커니즘과 해악을 정확하게 인식하고 배출가스 저감방법을 배움으로써 환경 친화적인 자동차의 운용방법에 대한 지식을 확보하는 데 이를 활용하고자 한다.

9-1 대기오염의 개요

대기오염이란 자연적이거나 인위적인 오염물질이 대기로 방출되어 대기의 성분을 변화시킴으로써 사람이나 동식물에 불쾌감을 유발하거나 해로운 영향을 미치는 것을 말한다. 자연적인 대기는 자연환경 스스로의 자기정화 작용에 의해 오염 물질의 생성과 소멸작용이 균형을 이룬다. 보통 지표면에서 건조공기의 성분은 질소(N_2) 78.09%, 산소(O_2) 20.94%, 아르곤(Ar) 0.93%, 이산화탄소(CO_2) 0.03%, 기타 네온, 헬륨, 메탄, 수소 등의 물질들로 구성되어 있다.

대기오염은 인간이 불을 발명하여 가연물질을 연소시킨 시기부터 시작되었고 특히 산업선진국에서 화석연료를 사용하면서 그 정도가 심각해졌다. 세계적인 대기오염 사건은 제강이나 발전설비 등 공장 밀집지역에서 배출된 유해가스에 의해 인명피해가 발생하면서 시작되었다. 1930년 벨기에의 뮤즈계곡(Meuse valley)에는 많은 공장들이 뮤즈강을 따라 위치해 있었다. 이 당시 공장에서 배출된 배출가스가 정체되어 5일 동안 수천 명의 호흡기질환 환자 중에서 63명이 사망하는 사건이 발생하였다. 1952년 영국의 런던에서는 가정용 난방과 화력발전소 연료인 석탄에서 발생된 이산화황(SO_2)이 먼지와 공기 중의 수증기와 반응하여 스모그(smog)가 생성되었다. 이후 3주 동안 4,000여 명이 사망하는 이른바 '런던 스모그'가 발생하면서 대기오염에 대한 경종을 울렸다. 1954년 미국 캘리포니아주 LA 지역에서는 자동차에서 배출된 탄화수소와 질소산화물이 광화학반응(photo-chemical reaction)을 일으켜 오존과 알데히드(RCHO)류 등의 산화성 물질로 인한 스모그가 심하게 발생하였다. 이른바 'LA 스모그'로 알려진 이 사건으로 인해 LA 지역의 시민들은 눈과 호흡기(코, 기도, 폐)에 심각한 질환을 일으켰고 가축과 농산물 및 고무제품 등이 크게 손상되는 피해를 입게 되었다. 현재 산업화가 진행된 국가의 대도시에서는 예외 없이 햇볕이 따가운 오후 시간대에 자동차의 배출가스로 인한 스모그나 오존 경보가 발생하는 현상이 되풀이되고 있다.

대기오염 물질은 물리적인 형태에 따라 미세먼지, 스모그 등의 입자상 물질(PM)과 일산화탄소, 질소산화물 등의 가스상 물질로 대별된다. 또한 대기오염 물질은 생성과정에 따라 자동차의 배출가스, 대형 공장의 굴뚝 등에서 배출되는 1차 오염물질과 1차 오염물질이 대기 중에서 물리적, 화학적 변화를 일으켜 발생되는 2차 오염물질로 구분된다. 1차 오염물질로는 미연탄화수소(HC), 일산화탄소(CO), 질소산화물(NO_x), 황산화물(SO_x), 매연 등이 있으며 물리화학적 또는 광화학적 반응에 의해 발생되는 2차 오염물질로는 이산화질소(NO_2)와 오존(O_3) 등이 있다.

9-2 자동차에서 배출되는 대기오염물질

국내 자동차 등록대수는 1980년 53만대에 불과하였으나 1997년 자동차 1,000만대 시대를 돌파하였다. 2020년 현재 국내 자동차 총 등록대수는 2,400만대에 이를 정도로 비약적으로 증가하였다. 차량대수 비율로 승용차가 80%, 화물차가 15% 정도이고 나머지는 승합차와 특수차량이 점유하고 있다. 국내 전체의 대기오염 중에서 자동차로 인한 오염비율은 전국적으로 40%, 자동차의 운행이 집중된 서울에서는 80%를 상회하는 것으로 조사되고 있다. 특히 탄화수소(HC)와 일산화탄소(CO)의 생성원인으로는 자동차에서 배출되는 것이 90% 이상이고 특히 질소산화물(NO_x)과 입자상물질은 경유자동차인 디젤엔진에서 각각 85%, 99% 이상 배출된다.

9-2-1 대기오염물질의 종류와 피해

자동차에서 배출되는 배출가스의 성분과 양은 사용하는 연료, 주행조건 등에 따라 크게 변한다. 자동차 배기가스의 배출경로는 엔진에서 배출되는 배출가스(exhaust gas), 크랭크 케이스에서 발생하는 블로바이가스(blow-by gas) 및 연료탱크나 연료공급라인에서 발생하는 연료 증발가스(evaporative gas) 3가지로 대별된다. 가솔린엔진이나 디젤엔진에서 배출되는 배출가스의 생성 메커니즘에 대한 상세한 내용은 본 내용에서는 다루지 않을 예정이다. 이는 시중의 내연기관 서적을 참조하면 좋을 것이다. 예전에는 그림 9-1과 같은 비율로 미연탄화수소가 발생하는 것으로 알려져 있었다.

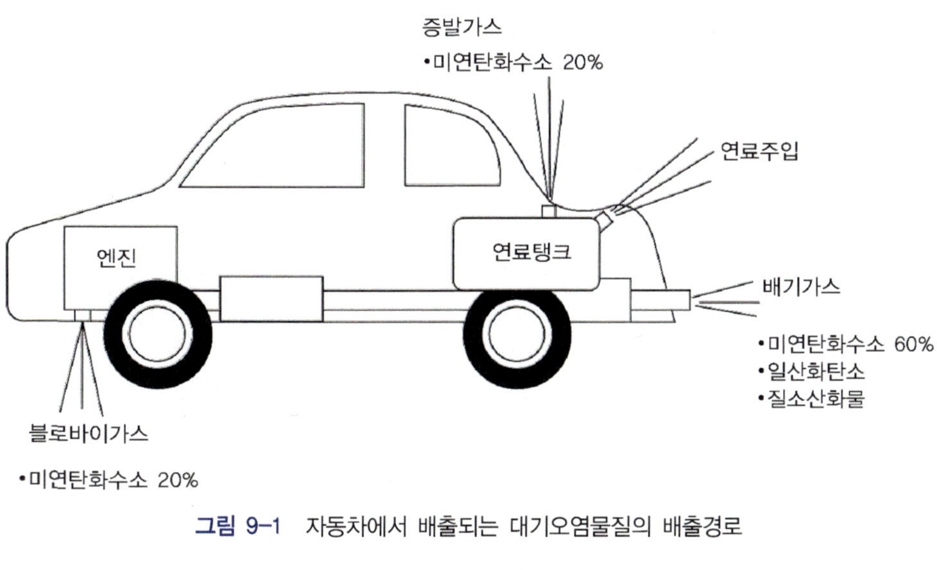

그림 9-1 자동차에서 배출되는 대기오염물질의 배출경로

그러나 최근에는 블로바이가스는 재환류에 의해 거의 0수준으로 감소되었다. 이에 따라 배출가스 55%, 연료주입(refueling)시 28%, 증발가스 17%의 비율로 배출되는 것으로 알려져 있다.

자동차용 내연기관은 화석연료와 공기를 한정된 체적의 연소실에서 연소시키고 이때 연소실에서 발생하는 폭발력을 이용하여 동력을 얻는 열기관(heat engine)이다. 일반적으로 연료와 공기를 잘 혼합하여 충분한 연소시간을 확보해 줄 경우 완전연소가 이루어진다. 그러나 혼합기가 충분하게 혼합되지 않거나 연소시간이 불충분한 경우 탄화수소계열의 연료는 불완전연소와 고온 연소로 인하여 대기를 오염시키는 배출가스가 발생한다. 배출가스는 복잡한 성분의 조합으로 구성되어 있는데 배출가스의 대부분은 수증기(H_2O)와 이산화탄소(CO_2)이다. 가솔린엔진에서는 혼합기의 형성이 불완전하고 또한 불완전연소로 인하여 미연탄화수소(HC), 일산화탄소(CO), 질소산화물(NOx), 이산화탄소(CO_2), 수증기(H_2O), 납(Pb), 탄소분자 등이 배출된다. 이중에서 미연탄화수소, 일산화탄소, 질소산화물이 특히 유독한 가스로 분류된다. 디젤엔진에서는 산화제가 충분히 공급되므로 미연탄화수소와 일산화탄소는 비교적 적게 배출되는데, 주로 질소산화물과 입자상물질(PM, Particulate Matter), 유황 성분이 포함된 경유일 경우 황산화물(SO_x)이 배출된다. 엔진에서 배출되는 배출가스의 성분과 양은 엔진의 형식, 운전조건, 연소실의 구조, 연료분사 방식 등에 따라 크게 변하게 된다.

왕복형 내연기관에서 실린더와 피스톤 사이에는 매우 작지만 간극이 존재한다. 흡배기 밸브가 모두 닫힌 압축행정에서 혼합기를 압축할 때 연소실 압력이 상승하면 미연 혼합기가 이 간극 사이를 통해 크랭크케이스로 이동하면서 대기오염의 원인이 될 수 있다. 이러한 누설가스 성분의 70~95%는 미연탄화수소이고 일부는 연소가스로 구성되어 있다. 최근 이와 같은 블로바이가스는 실린더헤드 커버(cylinder head cover)에 장착된 PCV(Positive Crankcase Ventilation) 밸브를 이용하는데, 흡기시스템을 통해 연소실로 재진입시켜 연소시킴으로써 대기오염원으로 작용하지 않도록 한다.

가솔린은 휘발성이 크기 때문에 연료라인 계통이나 연료탱크 내에서 증발하여 점차 탱크 내부의 압력을 높인다. 이처럼 증발된 연료가 대기 중으로 방출되면 오염원으로 작용하기 때문에 그림 9-2와 같이 활성탄(charcoal)으로 구성된 캐니스터(canister)에서 계속 증발된 가솔린을 포집한다. 엔진이 가동하면 엔진의 흡기계 부압에 의해 캐니스터의 퍼지 제어밸브(purge control valve)가 열린다. 이때 포집된 증발가스는 캐니스터 하부에서 유입한 신선한 공기와 함께 퍼지 제어밸브를 통해 연소실로 재순환시켜 연소시킴으로써 대기오염이 되지 않도록 한다. 보통 공회전이나 엔진 워밍업 시에는 퍼지 제어밸브를 작동시키지 않는다.

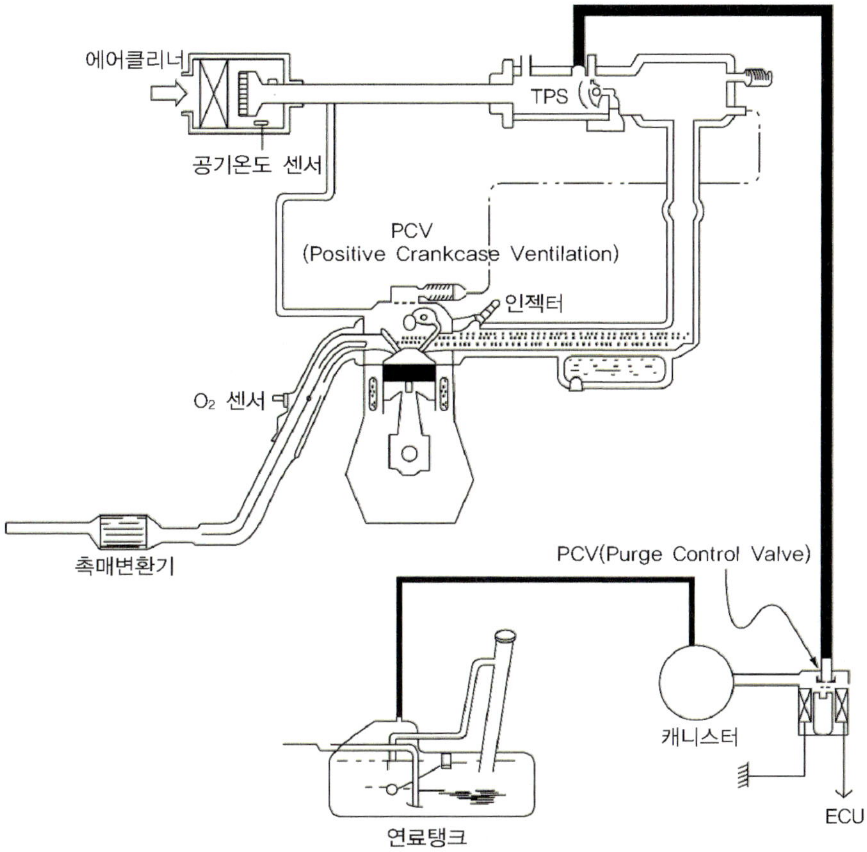

그림 9-2 캐니스터의 퍼지 제어밸브

실제 자동차 엔진에서 발생된 배출가스는 촉매변환장치를 통해 대폭적으로 감소시킨 후에 대기로 방출된다. 또한 블로바이가스와 연료탱크에서 발생된 증발가스는 재순환시켜 연소시킴으로써 대기오염을 방지하기 위한 조처를 취하고 있다.

9-2-2 자동차에서 배출되는 대기오염물질의 영향

자동차에서 배출되는 배출가스가 런던스모그나 LA스모그의 형태로 대기를 오염시키는 사례를 전절에서 기술하였다. 실제 가솔린과 디젤자동차에서 배출된 주요 대기오염물질이 인체와 환경에 미치는 영향을 살펴보기로 하자.

(1) 미연탄화수소

미연탄화수소는 말 그대로 타지 않은 연료가 배출되는 것으로 특히 가솔린엔진에서 많이 발생한다. 미연탄화수소는 실린더 벽면에서의 화염냉각으로 인한 소염(quenching), 피스톤과 실린더 사이의 피스톤 탑랜드(piston top land)와 제1 피스톤 링(first piston ring)

틈새(crevice)에 눌려 있던 혼합기의 방출, 국부적으로 희박한 혼합기 영역에서의 실화(misfire), 윤활유의 연소 등으로 인해 주로 발생된다. 미연탄화수소 그 자체는 직접적으로 인체에 미치는 영향이 크지 않으나 자외선이 강한 여름철에 질소산화물(NO_x)과 반응하여 광화학반응을 일으킨다. 이런 광화학반응은 오존, 알데히드(aldehyde), PAN(Peroxy Acetyl Nitrate) 등 강력한 산화물질을 생성시키고, 이런 산화물질은 또한 광화학스모그를 유발하면서 인체의 눈, 코, 기도의 점막을 자극시키고 시계 저하, 식물에 악영향, 고무제품의 열화 등의 피해를 유발한다.

(2) 일산화탄소

일산화탄소는 산화제가 부족하거나 연소시간이 충분히 확보되지 않는 불완전연소에 의해 다량으로 배출되는 무색, 무취의 가스이다. 자동차 배출가스 성분 중에서 인체에 가장 해로운 가스로 낮은 농도에서도 정신적 기능과 시력에 이상을 초래한다. 또한 인체에 흡수될 경우 헤모글로빈과 결합하여 혈액에 의한 산소 운반기능을 현저하게 저하시킨다. 일산화탄소는 인체의 인지작용과 반사작용을 방해하고 졸음을 유발시키며 두통과 현기증을 일으키고 다량이 흡입되면 사망에 이른다. 디젤엔진에서는 비교적 적게 배출된다.

(3) 질소산화물

연료가 연소되는 화염면 근처에서는 고온이 되고, 공기 중의 산소와 질소가 고온에서 결합되어 'thermal NO'라고 불리는 질소산화물이 발생한다. 한편 연료가 분해된 탄화수소기가 공기 중의 질소와 반응하여 생긴 질소산화물을 'prompt NO', 연료에 존재하는 질소성분이 산화하여 발생되는 질소산화물을 'fuel NO'라고 한다. 대부분 내연기관에서 발생되는 질소산화물은 'thermal NO'라고 볼 수 있다. 질소산화물의 종류로는 NO, NO_2, NO_3, N_2O, N_2O_3, N_2O_5 등이 있는 데 이를 총칭하여 'NO_x'라고 표기한다. 내연기관에서 배출되는 질소산화물은 NO가 대부분(95% 이상)이고 적갈색의 NO_2가 일부분을 차지하고 있으나 유해성은 NO_2가 더욱 심하다. NO는 대기 중에서 산화하여 NO_2로 변화한다. NO와 NO_2 가스 모두 독성이 있고 공기 중에서 광화학스모그를 일으켜 기관지와 폐에 장애를 유발하거나 산성비의 원인으로 작용하기도 하며 지구온난화의 원인이 되기도 한다. 연소과정에서 NO의 생성과정에 대한 연구는 1946년 러시아의 Zeldovich(Yakov Borisovich Zeldovich)에 의해 연구되었다. NO는 Zeldovich 메커니즘으로 알려진 다음의 식에 의해 생성되는 것으로 알려져 있다.

$$O_2 \rightarrow 2O \tag{9-1}$$

$$O + N_2 \rightarrow NO + N \tag{9-2}$$

$$N + O_2 \rightarrow NO + O \tag{9-3}$$

질소산화물은 연소온도가 높고 희박한 혼합기 영역(높은 산소 농도)에서 연소가스의 체류 시간이 길 때 다량으로 생성된다.

(4) 입자상물질(PM)

미국의 캘리포니아 대기보존국인 CARB(California Air Resources Board)에서 정의한 입자상물질은 "51.7℃ 이하의 공기로 희석되어 필터에 포집된 배출성분 중 응축수분(condensed water)을 제외한 모든 배출성분(먼지, soot, mist, fog, smoke, fines 등이 포함)"으로 정의된다. 입자상물질은 가솔린자동차에서는 거의 발생하지 않고 주로 디젤자동차에서 배출된다. 휘발성이 낮은 경유가 산소가 부족한 상태에서 불완전 연소할 때 탈수소반응을 일으키면서 그대로 탄화되어 생성된다. 입자상물질은 유기용제에 용해되는지의 여부에 따라 SOL(Solid Fraction), SOF(Soluble Organic Fraction), SO_4(Sulfate Particles)로 구분된다.

입자상물질은 시계를 흐리게 하고 호흡을 할 때 폐에 축적되어 호흡기질환과 폐질환을 유발한다. 입자상물질은 크기에 따라 세분되는데 입자의 지름이 100μm 이하는 총부유먼지, 입자의 지름이 10μm 이하인 경우 PM10으로 표기하면서 미세먼지로 분류된다. 자동차에서 배출되는 입자상물질은 대부분 1μm 이하의 크기로서 인체 유해도가 높은 작은 입자를 규제하기 위해 PM10, PM2.5 등의 용어를 사용한다. 최근 입자상물질의 중량규제는 비효과적인 것으로 조사되고 있다. 따라서 중량규제를 탈피하여 수량규제 쪽으로 선회하고 있다. PM10 이상의 굵은 입자상물질은 코나 기관지 계통의 상부에서 흡착되지만 더욱 미세한 입자상물질은 폐나 기관지에 깊숙이 침투하여 큰 질병을 일으킨다.

(5) 황산화물

황산화물(SO_x)은 황이 함유된 경유를 연료로 사용하는 자동차에서 주로 이산화황(SO_2)의 형태로 배출된다. 황산화물은 대기 중에서 광화학반응으로 인체에 유해한 물질이 되고 또한 미세먼지로 작용한다. 이산화황은 무색으로 강한 냄새를 발생하면서 눈, 기관지, 폐 등을 자극한다. 광화학반응으로 이산화황은 SO_3로 산화되고 SO_3는 대기 중의 수증기와 결합하여 황산으로 변한다. 또한 황산은 암모니아 및 금속산화물과 반응하여 황산염이 되거나 수증기와 다시 결합되어 황산미스트를 발생시킨다. 황산염과 황산미스트는 폐 깊숙이 침투하여 큰 피해를 끼친다. 특히 황산염은 대기 중의 미세먼지 농도를 악화시켜 시계를 흐리게 하며 또한 산성비의 직접적인 원인으로 작용하여 식물과 토양에 악영향을 미치기도 한다. 최근에는 저유황 경유가 보급되어 이산화황의 배출이 상당량 저감되고 있다.

(6) 알데히드(aldehyde)

자동차 배출물 중에서 알데히드류 농도는 20~200ppm 정도인데 주로 포름알데히드(formaldehyde, HCHO)가 대부분이고 아세트알데히드(acetaldehyde, CH_3CHO), acrolein ($CH_2=CHCHO$) 등이 일부 포함되어 있다. 포름알데히드는 목과 기관지를 강하게 자극하고 아세트알데히드는 눈과 피부를 자극하며 가장 독성이 강한 acrolein은 눈과 코를 자극한다. 특히 알데히드류는 어린이들이 민감하게 느끼면서 호흡기 감염률을 크게 증가시키는 것으로 보고되고 있다. 알데히드는 화염이 소염되거나 저온에서 완만하게 연소가 진행될 때 발생한다. 특히 공연비가 희박한 영역에서 알데히드가 급격하게 증가하는 것을 볼 때 HC의 불완전산화에 기인하는 것으로 분석된다.

(7) 기타 배출물

위의 주요 배출가스 이외에 예전에 옥탄가를 높이기 위해 가솔린에 첨가하거나 배터리부터 유출되는 납(Pb)은 가장 해로운 중금속의 하나로 분류된다. 최근 무연가솔린의 보편화로 현재 납은 적정 수준에서 잘 억제되고 있다. 한편 자동차에서 배출되는 대기오염 물질 중에서 인체에는 큰 피해를 미치지 않으나 지구환경을 파괴하는 물질이 있다. 이산화탄소, 프레온가스, N_2O는 지구온난화(green effect)를 유발하는 대표적인 오염물질로 지목받고 있고, 오존층을 파괴하는 자동차 배출가스로는 프레온가스, N_2O, H_2O 등이 거론된다. 특히 1992년에 채택된 국제 기후변화협약은 자동차 배출가스 중에서 CO_2를 직접적으로 규제하는 동기가 되었다. 2005년 교토의정서에 의해 CO_2는 자동차 유해 배출가스로 지정되면서 국가별로 연차적인 저감이 요구되고 있다. 참고적으로 지구온난화를 유발하는 물질의 순서(기여도)는 이산화탄소(50%), 메탄(19%), CFC(17%), 오존(8%), 질소(6%) 등으로 알려져 있다.

9-3 자동차의 배출가스 규제

미국은 세계에서 자동차 보급대수와 신차의 판매대수가 가장 높은 나라 중의 하나로 자동차 배출가스와 관련된 각종 규제치의 선봉에 서 왔다. 미국은 1950년대 이후 급속한 산업화가 진행되었고 또한 자동차 대중화가 제일 먼저 시작되어 자동차로 인한 대기오염 문제(1948년 펜실베니아주 Donora市 사건, 1954년 LA 스모그 사건)도 가장 먼저 부각되었다. 미국의 배출가스 규제는 1964년에 시작되었고, 유럽은 1970년 법규를 제정하여 1974년부터 실시하였다. 1967년 캘리포니아주 당국은 자동차에서 배출되는 대기오염 문제를 해결하고자 CARB를 설립하여 세계에서 가장 강력한 자동차 배출가스 규제를 시행하기 시작하였다. 또한 1970년 미국 연방정부는 연방 환경청인 EPA(Environmental Protection Agency)를 설립하여 대기보전법(Clean Air Act)을 채택하면서 배출가스 규제를 강력하게 시행하게 되었다. 이후 CARB와 EPA는 해마다 자동차의 배출가스 규제치를 더욱 엄격하게 상향시키고 있다. 국내의 배출가스 규제는 2006년부터 미국의 배출가스 규제를 대부분 그대로 준용하고 있다.

9-3-1 배출가스 규제와 관련된 항목

배출가스 규제는 자동차의 배기시스템에서 방출되는 배출가스만을 규제할 뿐만 아니라 대기오염에 영향을 주는 여러 인자들을 포괄적으로 규제하는 것이다. 일반적으로 세계 각국에서 규제하는 항목들을 간단하게 살펴보도록 하자.

(1) 배기관가스(exhaust emission)

자동차회사에서 생산되는 차종별, 운행할 지역(나라)별로 유해한 배출가스로 인식되고 있는 미연탄화수소(주로 NMOG), 일산화탄소, 질소산화물, 입자상물질 등의 상한치를 연도별 목표를 정해 놓고 이를 만족하는 차량의 비율을 연차적으로 상향(phase-in)하면서 규제한다.

(2) 증발가스(evaporative emissions)

증발가스는 3가지 형태로 나누어서 규제하고 있다. 먼저 차량을 장기적으로 주차할 때 발생하는 증발가스인 DBL(Diurnal Breathing Loss)이 억제되어야 하고 차량이 주행하는 도중에 발생하는 증발가스(running loss)도 감소시켜야 한다. 또한 차량이 주행을 종료한 후 엔진이 아직 뜨거울 때 발생하는 증발가스인 HSL(Hot Soak Loss)도 규제대상에 포함된다.

(3) 연료주입가스(refueling emissions)

주유소에서 연료를 채울 때 발생되는 증발가스를 제한하고 있다. 각 주유소에서는 주유기의 주유 속도를 정해진 규격(10gal/min) 이내로 하여야 한다. 또한 차량은 증발가스를 포집할 수 있는 장치를 장착하여야 한다. 미국에서는 주유소에서 연료를 주입할 때 발생되는 증발가스를 방지하고 회수하는 ORVR(On-board Refueling Vapor Recovery)라는 경보시스템이 적용되고 있다. 이때 규제치는 0.2g/gal (0.053g/l)이다.

(4) 자기진단장치(OBD: On-Board Diagnostics)

OBD 규제는 1988년 삼원촉매를 장착하여 피드백제어를 하는 차량에 적용되기 시작했다. 이때부터 배출가스와 관련된 부품의 작동오류(failure)가 발생하였을 때 이를 운전자에게 경고하기 위해 계기판에 'check engine'이 표시되도록 의무화하였다. OBD 도입 초기에는 운행하는 차량의 배출가스 저감과 정비성 향상을 위하여 배출가스를 제어하는 부품의 고장

(전기적 단선, 단락 등)만을 감지하도록 하였다. 그러나 엄격한 배기규제가 시행되고 있는 최근에는 OBD-II의 형태로 진화하면서 실화(misfire), 촉매, 증발가스, 에어컨, 연료라인, 산소센서, EGR 시스템, 블로바이가스, 공회전속도, 서머스탯 등의 결함여부를 모니터링하여야 한다. OBD-II에서는 위의 배기관련 부품의 열화도가 어떤 제한치 이상을 초과하게 될 경우 경고등이 점등되도록 의무화하는 등 배출가스 제어 부품들의 기능상의 저하도 엄격하게 지시하도록 규제하고 있다. OBD는 미국 캘리포니아에서 제일 먼저 도입하였고 나라별로 상이한 형태로 확장규격을 정하여 운영하고 있다.

(5) 연비(fuel economy) 규제

자동차의 연비가 우수할 경우 온실가스인 이산화탄소뿐만 아니라 미연탄화수소, 일산화탄소, 질소산화물 등의 배출을 감소시키는 것으로 증명되었다. 미국 고속도로교통안전국 NHTSA(National Highway Traffic Safety Administration)에서는 1978년 기업평균연비인 CAFE(Corporate Average Fuel Economy)가 어느 기준치 이하가 될 경우 '$14/0.1mpg(mile per gallon)×생산대수'로 벌금(penalty)을 부과함으로써 연비저감 노력을 의무화하고 있다. 현재 선진국에서는 기업평균연비 기준값을 지속적으로 상향시키면서 자국의 기술우위에 의한 외국산 자동차의 간접적 수입제한을 합법적으로 시행하고 있다. 지금까지 기업평균연비는 점진적으로 개선되고 있는데, 이는 내연기관 자동차의 개선효과라기보다는 친환경 자동차인 전기자동차의 보급과 판매의 증가가 연비저감의 가장 큰 이유라고 볼 수 있다.

(6) In-Use 규제

새 자동차가 시판된 후 일정기간이나 일정거리를 주행한 차량을 수거하여 인증할 때와 동일한 배출가스 시험을 실시한다. 이때 소정의 기준을 반복적으로 불합격하면 차량에 대한 리콜(recall)을 실시한다.

(7) 기타 배출가스 규제

현재 국내와 미국에서 채택하고 있는 배출가스 시험절차인 FTP(Federal Test Procedure) 사이클은 실제 자동차의 가속도, 최고속도 등의 주행상태를 제대로 반영하지 못하는 것으로 증명되었다. 이를 보충하기 위해 미국에서는 SFTP(Supplemental FTP) 사이클을 추가하여 별도로 HC/CO/NO_x 등의 규제를 강화하고 있다. 또한 −7℃에서의 cold CO의 배출을 규제하고 있다. 기타 배출가스 시험용 연료의 성분을 규제하며 계절별로 연료의 증발압력도 규제하고 있다.

9-3-2 배출가스 규제 추세

산업혁명 이후 인간의 무분별한 개발과 화석연료의 과소비는 지구온난화, 오존층 파괴, 산성비의 증가 등을 유발하면서 지구환경을 급속도로 파괴하는 상황에 이르렀다. 1990년 이후 지구환경의 오염문제가 본격적으로 전 세계적인 관심사가 되었고 미국, EU 등 선진국을 중심으로 오염물질을 제한하려는 환경규제 조치가 강화되었다. 최근에는 국제간에 환경과 무역을 연계시키려는 움직임이 가시화되고 있고 국내에서도 환경문제에 대한 적극적인 대응방안이 마련되어야 할 시점이다.

선진국의 자동차 배출가스 규제치는 수출차량이 수입국가의 환경기준치를 충족시키지 못할 경우 법에 의거하여 상당한 과징금을 부과한다. 이런 규정은 기술개발 수준이 낮은 자동차회사들에게는 합법적인 수출장벽으로 작용한다. 자동차의 배출가스를 규제한 최초의 지역은 미국의 캘리포니아주에서 1954년 발생한 LA 스모그가 큰 환경문제가 된 이후 1967년부터 자동차 배출가스를 규제하기 시작했다. 이후 미국 연방정부가 1968년부터 미국 전역에서 배출가스 규제를 시행하였고 일본과 유럽연합은 1973년과 1974년에 각각 본격적인 배출가스 규제를 시작하였다. 국내에서는 1980년에 배출가스 규제가 시작된 이후 1987년 대폭적인 강화조치가 시행되었다. 그리고 2006년부터 미국과 동일한 기준으로 배출가스 규제치가 상향되기에 이르렀다.

배출가스 규제와 관련된 법규는 크게 배출가스, OBD 및 연비의 관점으로 구분할 수 있다. 현재 주요 배출가스 관련 법규의 현황과 향후의 방향에 대하여 간단히 살펴보면 다음과 같다.

(1) 배출가스

2020년 현재 2017년 연식(MY: model year)의 자동차부터 TIER-3/LEV-Ⅲ 법규가 적용되고 있고 저온에서의 CO 항목도 추가로 규제한다. 이는 지금까지의 상온 배기규제 영역뿐만 아니라 저온을 포함한 일반 운전영역에서도 배출가스 규제를 강화하려는 의도로 볼 수 있다. 앞으로 배출가스 법규 부문은 급격한 변동이나 항목의 추가는 많지 않을 것으로 예상된다. 그러나 전기자동차, 하이브리드자동차 등과 관련된 시험절차, 보정, 규제치 등이 추가되어 검토될 것으로 예상된다.

(2) OBD

배출가스 분야와 마찬가지로 저온에서의 CO 배출에 대한 모니터링을 강화하고 있다. 실제 현장에서 일반 정비원이 현재 적용하고 있는 OBD-II에 쉽게 접근하도록 서비스용 정보제공을 강화하고 있다. 또한 고장진단 장비(스캐너)의 성능 강화, 더 짧고 잦은 시간간격의 모니터링, 더 많은 오류 코드의 저장, 차량의 고유번호(VIN) 저장, 차량용 네트워크의 통신 프로토콜을 CAN, CAN FD, LIN, MOST, Ethernet 등으로 다양화하고 있다.

(3) 연비

지구온난화의 주된 요인으로 차량의 운행에서 배출되는 이산화탄소가 지목되고 있다. 따라서 앞으로도 연비향상에 대한 법규는 지속적으로 강화될 것으로 예상된다. 한편 운전자들이 실제 경험하는 주행연비와 공인연비와의 괴리를 보상할 수 있도록 새로운 연비 계산식에 대한 요구가 커지고 있다. 또한 향후 시장에서의 판매가 증가할 디젤승용차, 전기자동차, 하이브리드자동차, 연료전지자동차, 대체연료자동차 등에 대한 법규가 새로 제정되거나 기존의 법규를 보완하는 과정이 필요할 것이다.

9-3-3 배출가스 규제치

자동차 배출가스 규제에 대한 법규는 국가마다 또는 같은 국가에서도 지역마다 상이하고 도입시점이나 도입비율도 연도별로 차이가 있다. 그러나 전체적으로 그 차이는 큰 틀에서 벗어나지 않는다. 국내 가솔린자동차의 배출가스 규제치는 미국의 법규를 준용하고 있고 경유자동차의 경우 EU의 규제치를 따르고 있다. 배출가스 규제에 대한 자세한 법규와 규제치는 국내의 환경부, 미국의 연방 환경청, 캘리포니아 대기보존국의 웹사이트를 참조하면 좋을 것이다. 여기에서는 전체적인 자동차의 배출가스 규제에 대한 개념을 파악하고자 살펴본다. 따라서 배출가스 규제의 역사가 가장 길고 엄격하게 행하고 있는 미국의 캘리포니아주의 배출가스 규제치를 간단하게 소개할 것이다. 그리고 미국과 동일한 허용기준의 가솔린자동차(경차와 가스자동차도 가솔린자동차의 규제와 동일)와 경유자동차로 구분하여 국내 규제치를 살펴보기로 하자.

북미 지역에서 자동차로 인한 대기오염도가 가장 심한 캘리포니아주는 다음의 표 9-1과 같은 규제치를 시행하고 있다. 1996년부터 50,000마일(괄호 안의 TLEV는 100,000마일, 나머지는 120,000마일) 주행한 자동차에서 배출되는 주요 배출가스 규제 수준을 기준으로, TLEV(Transitional Low Emission Vehicle), LEV(Low Emission Vehicle), ULEV(Ultra Low Emission Vehicle), SULEV(Super Ultra Low Emission Vehicle), ZEV(Zero Emission Vehicle) 5단계로 구분하였고 단계적인 저공해차 도입과 판매비율의 상향(phase-in)을 제시하였다. 캘리포니아주는 연방정부보다 더 강력한 총량적 배출가스 규제를 위해 LEV 기준이 마련되었는데, 1990년 LEV Ⅰ이 도입되었고 1999년 더욱 강화된 LEV Ⅱ 기준이 적용되었으며 2012년에는 현재까지 적용되고 있는 LEV Ⅲ를 도입하였다. LEV Ⅲ 규제기준에서는 자동차 유형이 차량총중량에 다라 세분화되고 LEV, ULEV, SULEV를 구분하여 배출기준을 설정하였다. 또한 비메탄계 유기가스(NMOG)와 질소산화물(NOx)을 합한 'NMOG+NOx'의 기준 도입과 보증기간을 기존의 12만 마일에서 15만 마일로 증가시켰다.

표 9-1 배출가스 허용기준의 구분

구 분	배출가스 허용기준(g/mile)		
	NMOG	CO	NOx
1995년 이전	0.25(NMHC)	3.4	0.4
TLEV	0.125(0.156)	3.4(4.2)	0.4(0.6)
LEV	0.075(0.090)	3.4(4.2)	0.05(0.07)
ULEV	0.040(0.055)	1.7(2.1)	0.05(0.07)
SULEV	0(0.010)	0(1.0)	0(0.02)
ZEV	0(0)	0(0)	0(0)

참고-1) NMHC(NonMethane HydroCarbon): 非메탄계 탄화수소
NMOG(NonMethane Organic Gas): 非메탄계 유기가스(=NMHC*1.04)

승용차와 총중량이 8,500파운드(3,856kg) 이하인 차량(트럭)에 대해 캘리포니아주에 적용되고 있는 LEV Ⅲ 배출기준은 아래 표 9-2와 같다.

표 9-2 캘리포니아 LEV Ⅲ 배출기준(FTP-75, 운행거리 150,000마일 기준)

구분	NMOG+NOx	CO	HCHO	PM
	g/mile	g/mile	g/mile	g/mile
LEV160	0.160	4.2	4	0.01
ULEV125	0.125	2.1	4	0.01
ULEV70	0.070	1.7	4	0.01
ULEV50	0.050	1.7	4	0.01
SULEV30	0.030	1.0	4	0.01
SULEV20	0.020	1.0	4	0.01

참고-1) HCHO: 포름알데히드
PM(Particulate Matter): 입자상물질

자동차회사는 배출가스 인증을 위하여 양산 전에 수출차량이 해당 국가의 배출가스 기준을 만족한다는 것을 입증을 하여야 수출이 허가되고, 배출가스 인증을 취득한 후 15만 마일을 주행한 차량에 대해 해당 국가의 환경청에서 다시 배출가스 기준이 적합한지 확인하는 절차를 갖는다. 이때 배출가스 기준을 만족시키지 못할 경우 지금까지 수출한 차량대수에 대해 상기에서 계산된 범칙금을 납부하여야 한다.

환경부는 2006년부터 국내에서 배출되는 자동차 허용기준을 단계적으로 강화(phase-in)하도록 하였다. 이 조치는 미국 캘리포니아의 LEV-Ⅲ 규제(ULEV 수준)와 동일하며 2016년부터 모든 생산차에 대해 적용되고 있다. 다음의 표 9-3은 가솔린자동차에 대한 배출가스 규제치를 보여주고 있다. 배출가스 단위로는 국내는 g/km, 미국에서는 g/mile을 사용하므로 표 9-1의 ULEV 규제수준과 표 9-3의 규제치는 동일함에 유의하여야 한다.

표 9-3 국내 가솔린자동차 배출가스 규제치

(단위: g/km)

차종	CO	탄화수소(배기관가스) 및 질소산화물	탄화수소		HCHO	측정방법
			블로바이가스	증발가스		
경자동차, 소형 승용·화물차, 중형 승용·화물차	2.61	0.100	0g/1주행	0.35g/테스트 이하	0.005	CVS-75 모드
	5.97	0.087	-		0.005	US06 모드
	2.00	0.062	-		0.007	SC03 모드

참고-1) HCHO 기준은 알코올만을 연료로 사용하는 자동차 또는 알코올을 혼합하여 사용하는 자동차에 한정하여 적용함

참고-2) cold CO 규제: 소형승용차에 저온(-6.7℃) 시동 시 6.3g/km 이하로 함

참고-3) NMOG=NMHC*1.04

참고-4) CVS-75(=FTP-75), US06, SC03 모드는 미국 환경청(EPA)에서 적용하고 있는 인증시험 방법임. CVS-75는 LA 시내 주행모드를 모사한 모드, US06은 고속 또는 급가속과 같은 가혹한 운전 패턴을 반영한 모드, SC03은 짧은 시간 동안의 급격한 속도변화와 시동 직후 운행 패턴을 반영한 모드임. US06과 SC03 모드를 SFTP(Supplemental Federal Test Procedure)라고 명명함

국내 경유에 대한 배출가스 규제는 2014년부터 발효된 EURO 6 규제치를 만족시키도록 허용기준을 강화하였다. 다음의 표 9-4는 2017년부터 적용된 국내 경유자동차의 차종별 배출가스 허용치를 표시하고 있다.

표 9-4 국내 디젤자동차 배출가스 규제치

(단위: g/km)

차종 구분		CO	NO_x	$HC+NO_x$	PM	입자개수	측정방법
경자동차, 소형 승용차, 중형 승용차		0.50	0.08	0.17	0.0045	6×6011 #/km 이하	WLTP
소형 화물차, 중형 화물차	RW ≤ 1,305kg	0.50	0.08	0.17	0.0045	6×6011 #/km 이하	
	1,305kg < RW ≤ 1,760kg	0.63	0.105	0.195	0.0045	6×6011 #/km 이하	
	RW > 1,760kg	0.74	0.125	0.215	0.0045	6×6011 #/km 이하	
대형 승용차·화물차, 초대형 승용차·화물차		1.50 g/kWh	0.40 g/kWh	0.13 g/kWh	0.01 g/kWh	6×6011 #/km 이하	WHSC
		4.0 g/kWh	0.46 g/kWh	0.16 g/kWh	0.01 g/kWh	6×6011 #/km 이하	WHTC

참고-1) HC는 NMHC

참고-2) RW(Reference Weight): 공차중량에서 운전자 중량(75kg)을 뺀 후 100kg을 더한 수치임

참고-3) 매연은 출고시를 기준으로 무부하급가속에서 측정

참고-4) 대형(초대형) 승용차·화물차의 경우 '$HC+NO_x$' 는 THC만 측정

참고-5) WLTP(Worldwide Harmonized Light Vehicles Test Procedure), WHSC(World Harmonized Steady Cycle), WHTC(World Harmonized Transient Cycle)는 배기가스, 이산화탄소 배출량, 연비, 전기차의 주행가능 거리 등을 측정하는 방법임

완성차 자동차회사와 연구소, 자동차 관련 부품업체들은 이렇게 연차적으로 강화되는 배출가스 규제치를 만족시키기 위하여 연소환경 개선, 전자제어시스템 강화, 후처리장치인 촉매의 성능 향상 등 적용기술을 다양화시키면서 규제강화 조치에 탄력적으로 대응하고 있다. 기타 자동차의 배출가스 규제항목으로 포함되어 있는 연비규제, 증발가스 규제, cold CO 및 HC, ZEV 관련사항, OBD-II, 내구인증 등은 생략하기로 한다.

최근 배터리의 발전과 함께 배터리 전기자동차의 보급이 확산되고 있다. 또한 국내 완성차 업체가 경쟁력을 갖고 있는 수소 연료전지자동차의 판매도 정부의 지원하에 충전소의 확대 정책과 함께 급격하게 증가할 것으로 전망된다. 향후 미국, EU 등 자동차 선진국에서는 친환경 자동차의 보급과 함께 기존 내연기관 자동차의 배출가스 규제치를 더욱 상향시킴으로써 대기환경을 보존하기 위한 노력을 더욱 강화할 것으로 예상된다. 산업경제 측면에서 국가 기간산업을 견인해 온 국내 자동차산업 관계자는 앞으로도 친환경 자동차의 개발과 내연기관 자동차의 배출가스 저감에 대한 연구개발에 더욱 박차를 가하여 국가 경쟁력 향상에 기여해야 할 것이다.

9-4 자동차의 배출가스 시험

자동차회사(생산자)는 국내 대기환경보전법 제46조 "자동차를 제작(수입을 포함)하고자 하는 자는 그 자동차에서 나오는 오염물질(배출가스)이 환경부령이 정하는 허용기준(제작차 배출가스 허용기준)에 맞도록 제작하여야 한다"에 따라 배출가스를 정해진 허용기준에 적합하도록 생산하여야 한다. 또한 자동차회사는 생산된 자동차를 판매할 경우 대기환경보전법 제48조 "자동차제작자는 자동차를 제작하려면 미리 환경부장관으로부터 그 자동차의 배출가스가 배출가스보증기간에 제작차배출허용기준에 맞게 유지될 수 있다는 인증을 받아야 한다"의 법조항에 따라 소정의 배출가스 허용기준 시험을 통과하여야 한다.

9-4-1 배출가스 시험장치

배출가스 시험장치는 그림 9-3에서 보여주는 바와 같이 섀시 동력계(chassis dynamometer), 일정체적 시료채취장치(CVS: Constant Volume Sampler), 배기분석기, 운전자를 위한 운전모드 표시장치, 기타 보조 장치들로 구성된다.

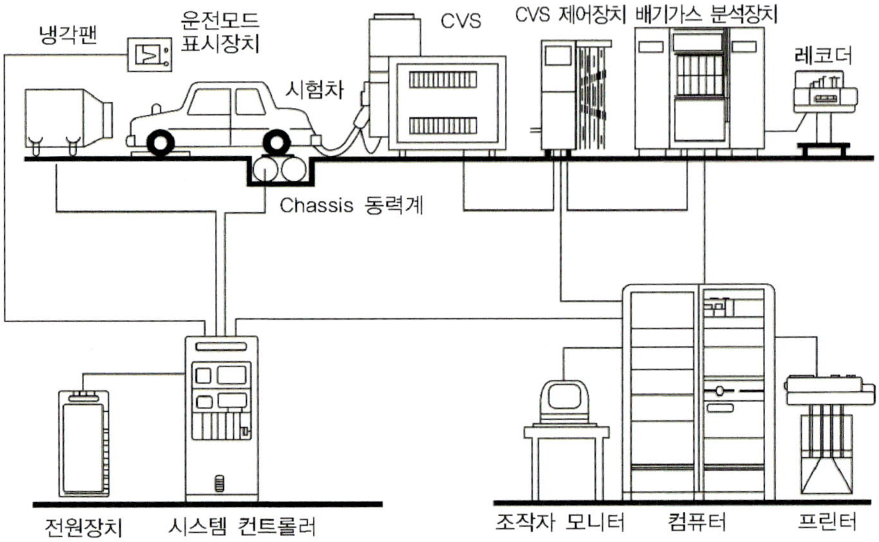

그림 9-3 배출가스 시험장치의 구성

섀시 동력계는 기본적으로 자동차가 주행할 때 받는 모든 부하를 정확하게 재현하기 위해 설치된다. 자동차가 도로에서 받게 되는 힘은 자동차의 무게로 인한 관성력(inertia force), 노면과 바람에 의한 마찰력(road load)이 대표적이다. 보통 관성력은 상당시험중량인 ETW(Equivalent Test Weight)의 형태로 동력계에 인가되고 마찰력은 타행시험(coast-down test)에 의해 구한다. 이것은 실제 도로상에서 차량의 속도가 55mph → 45mph(88km/h → 72km/h)로 떨어지는 시간을 측정하여 이를 중량으로 환산한 부하를 동력계에 인가하는 것이다. 구동바퀴에 걸린 롤러의 하중이 자동차의 주행 시에 걸리는 부하를 대체한다.

배출가스 시험방법은 위의 시험 자동차의 주행 시 부하를 계산하여 동력계에 인가해 놓고 운전자는 운전모드 표시장치에 나타나는 정해진 주행모드를 따라 주행할 때 배기 파이프에서 배출되는 가스를 채취한다. 이때 시료채취 방식으로 배출가스의 일부를 직접 채취하는 직접채취(direct sampling)방식과 배출가스와 공기를 일정유량으로 혼합·희석하여 테프론백에 채취하는 CVS 방식이 있다. 현재 대부분의 나라에서는 CVS 방식을 사용하고 있다. 샘플링백에 채취된 시료는 배출가스 분석장치로 보내고 배출가스 분석장치에서는 희석된 배출가스를 분석하여 배출가스 수준과 연비를 계산하게 된다. 배출가스 분석장치에서 탄화수소는 수소염이온화검출기(FID: Flame Ionization Detector), 일산화탄소와 이산화탄소는 비분산적외선검출기(NDIR: Non-Dispersive Infrared Detector), 질소산화물은 화학발광검출기(CLD: ChemiLuminescent Detector)에 의해 각각 정량적으로 측정된다. 또한 디젤자동차에서 발생하는 입자상물질은 희석터널(dilution tunnel)을 통과시켜 측정된다. 자세한 배출가스 분석장치의 측정원리는 배출가스 분석장치의 제조업체에서 제공하는 매뉴얼을 참고하면 좋을 것이다.

한편 증발가스(evaporative gas)는 증발가스 시험설비인 SHED(Sealed Housing for Evaporative Determination)에서 측정한다. 또한 저온이나 고온에서의 시동성과 운전성 시험, 차량용 ECU 매핑(mapping) 등은 온도와 습도, 풍속 등이 임의로 조절될 수 있는 환경시험실(environmental chamber)에서 수행된다. 자동차회사에서는 차량의 배출가스 정화시스템의 열화계수(deterioration factor)를 구하기 위해 짧은 기간에 실제 도로에서의 주행 누적 효과를 내는 자동내구장비(MACD: Mileage Accumulation Chassis Dynamometer)를 보유하고 있어야 한다.

9-4-2 배출가스 시험모드

자동차에서 배출되는 유해가스를 규제하는 법규는 크게 미국, 유럽, 일본 방식으로 구분된다. 배출가스 규제법에 따라 섀시 동력계에서 주행하는 시험모드도 표 9-5와 같이 한국, 미국, 일본으로 구분되나 전체적인 틀에서 배출가스나 연비를 구하는 기본적인 개념은 동일하다고 볼 수 있다. 국가와 지역마다 다른 배출가스 시험모드는 엔진회전속도, 부하, 가속과 감속, 변속, 차량속도 등에 따라 큰 차이가 있다. 따라서 동일한 차량의 시험결과일지라도 당연히 상이한 결과를 보인다.

표 9-5 한국, 미국, 일본의 배출가스 측정 시험모드(도시주행)

항 목	한국,	미국	일본
	CVS-75	FTP-75	10-Mode
사이클 거리(km)	17.84	17.84	0.664
주행시간(s)	1877	1877	135
평균속도(km/h)	34.3	34.3	17.7
아이들 제외 평균속도(km/h)	41.6	41.6	24.15
최대속도(km/h)	91.2	91.2	40
아이들(%time)	18.0	18.0	26.7
가속(%time)	33.1	33.1	24.4
정속(%time)	20.4	20.4	23.7
감속(%time)	28.5	28.5	25.2
출발상태	Cold	Cold	Warm
운전특성	도시주행	도시주행	도시주행
배출가스 채취방법	CVS 방법	CVS 방법	CVS 방법

참고) FTP: Federal Test Procedure

현재 국내 배출가스 시험방법은 LA 시가지 주행패턴을 상사한 미국의 FTP-75 모드가 1987년 도입되었는데 명칭만 CVS-75 시험법이라고 한 채 동일하게 운용되고 있다. 그림 9-4는 우리나라와 미국의 배출가스 시험모드인 FTP-75(국내에서는 CVS-75라고 함)의 주행패턴을 표시하고 있다. 처음 냉간 출발에서 505초(0~505초), 천이상태의 운전이 867초(505~ 1,372초), 이후 10분(600초) 휴식 후에 다시 열간 출발에서 505초(1,372~1,877초)의 시간 동안 주행한다. 고속도로 주행 시 배출되는 질소산화물과 연비를 측정하기 위하여 최근 사용되는 고속도로 주행모드인 HWFET(HighWay Fuel Economy Test)를 그림 9-5에 표시하였다.

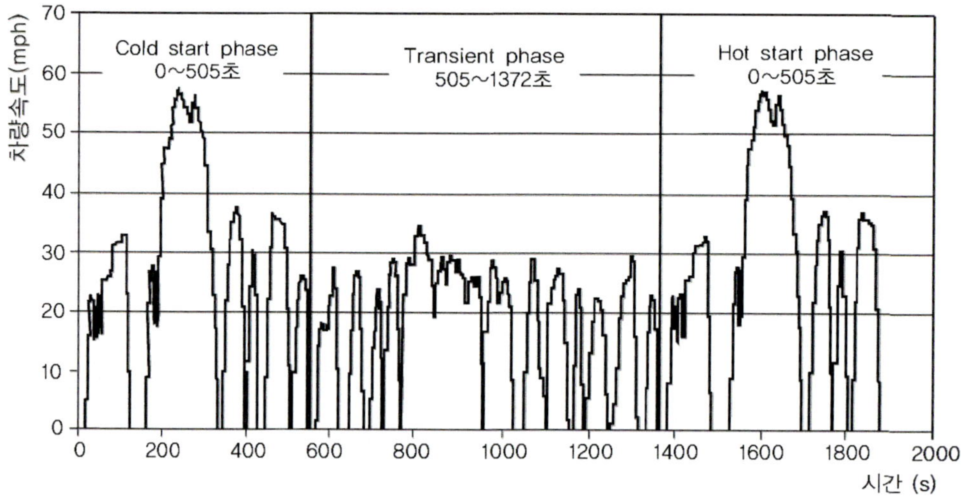

그림 9-4 미국의 FTP-75(국내 CVS-75) 주행모드

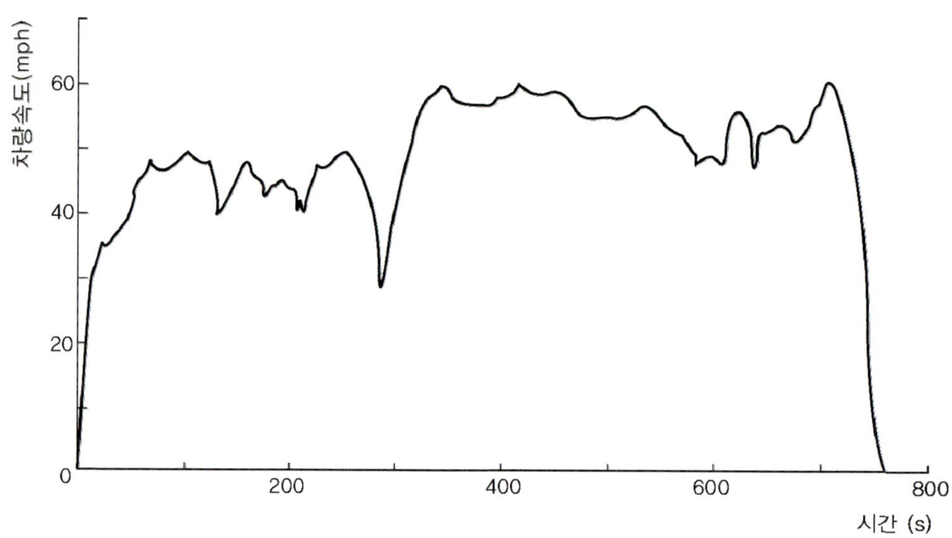

그림 9-5 미국의 HWFET 주행모드

한편 기존 FTP-75나 HWFET 시험모드에 의한 연비가 운전자의 운전습관이나 실제도로에서의 운전조건을 잘 반영하지 못하고 있다는 소비자 불만이 많다. 이에 따라 미국 환경청(EPA)에서는 그림 9-6과 같이 에어컨의 가동상태와 급격한 속도변화를 반영한 SC03 모드와 고속·고부하에서의 운전패턴을 고려한 US06 모드를 추가하여 만든 SFTP(Supplemental FTP) 사이클을 2001년부터 도입하였다.

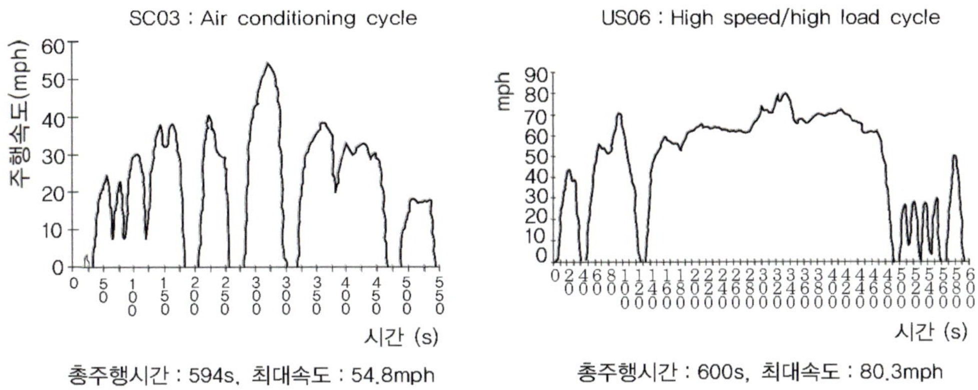

그림 9-6 미국의 SFTP 주행모드

그림 9-7은 일본의 시내주행인 Japan-10 모드에 고속도로 주행모드인 Japan-11 모드가 복합된 Japan-10·15의 주행패턴을 나타내고 있다.

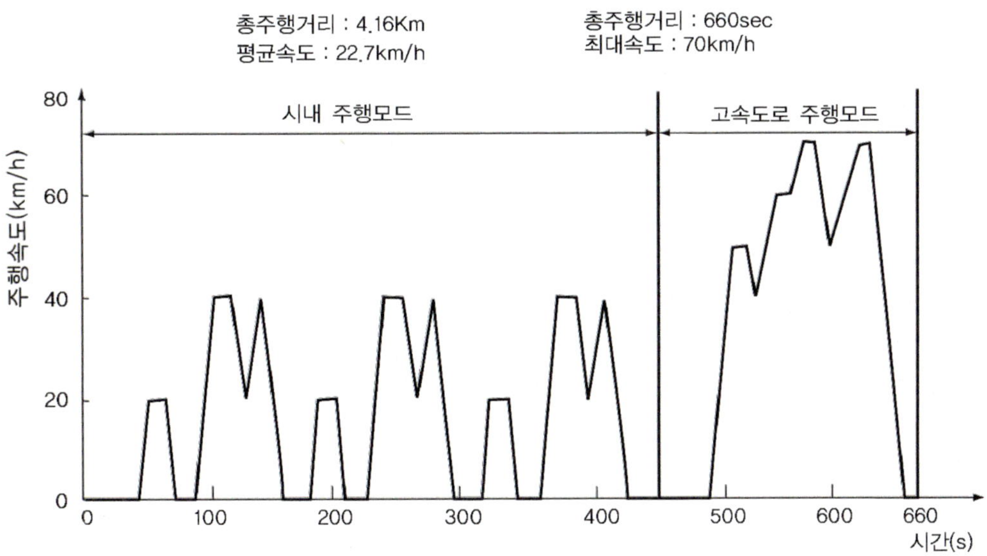

그림 9-7 일본 Japan 10·15 주행모드

자동차의 배출가스 개발은 각 국가에서 정한 배출가스 허용기준치와 이를 검증하기 위한 시험방법을 중심으로 이루어지기 때문에 시험방법이 매우 중요함을 알 수 있다. 배출가스 시험을 위한 주행모드가 실제 도로에서 운전자들의 운전특성을 제대로 반영하지 못할 경우 법규상으로는 배출가스 기준을 충족시키더라도 실제로는 대기오염을 저감시키는 데 한계를 보일 수밖에 없다. 향후 배출가스 규제치와 시험방법을 결정하는 해당 국가의 관청에서는 실제 도로 상황과 운전자의 운전습관 등을 제대로 분석하여 새로운 주행모드를 개발함으로써 대기오염 방지의 실효성을 향상시키려고 노력해야 한다.

9-4-3 배출가스로부터 연비의 계산

연비는 '연료소비율(fuel consumption)'의 약자로 국내에서의 단위로는 일반적으로 연료 단위체적당 주행한 거리인 'km/ℓ'가 사용된다. 자동차의 연비개선에 대한 요구는 화석연료의 고갈 가능성, 화석연료 사용에 따른 지구온난화 해소, 배출가스 저감, 차량 운행경비 절감 등의 관점에서 더욱 거세지고 있다. 2005년부터 발효된 교토의정서에 따라 선진국들은 온실가스를 대폭 감축하여야 한다. 또한 온실가스의 배출권 거래(emission trading)가 가능하도록 법제화되었다. 우리나라는 한국은 현재 세계 10위권의 화석연료 사용국으로 화석연료의 소비를 축소할 효과적인 방안이 마련되어야 한다.

선진국에서 실시하고 있는 연비규제는 기업평균연비(CAFE)제도, 연비표시제도, 목표연비제도, 최저연비제도, 연료과소비제도 등 여러 종류가 있으나 각기 장단점이 있고 그 영향력이 다르다. 그러나 모든 연비규제의 기본 취지는 연비개선을 위한 자동차업체의 기술개발 의지를 향상시키는 데 있다. 미 연방정부는 제1차 석유파동 이후인 1978년부터 자동차회사가 기업평균연비(CAFE)의 설정된 기준치를 만족시키도록 의무화하고 있다. 어느 자동차회사의 기업평균연비는 미국에 판매하는 모든 차량모델에 대한 가중 평균연비를 의미하는 것으로 차종별로 평균 연료효율이 정해진 기준에 미달하는 경우 상당한 과징금을 부과한다. 2025년까지 현재 CAFE의 표준은 승용차 및 소형 트럭의 경우 54.5mpg이었으나 이를 준수하기는 현실적으로 어려울 것이다. 미 연방정부에서는 이러한 연비규제를 통하여 자동차회사가 연비를 지속적으로 개선하도록 요구하고 있다.

자동차의 연비는 연료라인 계통에서 엔진으로 들어가는 연료의 체적이나 질량 그리고 주행거리를 직접 측정하여 계산한다. 또한 배출가스 주행모드 시험인 CVS-75 모드를 운전할 때 시료 채취백에 포집된 배출가스를 분석하여 환산하는 방법도 널리 사용된다. 국내에서 공인 연비로 공표되는 것은 후자의 시험에 의한 값이다. 현재 정부가 허용한 공인연비 인증기관으로는 국립환경연구원, 한국에너지기술연구원, 자동차성능시험연구소, 자동차부품연구원 등이 있다. 배출가스에 의한 연비는 탄소균형법(carbon balance method)으로 계산한다. 이는 연료에 포함된 탄소량과 배출가스의 이산화탄소(CO_2), 탄화수소(HC), 일산화탄소(CO)에 포함된 탄소량의 합은 같다는 원리를 이용한다. 탄소균형법은 다음과 같은 방법으로 연비가 계산된다.

(1) 차량이 사용한 액체연료는 CH_n, 이 연료의 밀도는 D(g/cc)이며 FTP-75 모드주행 후 측정된 배출가스가 CO(g/km), HC(g/km: CH_n로 가정), CO_2(g/km)라고 가정한다.

(2) 연료 1몰 중의 탄소중량은 C_m(g/g) = 12.011/(12.011+1.008×n)이고 연료 1리터 중에 함유된 탄소중량은 다음과 같다.

$$WC_f(g/L) = 1,000 \times D \times C_m \tag{9-4}$$

또한 1km 주행 시 배출되는 각 배출가스의 탄소 중량은 다음과 같다.

$$HC:\ HC(g/km) \times 12.011/(12.011+1.008 \times n) = C_m \times HC(g/km) \tag{9-5}$$

$$CO:\ CO(g/km) \times 12.011/(12.011+16) = 0.429 \times CO(g/km) \tag{9-6}$$

$$CO_2:\ CO_2(g/km) \times 12.011/(12.011+16 \times 2) = 0.273 \times CO_2(g/km) \tag{9-7}$$

한편 1km 주행 시의 배출되는 총탄소중량은 식(9-5), (9-6), (9-7)의 합으로서 다음과 같이 표시된다.

$$WC_k(g/km) = C_m \times HC(g/km) + 0.429 \times CO(g/km) + 0.273 \times CO_2(g/km) \tag{9-8}$$

(3) 상기 식으로부터 연료 1리터로 주행할 수 있는 거리인 연비 FE는 다음과 같이 구할 수 있다.

$$\begin{aligned} FE(\mathrm{km/h}) &= \frac{WC_f}{WC_k} \\ &= \frac{1,000 \times D \times C_m}{C_m \cdot HC(\mathrm{g/km}) + 0.429 \cdot \mathrm{CO}\ (\mathrm{g/km}) + 0.273 \cdot \mathrm{CO_2}(\mathrm{g/km})} \end{aligned} \tag{9-9}$$

위의 관계식(9-9)에 가솔린과 디젤자동차에 관한 표 9-6의 값을 대입하여 연비를 구하면 다음과 같다.

$$가솔린 : FE(\mathrm{km/L}) = \frac{640}{0.866\,\mathrm{HC} + 0.429\ \mathrm{CO} + 0.273\ \mathrm{CO_2}} \tag{9-10}$$

$$디젤 : FE(\mathrm{km/L}) = \frac{734}{0.866\ \mathrm{HC} + 0.429\ \mathrm{CO} + 0.273\ \mathrm{CO_2}} \tag{9-11}$$

표 9-6 연료별 물성치

변 수	가솔린	디 젤
n	1.85	1.85
D(g/cc)	0.74	0.848
C_m	0.866	0.866
$WC_f = 1,000 \times D \times C_m$	640	734

9-5 배출가스 저감기술

자동차에서 배출되는 배출가스를 줄이려는 노력은 크게 3가지 관점에서 접근한다. 첫 번째로 엔진 본체를 개량하여 배출가스 생성을 줄이려는 노력이고 두 번째는 전자제어시스템을 도입하여 정밀제어를 수행하는 것이다. 마지막으로 효과적인 배출가스 저감은 후처리 기술(aftertreatment technology)의 활용인데, 이는 촉매와 배기 부품의 기술적 개선을 통해서 이루어질 수 있다.

우선 엔진의 개량을 통한 배출가스 저감기술로서 가솔린에서는 희박연소엔진(lean burn engine)의 개발, 연소실 내 직접분사(GDI: Gasoline Direct Injection) 방식 엔진의 개발, 과급기를 이용한 downsizing 등이 거론되고 있다. 디젤엔진에서는 커먼레일(common rail)을 이용한 고압연료분사 방식이 널리 적용되면서 배출가스와 연비를 줄이는 데 일조하고 있다. 그림 9-8은 커먼레일 방식을 보여주고 있는데 주요 구성요소로 고압펌프, 커먼레일, 압력조정밸브, 압력센서, 인젝터, ECU 등이 있다. 또한 EGR을 이용하여 질소산화물을 줄이려는 시도는 그동안 꾸준하게 적용된 기술이다.

시내에서 주행하는 자동차의 운전영역은 가・감속운전모드(transient mode)가 빈번하고 정속운전모드(steady mode)일 경우에도 엔진회전속도와 부하가 폭넓게 변한다. 이렇게 급속하고 빈번하게 변동되는 운전조건에서 배출가스를 줄이기 위해서는 공연비가 삼원촉매의 높은 정화효율 영역(좁은 영역)으로 맞추어지도록 제어해야 한다. 정밀제어에 의한 배출가스 저감 노력은 정확한 공연비 제어를 통해 삼원촉매에서의 정화효율의 극대화, 감속 시 연료의 공급 제한, 다수의 O_2 센서 장착, 개별 실린더별 공연비 제어, 천이상태에서 발생하는 공연비 점프(A/F spike)를 방지하기 위한 전자 스로틀 제어(electronic throttle control) 등이 있다. 또한 배출가스를 줄이기 위한 노력으로 자동차 개발 현장에서는 부품열화와 환경변화에 따른 적응 공연비 제어(adaptive A/F control),

VVT(Variable Valve Timing) 채택, 스월(swirl)과 텀블(tumble) 유동을 이용한 급속연소, EGR에 의한 NO_x의 저감 등의 기술을 적용하고 있다. 디젤엔진에서는 주로 연료분사밸브의 분사압력 고압화, 분사압력 제어, 분사율 제어, 전자제어기술 확대, 분무의 미립화 등의 기술이 폭넓게 적용된다.

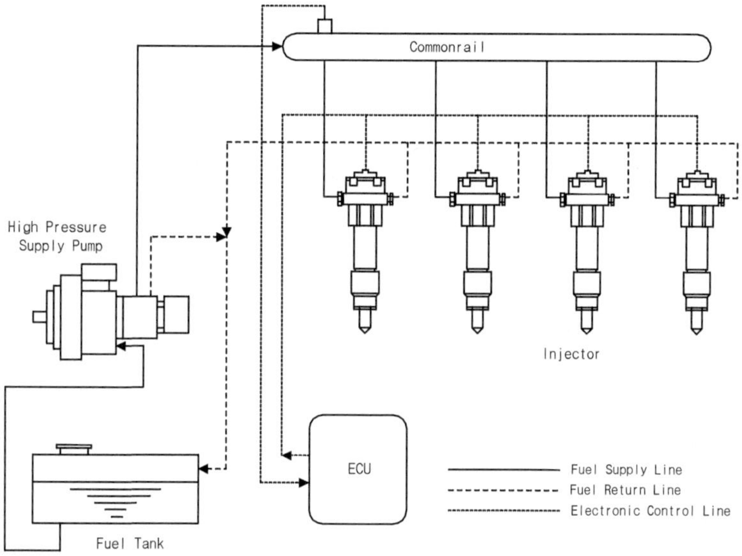

그림 9-8 직접분사식 커먼레일 방식의 구성

촉매나 배기관련 부품의 기술적 개선을 통한 배출가스 저감노력은 가장 직접적이면서도 효과적인 방법으로 각광받고 있다. 미국에서 1975 산화촉매, 1981년부터 Pt/Pd/Rh이 포함된 삼원촉매(TWC: Three Way Catalytic converter)가 장착되기 시작하였고, 국내에서는 1987년부터 삼원촉매가 적용되었다. 국내의 CVS-75 운전모드에서 측정되는 HC는 최초 시동 2분 이내에 전체의 80% 이상이 배출되고 CO도 이 기간 동안 상당히 많이 배출되는 것으로 분석된다. 저온시동 시의 CO와 HC 저감대책으로 산화반응이 일어나도록 적절한 산소를 공급하거나 촉매를 반응온도까지 신속하게 가열시키는 방법이 활용된다. 일반적으로 촉매는 표면온도가 500℃ 이상이 되어야 높은 정화효율을 나타낸다. 우선 자동차 시동 직후에 상당량 배출되는 대기오염물질을 줄이려면 촉매 정화효율이 50%에 이르는 촉매 예열온도(light-off temperature, 보통 250~300℃)에 도달하는 시간이 상당히 단축되어야 한다. 이와 같이 촉매를 예열하기 위해 촉매를 엔진 배기매니폴드 근처에 설치하여 촉매를 빠르게 가열하는 CCC(Closed-Coupled Catalyst), 전기적으로 촉매의 담체를 가열하는 EHC(Electrically Heated Catalyst)의 장착이 적용되고 있다. 또한 촉매의 담체에 코팅하는 귀금속의 양을 증가시키는 방안도 연구되고 있다.

또한 저온플라즈마를 이용한 자동차용 후처리장치의 개발이 활발한데 이것은 고전압의 전기적인 방전(discharge)으로 전자에 에너지를 가하여 얻는 플라즈마를 이용하는 기술이다. 플라즈마는 NO_x를 저감시키는 기술로 응용되고 있으나 디젤자동차에서는 입자상물질을 저감시키는 데에도 널리 활용된다. 증발가스 저감을 위해서는 정밀한 캐니스터 제어, 연료라인의 각종 호스나 fuel filler cap의 밀봉상태, 주유건의 노즐부위의 밀봉상태를 강화하여 억제시키는 방법을 사용한다.

디젤자동차에서는 NOx와 입자상물질(PM)이 가솔린자동차에 비해 다량으로 배출되는 것으로 알려져 있다. 가솔린엔진은 노킹이 발생하는 연소특성상 버스나 트럭과 같이 중대형 차량에서 필요로 하는 대형 배기량(6,000cc 이상)을 맞추기는 어렵다. 오랫동안 국내에서는 시내버스, 고속버스, 중대형 트럭 등에는 디젤자동차가 사용되었고 승용차는 대부분 가솔린엔진을 탑재한 자동차가 보급되었다. 디젤엔진은 가솔린엔진의 취약점인 노킹이 없기 때문에 가솔린엔진보다 상대적 고압축비가 가능하므로 이로 인해 더 높은 열효율을 발휘할 수 있다. 또한 가솔린차량에서는 부하조절에 필수적으로 스로틀밸브를 필요로 하지만 디젤차량에서는 연료의 양으로 부하를 조절하므로 유효압축비를 떨어뜨리는 스로틀밸브를 사용하지 않는다. 이런 주된 이유로 인하여 디젤자동차는 연비가 높기 때문에 온실가스 저감효과가 우수하여 유럽을 중심으로 널리 보급되어 왔다.

최근 디젤자동차에는 그림 9-9처럼 하나의 촉매(one canning 구조)로 입자상물질, NO_x, HC, CO를 동시에 저감시키려는 후처리장치(촉매)가 사용되고 있다. 디젤자동차는 전술한 것처럼 입자상물질이나 질소산화물이 다수 배출되는데, 이에 따라 정화효율성과 내구성을 갖춘 디젤산화촉매(DOC: Diesel Oxidation Catalyst), 매연여과장치(DPF trap, Diesel Particulate Filter trap) 그리고 희박 NOx 트랩(Lean NOx 트랩) 또는 선택적 환원촉매장치(Selective Caltalytic Reduction) 등이 HC, CO, 입자상물질 및 NOx를 제거하기 위해 실차에 적용되고 있다. 일반적으로 매연여과장치는 필터에 입자상물질을 포집한 후 이를 전기히터 또는 버너로 입자상물질의 발화온도인 550℃ 이상의 온도에서 태우는 장치인데 입자상물의 80%를 이를 통해 제거할 수 있다. 그러나 입자상물질이 다수 포집된 경우 배기시스템에 배압이 걸리게 되는데 이는 엔진의 출력과 연비 관점에서 손실을 유발한다.

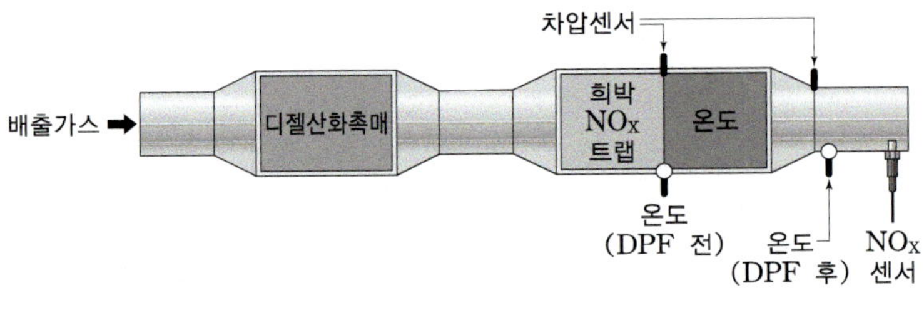

그림 9-9 디젤자동차의 촉매 구조

한편 디젤산화촉매는 배출가스 중의 HC, CO를 산화시켜 무해한 배출가스로 정화시키는 장치이다. 또한 NOx 트랩은 배출가스 중의 NOx를 포집하여 저장하고 있다가 NOx의 양이 포화상태에 이르면 연료과잉 연소상태로 전환하고 이때 트랩에 저장된 NOx를 배출한 후 희박 NOx 트랩에서 제거하는 방식이다. SCR은 역시 NOx를 제거하기 위해 NOx를 포함한 배출가스에 요소수(urea)를 직접 분사시켜 질소와 수분으로 분해하는 촉매장치이다.

국내에서는 버스나 트럭 등 주로 중대형 차량에 디젤엔진이 탑재되고 있다. 그러나 2009년 정부의 '클린디젤' 정책이 시행되면서 입법을 통해 디젤자동차를 친환경 자동차에 포함시키고 주차료와 혼잡통행료 감면, 환경개선부담금 면제 혜택을 부여하면서 디젤엔진을 장착한 승용차가 급증하기 시작했다. 그러나 디젤자동차에서 다량으로 배출되는 입자상물질과 NOx가 도심지 대기오염의 주요 요인으로 지목되면서 2018년 클린디젤 정책을 공식적으로 폐기하기에 이르렀다. 정부나 자방자치단체에서는 2025년 이후 공무용 차량에서 디젤자동차를 배제하기로 결의하였는데 향후 그 입지는 더욱 좁아질 전망이다.

CHAPTER 09 연습문제

9-1 대기오염 물질을 생성과정에 따라 2가지로 구분하고 구체적으로 각각의 오염물질의 사례를 들어 보아라.

9-2 자동차에서 배출되는 배출가스를 배출경로에 따라 크게 3가지로 구분하여라.

9-3 가솔린엔진과 디젤엔진에서 주로 발생되는 배출가스를 나열해 보아라.

9-4 차량 각 부위에서 발생되는 증발가스에 대한 다음 용어들에 대하여 설명하여라.

(1) ORVR(Onboard Refueling Vapor Recovery)

(2) HSL(Hot Soak Loss)

(3) DBL

9-5 연료라인 계통이나 연료탱크 내에서 증발한 가솔린(미연탄화수소)이 대기오염원으로 작용하지 않도록 차량개발 과정에서 조치하는 방법을 설명하여라.

9-6 블로바이가스(blow-by gas)에 대한 물음에 답하여라.

(1) 엔진에서 블로바이가스는 어떻게 생성되는지 설명하여라.

(2) 자동차 배출가스 개발과정에서 블로바이가스를 제거하는 방법에 대해 기술하여라.

9-7 다음 배출가스가 생성되는 원인을 기술하여라.

(1) 미연탄화수소(HC)

(2) 일산화탄소(CO)

(3) 질소산화물(NO_x)

(4) 입자상물질(PM)

(5) 황산화물(SO_x)

9-8 자기진단장치인 최신 OBD에서 수행하는 기능에 대하여 설명하여라.

9-9 **배출가스 규제수준을 나타내는 약어인 TLEV, LEV, ULEV, SULEV, ZEV를 풀어 써 보아라.**

9-10 **배출가스 시험과 관련된 다음 물음에 답하여라.**

(1) 차량에서 배출되는 배출가스를 정량적으로 측정하기 위한 시험에 필요한 장비를 나열해 보아라.

(2) 배출가스 시험에서 섀시 동력계가 사용되는 이유(역할)는 무엇인가?

(3) 배출가스 시험에서 CVS 방식은 무엇인지 설명하여라.

(4) 배출가스 분석기에서 HC, CO, CO_2, NO_x를 분석하는 방식을 나열해 보아라.

9-11 **한국, 미국, 일본, 유럽에서 시행하고 있는 배출가스 측정을 위한 시험모드와 특성을 비교하여라.**

9-12 **자동차회사와 배기관련 부품업체들이 (1) 엔진본체 개량 (2) 정밀제어 (3) 후처리기술 개발 등 3가지 관점에서 자동차에서 배출되는 배출가스를 줄이려고 노력하고 있는 구체적 사항을 설명하여라.**

9-13 **국내에서 자동차회사에서 발표하는 자동차의 공인연비와 운전자가 체험하는 실제연비 사이에 차이가 있는 이유를 설명해 보아라.**

9-14 **3,500cc인 가솔린 자동차가 섀시동력계 위에서 국내 배출가스 및 연비측정모드인 FTP-75(또는 CVS-75) 사이클로 주행한다. 이때 배출되는 배출가스를 샘플링백에 포집하여 배출가스분석계로 분석한 결과 다음의 표와 같았다. 다음 물음에 답하여라.**

표 9-7 시험모드 주행 후의 배출가스 배출량

구 분	Phase-1(505초) (cold start phase)	Phase-2(867초) (transient phase)	Phase-3(505초) (hot start phase)
HC	0.0832	0.00194	0.00294
CO	0.873	0.0278	0.140
NO_x	0.00654	0.00802	0.00650
CO_2	260.3	287.3	227.6

(1) 처음 505초 동안 진행된 phase-1(cold start phase)에서의 연비(km/ℓ)를 탄소균형법(carbon balance method)을 이용하여 구하여라.

(2) 두 번째 867초(505초~1,372초) 동안 주행한 phase-2(transient phase)에서의 연비 (km/ℓ)를 탄소균형법(carbon balance method)을 이용하여 구하여라.

(3) 마지막 505초 동안 진행된 phase-3(hot start phase)에서의 연비(km/ℓ)를 탄소균형법 (carbon balance method)을 이용하여 구하여라.

(4) 최종 FTP-75의 최종연비는 가중치로 phase-1, phase-2, phase-3 각각 43%, 100%, 57%로 계산한다. 이때 FTP-75 사이클의 최종연비를 구하여라.

9-15 **제1차 석유파동 직후인 1978년부터 미 연방정부는 자동차회사에게 기업평균연비(CAFE)의 설정된 기준치를 만족시키도록 의무화하고 있다. 기업평균연비는 무엇인지 설명하고 또한 현재 미국의 CAFE 기준치는 얼마인지 조사하여라.**

연습문제 해답

※ 계산문제의 해답만 수록하였습니다.

제1장

1-9 (1) 1,825kg
(2) 9,500kg

1-12 53%의 등판길

제2장

2-1 0.4

2-2 (2) 1,495cc
(3) 10.3

2-7 (2) 15.1

2-9 (1) 0.594
(2) 5.9kJ

2-10 (3) 848.2kPa

2-11 (1) 0.7358kW
(2) 47.1kW(=64.1ps)
(3) 0.04s
(4) 1.88kJ

2-15 (2) 9.33
(3) 0.591

2-16 18.8m/s

2-17 18°BTDC

2-19 (1) 11.25kg/h
(2) 41.89kW(=56.97ps)
(3) 197.5g/ps · h
(4) 0.305

제3장

3-4 240N · m

3-5 0.912(=91.2%)

3-8 (2) 1,500rpm

3-9 1,425rpm

3-13 3.2

3-16 1.67

3-24 340rpm

3-25 (1) 600rpm

(2) 20

(3) 145rpm

제4장

4-6 (4) 2.69Hz

제5장

5-4 (4) 30°

5-17 19.35m

5-18 855N · m

[제6장]

6-5 1.019MPa

6- 6 1,500N

6-8 (6) 0.31kN · m

6-11 (2) 1,500N

6-13 (2) 0.215

6-14 (1) 6.17m/s^2

(2) 0.629

(3) 17.78m

(4) 40.02m

(5) 40.02m

6-15 (1) 리딩 슈: 1.987ϕN

(2) 트레일링 슈: 611.14N

제7장

7-4 (4) 253.6N

7-5 (4) 950N

7-6 (3) 1,375N

7-7 (3) 4,792.1N

7-9 (1) 661.4rpm, 189.0rpm

(2) 1058.4N · m, 3.54kN

(3) 20.93kW(=28.47ps)

7-10 273.7km/h

7-11 (1) 591.57N

(2) 18.26kW(=24.83ps)

7-12 (1) 6634.89N

(2) 40.96kW(−55.70ps)

(3) 138.23N · m

7-13 (1) i_f=3.532

(2) i_{t1}=5.908

(3) i_3=1.808, i_2=3.269

(4) 6,246.7rpm

7-15 (1) θ =18.3°

(2) $V_{max} \cong$ 140km/h

(3) $n_{2단, 60km/h} = 3,750\,rpm$, $n_{3단, 60km/h} = 2,300\,rpm$

(4) 1.9kN

(6) 1.1kN

제8장

8-4 (3) 184A

8-5 2hr

8-6 (3) 31.61N · m

8-7 1.14 kW(=1.55ps)

8-8 30W

8-10 (5) 15,000V

8-11 120°

8-12 (5) ① 4기통 엔진: 180°

② 6기통 엔진: 120°

8-15 1.05 kW(=1.42ps)

제9장

9-14 (1) 8.950 km/ℓ

(2) 8.158 km/ℓ

(3) 10.290 km/ℓ

(4) 8.936 km/ℓ

참고문헌

- 강성종 편역, "자동차공학개론", 동명사
- 김영섭 ・서영달 공저, "정석 차량기술사", 골든벨
- 김응서 저, "섀시 Ⅰ", "섀시 Ⅱ", 집현전
- 김철수 ・김세윤 공저, "자동차공학", 사이텍미디어
- 박광서 ・오태균, 최수광 공저, "내연기관", 도서출판 대가
- 박동훈, "자동변속기의 설계 이론", 현대자동차 교육용 교재
- 선우명호 외 3인 공저, "자동차공학", McGraw-Hill Korea
- 신준 ・이태윤 공저, "자동차 전기전자", 문운당
- 은정표 ・신창선 공저, "자동차 구조학", 동신출판사
- 자동차기술 핸드북 번역편집위원회, "자동차 기술 핸드북(1권~4권)", 사단법인 한국자동차공학회
- 자동차환경센터, "자동차 환경개론", 문운당
- 장병주 외 3인 공저, "새 자동차공학", 동명사
- 장병주 저, "신편 자동차공학", 동명사
- 현대자동차, "자동변속기 교육교재", 현대자동차 교육용 교재
- 현대자동차, "자동차 구조학", 현대자동차 사내교육용
- 정용욱 외1인, 전기자동차, 도서출판 GS인터비전
- 박병홍 외3인, NCE, 제38권 제3호, 2020, "금속수소화물을 이용한 수소 저장"
- 도로교통법, 자동차관리법, 대기환경보전법 시행규칙
- 웹사이트 참고: https://www.nhtsa.gov, https://www.hyundai.co.kr, https://www.delpi.com, https://gbic.hyundai.com
- Donald Bastow, "Car Suspension and Handling", Pentech press
- John B. Heywood, "Internal Combustion Engine Fundamentals", McGraw-Hill Book Company
- GP企劃センター, "最新の4WD機構", グランプリ出版
- 近藤政市 著, "基礎自動車工學", 養賢堂
- 應用機械工學 編輯部, "自動車と設計技術", 大河出版
- 茄子川捷久 外 3人 共著, "自動車の走行性能と試驗法", 山海堂
- 椺丁一郎 著,"自動變速機の理論と實際", 鐵道日本社
- カーエレクトロニクス研究會, "新カーエレクトロニクス", 山海堂
- 宇野 著, "車輛運動性能とシャシーメカニズム", グランプリ出版

- 全國自動車整備専門學校協會, “シャシ構造Ⅰ & Ⅱ”, 山海堂
- 苊井宏 著, “自動車の電子システム”, 理工學社
- 日本エービーエス柱式會社, “自動車用 ABSの研究”, 山海堂

찾아보기

ㅇ

저자 소개

- **오태균**

  동양미래대학교 기계공학과 교수

- **박광서**

  동양미래대학교 기계공학과 교수

- **이진욱**

  숭실대학교 기계공학부 교수

신편 자동차공학

발 행 일 • 2020년 9월 1일

저 자 • 오태균 · 박광서 · 이진욱

발 행 자 • 최 봉 조

발 행 처 • 진샘미디어

주 소 • 서울시 은평구 연서로 5길 28 부호아파트 102동 상가5호

전 화 • 02)353-4421 / FAX 02)353-4431

홈페이지 • www.jinsaem.co.kr

신고번호 • 제311-2005-000025호

I S B N • 979-11-88791-37-8 93550

정가 24,000원